U0228008

“十四五”时期国家重点出版物出版专项规划项目

新一代人工智能理论、技术及应用丛书

# 人工智能算法在数值求解复杂系统中的应用

侯木舟　刘小伟　熊　力　著

科学出版社

北　京

## 内 容 简 介

本书以较简明的方式介绍人工智能算法在数值求解复杂系统中的基本方法及最新进展。首先从人工智能与机器学习的基础算法开始讲解，包括最基础的反向传播神经网络模型和一些经典的机器学习算法的基础及其原理。然后从一阶常微分方程初值问题引入，分别介绍常微分方程、偏微分方程以及积分微分方程数值求解的经典算法。随后分别研究反向传播神经网络、极限学习机算法、最小二乘支持向量机算法以及深度学习算法如何用于数值求解复杂系统中的微分方程。相较于经典的基于迭代算法的微分方程数值计算方法，这些基于人工智能与深度学习的计算方法可以更加高效且更加准确地得到复杂系统的数值解。

本书适合高等院校数学与应用数学、信息与计算科学、计算机科学等专业的教师、高年级本科生与研究生等阅读参考，也可以为在工业生产中需要求解实际复杂系统的工程技术人员提供解决方案和数值计算工具。

**图书在版编目（CIP）数据**

人工智能算法在数值求解复杂系统中的应用 / 侯木舟，刘小伟，熊力著. --北京 : 科学出版社，2024. 12. --（新一代人工智能理论、技术及应用丛书）. -- ISBN 978-7-03-079670-7

Ⅰ. TP183

中国国家版本馆 CIP 数据核字第 2024EZ6674 号

责任编辑：姚庆爽 / 责任校对：崔向琳
责任印制：师艳茹 / 封面设计：陈　敬

科学出版社 出版
北京东黄城根北街 16 号
邮政编码：100717
http://www.sciencep.com

北京中科印刷有限公司印刷

科学出版社发行　各地新华书店经销

*

2024 年 12 月第　一　版　开本：720×1000　1/16
2024 年 12 月第一次印刷　印张：20 3/4
字数：418 000

**定价：198.00 元**

（如有印装质量问题，我社负责调换）

# “新一代人工智能理论、技术及应用丛书”编委会

# 《人工智能算法在数值求解复杂系统中的应用》
# 编写委员会

**主　　任：** 侯木舟

**副 主 任：** 刘小伟　熊　力

**编写人员：** 罗建书　成央金　刘红良　欧阳合　杨云磊
陆艳飞　孙红丽　翁福添　陈英皞　汪　政
刘　敏　刘家琳　熊　丹

# “新一代人工智能理论、技术及应用丛书”序

科学技术发展的历史就是一部不断模拟和扩展人类能力的历史。按照人类能力复杂的程度和科技发展成熟的程度，科学技术最早聚焦于模拟和扩展人类的体质能力，这就是从古代就启动的材料科学技术。在此基础上，模拟和扩展人类的体力能力是近代才蓬勃兴起的能量科学技术。有了上述的成就做基础，科学技术便进展到模拟和扩展人类的智力能力。这便是 20 世纪中叶迅速崛起的现代信息科学技术，包括它的高端产物——智能科学技术。

人工智能，是以自然智能(特别是人类智能)为原型、以扩展人类的智能为目的、以相关的现代科学技术为手段而发展起来的一门科学技术。这是有史以来科学技术最高级、最复杂、最精彩、最有意义的篇章。人工智能对于人类进步和人类社会发展的重要性，已是不言而喻。

有鉴于此，世界各主要国家都高度重视人工智能的发展，纷纷把发展人工智能作为战略国策。越来越多的国家也在陆续跟进。可以预料，人工智能的发展和应用必将成为推动世界发展和改变世界面貌的世纪大潮。

我国的人工智能研究与应用，已经获得可喜的发展与长足的进步：涌现了一批具有世界水平的理论研究成果，造就了一批朝气蓬勃的龙头企业，培育了大批富有创新意识和创新能力的人才，实现了越来越多的实际应用，为公众提供了越来越好、越来越多的人工智能惠益。我国的人工智能事业正在开足马力，向世界强国的目标努力奋进。

“新一代人工智能理论、技术及应用丛书”是科学出版社在长期跟踪我国科技发展前沿、广泛征求专家意见的基础上，经过长期考察、反复论证后组织出版的。人工智能是众多学科交叉互促的结晶，因此丛书高度重视与人工智能紧密交叉的相关学科的优秀研究成果，包括脑神经科学、认知科学、信息科学、逻辑科学、数学、人文科学、人类学、社会学和相关哲学等学科的研究成果。特别鼓励创造性的研究成果，着重出版我国的人工智能创新著作，同时介绍一些优秀的国外人工智能成果。

尤其值得注意的是，我们所处的时代是工业时代向信息时代转变的时代，也是传统科学向信息科学转变的时代，是传统科学的科学观和方法论向信息科学的科学观和方法论转变的时代。因此，丛书将以极大的热情期待与欢迎具有开创性的跨越时代的科学研究成果。

“新一代人工智能理论、技术及应用丛书”是一个开放的出版平台，将长期为我国人工智能的发展提供交流平台和出版服务。我们相信，这个正在朝着“两个一百年”奋斗目标奋力前进的英雄时代，必将是一个人才辈出百业繁荣的时代。

希望这套丛书的出版，能给我国一代又一代科技工作者不断为人工智能的发展做出引领性的积极贡献带来一些启迪和帮助。

李衍达

# 序

现代人工神经网络深度神经网络的学习方法，一般认为是三位图灵奖获得者，加拿大人 Hinton、Yann LeCun 和 Bengio 奠定的基础。但是真正造成这次工业界人工智能大爆发的原因是美国的 Google 2014 年收购了英国一家名不见经传的小型初创公司 DeepMind(马斯克和李嘉诚是原始投资人)以及它加入 Google 后开发出来的战胜了人类围棋顶尖高手的 AlphaGo。从此人们就对人工智能的新的应用和新的理论进行了大规模的研究和探索。其实当前的人工智能的发展阶段离真正的人类智能还远得很。

这里顺便提一下关于一种监督深度学习算法的抽象描述，它可能是一种更适合构造新算法的理论框架：

假设 $D \subset \mathbf{R}^n$ 是训练样本集。$c: D \to n = \{0,1,\cdots,n-1\}$ 是一个已知的分类器。所谓监督，就是这个 $c$ 是人类给出的。为了叙述的方便，我们将 $n$ 嵌入 $P(n)$,$n$ 上的概率分布空间(这是 Lawvere 1962 年为了构造的所谓概率映射而引入的空间，可以证明这样我们在可测空间的范畴上获得了一个 Kleisli 范畴，然后我们要找一个 $w^*$ 使得

$$w^* = \operatorname*{argmin}_w d\left(\mathcal{F}(w,t), c(t)\right)$$

这里的 $d$ 是 $P(n)$ 上的某种“距离函数”。这里的 $\mathcal{F}$ 是多层嵌套的以 $w$ 为权重的人工神经网络。$\mathcal{F}$ 的网络拓扑，以及每层的“激励”都是“人类”根据自己的经验、软硬件的限制、分类问题的物理特性等决定的。当求得了 $w^*$ 后，它就成为这个 $\mathcal{F}$ 下机器来完成 $c$ 的工作的“知识”。这样一个简单的模型，已经带来了丰硕的成果！那么下一步，我们自然会想到，我们是否应该让机器来学习 $\mathcal{F}$！最简单的 $\mathcal{F}$ 仍然是多层人工神经网络，那么能否让机器来决定多层人工神经网络的网络拓扑和每层的“激励”？再复杂一点，每一层是否一定就是输入的线性组合？等等。更进一步，是不是 $c$ 也是可以学出来的？这就进入无监督学习领域了。我们这里之所以用 Lawvere 的框架，是因为它使我们可以有一个统一数学语言来描述现在所有的算法，而且我们使用的语言与当代泛函编程就一致了。

虽然说人工智能的理论基础是逻辑与数学，而且无疑牵涉心理学、脑科学、哲学、认知科学、电子学、计算机科学等，但是反过来人工智能领域发明的新的算法也会帮助它赖以发展的基础学科有更好的发展。当前这些时尚的算法如深度

神经网络、极限学习机、支持向量机等，居然在微分方程/积分方程的数值解、偏微分方程的建立与求解方面有着令人惊讶的应用。

几乎所有与事件相关的连续变化过程，都可以用某个偏微分方程来描述。在感应器技术和数字化技术发达的今天，产生了大数据的挑战。而研究大数据的动态特征，正是高维偏微分方程。他们已经被广泛地用于物理、工程、传染病模型、舆情和金融等领域。但是高维度的偏微分方程的数值解一直是一个长期的挑战。有限差分方法在更高维度中变得不可行。网格点数量的爆炸性增长以及对减少时间步长的需求而导致网格尺寸变小。如果有 $d$ 个空间维度和 1 个时间维度，则网格尺寸的量级成为 $O^{d+1}$ 。当尺寸 $d$ 适度变大时，在计算上就难以解决。于是人们试图使用无网格深度学习算法来解决高维偏微分方程。有些方法在本质上与 Galerkin 方法相似，但是使用了深度机器学习的思想进行了一些关键的改造。Galerkin 方法是一种广泛使用的计算方法，它寻求偏微分方程的简化形式解决方案作为基函数的线性组合。深度学习算法或“深度 Galerkin 方法”使用深度神经网络，而不是基函数的线性组合。在随机采样的空间点处使用随机梯度下降法训练深度神经网络，以满足微分算子、初始条件和边界条件。通过对空间点进行随机采样，我们避免了形成网格(在更高维度上不可行)的需要，而是将偏微分方程问题转换为机器学习问题。

出版这本书的目的就是试图从理论上，也就是基础的数学逻辑哲学理念上为人工智能奠定基础。所以该书将会比其他书具有更多数学上的内容和数学上的特征。我们都知道人类发明算盘是为了使算数更容易，后来发明的计算机不仅使算数更容易，而且创造了很多意想不到的应用。事实上，正如图灵很早就意识到的，计算机跟百货公司出纳所使用那个出纳机遵循的是同样的规律。人工智能的研究者和早期的奠基者基本上都是数学家。相反，人工智能技术的发展也为研究和解决数学问题提供了很多工具。

该书作者通过人工智能算法在复杂的偏微分方程、常微分方程和积分方程数值解等领域的应用，发展了一些极其有价值的方法。这是人工智能应用的一个热门的新方向。同时，这类研究也为创造新的人工智能算法探索了一些方向和方法。

欧阳合

2024 年 2 月于长沙-雍景园

# 前　言

随着机器学习等人工智能算法研究的不断深入，反向传播神经网络、极限学习机、支持向量机等算法被越来越多地应用于价格预测、目标分类、结构仿真等多个领域。在科学研究和实践工程建模中，通常对复杂的系统问题进行建模，将其转化为微分方程问题进行求解。通常这些微分方程没有特定的形式及结构，对于大多数现实工程中的方程，都无法找到解析解，一些经典的数值方法如欧拉法、Runge-Kutta 法、有限差分法、有限元法等被提出，并给出了一些改进算法，但是这些数值算法收敛速度慢，且由于采用了迭代的方法，运算过程的时间复杂度和空间复杂度较高，难以被应用于大规模的复杂问题。本书基于机器学习等人工智能的方法，给出新的微分方程数值求解方法，介绍了基于梯度的神经网络算法、极限学习机及其改进算法、最小二乘支持向量机算法、径向基函数神经网络、深度学习算法、Galerkin 神经网络算法，来求科学研究和工程技术中的复杂系统的常微分方程、偏微分方程、积分微分方程的数值解。各章内容如下。

第 1 章总体介绍了人工智能发展的趋势，以及其发展演化的历史。给出双导体传输线方程、破产概率方程等现实世界中的复杂系统模型，这些模型利用微分方程或者积分微分方程的形式对实际问题进行了抽象。同时介绍了近年来人工智能在实际问题中的应用。

第 2 章分别介绍了反向传播神经网络、极限学习机算法、支持向量机算法、深度学习以及其他人工智能算法的理论基础和推导过程。

第 3 章分别介绍了欧拉法、Runge-Kutta 法、有限差分法、有限元法等经典的数值方法在一阶常微分方程初值问题、偏微分方程以及积分微分方程中的推导方法和应用过程，分析了不同数值算法的误差阶。

第 4 章介绍了反向传播算法基于 Sigmoid 神经网络、Chebyshev 神经网络、Legendre 神经网络以及正交多项式神经网络的常微分方程数值解法。

第 5 章介绍了 Legendre 多项式、分块三角基多项式等基函数，利用改进极限学习机算法求解常微分方程、偏微分方程以及积分微分方程的理论，并选取 Emden-Fowler 方程、Fredholm 积分微分方程以及破产概率方程等实际案例进行数值求解。

第 6 章介绍了最小二乘支持向量机算法在高阶微分方程问题数值求解中的应用。

第 7 章介绍了理论深度学习算法求解复杂系统的方法。

所有的算法都使用相关软件编程实现，读者可以在阅读的过程中同时对文中的案例进行复现，以加深对算法的理解。

由于作者水平有限，书中难免存在不妥之处，敬请读者批评指正。

# 目　　录

# 第1章　引　　言

## 1.1　人工智能发展趋势

人工智能(artificial intelligence，AI)是工业发展的核心驱动力之一，也是在新一代大数据中促进图形处理单元、物联网、云计算和区块链等新兴技术集成的关键因素。

从20世纪50年代需要人操纵的计算机的发明开始，研究人员花费了半个多世纪的时间来开发计算机的独立学习能力。这一飞跃不仅是计算机科学的里程碑，而且是工业和人类社会的里程碑。从某种意义上说，计算机已经发展到可以自己完成新任务的程度。未来的人工智能将通过学习人类的语言、动作和情感从而适应并与人类互动。随着各种智能终端的普及和互连，人们不仅会生活在真实的物理空间中，而且还会遨游在数字虚拟化网络空间里。在这个网络空间中，人与机器之间的界限将逐渐模糊。

任何有助于机器(尤其是计算机)分析、模拟、利用和探索人类思维过程和行为的理论、方法和技术都可以视为AI。它是以智能方式进行数据式地计算人类行为的理论、方法和技巧，已有60多年的发展历史。人工智能已成为自然科学和社会科学的多学科和跨学科的重要研究。

人工智能在特定的工业化和商业化项目中得到了更广泛的应用，呈现出新的发展趋势。①深度学习+大数据已成为AI发展的主流。人工神经网络(artificial neural network，ANN)使机器人能够像人类一样学习和思考并处理更复杂的任务。②从实验研究开始，人工智能已逐渐进入技术研发和产业化阶段。它已经在图像和语音识别、自然语言处理(nature language processing，NLP)、预测分析等方面都发展出了成熟的商业产品。③人工智能的应用正在逐步从商业和服务业扩展到制造业和农业领域，从而使人工智能的技术和基本技术特征更加突出。

从技术的角度，预计三个级别，即平台(具有AI的物理设备和系统)、算法(AI行为模式)和接口(AI与外部环境之间的交互)的突破将进一步促进AI的发展。

在平台级别，大多数AI依赖于以计算机为代表的计算设备。传统计算机的核心中央处理单元(central processing unit，CPU)主要用于通用计算任务。尽管它能与 AI 面临的智能任务兼容，但其性能相对较差。人工智能高性能平台的发展已成为一种趋势。英特尔、谷歌、英伟达、寒武纪等知名公司已经设计出了新的智能处理技术，如图形处理单元(graphics processing unit，GPU)。GPU 将取代 CPU 作为下一代处理单元。未来的 AI 将不可避免地需要面对各种智能任务，设计基于各种处理器的新计算架构以实现智能平台是未来的主要趋势。当前的计算机系统不适用于多维和多路径并行处理。由于及时性和低成本优势，AI 不适合计算量较小但变化较大、相互影响严重且存在许多非线性因素的场景。从理论上讲，量子计算和实时多维处理可以从根本上解决非线性多元交互和多分支预测的问题。

因此，量子计算技术的快速发展，特别是量子计算机的实现，有望为未来的 AI 提供突破性的计算平台。此外，人工智能(尤其是深度学习)是一种处理大量数据的方法。它类似于其他新兴技术，如区块链和边缘计算。如何整合这些技术并改善 AI 的性能具有潜在的吸引力。

从人文社会角度来看，机器真的可以模仿人类的思维并理解人类的意图吗？判断和评价事物，除了依靠常识之外，人总是混杂着个人喜好和情感。AI 仅检查可用数据以作出合理的评估或决策，模仿人类思维理解人类意图可能是一个长期的思考和研究对象。

人工智能的发展和大规模应用也将带来一个棘手的问题：越来越多的智能机器不仅是高科技产品，而且还影响着人类社会的规章制度。机器行为处于黑匣子状态，偏见和错误很容易进入系统，从而导致一些道德问题。当机器将不同于人类信念的新观念带给人类时，人类应该怎么做？随着越来越多的人的知识和技能被 AI 掌握，人类将变得越来越害怕：他们将被机器所取代，他们学习和工作的动力也会降低。这些将导致人类的心理焦虑和恐慌。人工智能的飞速发展为我们带来了极大的便利和惊人的财富，但又使我们对一系列社会问题充满了怀疑。谁来确保 AI 的安全不会失控？AI 需要什么样的道德和责任？任何技术创新的应用前提都是安全。人工智能基于云计算、算法和大量数据，互联网和大数据的发展使得 AI 的安全性难以预测。一方面，人工智能得益于互联网的大数据开发资源；另一方面，基于 Internet 的黑客和病毒可能对 AI 构成巨大威胁。人工智能在提高社会生产力方面发挥着重要作用。但是，这也对人们的社会生活方式产生了巨大影响。因此，这对伦理学家来说也是一个敏感的问题。

## 1.2　复杂系统的数学模型

在科学研究和工程技术中，常常会遇到复杂系统问题，往往可以转化为微分方程的求解。传统的微分方程数值解法，如欧拉法、龙格-库塔(Runge-Kutta)法、有限差分法、有限元法等，只能求得未知函数在步长点的值，收敛速度慢，计算量大，普通计算机往往无法完成计算任务。本章拟利用现代人工智能算法，如机器学习算法、基于梯度的神经网络算法、极限学习机(extreme learning machine，ELM)及其改进算法、最小二乘支持向量机(least squares-support vector machine，LS-SVM)算法、径向基函数(radial basis function，RBF)神经网络、Galerkin 神经网络算法，来求科学研究和工程技术中的复杂系统中的常微分方程(ordinary differential equation，ODE)、偏微分方程(partial differential equation，PDE)、积分微分方程的数值解。

许多物理、化学等自然科学的基本定律都可以写成微分方程的形式。在生物学及经济学中，微分方程用来作为复杂系统的数学模型。微分方程的数学理论最早是和方程对应的科学领域一起出现，而微分方程就可以用在该领域中。所以在包括自然科学和工程技术的诸多领域中，常常需要求解微分方程的定解问题。但其中绝大多数的问题是无法求出解析解的，因而只能用近似法进行求解，在实际计算中，主要依靠数值解法。

(1) 双导体传输线问题。

电磁现象的研究历史悠久，使用数值方法处理传输线问题和电磁兼容问题也是一种必要手段。近年来，基于数值计算技术的快速发展，研究人员可以计算电磁场问题。随着计算机性能的提高，提出了多种数值算法，并通过数值实验验证了其方法的有效性。计算电磁学的主要任务是基于具有复杂初始条件或边界条件的实际问题，通过数值方法求解各种形式的麦克斯韦方程组。常用的数值方法是频域算法和时域算法。频域算法起步较早，主要包括有限元法(finite element method，FEM)、矩量法(moment method，MOM)和高频近似算法。然而，时域算法主要是时域有限差分法(finite difference time domain，FDTD)、传输线矩阵法(transmission line matrix，TLM)、有限积分法(finite integration technique，FIT)、时域有限体积法(finite volume time domain method，FVTD)、时域伪谱法(pseudo-spectral time domain，PSTD)、时域不连续伽辽金法(discontinuous Galerkin time domain，DGTD)和时域多分辨率法(multi-resolution time domain method，MRTD)。

传输线在横向电磁(transverse electric and magnetic，TEM)传导模式中传输电磁能量或信号，传输线理论也被称为一维分布参数电路理论，传输线方程又称电报方程。无损传输线时域响应可以使用 SPICE 模型、时域频域(time domain frequency domain，TDFD)变换法和时域有限差分法计算。

无损双导体传输线方程的一般形式如下：

$$\begin{cases}\dfrac{\partial V(z,t)}{\partial z}+l\dfrac{\partial I(z,t)}{\partial t}=0\\ \dfrac{\partial I(z,t)}{\partial z}+c\dfrac{\partial V(z,t)}{\partial t}=0\end{cases} \tag{1.1}$$

其中，$z\in[a,b],t\in[e,d]$，$l$ 、$c$ 为常数。对于偏微分方程(1.1)，我们需要知道初始条件或边界条件来确定方程的解。这里，我们只考虑线性负载端子中的无损双导体传输线方程。图 1.1 显示了带线性负载端子的双导体传输线。传输线的长度为 $L$，负载端子分别为 $R_s$ 和 $R_b$ 。

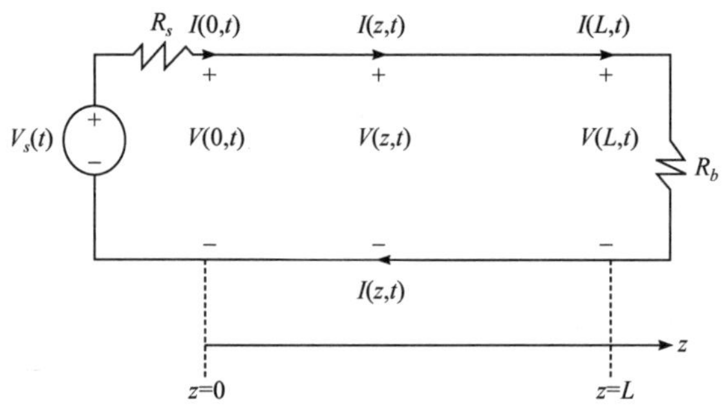


图 1.1 线性负载端子中的双导体传输线

作为两根导体的传输线在线性负载端如图 1.1 所示，$V_s(t)$是起始点 $z=0$ 处的源电压，是已知的梯形脉冲函数，$V_b(t)$是在终点 $z=L$ 的电压，$V_b(t)=0$，$R_s$ 和 $R_b$ 是常数。在这种情况下，初始条件可以表示为

$$\begin{cases}V(a,t)=V_s(t)-R_sI(a,t)\\ V(b,t)=V_b(t)+R_bI(b,t)\end{cases} \tag{1.2}$$

我们希望用初始条件(1.2)找到无损双导体传输线方程的显式解析解，但求解线性负载端子中的双导体传输线方程的通解并不容易。本书的目的是利用人工神经网络的方法求解上述方程的数值解，并推广到更为一般的有损多导体传输线方程的数值求解中。

(2) 保险精算中破产概率所满足的更新积分微分方程的数值解的计算问题。

近几十年来，风险理论[1, 2]的发展非常迅速，有各种各样的风险模型[3-5]，其研究的范围逐渐扩大，其中破产概率估计的计算一直是风险理论[6-8]的核心，特别是在复合 Poisson 模型、Erlang($n$)风险模型中，对破产理论的研究取得了丰硕成果[9-12]。风险理论是保险精算学的一个重要分支，在保险理论与实务中占有重要地位，主要应用于金融、证券投资与风险管理[13-19]等学科领域中。

破产概率可以是保险公司作为综合保费和理赔过程的稳健性的指标，也是风险管理的有用工具。破产的可能性高意味着保险公司不稳定：保险公司必须采取再保险或提高保费等措施，或者可以设法吸收一些额外的资本。

虽然破产的概率并不真实地表明保险公司在不久的将来会破产，但它可以用来比较不同政策组合的风险。因此，破产概率的精确数值计算是保险精算中的一个关键问题。但是，精确的破产概率只有在当索赔为指数分布或有限离散分布的情况下才能得到[16-19]。

通常，经典风险模型的风险过程如下[20, 21]：

$$U(t)=u+ct-\sum_{i=1}^{N_t}X_i \tag{1.3}$$

其中，$N_t$是参数为$\lambda$的 Poisson 过程，表示索赔的到达过程，与$X_i$相互独立；$X_i$为独立同分布的非负随机变量，表示索赔额，且$E[X_i]=\mu$，其中$u$为初始资产；$c$为单位时间的保费收入。模型满足净收入条件$c>\lambda\mu$，保证平均收入大于平均索赔，从而$\psi(u)<1$。

Sparre Andersen 在 1957 年提出了索赔的发生为一般更新过程的风险模型(1.4)[22]：

$$R(t)=u+ct-\sum_{i=1}^{N(t)}Y_i \tag{1.4}$$

其中，$u$是保险公司的初始资金；$c$是保费费率；$N(t)$是到时刻$t$的索赔个数，是一个更新过程；$Y_i$是索赔额序列，是一个独立同分布的非负随机变量序列；$R(t)$是保险公司到时刻$t$的盈余。由于 Poisson 过程也是更新过程，所以 Andersen 风险过程较经典风险模型更具一般性[23, 24]。

本书研究了索赔到达为 Erlang(2)[25]过程的 Sparre Andersen 风险模型，其破产概率满足如下微分-微分方程[26]：

$$c^2\psi''(u)-2\beta c\psi'(u)+\beta^2\psi(u)=\beta^2\int_0^u\psi(u-t)f(t)\mathrm{d}t+\beta^2\left[1-F(u)\right]$$

$$\psi(0)=1-\frac{2\beta c-\beta^2 m}{c^2 s_0} \tag{1.5}$$

其中，$s_0>0$是如下代数方程(1.6)的解：

$$c^2s^2-2\beta cs+\beta^2=\beta^2\int_0^{+\infty}\mathrm{e}^{-sx}\mathrm{d}F(x) \tag{1.6}$$

然后，就可以将模型与算法推广到索赔服从任意分布的情况，如索赔服从如下 Pareto 分布的情况：$X\sim\text{Pareto}(\alpha,\gamma),\ \alpha>1,\gamma>0$。

$$F(x)=1-\left(\frac{\gamma}{x+\gamma}\right)^{\alpha},\quad x>0$$

$$f(x)=F'(x)=\frac{\alpha}{\gamma}\left(\frac{\gamma}{x+\gamma}\right)^{\alpha+1}$$

$$E(X)=\frac{\gamma}{\alpha-1} \tag{1.7}$$

紧接着，将研究当索赔到达如式(1.8)更为一般的 Erlang$(n)$ 分布的情况时，破产概率所满足的积分微分方程的数值求解方法。

$$K(t)=\begin{cases}1-\sum_{i=0}^{n-1}\mathrm{e}^{-\beta t}\dfrac{(\beta t)^i}{i!}, & t\geqslant 0\\ 0, & t<0\end{cases} \tag{1.8}$$

其中，$K(t)$ 为 Erlang$(n)$ 分布的分布函数，其密度函数为

$$k(t)=\begin{cases}\dfrac{b^n}{n-1}t^{n-1}\mathrm{e}^{-\beta t}, & t\geqslant 0\\ 0, & t<0\end{cases} \tag{1.9}$$

(3) 莱恩-埃姆登方程(Lane-Emden equation)。

莱恩-埃姆登方程是一个常见于天文学和天体物理学的非线性常微分方程。

$$\frac{1}{\zeta}\frac{\mathrm{d}}{\mathrm{d}\zeta}\left(\zeta^2\frac{\mathrm{d}\theta}{\mathrm{d}\zeta}\right)+\theta^n=0$$

当 $n=0$ 时，方程的解为

$$\theta(\zeta)=c_0-\frac{c_1}{\zeta}-\frac{\zeta^2}{6}$$

其中，$c_0$ 和 $c_1$ 为任意常数。

当 $n=1$ 时，方程的解为

$$\theta(\zeta)=\frac{\sin\zeta}{\zeta}$$

当 $n=5$ 时，方程的解为

$$\theta(\zeta)=\frac{1}{\sqrt{1+\zeta^2/3}}$$

但大多数情况下，在各初始条件下都不存在解析解，只能求其数值解。

人工智能于 1956 年首次在美国达特茅斯大学召开的学术会议上被提出。通常是指通过普通计算机程序来呈现人类智能的技术，其主要目标在于研究用机器

来模拟和执行人脑的某些智力功能，并开发相关理论和技术。从信息论的角度探索，以符号逻辑为主，到如今以人工神经网络模拟人脑的功能为主要研究手段，人工智能经历了翻天覆地的变化。

人工智能的广泛应用，很大程度上得益于机器学习与深度学习算法，近年来人工智能的强势崛起也主要源于深度学习的爆发和推动。深度学习能自动学习样本数据的内在规律和表示层次，有助于解释文字、图像、声音和视频等数据。从无人驾驶汽车到先进的机器人技术，给众多行业和应用提供无与伦比的价值，如函数逼近、价格预测、模式识别、图像图形与视频数据处理、数据挖掘等。其最终的目的是让计算机能够类似人一样具有分析学习能力，能识别文字、图像、声音和视频等数据。

# 第 2 章　人工智能与机器学习算法基础

人工智能浪潮席卷全球，人工智能、机器学习(machine learning)、深度学习(deep learning)等名词时常出现在我们的身边。本章将介绍一些经典的机器学习算法，如反向传播(back propagation，BP)算法、支持向量机(support vector machine，SVM)算法、ELM 算法等深度学习算法[27]。

机器学习是人工智能研究发展到一个特定历史阶段的必然产物。图灵在 1950 年关于图灵测试的文章中就曾提及机器学习的可能，20 世纪 50 年代就有了一些机器学习算法的研究，50 年代中后期，基于神经网络的连接主义学习开始出现，如感知机、自适应线性神经网络等。20 世纪 80 年代，一些从样例中学习的方法被提出，如基于符号主义的学习算法——决策树(decision tree)，以及基于逻辑的学习算法——归纳逻辑程序设计(inductive logic programming，ILP)等。20 世纪 80 年代中期，从样例中学习的另一种主流技术——基于神经网络的连接主义学习飞速发展。1986 年 Rumelhart 等[28]发明了 BP 算法，使得神经网络算法在很多现实问题中产生较好的效果。但是神经网络学习产生的是一个“黑箱”模型，不可解释性和参数选取的不可知性是其较大的局限。20 世纪 90 年代中期，统计学习(statistical learning)登场并迅速占领历史舞台，SVM 算法以及更一般的核方法(kernel method)成为这一时期的代表。进入 21 世纪，由于数据集的大大增加以及运算能力的飞速增长，以连接主义学习为基础的多层神经网络，以深度学习之名飞速发展，在一些竞赛与工程实践中取得优越的性能[29-32]。

深度学习与机器学习的关系可以用图 2.1[33]表示如下。

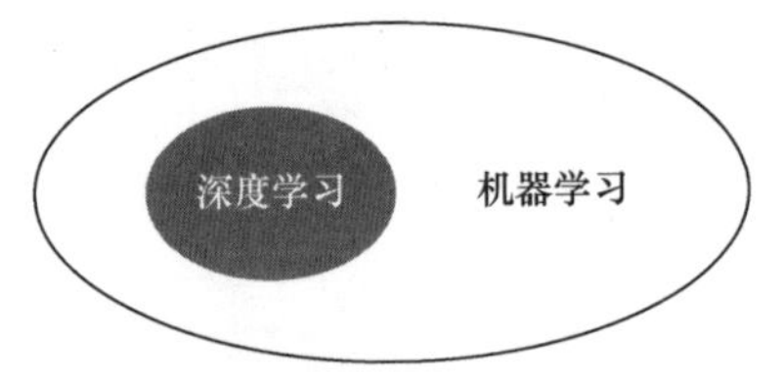


图 2.1　深度学习与机器学习的关系韦恩图

## 2.1　BP 神经网络算法

BP 神经网络是一种多层前馈式神经网络，由 Rumelhart 等[28]于 1986 年提出。多层网络的学习能力远远高于单层感知机，想要训练一个多层网络，原有的感知机规则不再能够满足学习要求。BP 算法是迄今为止最成功的神经网络学习算法之一。BP 算法不仅可以用于多层前馈神经网络，也可以用于其他类型的神经网络，如递归神经网络等。但是通常意义上的神经网络一般指用 BP 算法训练的多层前馈式神经网络。通过将信号向前传播，同时反向传播误差，输入信号首先从输入层经过隐含层逐层提取特征，直到输出层。每一层的神经元状态只会影响与其相邻的下一层神经元的状态，与更深的层之间没有直接联系。若输出层的输出与期望不同，则进入反向传播过程。根据预测误差调整网络权值和阈值，使得网络的输出不断接近期望输出。BP 神经网络的拓扑结构示意图如图 2.2 所示。

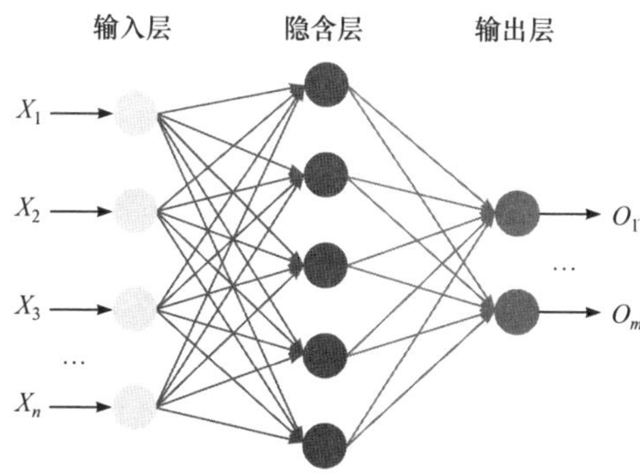


图 2.2　BP 神经网络拓扑结构示意图

图中 $X_1,X_2,\cdots,X_n$ 是 BP 神经网络的输入值，$O_1,\cdots,O_m$ 是 BP 神经网络的输出的预测值。BP 神经网络可以被视为一个非线性函数，BP 神经网络表达了从 $n$ 个输入到 $m$ 个输出之间的函数映射。一个 BP 神经网络的训练过程由以下 7 个步骤组成。

**步骤 1**　初始化网络。根据模型的输入 $\boldsymbol{X}$ 以及期望的输出 $\boldsymbol{Y}$ 的变量数量确定网络输入层节点个数 $n$，隐含层节点个数 $l$，输出层节点个数 $m$，初始化输入层、隐含层和输出层神经元之间的连接权重系数 $\varpi_{ij}$ 、$\varpi_{jk}$，初始化隐含层阈值 $\boldsymbol{a}$ 、输出层阈值 $\boldsymbol{b}$ 、模型的学习率 $\eta$ 和激活函数 $f$ 。

**步骤 2**　计算隐含层输出。根据输入变量 $\boldsymbol{X}$，输出层与隐含层之间的连接权值 $\varpi_{ij}$，隐含层神经元的阈值 $\boldsymbol{a}$，计算隐含层网络的输出 $\boldsymbol{H}$ 。

$$H_j = f\left(\sum_{i=1}^{n}\varpi_{ij}x_i - a_j\right),\quad j=1,2,\cdots,l \tag{2.1}$$

**步骤 3**　计算输出层输出。根据隐含层输出 $\boldsymbol{H}$，隐含层与输出层的连接权值 $\varpi_{jk}$，输出层神经元的阈值 $\boldsymbol{b}$，计算输出层网络的输出 $\boldsymbol{O}$ 。

$$O_k = \sum_{j=1}^{l} \varpi_{jk} H_j - b_k, \quad k = 1, 2, \cdots, m \tag{2.2}$$

**步骤 4** 计算网络误差。根据输出层网络的输出 $\boldsymbol{O}$ 与期望的输出 $\boldsymbol{Y}$，计算网络预测的误差 $\varepsilon$。

$$\varepsilon_k = O_k - Y_k, \quad k = 1, 2, \cdots, m \tag{2.3}$$

**步骤 5** 更新权值。根据网络预测的误差 $\varepsilon$，更新网络连接权重系数 $\varpi_{ij}$、$\varpi_{jk}$。

$$\varpi_{ij} = \varpi_{ij} + \eta H_j \left(1 - H_j\right) x(i) \sum_{k=1}^{m} \varpi_{jk} \varepsilon_k, \quad i = 1, 2, \cdots, n, \quad j = 1, 2, \cdots, l \tag{2.4}$$

$$\varpi_{jk} = \varpi_{jk} + \eta H_j \varepsilon_k, \quad j = 1, 2, \cdots, l, \quad k = 1, 2, \cdots, m \tag{2.5}$$

**步骤 6** 更新阈值。根据网络预测的误差 $\varepsilon$，更新隐含层神经元的阈值 $a$ 和输出层神经元的阈值 $b$。

$$a_j = a_j + \eta H_j \left(1 - H_j\right) \sum_{k=1}^{m} \varpi_{jk} \varepsilon_k, \quad j = 1, 2, \cdots, l \tag{2.6}$$

$$b_k = b_k + \varepsilon_k, \quad k = 1, 2, \cdots, m \tag{2.7}$$

**步骤 7** 判断算法迭代是否结束，若未结束返回步骤 2。

BP 神经网络具有较强的表示能力，通过不断地更新权值，网络能够储存大量输入输出间的模式映射关系，而不需要预先给出具体的映射方程，通过从数据中挖掘信息，拟合一个数据输入与输出间的非线性映射。BP 拥有较好的泛化能力，通过对已有数据集的学习，得到的模型在其后的工作阶段也能完成输入到输出空间的映射。BP 算法也拥有较强的容错能力，BP 神经网络允许输入样本带有一定的误差甚至个别错误，由于网络的输出是由大量的权值所决定，模型中的规律是从全体样本中得到的，所以个别样本的误差对模型不会产生较大的影响，BP 神经网络具有较好的鲁棒性。

BP 算法基于梯度下降策略，以目标的负梯度方向对参数进行调整。对误差 $E_k = \frac{1}{2}\sum_{j=1}^{l}\left(O_k - Y_k\right)^2$，给定的学习率 $\eta$，有

$$\Delta \boldsymbol{\varpi}_{hj} = -\eta \frac{\partial E_k}{\partial \boldsymbol{\varpi}_{hj}} \tag{2.8}$$

注意到 $\boldsymbol{\varpi}_{hj}$ 首先影响第 $j$ 个神经元的输出值 $H_j$，再影响最终的输出值 $O_k$，进一步影响误差 $E_k$，我们有

$$\frac{\partial E_k}{\partial \boldsymbol{\varpi}_{hj}} = \frac{\partial E_k}{\partial O_k} \cdot \frac{\partial O_k}{\partial H_j} \cdot \frac{\partial H_j}{\partial \boldsymbol{\varpi}_{hj}} = \frac{\partial E_k}{\partial O_k} \cdot \frac{\partial O_k}{\partial H_j} \cdot b_h \tag{2.9}$$

BP 算法也有它自身的局限性。由于误差是一个 $m\times(n+1)+l\times(m+1)+1$ 维空间上的极为复杂的曲面，这个曲面上每一点的高度对应这一点的误差值，每个点的坐标对应 $m\times(n+1)+l\times(m+1)$ 个权值。当输出值 $O_k$ 与期望值 $d_k$ 接近时，误差的梯度接近 0，当输出值 $O_k$ 始终接近 0 或 1 时，激活函数具有饱和性，梯度不能较好地往下传递，这使得网络训练的时间大大提高，不能较快地得到最优的权值参数。当误差函数非凸时，由于存在局部极小值，BP 神经网络容易发生训练较慢或陷入局部极小值的问题。当神经网络层数较多时，由式(2.9)可以看到，梯度下降算法由链式求导法则使用乘法将各层连接起来，当某一层的梯度趋于 0 或无穷大时，误差会由乘法累积并逐渐扩大，这导致算法容易产生梯度弥散或梯度爆炸的现象，无法得到较优的模型参数。

Hornik 等[34]在 1989 年证明了只需要一个包含足够多神经元的隐含层，多层前馈式神经网络就可以以任意精度逼近任意复杂度的连续函数，但是如何设置隐含层神经元数量至今没有得到很好的解决，在实际问题中通常使用穷举法在某一范围内搜索最优解。

由于其强大的表示能力，BP 神经网络经常会产生过拟合的现象，即在训练集上误差不断下降，但是在测试集上误差升高。有两种常用的缓解 BP 神经网络过拟合的方法。第一种是提前停止：将数据划分为训练集和验证集，在训练集中，使用样本训练模型，优化参数，计算梯度、更新连接权重和阈值，在验证集上估计误差，当训练集误差保持降低，但是在验证集上误差升高，则停止训练，同时返回使验证集误差最小的那个模型的连接权值及阈值。另一种可行的方法是正则化：通过在描述误差的损失函数中加入一项用于描述网络结构复杂度的惩罚项，来避免训练得到的模型过于复杂。结构复杂度惩罚项与训练样本误差的权重通常使用交叉验证法来估计。

由于 BP 算法使用梯度下降法优化网络的权值与阈值，这个过程可以看作参数优化的过程。我们常见的有两种最优：局部最优(local minimum)和全局最优(global minimum)。局部最优是指在参数空间中局部邻域内的最小值，全局最优是指在整个参数空间的最小值，全局最优是局部最优的一种特殊情况。一个明显的事实是，我们在参数优化的过程中希望寻找参数的全局最优解，从某个初始解出发，在每次迭代过程中，我们首先计算误差函数在当前点的梯度，然后选取梯度下降最大的方向为搜索方向，若误差函数在当前点的梯度为 0，则已经到达局部极小，参数不再更新，这意味参数优化过程结束。但是当损失函数非凸时，损失函数不止一个局部极小值，算法不能保证找到的解一定是全局最优解。参数陷入局部极小值的问题是我们在训练过程中不希望看到的，在实际问题中，有一些常用的方法试图帮助模型跳出局部极小。一种显然的方法是随机选取多组初始值，从不同的初始位置开始搜索，这样就可能陷入不同的局部极小值，选取这些局部极小值中的最小值就可能获得更接近全局最小的结果。另一种方法是使用“模拟退火”算法，模拟退火技术在每一步都以一定概率接受比当前解更差的结果，从而有助于算法跳出局部最小值，在每一步迭代中，接受“次优解”的概率随时间逐渐降低，这保证了算法是稳定的。还有一种常用的跳出局部极小值的方法是使用随机梯度下降，与标准的梯度下降法不同的是，随机梯度下降法在计算梯度过程中加入了随机值，这使得即使模型陷入局部极小值，梯度依旧可能不为0，这让算法有机会跳出局部极小值进行进一步的搜索。但是这些跳出局部极小值的改进大多是启发式算法，并不能保证收敛或一定能找到全局最优解。

## 2.2 极限学习机

Hornik 等[34]在 1989 年证明了使用单隐含层前馈式神经网络(single-hidden layer feed forward neural network，SLFN)可以以任意精度逼近一个连续映射。这使得 SLFN 被广泛应用于许多领域，如黄金价格预测、疾病诊断、遥感图像分析、地标识别、蛋白质交互作用等。传统的学习算法如 BP 算法通常使用梯度下降法优化神经网络中的参数，但是梯度下降法由于其自身的缺点与不足，如训练速度慢、容易陷入局部极小值等问题使得在实际问题中不能有很好的表现。2006年 Huang 等[35]提出了针对单隐含层前馈式神经网络模型参数学习的新方法——极限学习机(ELM)。ELM 只需随机初始化产生或人为预先给定输入层与隐含层间的连接权值以及隐含层神经元的阈值，并设置隐含层神经元个数。在训练隐含层与输出层间的连接权重时无需迭代，只需对矩阵求逆和乘积运算，即可得到唯一最优解。相比于传统的方法，ELM 具有更快的训练速度和更好的泛化能力。由于有这些优点，ELM 得到了很多关注，在过去的十几年中也产生了很多改进方法，如正则化 ELM、在线顺序 ELM 等。

一个经典的单隐含层前馈式神经网络由输入层、隐含层、输出层组成，输入层和输出层的神经元分别仅与隐含层神经元以全连接的方式连接，若输入层有 $n$ 个神经元，隐含层有 $l$ 个神经元，输出层有 $m$ 个神经元，我们可以记输入层与隐含层间的连接权重 $\boldsymbol{\omega}$ 为

$$\boldsymbol{\omega}=\begin{pmatrix} \omega_{11} & \omega_{12} & \cdots & \omega_{1n} \\ \omega_{21} & \omega_{22} & \cdots & \omega_{2n} \\ \vdots & \vdots & & \vdots \\ \omega_{l1} & \omega_{l2} & \cdots & \omega_{ln} \end{pmatrix}_{l\times n} \tag{2.10}$$

其中，$\omega_{ij}$ 表示第 $i$ 个输入层神经元与第 $j$ 个隐含层神经元的连接权重。

我们记隐含层与输出层间的连接权重矩阵 $\boldsymbol{\beta}$ 为

$$\boldsymbol{\beta}=\begin{pmatrix}\beta_{11} & \beta_{12} & \cdots & \beta_{1m}\\ \beta_{21} & \beta_{22} & \cdots & \beta_{2m}\\ \vdots & \vdots & & \vdots\\ \beta_{l1} & \beta_{l2} & \cdots & \beta_{lm}\end{pmatrix}_{l\times m} \tag{2.11}$$

其中，$\beta_{ij}$ 表示第 $i$ 个输出层神经元与第 $j$ 个隐含层神经元的连接权重。

设隐含层神经元阈值 $\boldsymbol{b}=\left(b_1,b_2,\cdots,b_l\right)^{\mathrm{T}}$。

记具有 $N$ 个训练样本、$n$ 个输入特征的训练集数据矩阵为 $\boldsymbol{X}$，其输出矩阵记为 $\boldsymbol{Y}$，即

$$\boldsymbol{X}=\begin{pmatrix}x_{11} & x_{12} & \cdots & x_{1N}\\ x_{21} & x_{22} & \cdots & x_{2N}\\ \vdots & \vdots & & \vdots\\ x_{n1} & x_{n2} & \cdots & x_{nN}\end{pmatrix}_{n\times N} \tag{2.12}$$

$$\boldsymbol{Y}=\begin{pmatrix}y_{11} & y_{12} & \cdots & y_{1N}\\ x_{21} & x_{22} & \cdots & x_{2N}\\ \vdots & \vdots & & \vdots\\ x_{n1} & x_{n2} & \cdots & x_{nN}\end{pmatrix}_{n\times N} \tag{2.13}$$

设隐含层神经元的激活函数为 $g(x)$，则图 2.3 网络的输出 $\boldsymbol{T}$ 为

$$\boldsymbol{T}=\left[t_1,t_2,\cdots,t_N\right]^{\mathrm{T}},\quad \boldsymbol{t}_j=\begin{bmatrix}t_{1j}\\ t_{2j}\\ \vdots\\ t_{mj}\end{bmatrix}=\begin{bmatrix}\sum_{i=1}^{l}\beta_{i1}g\left(\boldsymbol{\omega}_i\boldsymbol{x}_j+b_i\right)\\ \sum_{i=1}^{l}\beta_{i2}g\left(\boldsymbol{\omega}_i\boldsymbol{x}_j+b_i\right)\\ \vdots\\ \sum_{i=1}^{l}\beta_{im}g\left(\boldsymbol{\omega}_i\boldsymbol{x}_j+b_i\right)\end{bmatrix},\quad j=1,2,\cdots,N$$

其中，$\boldsymbol{\omega}_i=\left[\omega_{i1},\omega_{i2},\cdots,\omega_{iN}\right]$；$\boldsymbol{x}_j=\left[x_{1j},x_{2j},\cdots,x_{nj}\right]^{\mathrm{T}}$。

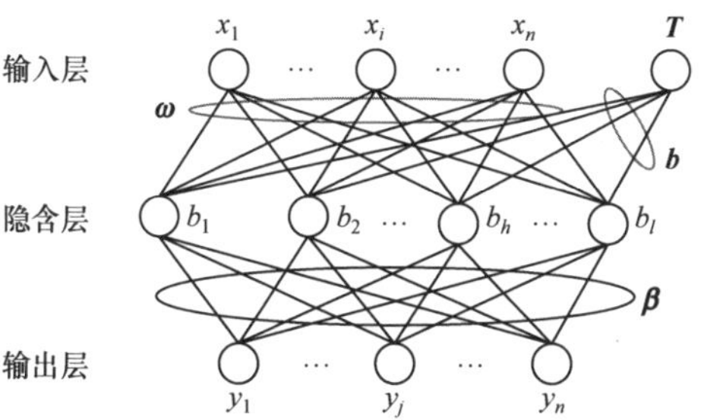


图 2.3　经典的单隐含层神经网络结构示意图

那么ELM算法可以被表示为$\boldsymbol{H\beta}=\boldsymbol{T}$的形式，$\boldsymbol{H}$为SLFN隐含层输出矩阵，即

$$\boldsymbol{H}=\begin{bmatrix} g(\boldsymbol{\omega}_1\cdot\boldsymbol{x}_1+b_1) & g(\boldsymbol{\omega}_2\cdot\boldsymbol{x}_1+b_2) & \cdots & g(\boldsymbol{\omega}_l\cdot\boldsymbol{x}_1+b_l) \\ g(\boldsymbol{\omega}_1\cdot\boldsymbol{x}_2+b_1) & g(\boldsymbol{\omega}_2\cdot\boldsymbol{x}_2+b_2) & \cdots & g(\boldsymbol{\omega}_l\cdot\boldsymbol{x}_2+b_l) \\ \vdots & \vdots & & \vdots \\ g(\boldsymbol{\omega}_1\cdot\boldsymbol{x}_N+b_1) & g(\boldsymbol{\omega}_2\cdot\boldsymbol{x}_N+b_2) & \cdots & g(\boldsymbol{\omega}_l\cdot\boldsymbol{x}_N+b_l) \end{bmatrix} \tag{2.14}$$

在前人研究的基础上，Huang等[35]提出并证明了下列定理。

**定理 2.1** 对给定的$N$个不同样本$(x_i,t_i)$，给定的误差$\varepsilon$，以及一个无限可微函数$g:\mathbf{R}\to\mathbf{R}$，总存在一个含有$K(K\leqslant N)$个隐含层神经元的SLFN，对$\forall\omega_i\in\mathbf{R}^N,b_i\in\mathbf{R}$满足$\boldsymbol{H\beta}-\boldsymbol{T}\leqslant\varepsilon$。

**定理 2.2** 对给定的$N$个不同样本$(x_i,t_i)$，以及一个无限可微函数$g:\mathbf{R}\to\mathbf{R}$，当隐含层神经元个数$K=N$时，隐含层输出矩阵$\boldsymbol{H}$可逆，且SLFN可以以0误差逼近样本的真实输出值，即$\boldsymbol{H\beta}-\boldsymbol{T}=0$。

当训练集样本数量较大时，为降低运算复杂度，一般会选取一个较小的隐含层神经元个数$K$，由于选取的激活函数$g$无限可微，在训练过程中无须对参数进行调整，在训练前随机选取权值$\boldsymbol{\omega}$和阈值$\boldsymbol{b}$，只需通过求解方程组$\boldsymbol{H\beta}=\boldsymbol{T}$即可得到隐含层与输出层的连接权重$\boldsymbol{\beta}$，通过最小化网络输出的平方误差$\|\boldsymbol{H\beta}-\boldsymbol{y}\|^2$，利用极小2-范数的最小二乘法可以解得

$$\boldsymbol{\beta}^*=\boldsymbol{H}^\dagger\boldsymbol{y}$$

其中，$\boldsymbol{H}^\dagger$是$\boldsymbol{H}$的穆尔-彭罗斯(Moore-Penrose)广义逆。

ELM算法的学习过程可以分为以下几步。

**步骤 1** 给定隐含层神经元个数$l$，随机初始化或预先给定输入层与隐含层间的连接权重$\boldsymbol{\omega}$以及隐含层神经元的偏置$\boldsymbol{b}$。

**步骤 2** 选取一个无限可微函数$g$，并计算隐含层输出矩阵$\boldsymbol{H}$。

**步骤 3** 计算隐含层与输出层的连接权重$\hat{\boldsymbol{\beta}}=\boldsymbol{H}^\dagger\boldsymbol{T}$。

为了保证模型的稳定性与获得更好的泛化能力，在优化条件中加入正则化因子$C$，那么优化问题可以被表示为

$$\min:\|\boldsymbol{\beta}\|^2+C\|\boldsymbol{H\beta}-\boldsymbol{y}\|^2$$

即

$$\min:\frac{1}{2}\left(\|\boldsymbol{\beta}\|^2+C\sum_{i=1}^{N}\xi^2\right) \tag{2.15}$$
$$\text{s.t.}\quad \boldsymbol{H}(x_i)\boldsymbol{\beta}=y_i-\xi_i,\ \ i=1,2,\cdots,N$$

那么，由于训练样本的数量$N$一般会多于隐含层节点的个数$M$，基于

Karush-Kuhn-Tucker(KKT)条件，上述优化问题的解可以被表示为

$$\hat{\boldsymbol{\beta}}=\left(\frac{1}{C}\boldsymbol{I}+\boldsymbol{H}^{\mathrm{T}}\boldsymbol{H}\right)^{-1}\boldsymbol{H}^{\mathrm{T}}\boldsymbol{y}$$

其中，$\hat{\boldsymbol{\beta}}$ 是 $\boldsymbol{\beta}$ 由数值解法得到的近似值，$\boldsymbol{I}$ 是一个 $M$ 阶的单位矩阵。

一些研究表明，ELM 不仅可以使用非线性函数(如高斯函数、Sigmoid 函数、正弦函数等)作为激活函数，也可以选取一些不可微函数甚至不连续函数作为激活函数。在模型的结构优化方面，Huang 等[36]在 2008 年提出了增量 ELM 及一些变体。增量 ELM 采用了增量构造的方法，通过调整隐藏节点个数来优化 ELM。原始的 ELM 属于批处理算法，由于一些现实生活中的训练数据具有时间序列的性质，为了提高模型的泛化能力，对样本数据进行分批训练，每一轮的训练中仅输入当前批次的数据并更新网络权值，不需要重复学习之前批次的样本，此时在线顺序 ELM 在实际应用中具有更好的鲁棒性。

为了提高极限学习机在处理复杂问题时的表示能力，一些基于增加隐含层数量的改进算法被提出。Cambria 等[37]提出了基于 ELM 的自编码器(extreme learning machine autoencoder，ELM-AE)，初始化隐含层权重，通过将输入数据用作输出数据，并选择隐含层节点的正交随机权重和随机偏差。基于 ELM-AE，通过将若干隐含层进行堆叠，设计了多层极限学习机(multilayer extreme learning machine，ML-ELM)。Zhang 等[38]将自动编码器 ELM 的自编码器改为去噪自编码器(denoising autoencoder，DAE)，选用含有噪声的特征作为网络的输入，将网络的输出与原有的不含噪声的输入进行对比，让网络能够学习到那些不随噪声随机变动的更广泛的特征。去噪自编码极限学习机(extreme learning machine denoising autoencoder，ELM-DAE)所提取的特征相较于 AE-ELM 具有更大的尺度。在多层极限学习机的基础上引入核运算，用核函数取代显式特征映射，避免了随机初始化输入权重和偏置，使得多层核函数极限学习机(multilayer kernel extreme learning machine，ML-KELM)具有了更好的泛化能力。但是这些改进的多层 ELM 一般被应用在分类问题中，在回归问题中较少被使用。Chen 等[39]提出使用差分整合移动平均自回归模型(autoregressive integrated moving average model，ARIMA)来对 ELM 输出的预测值进行修正，应用于网络流量预测。Zhang[5]提出使用隐马尔可夫模型(hidden Markov model，HMM)修正 ELM 应用于空气质量预测。

## 2.3　支持向量机

支持向量机由 Vapnik 等在 20 世纪 90 年代提出，是一种建立在统计学习理论和结构风险最小化原理基础上的机器学习方法[40]，由于其在文本分类任务中

显示出卓越的性能，很快成为机器学习方法中的主流技术，并在 21 世纪初引领“统计学习”的浪潮。在解决样本数较少、非线性和高维数模式识别问题中避免了计算量爆炸增长和过拟合问题。支持向量机的求解通常借助于凸优化技术。提高算法的效率是使 SVM 能被应用于大规模问题求解的关键。一些对于线性核函数 SVM 的研究，如基于割平面的 SVM、基于随机梯度下降的 SVM 等对高效的计算给出了解决方案。基于非线性核的 SVM 其时间复杂度在理论上不会低于 $O\left(N^2\right)$，基于采样的 SVM 以及基于随机傅里叶特征的方法等以快速近似计算为核心进行优化。经典的支持向量机针对二分类问题进行设计，一些研究对其在多分类问题上的应用也进行了推广。

支持向量机的原理是寻找一个满足分类要求的最优分类超平面。如图 2.4 所示，能够将训练样本划分的超平面有很多，那么判断哪个超平面是最优的是一个需要解决的问题。在确保这个超平面分类精度的同时，若超平面位于两类训练样本的正中间，则这个划分超平面对训练样本的局部扰动的“容忍”性最好，即拥有较好的鲁棒性。

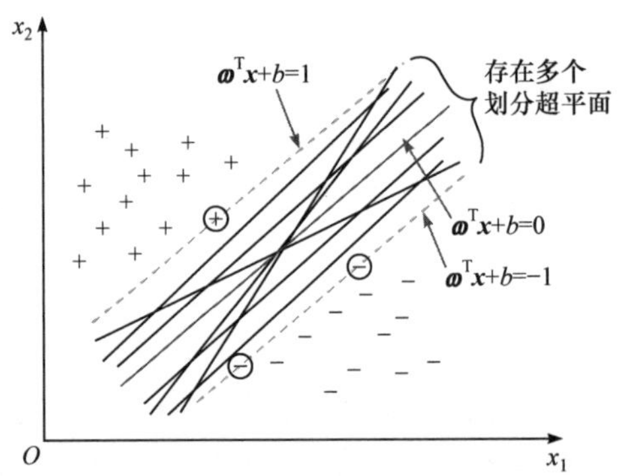


图 2.4　存在多个超平面可以将训练样本分开

在样本空间中，划分超平面可以通过如下线性方程来描述：

$$\boldsymbol{\omega}^{\mathrm{T}}\boldsymbol{x}+b=0 \tag{2.16}$$

其中，$\boldsymbol{\omega}=\left(\omega_1,\omega_2,\cdots,\omega_d\right)$是法向量，它决定了超平面的方向；$b$ 是位移项，它决定了超平面与原点间的距离。那么划分超平面可以由法向量 $\boldsymbol{\omega}$ 和位移项 $b$ 唯一确定，记为$(\boldsymbol{\omega},b)$，样本空间中的任意一点 $\boldsymbol{x}$ 到超平面$(\boldsymbol{\omega},b)$的距离可以写为

$$r=\frac{\left|\boldsymbol{\omega}^{\mathrm{T}}\boldsymbol{x}+b\right|}{\|\boldsymbol{\omega}\|} \tag{2.17}$$

假设超平面$(\boldsymbol{\omega},b)$将训练的样本正确分类，即对于$\forall\left(\boldsymbol{x}_i,y_i\right)\in D$，若 $y_i=1$，那么有 $\boldsymbol{\omega}^{\mathrm{T}}\boldsymbol{x}_i+b>0$，若 $y_i=-1$，那么有 $\boldsymbol{\omega}^{\mathrm{T}}\boldsymbol{x}_i+b<0$，令

$$\begin{cases} \boldsymbol{\omega}^{\mathrm{T}}\boldsymbol{x}_i + b \geqslant +1, & y_i = +1 \\ \boldsymbol{\omega}^{\mathrm{T}}\boldsymbol{x}_i + b \leqslant -1, & y_i = -1 \end{cases} \tag{2.18}$$

如图 2.5 所示，距离超平面最近的这几个训练样本使得式(2.18)中的等号成立，它们被称为支持向量，两个不同类的支持向量到超平面$(\boldsymbol{\omega},b)$的距离之和$\varUpsilon$是两个类的间隔，$\varUpsilon = \dfrac{2}{\|\boldsymbol{\omega}\|}$。

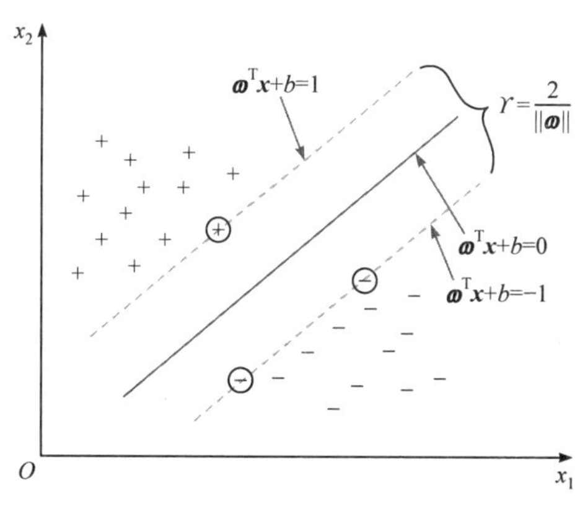


图 2.5　支持向量与间隔

要找到具有最大间隔的划分超平面，即找到满足式(2.16)的参数$\boldsymbol{\omega}$和$b$，使得$\varUpsilon$最大，即

$$\max_{\omega,b} \frac{2}{\|\boldsymbol{\omega}\|} \tag{2.19}$$

$$\text{s.t.}\quad y_i\left(\boldsymbol{\omega}^{\mathrm{T}}\boldsymbol{x}_i + b\right) \geqslant 1, \quad i = 1,2,\cdots,m$$

为了最大化间隔$\varUpsilon$，只要使得$\dfrac{1}{\|\boldsymbol{\omega}\|}$最大，即使得$\|\boldsymbol{\omega}\|^2$最小，故式(2.19)等价于

$$\min_{\omega,b} \frac{\|\boldsymbol{\omega}\|^2}{2} \tag{2.20}$$

$$\text{s.t.}\quad y_i\left(\boldsymbol{\omega}^{\mathrm{T}}\boldsymbol{x}_i + b\right) \geqslant 1, \quad i = 1,2,\cdots,m$$

我们希望通过求解式(2.20)得到最大割平面所对应的模型

$$f(x) = \boldsymbol{\omega}^{\mathrm{T}}\boldsymbol{x} + b \tag{2.21}$$

由拉格朗日乘数法可以得到这个问题的对偶问题，对每个约束条件增加拉格朗日乘子$\alpha_i \geqslant 0$，那么这个问题的拉格朗日函数可以被写为

$$L(\boldsymbol{\omega},b,\boldsymbol{\alpha})=\frac{\|\boldsymbol{\omega}\|^2}{2}-\sum_{i=1}^{m}\alpha_i\left(y_i\left(\boldsymbol{\omega}^{\mathrm{T}}\boldsymbol{x}_i+b\right)-1\right) \tag{2.22}$$

其中，$\boldsymbol{\alpha}=(\alpha_1,\alpha_2,\cdots,\alpha_m)^{\mathrm{T}}$。在式(2.22)中，令$\frac{\partial}{\partial\boldsymbol{\omega}}L(\boldsymbol{\omega},b,\boldsymbol{\alpha})=\frac{\partial}{\partial b}L(\boldsymbol{\omega},b,\boldsymbol{\alpha})=0$，有

$$\boldsymbol{\omega}=\sum_{i=1}^{m}\alpha_i y_i\boldsymbol{x}_i \tag{2.23}$$

$$0=\sum_{i=1}^{m}\alpha_i y_i \tag{2.24}$$

将式(2.23)、式(2.24)代入式(2.22)得式(2.21)的对偶问题：

$$\max_{\boldsymbol{\alpha}}\sum_{i=1}^{m}\alpha_i-\frac{1}{2}\sum_{i=1}^{m}\sum_{j=1}^{m}\alpha_i\alpha_j y_i y_j\boldsymbol{x}_i^{\mathrm{T}}\boldsymbol{x}_j \tag{2.25}$$

$$\text{s.t.}\quad \sum_{i=1}^{m}\alpha_i y_i=0,\quad \alpha_i\geqslant 0,\quad i=1,2,\cdots,m$$

解出$\boldsymbol{\alpha}$后，求出$\boldsymbol{\omega}$和$b$后得到分类模型$f(\boldsymbol{x})=\boldsymbol{\omega}^{\mathrm{T}}\boldsymbol{x}+b=\sum_{i=1}^{m}\alpha_i y_i\boldsymbol{x}_i^{\mathrm{T}}\boldsymbol{x}+b$。

从对偶问题解出的$\alpha_i$是式(2.22)中的拉格朗日乘子，这对应训练样本$(\boldsymbol{x}_i,y_i)$，式(2.25)中的约束条件等价于满足 KKT 条件，即要求

$$\begin{cases}\alpha_i\geqslant 0\\ y_i f(\boldsymbol{x}_i)-1\geqslant 0\\ \alpha_i\left(y_i f(\boldsymbol{x}_i)-1\right)=0\end{cases} \tag{2.26}$$

于是，对于任意训练样本$(\boldsymbol{x}_i,y_i)$，有$\alpha_i=0$或$y_i f(\boldsymbol{x}_i)-1=0$。这表明最终的模型仅与那几个支持向量有关。

事实上，由于数据不一定是线性可分的，那么不一定存在满足条件的超平面，对于这样的问题，可以使用一个核函数$k(\cdot,\cdot)$，将样本从原始空间映射到一个更高维的空间，通过在更高维的特征空间中寻找一个划分平面解决原空间中线性不可分的问题。

令$\boldsymbol{\phi}(\boldsymbol{x})$是样本$\boldsymbol{x}$映射到更高维空间的特征向量，那么在新的特征空间中，划分超平面对应的模型可以表示为

$$f(\boldsymbol{x})=\boldsymbol{\omega}^{\mathrm{T}}\boldsymbol{\phi}(\boldsymbol{x})+b \tag{2.27}$$

与式(2.27)类似有

$$\min_{\omega,b}\frac{\|\boldsymbol{\omega}\|^2}{2} \tag{2.28}$$

$$\text{s.t.}\quad y_i\left(\boldsymbol{\omega}^{\mathrm{T}}\boldsymbol{\phi}\left(\boldsymbol{x}_i\right)+b\right)\geqslant 1,\quad i=1,2,\cdots,m$$

其对偶问题

$$\max_{\alpha}\sum_{i=1}^{m}\alpha_i-\frac{1}{2}\sum_{i=1}^{m}\sum_{j=1}^{m}\alpha_i\alpha_j y_i y_j\boldsymbol{\phi}(\boldsymbol{x}_i)^{\mathrm{T}}\boldsymbol{\phi}\left(\boldsymbol{x}_j\right) \tag{2.29}$$

$$\text{s.t.}\quad \sum_{i=1}^{m}\alpha_i y_i=0,\quad \alpha_i\geqslant 0,\quad i=1,2,\cdots,m$$

由于式(2.29)需要计算$\boldsymbol{\phi}(\boldsymbol{x}_i)^{\mathrm{T}}\boldsymbol{\phi}\left(\boldsymbol{x}_j\right)$，这是样本$\boldsymbol{x}_i$和$\boldsymbol{x}_j$在更高维空间上的内积，为了方便计算，我们定义一个核函数$k(\cdot,\cdot)$，使得

$$k(\cdot,\cdot)=\left(\boldsymbol{\phi}\left(\boldsymbol{x}_i\right),\boldsymbol{\phi}\left(\boldsymbol{x}_j\right)\right)=\boldsymbol{\phi}\left(\boldsymbol{x}_i\right)^{\mathrm{T}}\boldsymbol{\phi}\left(\boldsymbol{x}_j\right) \tag{2.30}$$

令$X$是输入空间，$k(\cdot,\cdot)$在$X\times X$上对称，那么对任意数据$D=\{\boldsymbol{x}_1,\boldsymbol{x}_2,\cdots,\boldsymbol{x}_m\}$，核矩阵$\boldsymbol{K}$是半正定的，即

$$\boldsymbol{K}=\begin{bmatrix} k\left(\boldsymbol{x}_1,\boldsymbol{x}_1\right) & \cdots & k\left(\boldsymbol{x}_1,\boldsymbol{x}_j\right) & \cdots & k\left(\boldsymbol{x}_1,\boldsymbol{x}_m\right)\\ \vdots & & \vdots & & \vdots\\ k\left(\boldsymbol{x}_i,\boldsymbol{x}_1\right) & \cdots & k\left(\boldsymbol{x}_i,\boldsymbol{x}_j\right) & \cdots & k\left(\boldsymbol{x}_i,\boldsymbol{x}_m\right)\\ \vdots & & \vdots & & \vdots\\ k\left(\boldsymbol{x}_m,\boldsymbol{x}_1\right) & \cdots & k\left(\boldsymbol{x}_m,\boldsymbol{x}_j\right) & \cdots & k\left(\boldsymbol{x}_m,\boldsymbol{x}_m\right) \end{bmatrix} \tag{2.31}$$

这说明只要一个对称函数的核矩阵是半正定的，那么这个对称函数就能作为一个核函数来使用。

由式(2.31)，式(2.29)可被改写为

$$\max_{\boldsymbol{\alpha}}\sum_{i=1}^{m}\alpha_i-\frac{1}{2}\sum_{i=1}^{m}\sum_{j=1}^{m}\alpha_i\alpha_j y_i y_j k\left(\boldsymbol{x}_i,\boldsymbol{x}_j\right) \tag{2.32}$$

$$\text{s.t.}\quad \sum_{i=1}^{m}\alpha_i y_i=0,\quad \alpha_i\geqslant 0,\quad i=1,2,\cdots,m$$

表 2.1 列出了几种常用的核函数。

**表 2.1　几种常用的核函数**

| 名称 | 表达式 | 参数 |
|---|---|---|
| 线性核函数 | $k\left(\boldsymbol{x}_i,\boldsymbol{x}_j\right)=\boldsymbol{x}_i^{\mathrm{T}}\boldsymbol{x}_j$ | |
| 多项式核函数 | $k\left(\boldsymbol{x}_i,\boldsymbol{x}_j\right)=\left(\boldsymbol{x}_i^{\mathrm{T}}\boldsymbol{x}_j\right)^d$ | $d\geqslant 1$是多项式的系数 |

续表

| 名称 | 表达式 | 参数 |
|---|---|---|
| 高斯核函数 | $k\left(\boldsymbol{x}_i,\boldsymbol{x}_j\right)=\exp\left(-\frac{\Vert \boldsymbol{x}_i-\boldsymbol{x}_j\Vert^2}{2\sigma^2}\right)$ | $\sigma>0$ 是高斯核的带宽 |
| 拉普拉斯核函数 | $k\left(\boldsymbol{x}_i,\boldsymbol{x}_j\right)=\exp\left(-\frac{\Vert \boldsymbol{x}_i-\boldsymbol{x}_j\Vert^2}{\sigma^2}\right)$ | $\sigma>0$ |
| Sigmoid 核函数 | $k\left(\boldsymbol{x}_i,\boldsymbol{x}_j\right)=\tanh\left(\beta\boldsymbol{x}_i^{\mathrm{T}}\boldsymbol{x}_j+\theta\right)$ | $\beta>0,\ \theta<0$ |

但是在实际实验中，很难找到一个超平面把不同类的样本完全分离成不同的部分，我们允许支持向量机在一少部分的样本上出现错误，故引入松弛变量，如图 2.6 圆圈标注样本所示。

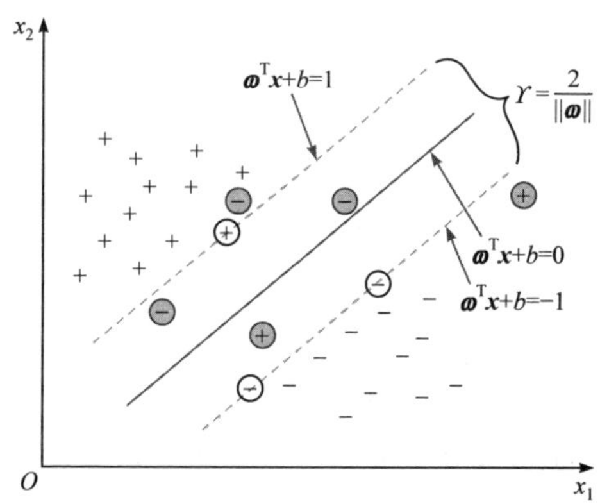


图 2.6　加入松弛变量后的支持向量与间隔

允许某些样本不满足约束条件 $y_i\left(\boldsymbol{\omega}^{\mathrm{T}}\boldsymbol{x}_i+b\right)\geqslant 1$，但要使得不满足条件的样本尽可能少，那么优化的目标函数可以写成

$$\min_{\boldsymbol{\omega},b}\frac{\Vert\boldsymbol{\omega}\Vert^2}{2}+C\sum_{i=1}^{m}\max\left(0,1-y_i\left(\boldsymbol{\omega}^{\mathrm{T}}\boldsymbol{x}_i+b\right)\right) \tag{2.33}$$

其中，$C$ 为大于 0 的常数，是惩罚系数。当 $C\to+\infty$ 时，式(2.33)要求所有的样本都满足约束条件，这时式(2.33)与式(2.32)等价；当 $C$ 取有限值时，式(2.33)允许少量的样本不满足约束条件，$C$ 越大，不满足约束条件的样本越少。

前面已经探讨了使用支持向量机进行分类，现在来考虑回归问题。对于给定的训练样本 $D=\left\{\left(\boldsymbol{x}_1,y_1\right),\left(\boldsymbol{x}_2,y_2\right),\cdots,\left(\boldsymbol{x}_N,y_N\right)\right\}$，$y_i\in\mathbf{R}$，我们也希望得到一个类似分类问题中相似的模型 $f\left(\boldsymbol{x}\right)=\boldsymbol{\omega}^{\mathrm{T}}x+b$，使得 $f\left(\boldsymbol{x}\right)\approx y$，$\boldsymbol{\omega}$ 和 $b$ 是需要求解的模型参数。

对于样本 $D$，传统的回归模型一般直接基于模型的输出 $f(\boldsymbol{x})$ 与样本真实的输出 $y$ 计算模型误差，构造损失函数，并对其进行优化。只有当 $f(\boldsymbol{x})=y$ 时，模型的损失才为 0。与传统算法不同的是，支持向量回归(support vector regression，SVR)假设模型允许有 $\varepsilon$ 的误差，当模型的输出 $f(\boldsymbol{x})$ 与样本真实的输出 $y$ 的误差 $\left|f(\boldsymbol{x}_i)-y_i\right|<\varepsilon$ 时，我们不认为它们有误差，只有当模型的输出 $f(\boldsymbol{x})$ 与样本真实的输出 $y$ 的误差 $\left|f(\boldsymbol{x}_i)-y_i\right|>\varepsilon$ 时，我们才对其计算损失。这意味着我们以 $f(\boldsymbol{x})$ 为中心，构建了一条宽 $2\varepsilon$ 的条带状区域，当训练样本在条带状区域中时，我们认为预测是正确的。

那么一个 SVR 问题可以转化成如下方程：

$$\min_{\boldsymbol{\omega},b}\frac{1}{2}\|\boldsymbol{\omega}\|^2+C\sum_{i=1}^{N}l\left(f(\boldsymbol{x}_i)-y_i\right) \tag{2.34}$$

其中，$C$ 为正则化常数，$l$ 是损失函数，$l(x)=\begin{cases}0, & |x|<\varepsilon\\ |x|-\varepsilon, & \text{其他}\end{cases}$。

在模型中引入松弛变量 $\xi_i$ 和 $\hat{\xi}_i$，那么方程可以被改写为

$$\min_{\boldsymbol{\omega},b,\xi_i,\hat{\xi}_i}\frac{1}{2}\|\boldsymbol{\omega}\|^2+C\sum_{i=1}^{N}\left(\xi_i+\hat{\xi}_i\right)$$

$$\text{s.t.}\quad f(\boldsymbol{x}_i)-y_i\leqslant\varepsilon+\xi_i$$

$$y_i-f(\boldsymbol{x}_i)\leqslant\varepsilon+\hat{\xi}_i$$

$$\xi_i,\hat{\xi}_i\geqslant 0,\quad i=1,2,\cdots,N$$

构造拉格朗日函数

$$\begin{aligned}&L\left(\boldsymbol{\omega},b,\boldsymbol{\alpha},\hat{\boldsymbol{\alpha}},\boldsymbol{\xi},\hat{\boldsymbol{\xi}},\boldsymbol{\mu},\hat{\boldsymbol{\mu}}\right)\\&=\frac{1}{2}\|\boldsymbol{\omega}\|^2+C\sum_{i=1}^{N}\left(\xi_i+\hat{\xi}_i\right)-\sum_{i=1}^{N}\mu_i\xi_i-\sum_{i=1}^{N}\hat{\mu}_i\hat{\xi}_i\\&\quad+\sum_{i=1}^{N}\alpha_i\left(f(\boldsymbol{x}_i)-y_i-\varepsilon-\xi_i\right)+\sum_{i=1}^{N}\hat{\alpha}_i\left(y_i-f(\boldsymbol{x}_i)-\varepsilon-\hat{\xi}_i\right)\end{aligned}$$

令 $L\left(\boldsymbol{\omega},b,\boldsymbol{\alpha},\hat{\boldsymbol{\alpha}},\boldsymbol{\xi},\hat{\boldsymbol{\xi}},\boldsymbol{\mu},\hat{\boldsymbol{\mu}}\right)$ 分别对 $\boldsymbol{\omega}$、$b$、$\boldsymbol{\xi}$、$\hat{\boldsymbol{\xi}}$ 的偏导数为 0，有

$$\boldsymbol{\omega}=\sum_{i=1}^{N}(\hat{\alpha}_i-\alpha_i)\boldsymbol{x}_i$$

$$0=\sum_{i=1}^{N}(\hat{\alpha}_i-\alpha_i)$$

$$C = \alpha_i + \mu_i = \hat{\alpha}_i + \hat{\mu}_i$$

代入式(2.34)，得到 SVR 问题的对偶问题

$$\max_{\boldsymbol{\alpha},\hat{\boldsymbol{\alpha}}} \sum_{i=1}^{N} (\hat{\alpha}_i - \alpha_i) y_i - \varepsilon(\hat{\alpha}_i + \alpha_i) - \frac{1}{2}\sum_{i=1}^{N}\sum_{j=1}^{N} (\hat{\alpha}_i - \alpha_i)(\hat{\alpha}_j - \alpha_j) \boldsymbol{x}_i^{\mathrm{T}} \boldsymbol{x}_i$$

$$\text{s.t.} \quad 0 = \sum_{i=1}^{N} (\hat{\alpha}_i - \alpha_i), \quad 0 \leqslant \hat{\alpha}_i, \alpha_i \leqslant C$$

由 KKT 条件，有

$$\begin{cases} \alpha_i \left( f(\boldsymbol{x}_i) - y_i - \varepsilon - \xi_i \right) = 0 \\ \hat{\alpha}_i \left( y_i - f(\boldsymbol{x}_i) - \varepsilon - \hat{\xi}_i \right) = 0 \\ \alpha_i \hat{\alpha}_i = 0, \quad \xi_i \hat{\xi}_i = 0 \\ (C - \alpha_i) \xi_i = 0, \quad (C - \hat{\alpha}_i) \hat{\xi}_i = 0 \end{cases}$$

由上式，当 $f(\boldsymbol{x}_i) - y_i - \varepsilon - \xi_i \neq 0$ 时，$\alpha_i = 0$；另外，当 $y_i - f(\boldsymbol{x}_i) - \varepsilon - \hat{\xi}_i \neq 0$ 时，$\hat{\alpha}_i = 0$。这说明 $\alpha_i$ 和 $\hat{\alpha}_i$ 至少有一个为 0。

那么 SVR 的解有如下形式：

$$f(\boldsymbol{x}) = \sum_{i=1}^{N} (\hat{\alpha}_i - \alpha_i) \boldsymbol{x}_i^{\mathrm{T}} \boldsymbol{x} + b \tag{2.35}$$

使得上式中 $\hat{\alpha}_i - \alpha_i \neq 0$ 的样本被称为 SVR 的支持向量，即不在宽 $2\varepsilon$ 条带内部的点。一个明显的事实是 SVR 的支持向量只是所有训练样本中的一部分。由 KKT 条件，对每个样本 $(\boldsymbol{x}_i, y_i)$ 有 $(C - \alpha_i)\xi_i = 0$ 且 $\alpha_i \left( f(\boldsymbol{x}_i) - y_i - \varepsilon - \xi_i \right) = 0$，当 $\alpha_i \neq 0$ 时，有 $\xi_i = 0$，那么

$$b = y_i + \varepsilon - \sum_{i=1}^{N} (\hat{\alpha}_i - \alpha_i) \boldsymbol{x}_i^{\mathrm{T}} \boldsymbol{x} \tag{2.36}$$

因此，对于每一个使得 $\alpha_i \neq 0$ 的样本，都可以求得一个对应的 $b_i$。实践中常取所有满足 $\alpha_i \neq 0$ 的样本，分别求得 $b_i$，取这些 $b_i$ 的平均值作为整个模型中的 $b$。

若将样本先使用特征映射将其投影到高维空间，那么 $\boldsymbol{\omega}$ 可以被改写为

$$\boldsymbol{\omega} = \sum_{i=1}^{N} (\hat{\alpha}_i - \alpha_i) \boldsymbol{\phi}(\boldsymbol{x}_i) \tag{2.37}$$

这时，有

$$f(\boldsymbol{x}) = \sum_{i=1}^{N} (\hat{\alpha}_i - \alpha_i) k(\boldsymbol{x}_i, \boldsymbol{x}) + b \tag{2.38}$$

其中，$k(\boldsymbol{x}_i, \boldsymbol{x}) = \boldsymbol{\phi}(\boldsymbol{x}_i)^{\mathrm{T}} \boldsymbol{\phi}(\boldsymbol{x}_i)$ 为核函数。

## 2.4　深度学习算法

理论上来说，拥有更多参数的模型复杂度更高，“容量”(capacity)更大，这使得模型具有完成更复杂学习任务的能力。但一般情况下，复杂模型的训练效率较低，容易陷入过拟合，因此难以受到人们的青睐。但是随着大数据时代的到来，训练数据量大幅提升，降低了过拟合的风险，此外计算能力显著提高，缓解了模型训练的低效性，以“深度学习”为代表的复杂模型再一次被人们所关注。

进入 21 世纪，基于深度神经网络的学习取得了飞速的发展，被大量应用于计算机视觉、语音识别、自然语言处理等领域。传统的机器学习算法在处理原始形式的自然数据时，由于没有很好地进行特征工程设计，其性能会受到一定的限制。一个优秀的机器学习模型需要一定的问题背景与工程技术知识，通过合理地构造特征，将原始数据转换为特征向量，并通过机器学习算法依据特征进行回归或分类。将单隐含层神经网络的隐含层数量增加到多层，就可以得到多隐含层神经网络，即深度神经网络。深度学习本质上是一种多层表征学习的方法，整个深度学习模型通过一些非线性模块的叠加组合在一起，每一层对前一层的数据进行特征提取，分层地将输入的数据转化为更抽象、更高级的表征。通过组合不同表征的学习方式，深度学习能够提取一些较为复杂的特征。

最典型的深度学习模型就是深层的神经网络，显然对于一个神经网络模型，提高模型复杂度的有效方法之一就是增加网络隐含层的数量，更多的隐含层意味着更多的连接权值以及阈值参数。另一种方法是增加神经元数量，单隐含层前馈神经网络已经具有强大的表示能力，能够以任意精度逼近一个连续函数，增加网络隐含层数量对模型复杂度的提高更为显著。但是多隐含层神经网络难以用传统的训练方式进行优化(如标准 BP 算法)，这是由于误差在多隐含层网络内逆传播时容易发散，而模型不能收敛到稳定状态。

深度学习根据目标不同可以被分为两类：有监督学习(supervised learning)和无监督学习(unsupervised learning)。对于有监督学习，模型的目标是使网络的输出更接近真实解，使构造的损失函数最小；对于无监督学习，由于没有告诉模型什么是真实解，其目标更注重于从原始数据中自发地挖掘出规律，根据特征进行分类或进行异常检测等。

无监督逐层训练是一种多隐含层网络训练的有效手段，每次训练一层的隐含层节点参数，将上一层隐含层节点的输出作为输入，当前隐含层节点的输出作为下一层的输入，逐层地进行预训练，使得各隐含层参数达到一个较优的解。在预训练完成后再使用 BP 算法对整个网络进行微调，使得网络各隐含层参数达到最优。这种预训练加微调的训练方法有效降低了模型训练的复杂度，提高了模型训练的效率。另一种常用的降低训练复杂度的方法是共享权重，即一组神经元使用相同的连接权值和阈值参数。这种方法被广泛用于卷积神经网络。

常用的深度学习算法有深度神经网络(deep neural network，DNN)、卷积神经网络(convolutional neural network，CNN)、循环神经网络(recurrent neural network，RNN)、长短期记忆(long short-term memory，LSTM)网络、深度信念网络(deep belief network，DBN)、深度卷积逆向图网络(deep convolutional inverse graphics network，DCIGN)、生成对抗网络(generative adversarial network，GAN)等。随着技术的不断发展，各种深度神经网络的变体也越来越多。深层神经网络模型如图 2.7 所示。

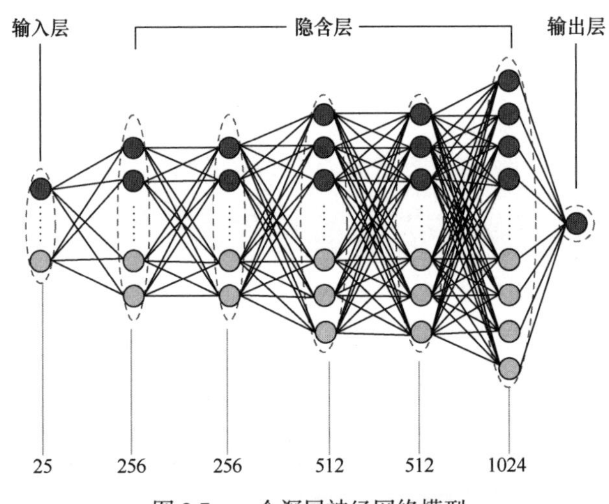


图 2.7　一个深层神经网络模型

深度学习模型有大量的参数需要优化，因此深度学习算法需要大量的训练数据才能有较好的结果。由于网络模型过于复杂，通常情况下模型都会不可避免地产生一些过拟合的现象，即在测试集上的误差明显高于训练集。通常会采用剪枝、随机连接、增加数据量等方法减少过拟合现象的发生。

一些简单的机器学习算法在不同的重要问题上都效果良好，但是它们都不能解决人工智能中的核心问题，如语音识别或对象识别。深度学习发展的目的在于传统的机器学习算法在一些问题上不能取得较好的泛化能力，特别是在一些高维数据时，传统的机器学习中泛化机制不适合学习高维空间中复杂的函数，需要付出巨大的计算代价。

当数据的维数很高时，许多机器学习问题变得十分困难，这种现象被称为维数灾难。一组变量可能的组合方式会随着变量数目的增加而呈指数级爆炸式增长。由维数灾难造成的一个问题是统计挑战。当变量的可能组合配置数量远大于训练样本数时，大部分的配置没有相关的样本，只简单地假设一个新点的输出与最接近的训练点输出相同不足以满足高维空间的需要。为了有更好的泛化能力，深度学习算法需要由先验信息引导应该学习何种类型的函数。我们发现，先验信息是根据模型参数的概率分布形成的，因此，尽管它在选择一些偏好某类函数的算法时，不能在不同函数置信度的概率分布中体现，但可以间接体现其价值。

一个广泛使用的先验信息是局部不变先验(local constancy prior)或被称为平滑先验(smoothness prior)，即我们学习的目标函数在小区域内不会发生剧烈的变化。许多简单算法完全依赖平滑先验条件取得良好的泛化能力，但是这个结果并不足以推广用于解决人工智能级别任务中的统计挑战。有许多不同的显式或隐式地表示学习函数应该是光滑或局部不变的先验假设，这些方法都旨在引导学习过程能够学习出函数 $f^*$ 对于大多数设置 $x$ 和一个较小的扰动 $\varepsilon$，满足如下约束条件：

$$f^*(\boldsymbol{x}) \approx f^*(\boldsymbol{x}+\varepsilon)$$

即若我们已知输入向量 $\boldsymbol{x}$ 的函数值，那么这个函数值在 $\boldsymbol{x}$ 的邻域内也成立。若在一些邻域内有不止一个函数值，我们可以通过这些函数值的组合(通过某种形式的平均或插值)产生一个尽可能与大多数输入一致的结果。大部分核机器也是在和附近训练样本相关的训练集输出上插值。一类重要的核函数是局部核(local kernel)，其核函数为 $k(\boldsymbol{u},\boldsymbol{v})$，当 $\boldsymbol{u}=\boldsymbol{v}$ 时 $k(\boldsymbol{u},\boldsymbol{v})$ 很大，当 $\boldsymbol{u}$ 和 $\boldsymbol{v}$ 距离增大时 $k(\boldsymbol{u},\boldsymbol{v})$ 减小。局部核可以被视为执行模板匹配的相似函数，可以用于度量测试样本 $\boldsymbol{x}$ 和每个训练样本 $\boldsymbol{x}^{(i)}$ 的相似程度。近年来深度学习的一些改进来自于研究局部模板匹配的局限性，以及深度学习如何克服这些局限性。

但是只假设函数的平滑性并不足以保证方法能在区间数目远大于训练样本时依旧有较好的泛化能力。我们想象一个案例，一个目标函数作用于一个 $128\times128$ 的网格上，这个网格只有一个简单的结构，但是包含了大量的变化。当训练样本的数量远小于网格的数量时，基于局部泛化和平滑性或局部不变性的先验假设，一个显然的事实是，如果新的测试点和某个训练点位于同一个网格中，那么我们可以正确地预测新点的函数值，但是当新的测试点所在的网格没有训练点时，学习器并不能举一反三，如果仅依靠这个先验假设，得到网格中每一点函数值的唯一方法是训练集至少需要在每一个网格中有一个训练样本。

只要在需要被学习的目标函数的峰值和谷底处拥有足够多的训练样本，那么平滑性假设和相关的无参数学习都能有较好的效果。若目标函数维数较低，且函数足够平滑，那么就能够学习得到具有较好泛化能力的模型。在高维空间中，即使一个非常平滑的函数，在不同维度上也会有不同的变化程度。当函数在不同区间的表现不同时，很难只用一组少量的训练样本去刻画函数。为了更好地表示复杂的目标函数，我们需要通过额外假设生成数据的分布来建立区间的依赖关系。

通过这种方式，我们可以做到非局部泛化。利用这种优势，许多不同的深度学习算法都提出了一些适用于多种 AI 任务的显式或隐式假设。人工智能任务的结构较为复杂，难以限制简单的、人工指定的性质，如周期性等。因此我们希望学习算法具有更通用的假设。深度学习的核心思想是假设数据由因素或特征组合产生，这些因素或特征可能来自一个层次结构的多个层级。许多其他类似的通用假设进一步提高了深度学习算法。这些假设允许了样本数目和可区分区间数目的指数增长。

一个常用的假设是流形假设。流形(manifold)是指连接在一起的区域。在数学上，它是指一组点，且每个点都有其邻域。给定一个任意的点，其流形局部类似一个欧几里得空间。举一个简单的例子，在生活中，我们将地球的局部视为一个二维平面，但事实上它是一个三维空间中的球状流形。

每一点邻域的定义暗示着存在变化能够从一个位置移动到其邻域位置，例如，我们生活在地球表面这个球状流形中，但是我们可以朝东南西北走。

在机器学习中，流形被定义为一组点，只需要考虑少数嵌入在高维空间中的自由度或维数就能很好地近似。每一维都对应着局部的变动方向。如图 2.8 所示，训练数据位于二维空间的一维流形中，在深度学习中，我们允许流形的维数从一个点到另一个点有所变化，这经常发生于流形自身相交的地方。

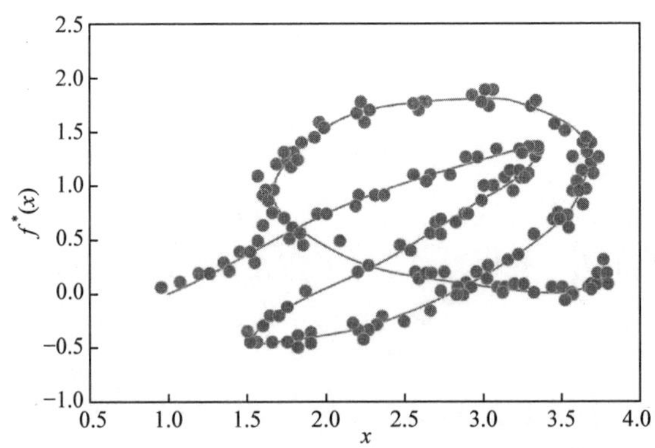


图 2.8　从一个聚集在一维流形的二维空间的分布中抽取的数据样本

流形学习通过假设 $\mathbf{R}^n$ 中大部分区域都是无效的输入，感兴趣的输入只分布在包含少量点的子集构成的一组流形中，而学习函数中感兴趣输出的变动只位于流形中的方向，或感兴趣的变动只发生在从一个流形到另一个流形移动的过程中。流形学习被引入连续数值数据和无监督学习中，假设概率质量高度集中。

在人工智能的一些场景，如图像处理、音频识别、自然语言处理中，流形的假设近似成立。一个显而易见的事实是现实生活中图像、文本、声音的概率分布高度集中，均匀的噪声与常见的结构化输入有明显的不同。均匀随机采样的点和一张有现实意义的照片可以被容易地区分，随机抽取的字母组成的字符串成为一个有真实意义的句子的概率可以忽略不计。这说明现实生活中的问题仅是序列的总空间中非常小的一部分，这从侧面也说明了概率分布的高度集中性。另一个支持流形假设的证据是，一个样本与其他样本是相互连接的，每个样本都被与其高度相似的样本包围，可以通过变换来遍历整个流形。例如，我们通过逐渐改变图片的颜色、光照条件，或移动旋转图片并不会改变图像本身描绘的事物，但是一只猫图像的流形并不会因为这些简单的变换而成为一只狗图像的流形。

当数据位于低维流形中时，使用流形中的坐标，而不是 $\mathbf{R}^n$ 中的坐标表示深度学习的数据更为自然。正如日常生活中，我们一般通过使用房间号来描述自己家的位置，而不是三维空间中的坐标。

## 2.5　其他机器学习

本节将简单介绍一些其他常用的机器学习算法，如决策树(decision tree)、贝叶斯分类(Bayesian classification)等，集成学习(ensemble learning)也常被用在一些算法的改进中。

### 2.5.1　决策树

决策树是一种基本的用于解决分类与回归问题的有效算法，并且具有较高的可解释性。以分类决策树为例，在分类问题中，基于特征对实例进行分类的过程可以认为是 if-then 的集合，也可以被认为是定义在特征空间与类空间上的条件概率分布。一个决策树算法通常包含以下三个步骤：特征选择、决策树的生成与决策树的修剪。从根节点开始，对实例的某一特征进行测试，根据测试结果将实例分配到其子节点，此时每个子节点对应这一特征的一个取值。如此逐层递归地对实例进行测试并分配，直到达到叶节点，最后将实例分到叶节点所在的类中。决策树示意图如图 2.9 所示。

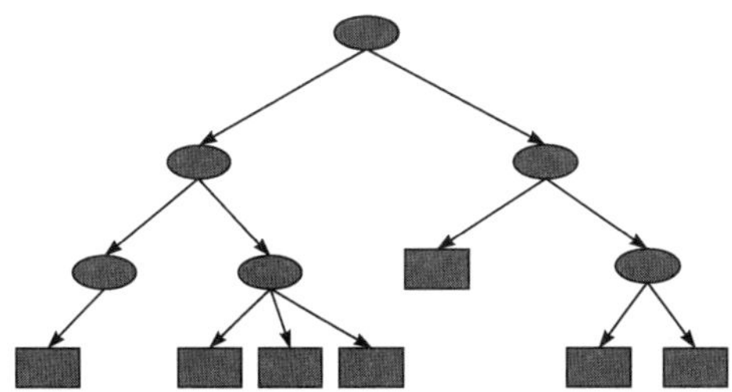

图 2.9　决策树示意图(椭圆表示内部节点，方框表示叶节点)

决策树学习的目标是从给定的训练数据集中构建一个决策树模型，使其对实例能够有正确的分类。这种算法的本质是从训练集中归纳出一组分类规则，即从训练集中估计一个条件概率模型。在决策树算法中，一般选取正则化的极大似然函数作为损失函数，通过最小化损失函数选取最优的决策树模型。

决策树学习算法通常是一个递归地选择最优特征，并根据这一特征对训练数据进行分割，使得各个子数据集有一个最好的分类效果的过程。这一过程对应着对特征空间的划分，也对应决策树的构建。

首先是构建根节点。将所有训练数据都放在根节点中，选取一个最优特征，按照这一特征对数据集进行划分，使得各个子集有一个在当前条件下最好的分类。如果这些子集已经能够被基本正确地分类，那么构建叶节点，将这些子集分别分到所对应的叶节点中。反之，若还有子集不能被正确地分类，那么在这些子集中进一步选取新的最优特征，对子集进行划分，构建相应的内部节点与叶节点。如此递归地进行直到所有训练数据子集都被正确地分类或没有合适的特征为止。最终每个子集都被分到对应的叶节点上，即有了明确的类，这样就生成了一棵决策树。

决策树由于计算复杂度较低，且模型具有较好的可解释性，对中间值的缺失不敏感，可以处理不相关特征的数据，所以被广泛用于数值型和标称型数据问题中，但某些情形下也会产生过拟合的问题。

划分数据集的基本原则是将无序的数据变得更加有序。在数据集划分前后信息发生的变化被称为信息增益，获得使得信息增益最高的特征就是最好的特征。信息量的度量方式称为熵，通常可以由下式计算：

$$H(X)=\sum_{i=1}^{n}p(X_i)I(X_i) \tag{2.39}$$

其中，$I(X_i)=-\log_2 p(X_i)$ 是事件 $X_i$ 的信息，可以用来消除类 $X_i$ 的不确定性；$p(X_i)$ 是事件 $X_i$ 发生的概率；$n$ 是分类的数目。一个事件的熵越大，随机变量的不确定性也越大。当熵中的概率从数据中得到时，所对应的熵称为经验熵(empirical entropy)。

条件熵 $H(Y|X)=-\sum_{i=1}^{n}\sum_{j=1}^{m}p\left(X=X_i,Y=Y_j\right)$ 衡量在已知随机变量 $X$ 的条件下，随机变量 $Y$ 的不确定性，一个显而易见的事实是条件熵小于信息熵，当已知的先验知识增加时，信息的不确定性下降。互信息，即信息增益，是一种对两个随机变量间相关性的度量，即给定随机变量 $X$ 的条件下，随机变量 $Y$ 不确定性减少的程度，可由下式计算：

$$I(X,Y)=H(Y)-H(Y|X) \tag{2.40}$$

在决策树学习中，信息增益等价于训练集中类与特征的互信息。信息增益的大小是相对于训练数据集而言的，没有绝对意义，在经验熵大的数据集上，通常信息增益也会偏大，反之信息增益会偏小。使用信息增益比对问题进行校正。信息增益比可以由下式计算：

$$\mathrm{gr}(D,A)=\frac{I(D,A)}{H(A)} \tag{2.41}$$

当训练数据集具有多于两个特征时，可能存在多于两个分支的数据集划分。在第一次划分后，数据集被向下传递到树的分支的下一个节点，在子节点上，再次划分数据，采用递归的思想依次处理数据集。构建决策树的算法如 C4.5、ID3 和 CART 等，这些算法在运行时并不总在每次划分数据分组时都会消耗特征。由于特征数量并不是在每次划分数据分组时都会减少，决策树生成算法递归地产生决策树，直到不能继续下去为止。因此，这些算法在实际使用时可能会有过拟合的现象，通常解决这个问题的方法是降低决策树的复杂度，对已生成的决策树进行简化。

ID3 算法的核心是在决策树各个节点上利用信息准则选取特征，递归地构建决策树。对于一个训练数据集 $D$、特征 $A$、阈值 $\varepsilon$、ID3 算法可以分为 6 个步骤。

**步骤 1**　若 $D$ 中所有实例属于同一类 $C_k$，则 $T$ 为单节点树，并将类 $C_k$ 作为这个节点的类标记，返回 $T$。

**步骤 2**　若 $A \neq \varnothing$，则 $T$ 为单节点树，并将 $D$ 中实例数最大的类 $C_k$ 作为这一节点的类标记，返回 $T$。

**步骤 3**　否则，计算 $A$ 中各特征对 $D$ 的信息增益，选取信息增益最大额度特征 $A$。

**步骤 4**　若 $A_k$ 的信息增益小于阈值 $\varepsilon$，则 $T$ 为单节点树，并将 $D$ 中的实例数最大的类 $C_k$ 作为该节点的类标记，返回 $T$。

**步骤 5**　否则，对 $A_k$ 的每一个可能值 $a_i$，按照 $A_k = a_i$，将 $D$ 分割为若干非空子集 $D_i$，将 $D_i$ 中实例数最大的类作为标记，构建子节点，由节点及其子节点构成树 $T$，并将其返回。

**步骤 6**　对第 $i$ 个子节点，使用 $D_i$ 作为训练集，选取 $A-\{A_k\}$ 作为特征集，使用步骤 1～步骤 5 得到子树 $T_i$。

C4.5 算法使用信息增益比作为选取特征的标准，与 ID3 算法类似的，C4.5 算法主要由 6 个步骤构成。

**步骤 1**　若 $D$ 中所有实例属于同一类 $C_k$，则 $T$ 为单节点树，并将类 $C_k$ 作为这个节点的类标记，返回 $T$。

**步骤 2**　若 $A \neq \varnothing$，则 $T$ 为单节点树，并将 $D$ 中实例数最大的类 $C_k$ 作为这一节点的类标记，返回 $T$。

**步骤 3**　否则，计算 $A$ 中各特征对 $D$ 的信息增益比，选取信息增益最大额度特征 $A$。

**步骤 4**　若 $A_k$ 的信息增益小于阈值 $\varepsilon$，则 $T$ 为单节点树，并将 $D$ 中的实例数最大的类 $C_k$ 作为该节点的类标记，返回 $T$。

**步骤 5**　否则，对 $A_k$ 的每一个可能值 $a_i$，按照 $A_k = a_i$，将 $D$ 分割为若干非空子集 $D_i$，将 $D_i$ 中实例数最大的类作为标记，构建子节点，由节点及其子节点构成树 $T$，并将其返回。

**步骤 6**　对第 $i$ 个子节点，使用 $D_i$ 作为训练集，选取 $A-\{A_k\}$ 作为特征集，使用步骤 1～步骤 5 得到子树 $T_i$。

使用递归的算法产生的决策树，通常在训练集上分类很准确，由于过拟合的现象，在未知的数据集上分类准确率明显低于训练集，通常使用剪枝的方法降低模型复杂度。从已生成的树上裁掉一些子树或叶节点，将其根节点或父节点作为新的叶节点，从而简化树模型。决策树剪枝的基本策略有预剪枝(pre-pruning)和后剪枝(post-pruning)。预剪枝是指在决策树生成过程中，对每个节点在划分前预先进行估计，若当前节点的划分不能使得决策树泛化能力得到提升，则停止划分并将当前节点标记为叶节点。预剪枝使得决策树的很多分支没有展开，这不仅降低了过拟合的风险，也显著减少了决策树的训练时间。另一方面，有些分支当前的划分虽然不能提高模型的泛化能力，甚至导致泛化性能的暂时下降，但是在其基础上进行的后续划分却有可能导致性能显著提高。预剪枝“贪婪”的本质禁止了这些分支的进一步划分，这使得预剪枝决策树存在欠拟合的可能。后剪枝则是先从训练集中生成一棵完整的决策树，然后自下而上地对每个非叶节点进行考察，若将这个节点对应的子树换为叶节点可以提高模型的泛化能力，则将这一子树换为叶节点。相比于预剪枝，后剪枝通常保留更多的分支，一般情形下，后剪枝决策树的欠拟合风险较小，泛化能力通常优于预剪枝决策树。但是后剪枝决策树首先需要生成完全决策树，只会自下而上地对每一个非叶节点逐一考察，因此其训练时间远大于未剪枝决策树以及预剪枝决策树。通过在损失函数中加入用以描述结构复杂度的项就可以避免决策树模型过于复杂。在决策树学习过程中，损失函数被定义为

$$C_\alpha(T)=\sum_{t=1}^{|T|}N_t H_t(T)+\alpha|T| \tag{2.42}$$

其中，$\alpha(\alpha \geqslant 0)$ 是结构惩罚系数。$\alpha$ 越大，选取的结构越复杂；当 $\alpha=0$ 时，意味着只考虑模型与训练数据的拟合程度，不考虑模型复杂度。

一些决策树算法可以进行增量学习，即在接收新的样本后对已学到的模型进行调整，而不用再从头开始完全重新学习。主要的机制是通过调整分支路径上的

划分属性次序对树进行部分重构，代表性的算法有 ID4、ID5R 等。增量学习可以有效降低每次收到新样本后训练的时间复杂度，但是多步增量学习后得到的模型与基于完全数据训练得到的模型有较大的区别。

### 2.5.2　贝叶斯分类

贝叶斯决策论是在概率论的框架下实施决策的基本方法。对于分类任务，在所有的概率已知的理想情况下，贝叶斯分类考虑如何基于这些概率和误判的损失来选择最优的类别标签。假设有 $N$ 种可能的类别标记，即 $Y=\{c_1,c_2,\cdots,c_N\}$ ，$\lambda_{ij}$ 是将一个真实标记为 $c_i$ 的样本错误地分类为 $c_j$ 类所产生的损失。基于后验概率 $P\{c_i|x\}$ 可以获得将样本 $x$ 分类为 $c_i$ 所产生的期望损失，这也被称为条件风险，即

$$R\{c_i|x\}=\sum_{i=1}^{N}\lambda_{ij}P\{c_i|x\} \tag{2.43}$$

贝叶斯分类的任务是寻找一个分类的规则 $h$: $X\mapsto Y$ ，使得总体风险最小。

$$R(h)=E_x\left[R(h(x))|x\right] \tag{2.44}$$

显然，若分类规则 $h$ 对每个样本 $x$ ，都能够最小化结构风险 $\left(R(h(x))|x\right)$ ，那么总体风险 $R(h)$ 也是最小的，记 $h^*(x)=\underset{c\in Y}{\operatorname{argmin}}\,R(c|x)$ ，$h^*(x)$ 被称为最优分类器，$R(h^*)$ 称为贝叶斯风险，$1-R(h^*)$ 反映了分类器所能达到的最好性能，即通过机器学习所能产生的模型精度的理论上界。

若需要使用贝叶斯准则最小化结构风险，首先需要获得后验概率 $P(c|x)$ ，但是在绝大多数的实际问题中，这是无法被得到的。传统的机器学习模型使用有限的训练样本，尽可能准确地对后验概率 $P(c|x)$ 给出估计。贝叶斯分类使用生成式模型，使用联合概率分布 $P(x,c)$ 进行建模，然后基于联合分布估计后验概率 $P(c|x)$ 。由贝叶斯定理，我们有

$$P(c|x)=\frac{P(c)P(x|c)}{P(x)} \tag{2.45}$$

其中，$P(c)$ 是类的先验概率；$P(x|c)$ 是样本 $x$ 相对于类标记 $c$ 的条件概率，也被称为似然概率；$P(x)$ 是用于归一化的证据因子。对于给定的样本 $x$ ，证据因子 $P(x)$ 与类标记 $c$ 无关。这样，我们将估计后验概率 $P(c|x)$ 的问题转化为了基于训练数据 $D$ 来估计先验概率 $P(c)$ 和似然概率 $P(x|c)$ 。

类的先验概率 $P(c)$ 表达了样本空间中各类样本所占的比例，依据大数定

理，当训练数据集中包含了充足的独立同分布样本时，$P(c)$可通过各类样本出现的频率来进行估计。对类的条件概率分布$P(x|c)$，由于它涉及样本$x$所有属性的联合概率分布，且类属性通常远多于训练样本，直接使用样本出现的频率估计较为困难，容易产生较大的误差。

估计类的条件概率通常是先假定其具有某种确定的概率分布形式，再基于训练数据对概率分布的参数进行估计。记关于类别$c$的类条件概率为$P(x|c)$，设$P(x|c)$具有确定的形式且被参数$\theta_c$唯一确定，则贝叶斯分类的主要任务就是利用训练集$D$对参数$\theta_c$进行估计。

令$D_c$表示训练集$D$中的类$c$样本组成的集合，假设这些样本是独立同分布的，则参数$\theta_c$对训练样本集合$D_c$的似然为

$$P(D_c|\theta_c)=\prod_{x\in D_c}P(x|\theta_c) \tag{2.46}$$

对$\theta_c$进行极大似然估计，就是去寻找使得$P(D_c|\theta_c)$最大的参数$\hat{\theta}_c$。由于式(2.46)中的连乘中容易造成数值计算的不稳定，在实际问题中通常使用对数似然估计：

$$\mathrm{LL}(\theta_c)=\log P(D_c|\theta_c)=\sum_{x\in D_c}\log P(x|\theta_c) \tag{2.47}$$

此时，参数$\theta_c$的极大似然估计为$\hat{\theta}_c=\underset{\theta_c}{\operatorname{argmax}}\,\mathrm{LL}(\theta_c)$。

基于贝叶斯公式来估计后验概率$P(c|x)$的主要困难在于，类条件概率$P(x|c)$是属性上的联合概率，难以直接从有限的训练样本估计得到。朴素贝叶斯分类器使用了属性条件独立性假设：对已知的类别，假设所有的属性相互独立，即每个属性独立地对分类结果产生影响。

基于属性条件独立性假设，

$$P(c|x)=\frac{P(c)P(x|c)}{P(x)}=\frac{P(c)}{P(x)}\prod_{i}P(x_i|c) \tag{2.48}$$

对所有类别，由于$P(x)$是相同的，基于贝叶斯判定准则，那么式(2.48)可以被改写为

$$h_{\mathrm{nb}}(x)=\underset{c\in Y}{\operatorname{argmax}}\,P(c)\prod_{i}P(x_i|c) \tag{2.49}$$

$h_{\mathrm{nb}}(x)$即为朴素贝叶斯分类器的表达式。显然，朴素贝叶斯分类器的训练过程就是基于训练集$D$来估计类先验概率$P(c)$，并为每个属性估计其相应的条件概率$P(x_i|c)$。

若第 $c$ 类样本组成的集合$D_c$中包含有足够的独立同分布样本，那么可以容

易地估计出类的先验概率

$$P(c)=\frac{|D_c|}{|D|} \tag{2.50}$$

对离散的属性，记集合 $D_c$ 中在第 $i$ 个属性上取值为 $x_i$ 的样本组成的集合，则条件概率 $P(x_i|c)$ 可以估计为

$$P(x_i|c)=\frac{|D_{c,x_i}|}{|D_c|} \tag{2.51}$$

对连续的属性一般考虑使用概率密度函数对条件概率进行估计。假设 $P(x_i|c)\sim\mathcal{N}\left(\mu_{c,i},\sigma_{c,i}^2\right)$，其中 $\mu_{c,i}$ 和 $\sigma_{c,i}^2$ 分别是类 $c$ 样本在第 $i$ 个属性上取值的均值和方差，那么有

$$P(x_i|c)=\frac{1}{\sqrt{2\pi\sigma_{c,i}^2}}\exp\left(-\frac{\left(x_i-\mu_{c,i}\right)^2}{2\sigma_{c,i}^2}\right) \tag{2.52}$$

为了降低贝叶斯公式中后验概率 $P(c|x)$ 估计的难度，朴素贝叶斯分类器采用了属性条件独立性假设，但是在现实任务中，这个假设往往很难成立。因此人们尝试对属性条件独立性假设进行一定程度的放松，由此产生了一系列的半朴素贝叶斯分类器的学习方法。半朴素贝叶斯分类器的基本思想是适当地考虑一部分属性之间的相互依赖信息，从而不需要计算完全联合概率，但也不至于彻底忽略比较强的属性依赖关系，独立依赖估计是半朴素贝叶斯分类器最常用的一种策略，即假设每个属性在类别之外最多仅依赖一个其他属性，即

$$P(c|x)\propto P(c)\prod_i P(x_i|c,p\alpha_i) \tag{2.53}$$

其中，$p\alpha_i$ 是属性 $x_i$ 所依赖的属性，称为 $x_i$ 的父属性。这时，对每个类属性 $x_i$，若其父属性 $p\alpha_i$ 已知，那么 $P(x_i|c)=\frac{|D_{c,x_i}|}{|D_c|}$。这样就将估计后验概率 $P(c|x)$ 的问题转化为确定每个属性的父属性问题。最直接的做法是假设所有的属性都依赖于同一个属性，称为“超父”属性，然后通过交叉验证等模型选择的方式确定超父属性。由此形成了 SPODE 方法。

### 2.5.3　集成学习

集成学习通过构建并结合多个学习器来完成学习任务，有时也被称为多分类器系统。集成学习先产生一组“个体学习器”，再使用某种策略将它们结合起来，个体学习器通常由一个现有的学习算法在训练数据集上产生，如决策树算

法、BP 神经网络等。集成学习算法通过将多个学习器结合，通常能够获得比单一学习器更优越的泛化能力。虽然理论上弱学习器集成足以获得好的性能，但是在实际问题中，我们希望使用较少的个体学习器，或者重用关于常见学习器的一些经验等，人们往往使用比较强的学习器。

假设弱分类器的错误率相互独立，由 Hoeffding 不等式，集成学习算法的错误率为

$$P\left(H\left(\boldsymbol{x}\right)\neq f\left(\boldsymbol{x}\right)\right)=\sum_{k=0}^{[T/2]}\binom{T}{k}\left(1-\varepsilon\right)^{k}\varepsilon^{T-k}\leqslant\exp\left(-\frac{T\left(1-2\varepsilon\right)^{2}}{2}\right) \tag{2.54}$$

这说明理论上随着集成学习算法中弱集成分类器数量增加，集成学习算法的错误率呈指数级下降，最终趋于零。但是这里我们假设了每个弱分类器的误差相互独立，事实上这是不可能的，在现实任务中，个体学习器是为了解决同一个问题而训练出来的，个体学习器的准确性和多样性本身就存在矛盾，一般准确性很高之后，要增加多样性就需要牺牲准确性。集成学习算法的方法通常有两大类：一类是串行生成的序列化方法，如提升(Boosting)算法等；另一类是同时生成的并行化方法，如引导聚合(bootstrap aggregating，Bagging)算法和随机森林等。

Boosting 算法是一族可以将弱分类器提升为强分类器的学习算法。这类算法的工作机制：首先训练出一个基分类器，再根据基学习器的效果对训练样本的分布进行调整，增加在之前分类错误样本的权重，然后基于调整后的样本分布训练下一个基学习器。如此重复进行，直到基学习器数量达到预先设定的阈值，最后将这些基学习器加权组合得到一个集成的最终分类器。Boosting 算法的著名代表就是自适应提升(adaptive boosting，AdaBoost)算法。AdaBoost 算法一般有三步。第一步初始化训练数据集的权值分布，每一个训练样本初始化时赋予同样的权值，$\boldsymbol{D}_1=\left(\omega_{11},\omega_{12},\cdots,\omega_{1N}\right)$，$\omega_{1i}=\dfrac{1}{N}$。第二步，进行迭代，使用具有权值分布 $D_m$ 的训练样本数据集进行学习，得到弱分类器。在每一次迭代中选取使误差函数最小的弱分类器。误差函数 $E_m=\sum\omega_n^{(m)}I\left(y_m\left(\boldsymbol{x}_n\right)\neq t_n\right)$，是所有分类错误的样本对应的权值和。计算弱分类器 $G_m\left(\boldsymbol{x}\right)$ 的话语权，话语权 $\alpha_m=\dfrac{1}{2}\log\dfrac{1-E_m}{E_m}$，表示分类器 $G_m\left(\boldsymbol{x}\right)$ 在最终分类器中的重要程度，这说明误差率越小的分类器在最终分类器中的重要程度越大。第三步更新训练样本的权重分布，分类错误的样本权重增大，被正确分类的样本权值会减小。

$$\omega_{m+1,i}=\frac{\omega_{m,i}}{Z_m}\exp\left(-\alpha_m y_i G_m\left(\boldsymbol{x}_i\right)\right) \tag{2.55}$$

其中，$Z_m=\sum\omega_{m,i}\exp\left(-\alpha_m y_i G_m\left(\boldsymbol{x}_i\right)\right)$ 是归一化因子，这确保所有样本对应的权

重和为 1。最后将所有的弱分类器组合，$f(\boldsymbol{x})=\sum_{m=1}^{M}\alpha_m G_m(\boldsymbol{x})$。

AdaBoost 算法由于使用了集成方法，精度明显提高；集成算法是一个框架，可以使用多种方法构建弱分类器；集成算法具有较高的复杂度，不用担心过拟合的问题。

Bagging 是并行式集成学习方法的著名代表，基于自举(bootstrap)采样法进行集成。对数据集使用 bootstrap 方法进行 $T$ 次自主重采样，利用每个重采样的子数据集训练一个弱分类器，这样可以学习得到 $T$ 个基分类器，将这些基分类器进行结合，对分类问题使用简单投票法，对回归问题计算平均值。训练一个 Bagging 集成算法与直接使用基学习算法训练一个学习器的复杂度同阶，这说明 Bagging 是一个高效的集成学习算法。随机森林是一种以决策树为基学习器的集成算法。

除了我们介绍的这些机器学习算法，主成分分析(principal component analysis，PCA)、概率图模型、规则学习等算法也是常用的机器学习算法。

# 第 3 章　复杂系统数值求解经典算法

## 3.1　一阶常微分方程初值求解方法

### 3.1.1　一阶常微分方程初值问题

科学与工程中的许多问题常用微分方程模型来描述，我们先考虑常微分方程初值问题

$$\begin{cases} y' = f\left(x,y\right), & a \leqslant x \leqslant b \\ y\left(a\right) = y_0, & y_0 \in \mathbf{R} \end{cases} \tag{3.1}$$

其中，$f$ 为已知函数，$y_0$ 为给定的初值。为简便起见，将区域 $\left[a,b\right]\times\mathbf{R}$ 记为 $G$，即 $G=\left[a,b\right]\times\mathbf{R}$。

**定义 3.1**　设 $f:G\to\mathbf{R}$ 为连续映射，若存在常数 $L(L>0)$ 使得不等式

$$\left|f\left(x,y_1\right)-f\left(x,y_2\right)\right| \leqslant L\left|y_1-y_2\right|$$

对一切 $\left(x,y_1\right),\left(x,y_2\right)\in G$ 都成立，则称 $f\left(x,y\right)$ 在 $G$ 上关于 $y$ 满足 Lipschitz 条件，而式中的常数 $L$ 称为 Lipschitz 常数。

**定理 3.1**　如果 $f\left(x,y\right)$ 在 $G$ 上连续且关于 $y$ 满足 Lipschitz 条件，则方程(3.1)存在唯一的解 $y=\phi\left(x\right)$，定义于区间 $x\in[x_0-h,x_0+h]$ 上，连续且满足初始条件 $\phi\left(x_0\right)=y_0$，这里 $h=\min\left(a,\dfrac{b}{M}\right), M=\max\limits_{(x,y)\in\mathbf{R}}\left|f\left(x,y\right)\right|$。

在常微分方程的教材中，已经介绍了求一些典型的微分方程解析解的基本方法，但还满足不了生产实践与科学技术发展的需要。接下来着重考虑初值问题(3.1)的数值解法，它是一种具有实际价值的方法。

什么是数值解法？它是一种离散化方法，利用这种方法，可以在一系列离散点 $t_1,t_2,\cdots,t_N$ 上求出未知函数 $u(t)$ 之值 $u\left(t_1\right),u\left(t_2\right),\cdots,u\left(t_N\right)$ 的近似值 $u_1,u_2,\cdots,u_N$。自变量 $t$ 的离散值 $t_1,t_2,\cdots,t_N$ 是事先取定的，称为节点，通常取成等距的，即 $t_i=t_0+ih(i=1,2,\cdots,N)$，其中 $h>0$ 称为步长，必要时，可以改变它的大小。而 $u_1,u_2,\cdots,u_N$ 通常称为初值问题的一个数值解。

下面我们来介绍求解微分方程数值解的基本思想和方法。

### 3.1.2　欧拉法

欧拉法(Euler method，EM)是一种比较简单的数值方法，但它的累积误差比较大，所以用途有限。这种方法包含了数值解中几乎所有的内容，有必要加以讨论。

1. 欧拉法的两种推导过程

在$[a,b]$中插入分点

$$a = x_0 < x_1 < x_2 < \cdots < x_N = b$$

记$h_m = x_{m+1} - x_m$，$h_m$称为步长。特别地，我们可取$h_m = h$为定步长。下面我们以定步长为例推导数值方法的构造和理论。

我们的目的是寻求初值问题(3.1)在这一系列离散点$x_1, x_2, \cdots, x_N$上的近似解$y_1, y_2, \cdots, y_N$。为此，将式(3.1)中的微分方程写成等价的积分方程形式

$$y(x+h) = y(x) + \int_x^{x+h} f(\tau, y(\tau)) \mathrm{d}\tau \tag{3.2}$$

在式(3.2)中令$x = x_m$，并且用左矩形公式计算右端积分，得到

$$y(x_m + h) = y(x_m) + hf(x_m, y(x_m)) + R_m \tag{3.3}$$

$$R_m = \int_{x_m}^{x_{m+1}} f(x, y(x)) \mathrm{d}x - hf(x_m, y(x_m)) \tag{3.4}$$

这里$R_m$称为余项。在式(3.3)中截去余项$R_m$，便得到近似计算公式

$$y(x_{m+1}) \approx y(x_m) + hf(x_m, y(x_m)) \tag{3.5}$$

除$m = 0$外，$y(x_m)$是未知的，设$y_m$是$y(x_m)$的近似值，以$y_m + hf(x_m, y_m)$作为$y(x_{m+1})$的近似值，记为$y_{m+1}$，则得出求各节点处解的近似值的递推公式

$$y_{m+1} = y_m + hf(x_m, y_m), \quad m = 0, 1, \cdots, N-1 \tag{3.6}$$

这便是欧拉法，又称向前欧拉法。$R_m$称为欧拉法的局部截断误差，它表示当$y_m = y(x_m)$为精确解时，利用式(3.5)计算$y(x_{m+1})$时的误差。

同样，在式(3.2)中令$x = x_m$，并分别用右矩形公式和梯形公式计算右端积分，且作同样的处理，得到递推公式

$$y_{m+1} = y_m + hf(x_{m+1}, y_{m+1}) \tag{3.7}$$

$$R_m = \int_{x_m}^{x_{m+1}} f(x, y(x)) \mathrm{d}x - hf(x_{m+1}, y(x_{m+1})) \tag{3.8}$$

$$y_{m+1} = y_m + h\frac{f(x_m, y_m) + f(x_{m+1}, y_{m+1})}{2} \tag{3.9}$$

$$R_m = \int_{x_m}^{x_{m+1}} f\left(x, y(x)\right) \mathrm{d}x - \frac{h}{2}\left[ f\left(x_m, y(x_m)\right) + f\left(x_{m+1}, y(x_{m+1})\right) \right] \tag{3.10}$$

方程(3.7)称为隐式欧拉法，又称为向后欧拉法，而方程(3.9)称为改进的欧拉法。式(3.8)和式(3.10)也分别称为这两种方法的局部截断误差。

欧拉公式也可以由 Taylor 级数去掉高阶导数项推导得出，对 $y(x_{m+1})$ 进行 Taylor 展开有

$$y(x_{m+1}) = y(x_m) + hy'(x_m) + \frac{1}{2!}h^2 y''(x_m) + \cdots$$

去掉高于一阶导数的项，又由初值问题(3.1)

$$y'(x_m) = f\left(x_m, y(x_m)\right)$$

得到

$$y(x_{m+1}) \approx y(x_m) + hf\left(x_m, y(x_m)\right)$$

同理，除 $m=0$ 外，$y(x_m)$ 是未知的，设 $y_m$ 是 $y(x_m)$ 的近似值，以 $y_m + hf(x_m, y_m)$ 作为 $y(x_{m+1})$ 的近似值，记为 $y_{m+1}$，则得出求各节点处解的近似值的递推公式

$$y_{m+1} = y_m + hf(x_m, y_m), \quad m = 0,1,\cdots,N-1$$

即欧拉法。

同理，利用 Taylor 展开和初值问题(3.1)也可以得到隐式欧拉法(3.7)。

用数值方法求出式(3.1)的数值解与其真解之间存在误差，这种误差是两方面原因造成的。首先是计算过程中由计算机的有限精度带来的，称为舍入误差；其次是在构造近似计算公式时截去了余项 $R_m$ 带来的局部截断误差。在考虑局部截断误差时，研究没有舍入误差的情况下，由数值计算公式计算所得数值解 $y_m$ 与真解 $y(x_m)$ 间的误差

$$\varepsilon_m = y(x_m) - y_m$$

称 $\varepsilon_m$ 为整体截断误差。

为了验证欧拉法的数值解是否具有实用价值，需要研究当步长 $h$ 取得充分小时，所求得的数值解 $y_m$ 是否能足够精确地逼近微分方程真解，即当 $h \to 0$ 时，是否有 $\varepsilon_m \to 0$，这个问题称为收敛性问题。另外，在收敛的情况下，还需了解其收敛的快慢，即所谓收敛阶的问题。

2. 欧拉法的误差分析

下面考虑欧拉法的局部截断误差和整体截断误差。进一步假设 $f(x,y)$ 关于

$x$ 满足 Lipschitz 条件，$K$ 为 Lipschitz 常数，则由式(3.4)得

$$\begin{aligned}|R_m| &= \left|\int_{x_m}^{x_{m+1}}[f(x,y(x))-f(x_m,y(x_m))]\mathrm{d}x\right| \\ &\leqslant \int_{x_m}^{x_{m+1}}\left|f(x,y(x))-f(x_m,y(x))\right|\mathrm{d}x+\int_{x_m}^{x_{m+1}}\left|f(x_m,y(x))-f(x_m,y(x_m))\right|\mathrm{d}x \\ &\leqslant K\int_{x_m}^{x_{m+1}}|x-x_m|\mathrm{d}x+L\int_{x_m}^{x_{m+1}}|y(x)-y(x_m)|\mathrm{d}x \\ &\leqslant \frac{Kh^2}{2}+L\int_{x_m}^{x_{m+1}}\left|y'(x_m+\theta(x-x_m))\right|(x-x_m)\mathrm{d}x \leqslant \frac{(K+LM)h^2}{2}\end{aligned}$$

其中，$0<\theta<1$，$M=\max\limits_{x\in[a,b]}|y'(x)|=\max\limits_{x\in[a,b]}|f(x,y(x))|$。记 $R=\dfrac{(K+LM)h^2}{2}$，则有

$$|R_m|\leqslant R \tag{3.11}$$

由式(3.11)可知，欧拉法的局部截断误差是二阶的。

为了讨论欧拉法的整体截断误差，从式(3.3)减去式(3.6)得

$$\varepsilon_{m+1}=\varepsilon_m+h\left[f(x_m,y(x_m))-f(x_m,y_m)\right]+R_m$$

从而有

$$|\varepsilon_{m+1}|\leqslant|\varepsilon_m|+hL|\varepsilon_m|+R$$

利用递推得

$$\begin{aligned}|\varepsilon_m| &\leqslant (1+hL)|\varepsilon_{m-1}|+R\leqslant(1+hL)^2|\varepsilon_{m-2}|+(1+hL)R+R \\ &\leqslant \cdots \\ &\leqslant (1+hL)^m|\varepsilon_0|+\frac{R}{hL}\left[(1+hL)^m-1\right] \\ &\leqslant \mathrm{e}^{L(b-a)}|\varepsilon_0|+\frac{R}{hL}\left(\mathrm{e}^{L(b-a)}-1\right)\end{aligned}$$

于是便得到欧拉法的整体截断误差界

$$|\varepsilon_m|\leqslant \mathrm{e}^{L(b-a)}|\varepsilon_0|+\frac{h}{2}\left(M+\frac{K}{L}\right)\left[\mathrm{e}^{L(b-a)}-1\right] \tag{3.12}$$

如果 $y_0=y(x_0)$，即 $\varepsilon_0=0$，由此有

$$|\varepsilon_m|\leqslant\frac{h}{2}\left(M+\frac{K}{L}\right)\left[\mathrm{e}^{L(b-a)}-1\right]$$

即

$$\left|\varepsilon_m\right| = O(h)$$

欧拉法的整体截断误差与 $h$ 同阶，由 $R_m$ 的表达式可知，$R_m = O\left(h^2\right)$，这说明局部截断误差比整体截断误差高一阶。

于是得到下面的定理。

**定理 3.2**　设 $f(x,y)$ 在 $G$ 上且关于 $x$、$y$ 满足 Lipschitz 条件，其 Lipschitz 常数分别为 $K$、$L$，当 $h \to 0$ 时，$y_0 \to y(a)$，则欧拉法(3.6)的解 $y_m$ 一致收敛于式(3.1)的真解 $y(x_m)$，并且有估计式(3.12)成立。

从定理 3.2 可以看出，在不考虑初始误差的情况下，整体截断误差的阶由局部截断误差的阶决定，因而可以从提高局部截断误差的阶来构造精确度较高的计算方法。

下面再来分析一下改进的欧拉法的局部截断误差。利用数值积分中带余项的梯形公式

$$\int_{x_m}^{x_{m+1}} y'(x)\mathrm{d}x = \frac{h}{2}\left[y'(x_{m+1}) + y'(x_m)\right] - \frac{h^3}{12}y'''(x_m + \xi h),\quad 0 \leqslant \xi \leqslant 1$$

将其代入式(3.10)有

$$\begin{aligned}
R_m &= \int_{x_m}^{x_{m+1}} f\left(x, y(x)\right)\mathrm{d}x - \frac{h}{2}\left[f\left(x_m, y(x_m)\right) + f\left(x_{m+1}, y(x_{m+1})\right)\right] \\
&= \frac{h}{2}\left[y'(x_{m+1}) + y'(x_m)\right] - \frac{h^3}{12}y'''(x_m + \xi h) - \frac{h}{2}\left[f\left(x_m, y(x_m)\right) + f\left(x_{m+1}, y(x_{m+1})\right)\right] \\
&= -\frac{h^3 y'''(x_m + \xi h)}{12}
\end{aligned}$$

若记 $M = \max\limits_{x \in [a,b]}\left|y'''(x)\right|$，则有

$$\left|R_m\right| \leqslant \frac{h^3 M}{12}$$

然后将其代入式(3.12)，得到整体截断误差

$$\left|\varepsilon_m\right| \leqslant \mathrm{e}^{L(b-a)}\left|\varepsilon_0\right| + \frac{Mh^2}{12L}\left[\mathrm{e}^{L(b-a)} - 1\right]$$

由 $\varepsilon_0 = 0$ 可得

$$\left|\varepsilon_m\right| \leqslant \frac{Mh^2}{12L}\left[\mathrm{e}^{L(b-a)} - 1\right]$$

可见，改进的欧拉法的局部截断误差和整体截断误差都比较欧拉法高一阶。

3. 欧拉法的稳定性

用欧拉法(3.6)进行计算时，需要有一个初始值。而在实际问题中，初始值往往是通过测量或计算得来的，这样就会产生一定的误差。只有当最初产生的误差在以后各步的计算中不会无限制扩大时，换言之，只有当式(3.1)的解对初值有某种连续相依性质时，方法才具有实用价值，这种性质称为稳定性问题。

下面研究欧拉法的稳定性。

**定义 3.2**　称欧拉法(3.6)是稳定的，如果存在正常数 $c$ 及 $h_0$，使对任意初始值 $y_0$ 及 $z_0$，式(3.6)的相应解 $y_m$ 和 $z_m$ 满足估计式

$$\left|y_m - z_m\right| \leqslant c\left|y_0 - z_0\right|,\ 0<h<h_0,\ mh \leqslant b-a \tag{3.13}$$

**定理 3.3**　在定理 3.2 的条件下，欧拉法是稳定的。

**证明**　考虑

$$y_{m+1} = y_m + hf\left(x_m + y_m\right)$$

$$z_{m+1} = z_m + hf\left(x_m + z_m\right)$$

令 $e_m = y_m - z_m$，有

$$\begin{aligned}\left|e_{m+1}\right| &\leqslant \left|e_m\right| + h\left|f\left(x_m, y_m\right) - f\left(x_m, z_m\right)\right| \\ &\leqslant \qquad\qquad \cdots \\ &\leqslant (1+hL)^{m+1}\left|e_0\right|\end{aligned}$$

从而，当 $mh<b-a$ 时，$\left|e_m\right| \leqslant \mathrm{e}^{L(b-a)}\left|e_0\right|$，令 $c=\mathrm{e}^{L(b-a)}$，即得式(3.12)。

可证明在定理 3.2 的条件下，改进的欧拉法也是稳定的。

**例 3.1**　用欧拉法计算初值问题

$$\begin{cases} y' = -y - xy^2,\ 0 \leqslant x \leqslant 0.5 \\ y(0) = 1 \end{cases} \tag{3.14}$$

取步长 $h=0.1$。

**解**　由题意 $h=0.1$，$f(x,y) = -y - xy^2$，问题(3.14)的欧拉法具体迭代式为

$$y_{m+1} = y_m - 0.1\left(y_m + x_m y_m^2\right)$$

由初值 $y_0 = y(0) = 1$，可以计算 $y(0.1)$、$y(0.2)$、$y(0.3)$、$y(0.4)$、$y(0.5)$ 的近似值见表 3.1。

**表 3.1　欧拉法计算结果**

| $x_m$ | $y_m$ | $x_m$ | $y_m$ |
|---|---|---|---|
| 0.1 | 0.9000 | 0.4 | 0.6229 |
| 0.2 | 0.8019 | 0.5 | 0.5451 |
| 0.3 | 0.7088 | | |

### 3.1.3　线性多步法

上面所讨论的方法求 $y_{m+1}$，只用到了前一步已经计算的值 $y_m$，这样的方法称为单步方法。

在求 $y_{m+k}$ 时，构造一种用到前面 $k$ 个已经计算的值 $y_{m+k-1}, y_{m+k-2}, \cdots, y_m (k>1)$，这样的方法称为多步法或 $k$ 步法。下面我们仅考虑线性多步法的情形，线性多步法一般形式为

$$\sum_{i=0}^{k}\alpha_i y_{m+i} = h\sum_{i=0}^{k}\beta_i f\left(x_{m+i}, y_{m+i}\right) \tag{3.15}$$

其中，$\alpha_i$ 和 $\beta_i$ 是常数，且 $\alpha_k \neq 0$，$\alpha_0$ 和 $\beta_0$ 不同时为 0；$h$ 为步长。若 $\beta_k = 0$，则方法(3.15)为显式的；若 $\beta_k \neq 0$，则方法(3.15)为隐式的。为了使多步法能够计算，除了给定的初值 $y_0$ 外，还要知道附加的初始值 $y_1, y_2, \cdots, y_{k-1}$，这些值可用其他方法计算。线性多步法每计算一步用到的信息更多，因此可以构造出精度更高的算法。

下面介绍两种构造线性多步法的方法，即数值积分法和待定系数法，并对相容性、稳定性和收敛性进行讨论。

1. 数值积分法

将 $y' = f(x,y)$ 在 $[x_n, x_{n+1}]$ 上积分得

$$y\left(x_{n+1}\right) - y\left(x_n\right) = \int_{x_n}^{x_{n+1}} f\left(x, y(x)\right)\mathrm{d}x \tag{3.16}$$

可以适当地取 $k+1$ 个节点，构造一个 $k$ 次的 Lagrange 插值多项式来近似代替 $f\left(x, y(x)\right)$，这样就可以得到一个形如式(3.15)的线性多步法。显然，不同的插值节点的取法，会构造出不同的线性多步法。

1) Adams 外插法

如果已经按照某种方法求得式(3.1)的解 $y(x)$ 在 $x_i$ 处的近似解 $y_i$ $(i = 0,1,\cdots,n)$，则可取 $k+1$ 个点 $x_n, x_{n-1}, \cdots, x_{n-k}$ 作为插值节点，构造出唯一的 $k$ 次 Lagrange 插值多项式 $L_{n,k}(x)$ 逼近 $f\left(x, y(x)\right)$，于是有

$$L_{n,k}(x)=\sum_{i=0}^{k} f\left(x_{n-i},y\left(x_{n-i}\right)\right)l_i(x)$$

这里$\{x_{n-i}\}$为等距的插值节点，$h=x_{n-i+1}-x_{n-i}$，其中

$$l_i(x)=\prod_{\substack{j=0\\ j\neq i}}^{k}\frac{x-x_{n-j}}{x_{n-i}-x_{n-j}},\quad i=0,1,\cdots,k \tag{3.17}$$

于是得到近似公式

$$y(x_{n+1})-y(x_n)\approx\sum_{i=0}^{k} f\left(x_{n-i},y\left(x_{n-i}\right)\right)\int_{x_n}^{x_{n+1}}l_i(x)\mathrm{d}x \tag{3.18}$$

令 $\beta_{k,i}=\dfrac{1}{h}\displaystyle\int_{x_n}^{x_{n+1}}l_i(x)\mathrm{d}x=\int_0^1\prod_{\substack{j=0\\ j\neq i}}^{k}\frac{s+j}{-i+j}\mathrm{d}s,\quad i=0,1,\cdots,k$ 。用 $y_n$ 代替 $y(x_n)$，用 $f_n$ 代替 $f(x_n,y(x_n))$，用等号代替约等号，则式(3.18)可化为线性多步法公式

$$y_{n+1}=y_n+h\sum_{i=0}^{k}\beta_{k,i}f_{n-i} \tag{3.19}$$

式(3.19)就是 Adams 外插公式，这是一个显式公式。显然，当 $k$=0 时，式(3.19)就是欧拉公式。选择不同的 $k$ 可以得到不同的 $\beta_{k,i}$，进而得到不同的具体公式。

表 3.2 中 $\beta_{k,i}$ 左边的数字代表它的分母，右边的数值代表分子，例如：

$k=0$，　$y_{n+1}=y_n+hf_n$

$k=1$，　$y_{n+1}=y_n+\dfrac{3}{2}hf_n-\dfrac{1}{2}hf_{n-1}$

$k=2$，　$y_{n+1}=y_n+\dfrac{23}{12}hf_n-\dfrac{16}{12}hf_{n-1}+\dfrac{5}{12}hf_{n-2}$

$k=3$，　$y_{n+1}=y_n+\dfrac{55}{24}hf_n-\dfrac{59}{24}hf_{n-1}+\dfrac{37}{24}hf_{n-2}-\dfrac{9}{24}hf_{n-3}$

**表 3.2　系数 $\beta_{k,i}$ 值**

| $i$ | 0 | 1 | 2 | 3 | 4 | 5 |
|---|---|---|---|---|---|---|
| $\beta_{0,i}$ | 1 | | | | | |
| $2\beta_{1,i}$ | 3 | −1 | | | | |
| $12\beta_{2,i}$ | 23 | −16 | 5 | | | |
| $24\beta_{3,i}$ | 55 | −59 | 37 | −9 | | |
| $720\beta_{4,i}$ | 1901 | −1774 | 2616 | −1274 | 251 | |
| $1440\beta_{5,i}$ | 4277 | −7923 | 9982 | −7298 | 2877 | −475 |

2) Adams 内插法

根据插值理论，插值节点的选择直接影响着插值公式的精度，同样次数的插值方法，内插法的精度要比外插法高，现在我们用内插法来构造常微分方程的数值积分解法。

为了构造插值多项式，取等距插值节点 $x_{n+1}, x_n, \cdots, x_{n-k-1}, x_{n-k}$ ，这里比外插法多取一点 $x_{n+1}$ ，间距 $h = x_{i+1} - x_i$ ，构造 $f\left(x, y(x)\right)$ 的 $k+1$ 次 Lagrange 插值多项式 $L_{n,k}^{(1)}(t)$ ，则有

$$L_{n,k}^{(1)}(x) = \sum_{i=0}^{k+1} f\left(x_{n-i+1}, y\left(x_{n-i+1}\right)\right) l_i^{(1)}(x) \tag{3.20}$$

其中

$$l_i^{(1)}(x) = \prod_{\substack{j=0 \\ j\neq i}}^{k+1} \frac{x - x_{n-j+1}}{x_{n-i+1} - x_{n-j+1}}, \quad i = 0, 1, \cdots, k, k+1$$

将式(3.20)近似代替式(3.16)中的 $f\left(x, y(x)\right)$ ，得到近似公式

$$y\left(x_{n+1}\right) - y\left(x_n\right) \approx \sum_{i=0}^{k+1} f\left(x_{n-i+1}, y\left(x_{n-i+1}\right)\right) \int_{x_n}^{x_{n+1}} l_i^{(1)}(x) \mathrm{d}x \tag{3.21}$$

同样地，令 $\beta_{k+1,i}^{*} = \dfrac{1}{h}\displaystyle\int_{x_n}^{x_{n+1}} l_i^{(1)}(x)\mathrm{d}x = \int_0^1 \prod_{\substack{j=0 \\ j\neq i}}^{k+1} \frac{s+j}{-i+j} \mathrm{d}s, i = 0, 1, \cdots, k, k+1$ 。用 $y_n$ 代替 $y\left(x_n\right)$ ，用 $f_n$ 代替 $f\left(x_n, y\left(x_n\right)\right)$ ，用等号代替约等号，则式(3.21)可化为线性多步法公式

$$y_{n+1} = y_n + h\sum_{i=0}^{k+1} \beta_{k+1,i}^{*} f_{n-i+1} \tag{3.22}$$

式(3.22)就是 Adams 内插公式。显然，当 $k+1=0$ 时，式(3.22)为改进的欧拉法。通过计算也可以得出不同 $k$ 的情况下系数 $\beta_{k+1,i}^{*}$ 的值，见表 3.3。

**表 3.3 系数 $\beta_{k+1,i}^{*}$ 值**

| $i$ | 0 | 1 | 2 | 3 | 4 | 5 |
|---|---|---|---|---|---|---|
| $\beta_{0,i}^{*}$ | 1 | | | | | |
| $2\beta_{1,i}^{*}$ | 1 | 1 | | | | |
| $12\beta_{2,i}^{*}$ | 5 | 8 | −1 | | | |
| $24\beta_{3,i}^{*}$ | 9 | 19 | −5 | 1 | | |
| $720\beta_{4,i}^{*}$ | 251 | 646 | −264 | 106 | −19 | |
| $1440\beta_{5,i}^{*}$ | 475 | 1427 | −798 | 482 | −173 | 27 |

例如，$k+1=0,1,2,3$ 的内插公式为

$$k+1=0,\quad y_{n+1}=y_n+hf_{n+1}$$

$$k+1=1,\quad y_{n+1}=y_n+\frac{h}{2}\left(f_{n+1}+f_n\right)$$

$$k+1=2,\quad y_{n+1}=y_n+\frac{h}{12}\left(5f_{n+1}+8f_n-f_{n-1}\right)$$

$$k+1=3,\quad y_{n+1}=y_n+\frac{h}{24}\left(9f_{n+1}+19f_n-5f_{n-1}+f_{n-2}\right)$$

从表 3.2 与表 3.1 的比较来看，$\left|\beta_{k+1,i}^*\right|<\left|\beta_{k,i}\right|$，即 Adams 内插法系数的绝对值比 Adams 外插法要小，因此，计算中 Adams 内插法的舍入误差影响比外插法小。用 Adams 外插法和 Adams 内插法计算 $x_{n+1}$ 处的值 $y_{n+1}$，用到相同的已知向量 $\left(y_n,y_{n-1},\cdots,y_{n-k}\right)$，但 Adams 内插法局部截断误差的阶为 $O\left(h^{k+3}\right)$，Adams 外插法的局部截断误差的阶为 $O\left(h^{k+2}\right)$，前者比后者高一阶。所以为达到相同的误差阶，Adams 内插法比 Adams 外插法少用一个初始已知量。Adams 外插法是显式的，在计算 $y_{n+1}$ 时可以直接求解，而 Adams 内插法是隐式的，在计算 $y_{n+1}$ 时还需要用到其他方法求解隐式方程。

2. 待定系数法

线性多步法的一般形式为

$$\sum_{i=0}^{k}\alpha_i y_{n+i}=h\sum_{i=0}^{k}\beta_i f_{n+i} \tag{3.23}$$

其中，$\alpha_i$ 和 $\beta_i$ 为常数，且 $\alpha_k\neq 0$，$\alpha_0$ 和 $\beta_0$ 不全为零。用数值积分法只能构造一类特殊的线性多步法，其系数 $\alpha_k=1$，$\alpha_{k-1}=-1$，$\alpha_i=0$ (当 $i\neq k$ 且 $i\neq k-1$ 时)。下面介绍更一般的待定系数法。

已知量为 $y_{n+k-1},y_{n+k-2},\cdots,y_n$，为求得未知量 $y_{n+k}$，令

$$L\left[y(x);h\right]=\sum_{i=0}^{k}\left[\alpha_i y\left(x+ih\right)-h\beta_i y'\left(x+ih\right)\right] \tag{3.24}$$

将 $y(x+ih)$ 和 $y'(x+ih)$ 在 $x$ 处用 Taylor 公式展开，按 $h$ 的同次幂合并同类项，得

$$L\left[y(x);h\right]=c_0 y(x)+c_1 h y^{(1)}(x)+\cdots+c_q h^q y^{(q)}(x)+\cdots \tag{3.25}$$

其中，$c_i\left(i=0,1,2,3,\cdots\right)$ 为常数，它们与 $\alpha_i$、$\beta_i$ 的关系为

$$
\begin{cases}
c_0 = \sum_{i=0}^{k} \alpha_i \\
c_1 = \sum_{i=1}^{k} i\alpha_i - \sum_{i=0}^{k} \beta_i \\
\quad \cdots \\
c_q = \frac{1}{q!}\sum_{i=1}^{k} i^q \alpha_i - \frac{1}{(q-1)!}\sum_{i=1}^{k} i^{q-1}\beta_i, \quad q = 2,3,\cdots
\end{cases} \tag{3.26}
$$

若 $y(x)$ 有 $q+2$ 阶连续导数，则当 $k$ 适当大时，就可以选出 $\alpha_i$、$\beta_i$，使得 $c_0 = c_1 = \cdots = c_q = 0$，而 $c_{q+1} \neq 0$。如此选出的系数，有

$$
L\left[y(x);h\right] = c_{q+1}h^{q+1}y^{(q+1)}(x) + O\left(h^{q+2}\right) \tag{3.27}
$$

由于 $y'(x) = f\left(x, y(x)\right)$，则

$$
\sum_{i=0}^{k} \left[\alpha_i y(x+ih) - h\beta_i f\left(x+ih, y(x+ih)\right)\right] = c_{q+1}h^{q+1}y^{(q+1)}(x) + O\left(h^{q+2}\right) \tag{3.28}
$$

舍去等式右端项，并用 $y_n$ 代替 $y(x_n)$，$x = x_n$，即可得到式(3.23)。而 $c_{q+1}h^{q+1}y^{(q+1)}(x) + O\left(h^{q+2}\right)$ 称为式(3.23)的局部截断误差，可以看出其局部截断误差的阶为 $O\left(h^{q+1}\right)$。可以证明方法的整体截断误差的阶是 $O\left(h^{q}\right)$，所以此法称为 $q$ 阶 $k$ 步法。

利用待定系数法可以构造出许多新的计算公式，可以选取 $\alpha_i$、$\beta_i$ 使得局部截断误差的阶尽可能高。应用例子如下。

设要构建二步三阶法。此时，$k=2$，$q=3$。又知 $\alpha_2 = 1$，取 $\alpha_0$ 为自由参数，其余的 $\alpha_1$、$\beta_0$、$\beta_1$、$\beta_2$ 根据式(3.26)和 $c_0 = c_1 = c_2 = c_3 = 0$ 确定。得到

$$
\begin{cases}
c_0 = \alpha_0 + \alpha_1 + 1 = 0 \\
c_1 = \alpha_1 + 2 - (\beta_0 + \beta_1 + \beta_2) = 0 \\
c_2 = \frac{1}{2}(\alpha_1 + 4) - (\beta_1 + 2\beta_2) = 0 \\
c_3 = \frac{1}{6}(\alpha_1 + 8) - \frac{1}{2}(\beta_1 + 4\beta_2) = 0
\end{cases}
$$

解此方程组，得

$$
\alpha_1 = -1 - \alpha_0, \ \beta_0 = -\frac{1}{12}(1 + 5\alpha_0), \ \beta_1 = \frac{2}{3}(1 - \alpha_0), \ \beta_2 = \frac{1}{12}(5 + \alpha_0)
$$

因此，一般的二步三阶法可以写成

$$
\begin{aligned}
&y_{n+2}-\left(1+\alpha_0\right)y_{n+1}+\alpha_0 y_n \\
&=\frac{h}{12}\left[\left(5+\alpha_0\right)f_{n+2}+8\left(1-\alpha_0\right)f_{n+1}-\left(1+5\alpha_0\right)f_n\right]
\end{aligned}
\tag{3.29}
$$

对上式进行进一步讨论，可以选择 $\alpha_0$，使得方法的阶有所提高。由式(3.26)可知

$$
\begin{cases}
c_4=-\dfrac{1}{24}\left(\alpha_1+16\right)-\dfrac{1}{6}\left(\beta_1+8\beta_2\right)=-\dfrac{1}{24}\left(1+\alpha_0\right) \\
c_5=\dfrac{1}{120}\left(\alpha_1+32\right)-\dfrac{1}{24}\left(\beta_1+16\beta_2\right)=-\dfrac{1}{360}\left(17+13\alpha_0\right)
\end{cases}
$$

所以当 $\alpha_0\neq -1$ 时，$c_4\neq 0$，方法(3.29)是三阶的；当 $\alpha_0=-1$ 时，$c_4=0$，$c_5\neq 0$，方程(3.29)化为

$$
y_{n+2}=y_n+\frac{h}{3}\left(f_{n+2}+4f_{n+1}+f_n\right)
$$

这是四阶二步法，是最高阶的二步法，称为 Milne 法。此外，当 $\alpha_0=-5$ 时方法为显式的，否则为隐式的。

利用式(3.26)还可以构造出具有指定结构的最大阶数的线性多步法。例如，满足条件 $\beta_i=0(i=0,1,\cdots,k-1)$ 的 $k$ 步 $k$ 阶方法叫做 Gear 法，它是求解常微分方程最基本的数值方法，几乎每个常微分方程数值解的软件包都包含了此类方法。

Gear 法的一般形式为

$$
\sum_{i=0}^{k}\alpha_i y_{n+i}=h\beta_k f_{n+k}
\tag{3.30}
$$

3. 相容性、稳定性和收敛性

1) 相容性

在用线性多步法求解问题(3.1)时，由于方程(3.15)是方程(3.1)的近似表达式，这个近似过程会产生误差，为了使方程(3.15)的解逼近方程(3.1)的解，自然要求

$$
\frac{1}{h}\left[\sum_{i=0}^{k}\alpha_i y\left(x_{n+i}\right)-h\sum_{i=0}^{k}\beta_i f\left(x_{n+i},y\left(x_{n+i}\right)\right)\right]-\left[y'\left(x_n\right)-f\left(x_n,y\left(x_n\right)\right)\right]=o(1)(h\to 0)
\tag{3.31}
$$

而 $y'(x)=f\left(x,y(x)\right)$，在式(3.24)中令 $x=x_n$，则式(3.31)可以写成

$$
L\left[y\left(x_n\right);h\right]=o(h)(h\to 0)
$$

其中，$o(h)$ 为 $h$ 的高阶无穷小量。如果 $f\left(x,y(x)\right)$ 连续可微，就有

$$L\left[y(x_n);h\right]=O\left(h^2\right)(h\to 0)$$

于是有如下定义。

**定义 3.3**　线性多步法(3.15)称为是相容的，如果对于问题(3.1)，有

$$\frac{1}{h}\max_{0\leqslant m\leqslant N-k}\left|L\left[y(x_n);h\right]\right|\to 0(h\to 0) \tag{3.32}$$

其中，$N=(b-a)/h$。

**定义 3.4**　线性多步法(3.15)称为是 $p$ 阶相容的，如果 $p$ 是满足下面条件的最大正数：对于初值问题(3.1)，当 $f$ 充分光滑时，有

$$\max_{0\leqslant m\leqslant N-k}\left|L\left[y(x_n);h\right]\right|=O\left(h^{p+1}\right)(h\to 0) \tag{3.33}$$

由上面的定义可以得到下面的定理。

**定理 3.4**　线性多步法(3.15)相容的充要条件是它至少是一阶的，即

$$\sum_{i=0}^{k}\alpha_i=0,\ \sum_{i=0}^{k}i\alpha_i=\sum_{i=0}^{k}\beta_i$$

实际上，线性多步法是 $q$ 阶相容的充要条件是，条件 $c_0=c_1=\cdots=c_q=0$ 成立。

2) 稳定性

在用多步法进行计算时，各种因素都是有误差的(如初值)，且这些误差在计算中会一直传递下去。如果误差在传递的过程中积累得越来越大，会扭曲精确解，这种算法是不能用的，为此我们对多步法提出了稳定性的要求。

**定义 3.5**　线性多步法(3.15)称为是零稳定的，如果对问题(3.1)存在常数 $c$ 及 $h_0>0$，使得当 $0<h\leqslant h_0$ 时，线性多步法(3.15)的任何解序列 $\{y_n\}$ 与相应扰动问题

$$\begin{cases}\sum_{i=0}^{k}\alpha_i z_{n+i}=h\sum_{i=0}^{k}\beta_i f\left(x_{n+i},z_{n+i}\right)\\ z_i\text{给定},\ j=0,1,\cdots,k-1\end{cases} \tag{3.34}$$

的解序列 $\{z_m\}$ 之差满足

$$\max_{nh\leqslant b-a}\left|z_n-y_n\right|\leqslant c_0\max_{0\leqslant i\leqslant k-1}\left|z_i-z_i\right| \tag{3.35}$$

稳定性确切地刻画了当 $h$ 充分小时，多步法的解将连续依赖于初始值，即当用多步法进行计算时，初始值的微小变化不会引起解的大变化。

由线性多步法(3.15)的系数构成的多项式

$$\rho(\xi)=\sum_{i=0}^{k}\alpha_i\xi^i\ \text{及}\ \sigma(\xi)=\sum_{i=0}^{k}\beta_i\xi^i \tag{3.36}$$

分别称为线性多步法(3.15)的第一和第二生成多项式。第一生成多项式 $\rho(\xi)$ 的每

个根的模不超过 1，且等于 1 的根是单根，则多项式 $\rho(\xi)$ 满足根条件，这时也称线性多步法(3.15)满足根条件。

**定理 3.5**　线性多步法(3.15)零稳定的充要条件是该方法满足根条件。

3) 收敛性

以线性多步法(3.15)求解初值问题(3.1)，当步长 $h$ 足够小时 $(h>0)$，从任给初始值 $y_i(i=0,1,\cdots,k-1)$ 出发，可以得到唯一逼近序列 $\{y_n\}$，差值

$$e_n=y(x_n)-y_n,\quad n=0,1,\cdots$$

称为线性多步法(3.15)的整体截断误差。

**定义 3.6**　线性多步法(3.15)称为是收敛的，如果以它求解问题(3.1)时，整体截断误差满足：当 $h\to 0$，$y_0,y_1,\cdots,y_{k-1}\to y(a)$ 时

$$\max_{nh\leqslant b-a}|y(x_n)-y_n|\to 0 \tag{3.37}$$

进一步，也可以定义 $p$ 阶收敛的。

**定义 3.7**　线性多步法(3.15)称为是 $p$ 阶收敛的($p>0$)，如果以它求解初值问题时，只要 $f$ 充分光滑，且

$$\max_{0\leqslant i<k-1}|y(x_i)-y_i|=O(h^p),\quad h\to 0$$

则有

$$\max_{nh\leqslant b-a}|y(x_n)-y_n|=O(h^p),\quad h\to 0$$

关于收敛性、相容性和稳定性之间有如下关系。

**定理 3.6**　若线性多步法(3.15)是相容的且零稳定，则该方法是收敛的；若线性多步法(3.15)是 $p$ 阶相容的且零稳定的，则该方法是 $p$ 阶收敛的。

4. 线性多步法的进一步讨论

1) 初始值的确定

在运用线性多步法求解问题时，首先必须要给定前面 $k$ 个初始值 $y_0,y_1,\cdots,y_{k-1}$，而初值问题(3.1)只给出了一个初始值 $y_0$，因此，还需要用其他方法确定剩下的初始值。由方法收敛性的要求可知，若线性多步法(3.15)是 $p$ 阶收敛的，则初始值也被要求至少是 $p$ 阶收敛的，即

$$\max_{0\leqslant i\leqslant k-1}|y(x_i)-y_i|=O(h^p),\quad h\to 0$$

所以，在给出起始值时必须要满足这个要求。

首先，可以利用不需要附加初始值的算法来计算多步法的初始值，如欧拉法和改进的欧拉法。但简单地使用欧拉法会导致初始值的精度不能满足要求。然

而，可以利用后面介绍的 Richardson 外推法来提高它的精度，所以欧拉法也常常可以用来计算附加的初始值。另外，可以用 Runge-Kutta 法计算初始值。其次，还可以用下面的 Taylor 级数法计算初始值。

Taylor 级数法：设初值问题(3.1)的解有 $p+1$ 阶连续导数，如果选用 $k$ 步 $p$ 阶方法求它的解，则此时初始值应该满足条件

$$y(x_0+ih)-y_i=O(h^p),\quad i=1,2,\cdots,k-1$$

将 $y(x_0+h)$ 在 $x_0$ 处用 Taylor 公式展开，即

$$y(x_0+h)=y(x_0)+hy'(x_0)+\cdots+\frac{h^{p-1}}{(p-1)!}y^{(p-1)}(x_0)+O(h^p)$$

若令

$$y_1=y(x_0)+hy'(x_0)+\cdots+\frac{h^{p-1}}{(p-1)!}y^{(p-1)}(x_0) \tag{3.38}$$

则有

$$y(x_0+h)-y_1=O(h^p)$$

式(3.38)中的各阶微商 $y^{(i)}(x_0)$ 可以直接利用 $f(x,y(x))$ 算出，即

$$\begin{cases}y'=f\\ y''=f_x+f\cdot f_y\\ y'''=f_{xx}+2f\cdot f_{xy}+f^2\cdot f_{yy}+f_x\cdot f_y+f\cdot f_y^2\\ \quad\cdots\end{cases} \tag{3.39}$$

其中，$f_x$、$f_y$、$f_{xy}$ 等表示 $f(x,y)$ 对应变量的偏导数。代入 $x=x_0,y=y(x_0)$ 即可得到 $y^{(i)}(x_0)$，从而利用式(3.38)即可算出 $y_1$。类似地，利用表达式

$$y_{i+1}=y(x_i)+hy'(x_i)+\cdots+\frac{h^{p-1}}{(p-1)!}y^{(p-1)}(x_i),\quad i=1,2,\cdots,k-2$$

以及式(3.39)可以算出 $y_2,y_3,\cdots,y_{k-1}$。

当用上述展开方法确定初始值时，还可以得到关于选择 $h$ 的信息。假设要求计算误差不超过 $\varepsilon$，那么，当 $h$ 满足条件

$$\frac{1}{p!}h^p\left|y^p(x_0)\right|\leqslant\varepsilon,\quad \frac{1}{(p-1)!}h^{p-1}\left|y^{p-1}(x_0)\right|>\varepsilon$$

时，应该认为是最好的。因为当第一个条件不满足时，达不到指定精度，而第二个条件不满足则表明 $h$ 过小。

2) Richardson 外推法

Richardson 外推法是提高数值方法计算精度以及实际估计计算结果误差常用的有效方法。

用 $y(x;h)$ 表示用步长为 $h$ 的数值方法计算得到的解 $y(x)$ 的近似值，将 $y(x;h)$ 关于 $h$ 展开成幂级数，有

$$y(x;h)=y(x)+A_1h+\cdots+A_ph^p+\cdots \tag{3.40}$$

若在此方法中将步长缩小一半，即以 $h/2$ 进行计算，得到 $y(x)$ 的近似解为 $y(x;h/2)$，则同样有

$$y\left(x;\frac{h}{2}\right)=y(x)+\frac{1}{2}A_1h+\cdots+\frac{1}{2^p}A_ph^p+\cdots \tag{3.41}$$

构造式(3.40)、式(3.41)的线性组合，使右端的一次项系数为零，得到

$$2y\left(x;\frac{h}{2}\right)-y(x;h)=y(x)-\frac{1}{2}A_2h^2-\left(1-\frac{1}{2^2}\right)A_3h^3+\cdots$$

由此看出，当取 $2y(x;h/2)-y(x;h)$ 作为 $y(x)$ 的近似值时，误差精度将提高1阶，即数值计算公式

$$\overline{y}(x)=2y\left(x;\frac{h}{2}\right)-y(x;h)$$

的局部截断误差为 $O\left(h^2\right)$。如果 $y(x;h)$ 的局部截断误差是 $p$ 阶的，此时在式(3.40)、式(3.41)中，$A_1=A_2=\cdots=A_{p-1}=0$，于是它们分别变为

$$y(x;h)=y(x)+A_ph^p+A_{p+1}h^{p+1}+\cdots \tag{3.42}$$

$$y\left(x;\frac{h}{2}\right)=y(x)+\frac{1}{2^p}A_ph^p+\frac{1}{2^{p+1}}A_{p+1}h^{p+1}+\cdots \tag{3.43}$$

作组合得到

$$2^py\left(x;\frac{h}{2}\right)-y(x;h)=\left(2^p-1\right)y(x)+\frac{1}{2}A_{p+1}h^{p+1}+\cdots$$

从而数值计算公式

$$\overline{y}(x)=\frac{1}{2^p-1}\left[2^py\left(x;\frac{h}{2}\right)-y(x;h)\right]$$

的局部截断误差阶为 $O\left(h^{p+1}\right)$，这就是 Richardson 外推法。

外推法也常用来估计误差。仍考虑 $p$ 阶方法，此时 $y(x;h)$ 及 $y(x;h/2)$ 分别有展开式(3.42)和式(3.43)，由此得到

$$y(x;h)-y\left(x;\frac{h}{2}\right)=\left(1-\frac{1}{2^p}\right)A_p h^p+\left(1-\frac{1}{2^{p+1}}\right)A_{p+1}h^{p+1}+\cdots$$

由此，误差主项 $A_p h^p$ 有近似表达式

$$A_p h^p \approx \frac{2^p}{2^p-1}\left[y(x;h)-y\left(x;\frac{h}{2}\right)\right] \tag{3.44}$$

所以，当 $y(x;h)$ 及 $y(x;h/2)$ 已经算出时，可利用式(3.44)的右端作为误差的近似估计式。用式(3.44)右端判断计算结果的误差，是在实际计算中经常使用的方法。

### 3.1.4 Runge-Kutta 法

1. 显式公式

由式(3.16)及积分中值定理可得

$$\int_{x_m}^{x_{m+1}} f(x,y(x))\mathrm{d}x = hf(x_m+\theta h, y(x_m+\theta h)),\quad 0<\theta<1$$

于是

$$y(x_{m+1})=y(x_m)+hf(x_m+\theta h, y(x_m+\theta h)) \tag{3.45}$$

记 $k=f(x_m+\theta h, y(x_m+\theta h))$，称 $k$ 为区间 $[x_m,x_{m+1}]$ 上曲线 $y=y(x)$ 的平均斜率。只要用 $y_m$、$y_{m+1}$ 分别代替 $y(x_m)$、$y(x_{m+1})$，对平均斜率提供一种算法，就可以得到一种微分方程数值计算格式。例如，取点 $x_m$ 的斜率 $k_1=f(x_m,y(x_m))$ 作为平均斜率 $k$，则式(3.45)就是欧拉法。而改进的欧拉公式(3.9)也可以写成这种形式

$$\begin{cases} y_{m+1}=y_m+\dfrac{h}{2}(k_1+k_2) \\ k_1=f(x_m,y_m) \\ k_2=f(x_{m+1},y_{m+1}) \end{cases} \tag{3.46}$$

这可以理解为，用 $x_m$ 和 $x_{m+1}$ 这两点的斜率 $k_1$ 和 $k_2$，取算数平均来代替平均斜率 $k$。在这个过程中，$k_2$ 中的 $y_{m+1}$ 可以用欧拉法求得。这就启发我们，可以设法在 $[x_m,x_{m+1}]$ 中多预报几个点的斜率值，然后将它们的加权平均作为平均斜率 $k$，有可能构造出精度更高的计算公式，这就是 Runge-Kutta 法的基本思路。根据这个思路，令

$$y_{m+1}=y_m+h\sum_{i=1}^{s} b_i k_i \tag{3.47}$$

其中，$b_i$ 为待定的权因子，$s$ 为所使用的斜率值的个数，$k_i$ 满足方程：

$$k_i = f\left(x_m + c_i h, y_m + h\sum_{j=1}^{i-1} a_{ij} k_j\right),\quad i = 1,2,\cdots,s \tag{3.48}$$

且

$$c_1 = 0,\quad c_i = \sum_{j=1}^{i-1} a_{ij},\quad i = 1,2,\cdots,s$$

式(3.48)为显式 Runge-Kutta 法。式(3.47)和式(3.48)中出现的参数 $b_1, b_2, \cdots, b_s$，$c_1, c_2, \cdots, c_s$ 及 $a_{ij}$ 为提高方法的精度创造了条件。Runge-Kutta 法中的系数可以这样来决定：设 $y(x)$ 满足微分方程，将式(3.48)的右端在 $x_m$ 点展开成关于 $h$ 的 Taylor 级数，然后代入式(3.47)中，同时将 $y(x_m + h)$ 在 $x_m$ 点展开成 Taylor 级数，使左右两端 $h$ 的次数不超过 $q$ 的项的系数对应相等，就得到确定系数 $b_i$、$c_i$、$a_{ij}$ 的方程组，求得它的解也就得到 $q$ 阶 Runge-Kutta 法的算式。

下面以 $s = 2$ 的情形为例构造 Runge-Kutta 法。设微分方程的真解 $y(x)$ 具有充分高阶导数，将 $y(x_m + h)$ 及 $k_1$、$k_2$ 在 $x_m$ 点处展开成 Taylor 级数：

$$\begin{aligned}
y(x_m + h) &= y(x_m) + hy'(x_m) + \frac{h^2}{2!} y''(x_m) + \frac{h^3}{3!} y'''(x_m) + O(h^4) \\
&= y(x_m) + hf + \frac{h^2}{2!}(f_x + f_y \cdot f) \\
&\quad + \frac{h^3}{3!}(f_{xx} + 2f \cdot f_{xy} + f^2 \cdot f_{yy} + f_x \cdot f_y + f_y^2 \cdot f) + O(h^4)
\end{aligned}$$

$$k_1 = f(x_m, y_m)$$

$$k_2 = f(x_m + c_2 h, y_m + h a_{21} k_1) = f(x_m, y_m) + h(c_2 f_x + a_{21} f \cdot f_y) + O(h^2)$$

其中，$f$、$f_x$、$f_y$、$f_{xx}$ 等分别表示 $y(x, y)$ 及其偏导数在点 $(x_m, y_m)$ 的值。将 $k_1$、$k_2$ 的展开式代入式(3.47)中，并与 $y(x_m + h)$ 的展开式比较，令 $h$、$h^2$ 的系数相等，得

$$b_1 + b_2 = 1,\quad b_2 c_2 = 1/2,\quad b_2 c_{21} = 1/2$$

取 $c_2$ 为自由参数便可以得出其余未知量。特别地，当 $c_2 = 1/2$ 时，$b_1$、$b_2$、$c_{21}$ 分别为 $0$、$1$、$1/2$，相应的 Runge-Kutta 法为称为中点公式，即

$$y_{m+1} = y_m + hf\left(x_m + \frac{1}{2}h, y_m + \frac{1}{2}hf_m\right)$$

其中，$f_m = f(x_m, y_m)$。当 $c_2 = 2/3$ 时，$b_1$、$b_2$、$c_{21}$ 分别为 $1/4$、$3/4$、$2/3$，相应的 Runge-Kutta 法为称为 Heun 公式，即

$$y_{m+1}=y_m+\frac{1}{4}h\left[f\left(x_m,y_m\right)+3f\left(x_m+\frac{2}{3}h,y_m+\frac{2}{3}hf_m\right)\right]$$

当$c_2=1$时，$b_1$、$b_2$、$c_{21}$分别为$1/2$、$1/2$、$1$，相应的 Runge-Kutta 法为称为改进的欧拉法，即

$$y_{m+1}=y_m+\frac{1}{2}h\left[f\left(x_m,y_m\right)+f\left(x_m+h,y_m+hf_m\right)\right]$$

由上面推导可知，二阶 Runge-Kutta 法的局部截断误差主项为

$$T\left[x_m,h\right]=h^3\left(\frac{1}{6}-\frac{c_2}{4}\right)\left(f_{xx}+2f\cdot f_{xy}+f_{yy}\cdot f^2\right)+\frac{1}{6}h^3[f_xf_y+(f_y)^2]$$

对于$s=3,s=4$的情形，可以仿照上面的方法推导出三阶和四阶的 Runge-Kutta 法。下面举例了几个最著名的公式。

三阶 Heun 法：

$$\begin{cases}y_{m+1}-y_m=h\left(k_1+3k_3\right)/4\\k_1=f\left(x_m,y_m\right)\\k_2=f\left(x_m+h/3,y_m+hk_1/3\right)\\k_3=f\left(x_m+2h/3,y_m+2hk_2/3\right)\end{cases}$$

三阶 Runge-Kutta 法：

$$\begin{cases}y_{m+1}-y_m=h\left(k_1+4k_2+k_3\right)/6\\k_1=f\left(x_m,y_m\right)\\k_2=f\left(x_m+h/2,y_m+hk_1/2\right)\\k_3=f\left(x_m+h,y_m-hk_1+2hk_2\right)\end{cases}$$

这种算法是较流行的三阶 Runge-Kutta 法。

四阶方法：

$$\begin{cases}y_{m+1}-y_m=h\left(k_1+2k_2+2k_3+k_4\right)/6\\k_1=f\left(x_m,y_m\right)\\k_2=f\left(x_m+h/2,y_m+hk_1/2\right)\\k_3=f\left(x_m+h/2,y_m+hk_2/2\right)\\k_4=f\left(x_m+h,y_m+hk_3\right)\end{cases}$$

称为经典 Runge-Kutta 法，它是所有 Runge-Kutta 法中最常用的。

$$\begin{cases}y_{m+1}-y_m=h\left(k_1+3k_2+3k_3+k_4\right)/8\\k_1=f\left(x_m,y_m\right)\\k_2=f\left(x_m+h/3,y_m+hk_1/3\right)\\k_3=f\left(x_m+2h/3,y_m-hk_1/3+hk_2\right)\\k_4=f\left(x_m+h,y_m+hk_1-hk_2+hk_3\right)\end{cases}$$

称为四阶 Runge-Kutta 法。

2. 隐式方法

上面的公式在计算 $k_{i+1}$ 时，只用到了 $k_1,k_2,\cdots,k_i$，所以上述公式称为显式 Runge-Kutta 法。如果把式(3.48)改写成

$$k_i = f\left(x_m + c_i h, y_m + h\sum_{j=1}^{s} a_{ij}k_j\right),\quad i=1,2,\cdots,s \tag{3.49}$$

且

$$c_i = \sum_{j=1}^{s} a_{ij},\quad i=1,2,\cdots,s$$

则每个 $k$ 中包含 $k_1,k_2,\cdots,k_s$，这时称 Runge-Kutta 法为隐式的。它的待定系数可以表示为

$$\begin{pmatrix} c_1 & a_{11} & a_{12} & \cdots & a_{1s} \\ c_2 & a_{21} & a_{22} & \cdots & a_{2s} \\ \vdots & \vdots & \vdots & & \vdots \\ c_s & a_{s1} & a_{s2} & \cdots & a_{ss} \\ & b_1 & b_2 & \cdots & b_s \end{pmatrix}$$

记 $\boldsymbol{A}=(a_{ij})_{s\times s}, \boldsymbol{c}=(c_1,c_2,\cdots,c_s)^{\mathrm{T}}, \boldsymbol{b}=(b_1,b_2,\cdots,b_s)^{\mathrm{T}}$，则 Runge-Kutta 法可简记为

$$\begin{pmatrix} \boldsymbol{c} & \boldsymbol{A} \\ & \boldsymbol{b}^{\mathrm{T}} \end{pmatrix} \tag{3.50}$$

以后均用式(3.50)表示 Runge-Kutta 法。$\boldsymbol{A}$ 为主对角线上的元素全为零的下三角矩阵时，式(3.50)表示的是显式的 Runge-Kutta 法；$\boldsymbol{A}$ 为主对角线上的元素为非零的下三角矩阵时，式(3.50)表示的是半隐式的 Runge-Kutta 法；如果 $\boldsymbol{A}$ 为一般的 $s$ 级方阵，则式(3.50)是全隐式的 Runge-Kutta 法。隐式方法也可以像显式方法一样，用 Taylor 展开的方式来构造，下面是几种常用的隐式方法。

中点法：

$$\begin{pmatrix} 1/2 & 1/2 \\ & 1 \end{pmatrix}$$

该方法是二阶的。

二阶二级方法：

$$\begin{pmatrix} 0 & 0 & 0 \\ 1 & 1/2 & 1/2 \\ & 1/2 & 1/2 \end{pmatrix}$$

二阶四级方法：

$$\begin{pmatrix} 1/2-\sqrt{3}/6 & 1/4 & 1/4-\sqrt{3}/6 \\ 1/2+\sqrt{3}/6 & 1/4+\sqrt{3}/6 & 1/4 \\ & 1/2 & 1/2 \end{pmatrix}$$

3. Runge-Kutta 法的稳定性和收敛性

一般单步法可以表示为

$$y_{m+1}=y_m+h\varphi\left(x_m,y_m,h\right) \tag{3.51}$$

其中，$\varphi\left(x_m,y_m,h\right)$ 表示与 $x_m$、$y_m$、$h$ 有关的函数，在 Runge-Kutta 法中，$\varphi\left(x_m,y_m,h\right)=\sum\limits_{j=1}^{s} b_i k_j$。

Runge-Kutta 法和欧拉法都是一般单步法，因此，论证两者的稳定性、收敛性，以及误差估计都是相同的，于是有下列结论。

**定理 3.7** 若对于 $a\leqslant x\leqslant b$，$0<h\leqslant h_0$ 及 $|y|<+\infty$，$\varphi(x,y,h)$ 关于 $y$ 满足 Lipschitz 条件，则单步方法(3.51)是稳定的。

**定义 3.8** 方法(3.51)称为相容的，如果 $\varphi(x,y,0)=f(x,y)$。

相容的单步方法至少是一阶的。

**定理 3.8** 若对于 $a\leqslant x\leqslant b$，$0<h\leqslant h_0$ 及 $|y|<+\infty$，$\varphi(x,y,h)$ 关于 $x$、$y$ 满足 Lipschitz 条件，则方法(3.51)收敛的充要条件是它是相容的。

**定理 3.9** 在定理 3.8 的条件下，如果方法(3.51)的局部截断误差 $R_m$ 满足

$$|R_m|\leqslant R=ch^{q+1}$$

则方法(3.51)的解 $y_m$ 的整体截断误差 $\varepsilon_m=y(x_m)-y_m$ 满足

$$|\varepsilon_m|\leqslant \mathrm{e}^{L(b-a)}|\varepsilon_0|+h^q c\left(\mathrm{e}^{L(b-a)}-1\right)/L$$

## 3.2 偏微分方程经典数值解法

有限差分法(finite difference method，FDM)是求解偏微分方程的数值方法。它是把连续的定解区域用有限个离散点构成的网格来代替，这些离散点称作网格的节点；把连续定解区域上的连续变量的函数用在网格上定义的离散变量函数来近似；把原方程和定解条件中的微商用差商来近似，积分用积分和来近似，于是原微分方程和定解条件就近似地代之以代数方程组，即有限差分方程组，解此方

程组就可以得到原问题在离散点上的近似解。然后再利用插值方法便可以从离散解得到定解问题在整个区域上的近似解。

本节我们讨论的差分法的主要内容如下。

(1) 对求解域作网格剖分。

一维情形是把区间分成等距或不等距的小区间，称为单元。二维情形则是把区域分割成均匀或不均匀的矩形，其边与坐标轴平行，也可分割成其他的多边形。

(2) 构造逼近微分方程定解问题的差分格式。

我们将主要介绍两种构造差分格式的方法：直接差分化法和积分插值法。

(3) 边值问题的处理。

对于二阶线性椭圆型方程边值问题，我们讨论的主要对象如下。

① 一维情形——常微分方程两点边值问题，如

$$\begin{cases} \dfrac{\mathrm{d}}{\mathrm{d}x}\left(p\dfrac{\mathrm{d}u}{\mathrm{d}x}\right)+r\dfrac{\mathrm{d}u}{\mathrm{d}x}+qu=f, & a<x<b \\ u(a)=\alpha, \quad u(b)=\beta \end{cases}$$

或者边界条件换成其他类型。

② 二维情形——二阶椭圆型边值问题，如

$$\begin{cases} -\left[\dfrac{\partial}{\partial x}\left(p\dfrac{\partial u}{\partial x}\right)+\dfrac{\partial}{\partial y}\left(p\dfrac{\partial u}{\partial y}\right)\right]+qu=f, & (x,y)\in\Omega \\ u(x,y)=\varphi(x,y), \quad (x,y)\in\Gamma \end{cases}$$

或者边界条件换为其他类型，其中 $\Gamma$ 为二维区域 $\Omega$ 的边界。

假设上述边值问题都有唯一解，且连续依赖于边界条件和右端项，亦即边值问题是适定的。由此引起的对方程系数及右端项的要求，都能得到满足。

### 3.2.1 椭圆型方程

考虑二阶线性常微分方程两点边值问题

$$\begin{cases} -\dfrac{\mathrm{d}}{\mathrm{d}x}\left(p\left(\dfrac{\mathrm{d}u}{\mathrm{d}x}\right)\right)+r\left(\dfrac{\mathrm{d}u}{\mathrm{d}x}\right)+qu=f, & a<x<b \\ u(a)=\alpha, \quad u(b)=\beta \end{cases} \tag{3.52}$$

其中，$p(x)\in C^1[a,b]$，$r(x)$、$q(x)$、$f(x)\in C[a,b]$，$p(x)\geqslant p_{\min}>0$，$\alpha$、$\beta$ 为给定常数。上述系数条件保证问题(3.52)是适定的。

对于求解问题(3.52)，首先将求解区间 $[a,b]$ 进行剖分。为简单起见，也使局部截断误差具有较高的精度，在接下来构造差分格式时，我们将使用等距剖分，

将区间$[a,b]$分成$N$等份，令$h=(b-a)/N$，分点为

$$x_i = a + ih,\ \ i = 0,1,\cdots,N$$

其中，$x_i$为网格节点(网点)，$h$为步长。其次就是将微分方程(3.52)在网点$x_i$处离散化。下面介绍两种离散化的方法。

1. 直接差分化法

接下来用差商将方程(3.52)在$x_i$点处离散化。注意对充分光滑的$u$，由 Taylor 展式可得

$$\frac{u(x_{i+1})-u(x_{i-1})}{2h}=\left[\frac{\mathrm{d}u}{\mathrm{d}x}\right]_i+O(h^2) \tag{3.53}$$

类似

$$p\left(x_{i-\frac{1}{2}}\right)\frac{u(x_i)-u(x_{i-1})}{h}=\left[p\frac{\mathrm{d}u}{\mathrm{d}x}\right]_{i-\frac{1}{2}}+\frac{h^2}{24}\left[p\frac{\mathrm{d}^3u}{\mathrm{d}x^3}\right]_i+O(h^3) \tag{3.54}$$

同样有

$$p\left(x_{i+\frac{1}{2}}\right)\frac{u(x_{i+1})-u(x_i)}{h}=\left[p\frac{\mathrm{d}u}{\mathrm{d}x}\right]_{i+\frac{1}{2}}+\frac{h^2}{24}\left[p\frac{\mathrm{d}^3u}{\mathrm{d}x^3}\right]_i+O(h^3) \tag{3.55}$$

式(3.55)减去式(3.54)，并除以$h$，则得

$$\frac{1}{h}\left[p\left(x_{i+\frac{1}{2}}\right)\frac{u(x_{i+1})-u(x_i)}{h}-p\left(x_{i-\frac{1}{2}}\right)\frac{u(x_i)-u(x_{i-1})}{h}\right]=\left[\frac{\mathrm{d}}{\mathrm{d}x}\left(p\frac{\mathrm{d}u}{\mathrm{d}x}\right)\right]_i+O(h^2) \tag{3.56}$$

为简化符号，对已知函数简记$p_{i-\frac{1}{2}}=p\left(x_{i-\frac{1}{2}}\right),r_i=r(x_i),q_i=q(x_i),f_i=f(x_i)$，由式(3.53)与式(3.56)，以及边值问题的解$u(x)$在网点$x_i$满足$[Lu]_i=f_i$，故

$$\begin{aligned}[Lu]_i=&-\frac{1}{h}\left[p_{i+\frac{1}{2}}\frac{u(x_{i+1})-u(x_i)}{h}-p_{i-\frac{1}{2}}\frac{u(x_i)-u(x_{i-1})}{h}\right]\\&+r_i\frac{u(x_{i+1})-u(x_{i-1})}{2h}+q_iu(x_i)+R_i(u)=f_i\end{aligned} \tag{3.57}$$

其中，$L$为微分算子，与$u$的导数有关的量

$$R_i(u)=O(h^2) \tag{3.58}$$

若舍去$R_i(u)$，则得到如下以$u_i(i=0,1,\cdots,N)$为未知量的方程组，称为逼近边值

问题(3.52)的差分方程边值问题

$$L_h u_i \equiv -\frac{1}{h^2}\left[p_{i+1}u_{i+1} - \left(p_{i+\frac{1}{2}} + p_{i-\frac{1}{2}}\right)u_i + p_{i-\frac{1}{2}}u_{i-1}\right] + r_i\frac{u_{i+1}-u_{i-1}}{2h} + q_i u_i = f_i$$

$$1 \leqslant i \leqslant N-1$$

$$u_0 = \alpha,\ \ u_N = \beta \tag{3.59}$$

其中，$L_h$ 称为差分算子，$R_i(u)$ 称为差分方程(3.59)的局部截断误差。利用差分算子 $L_h$ 可将式(3.57)写为

$$L_h[u_i] + R_i(u) = f_i \tag{3.60}$$

由于在网点 $x_i$ 处，边值问题(3.52)的方程成立，故

$$[Lu]_i = f_i$$

由上两式，得

$$R_i(u) = [Lu]_i - L_h[u_i] \tag{3.61}$$

可以看出，$R_i(u)$ 是用差分算子 $L_h$ 近似代替微分算子 $L$ 所引起的截断误差，称为差分方程的局部截断误差，它与 $h^2$ 同阶。差分方程边值问题(3.59)～(3.60)称为逼近微分方程边值问题(3.52)的差分格式。它又可写为

$$\begin{cases} -a_i u_{i-1} + b_i u_i - c_i u_{i+i} = g_i, & 1 \leqslant i \leqslant N-1 \\ u_0 = a, \quad u_N = \beta \end{cases} \tag{3.62}$$

其中

$$\begin{cases} a_i = 2p_{i-\frac{1}{2}}/h + r_i, c_i = 2p_{i+\frac{1}{2}}/h - r_i \\ b_i = 2\left(p_{i+\frac{1}{2}} - p_{i-\frac{1}{2}}\right)\Big/h + 2hq_i \\ g_i = 2hf_i \end{cases}$$

这是以 $u_i$ 为未知量的线性代数方程组。由于 $p(x) \geqslant p_{\min}$，$q(x) \geqslant 0$，当 $h > 0$ 充分小时，必有 $a_i, c_i > 0$，$b_i > 0$ 且 $b_i \geqslant a_i + c_i$。另外，当 $i = 1$ 或 $i = N-1$ 时，有 $b_1 > c_1$，$b_{N-1} \geqslant a_{N-1}$。若记方程(3.62)的未知量 $\boldsymbol{u}_h = [u_1, u_2, \cdots, u_{N-1}]^{\mathrm{T}}$，右端向量 $\boldsymbol{g} = [g_1 + a_1\alpha, g_2, \cdots, g_{N-2}, g_{N-1} + c_{N-1}\beta]^{\mathrm{T}}$，系数矩阵 $\boldsymbol{H}$ 为

$$\boldsymbol{H} = \begin{bmatrix} b_1 & -c_1 & & & \\ -a_1 & b_2 & -c_2 & & \\ & \ddots & \ddots & \ddots & \\ & & -a_{N-2} & b_{N-2} & -c_{N-2} \\ & & & -a_{N-1} & b_{N-1} \end{bmatrix}$$

可知，$\boldsymbol{H}$ 为不可约对角占优阵，故 $\boldsymbol{H}$ 是非奇异的，上述线性方程组存在唯一解。而且，由于矩阵 $\boldsymbol{H}$ 为三对角阵，可用追赶法求解。

2. 积分插值法

考虑方程

$$Lu \equiv -\frac{\mathrm{d}}{\mathrm{d}x}\left(p(x)\frac{\mathrm{d}u}{\mathrm{d}x}\right)+q(x)u=f(x),\quad a<x<b \tag{3.63}$$

在 $(a,b)$ 的任意子区间 $[x',x'']$ 上，对方程(3.63)积分，得

$$\left[p\frac{\mathrm{d}u}{\mathrm{d}x}\right]_{x'}-\left[p\frac{\mathrm{d}u}{\mathrm{d}x}\right]_{x''}+\int_{x'}^{x''}q(x)u\mathrm{d}x=\int_{x'}^{x''}f\mathrm{d}x,\quad \forall[x',x'']\subset(a,b) \tag{3.64}$$

把式(3.63)写成积分形式(3.64)后，方程的最高阶导数由二阶降为一阶，从而减弱了对 $u$ 、 $p$ 的光滑性要求，在离散时也只需要逼近一阶导数。

把区间 $[a,b]$ 分为 $N$ 等份，分点 $x_i=a+ih(0\leqslant i\leqslant N)$ 。当我们在内点 $x_i(1\leqslant i\leqslant N-1)$ 建立差分方程时，取 $x'=x_{i-\frac{1}{2}},x''=x_{i+\frac{1}{2}}$ ，则有

$$\left[p\frac{\mathrm{d}u}{\mathrm{d}x}\right]_{x_{i-\frac{1}{2}}}-\left[p\frac{\mathrm{d}u}{\mathrm{d}x}\right]_{x_{i+\frac{1}{2}}}+\int_{x_{i-\frac{1}{2}}}^{x_{i+\frac{1}{2}}}q(x)u\mathrm{d}x=\int_{x_{i-\frac{1}{2}}}^{x_{i+\frac{1}{2}}}f(x)u\mathrm{d}x \tag{3.65}$$

由式(3.63)及式(3.64)并且利用数值积分中的中矩形公式

$$\int_{x_{i-\frac{1}{2}}}^{x_{i+\frac{1}{2}}}q(x)u\mathrm{d}x=q_iu(x_i)h+O(h^3)$$

$$\int_{x_{i-\frac{1}{2}}}^{x_{i+\frac{1}{2}}}f\mathrm{d}x=f_ih+O(h^3)$$

代入式(3.65)，略去误差项 $O(h^3)$ ，记 $u(x_i)$ 的近似值为 $u_i$ ，则得

$$-\left[p_{i+\frac{1}{2}}\frac{u(x_{i+1})-u(x_i)}{h}-p_{i-\frac{1}{2}}\frac{u(x_i)-u(x_{i-1})}{h}\right]+hq_iu(x_i)=hf_i,\quad 1\leqslant i\leqslant N-1 \tag{3.66}$$

若选取不同的积分区间和数值计算公式，最终会得到不同的格式。

3. 边值问题的处理

接下来主要考虑用积分插值法处理第二、三类边界条件：

$$-p(a)u(a)+\alpha_0u(a)=\alpha_1 \tag{3.67}$$

$$p(b)u(b)+\beta_0 u(b)=\beta_1 \tag{3.68}$$

在方程(3.63)的积分形式(3.64)中取 $x'=x_0=a, x''=x_{\frac{1}{2}}$，有

$$\left[p\frac{\mathrm{d}u}{\mathrm{d}x}\right]_{x_0}-\left[p\frac{\mathrm{d}u}{\mathrm{d}x}\right]_{x_{\frac{1}{2}}}+\int_{x_0}^{x_{\frac{1}{2}}}q(x)u\mathrm{d}x=\int_{x_0}^{x_{\frac{1}{2}}}f(x)\mathrm{d}x \tag{3.69}$$

根据边界条件(3.67)，有

$$\left[p\frac{\mathrm{d}u}{\mathrm{d}x}\right]_{x_0}=\alpha_0 u(x_0)-\alpha_1$$

以及

$$\left[p\frac{\mathrm{d}u}{\mathrm{d}x}\right]_{x_{\frac{1}{2}}}=p_{\frac{1}{2}}\frac{u(x_1)-u(x_0)}{h}+O(h^2)$$

$$\int_{x_0}^{x_{\frac{1}{2}}}qu\mathrm{d}x=\frac{h}{2}q_0u(x_0)+O(h^2),\quad \int_{x_0}^{x_{\frac{1}{2}}}f\mathrm{d}x=\frac{h}{2}f_0+O(h^2)$$

将以上各式代入式(3.69)中，并舍去误差项 $O(h^2)$，则得到逼近边界条件(3.67)的差分方程：

$$-p_{\frac{1}{2}}\frac{u(x_1)-u(x_0)}{h}+\left(\alpha_0+\frac{h}{2}q_0\right)u_0=\alpha_1+\frac{h}{2}f_0 \tag{3.70}$$

同理，在方程(3.64)中取 $x'=x_{N-\frac{1}{2}}, x''=x_N$，可以得到逼近边界条件(3.68)的差分方程：

$$p_{N-\frac{1}{2}}\frac{u(x_N)-u(x_{N-1})}{h}+\left(\beta_0+\frac{h}{2}q_N\right)u(x_N)=\beta_1+\frac{h}{2}f(x_N) \tag{3.71}$$

将式(3.66)、式(3.70)和式(3.71)构成的 $N+1$ 个线性方程组的未知量按照 $u_0,u_1,\cdots,u_N$ 的顺序排列，所得到方程组的系数矩阵是对称的。

4. 矩形网的差分格式

对于 Poisson 方程

$$-\Delta u=f(x,y),\quad (x,y)\in G \tag{3.72}$$

其中，$G$ 是平面上的有界区域，其边界 $\Gamma$ 为分段光滑曲线，对于方程(3.72)，在边界 $\Gamma$ 上有三种形式的边界条件。

(1) 第一类边界条件。

$$u|_{\Gamma}=\alpha(x,y) \tag{3.73}$$

问题(3.72)与(3.73)称为第一类边值问题，也称为 Dirichlet 问题。

(2) 第二类边界条件。

$$\frac{\partial u}{\partial n}|_{\Gamma}=\beta(x,y) \tag{3.74}$$

问题(3.72)与(3.74)称为第二类边值问题，也称为 Neumann 问题，其中 $n$ 表示边界的外法向。

(3) 第三类边界条件。

$$\frac{\partial u}{\partial n}+k(x,y)u|_{\Gamma}=\gamma(x,y) \tag{3.75}$$

问题(3.72)与(3.75)称为第三类边值问题。

上面的 $f(x,y)$、$\alpha(x,y)$、$\beta(x,y)$、$\gamma(x,y)$ 和 $k(x,y)$ 都是连续函数，$k\geqslant 0$。接下来主要讨论逼近方程(3.72)及相应边界条件的差分格式。而如何做网格剖分以及处理好边界条件是一个很重要的问题。

不妨设区域 $\Omega$ 为坐标系第一象限，$h_1$ 和 $h_2$ 分别为沿 $x$ 轴和 $y$ 轴的步长，作两族与坐标轴平行的等距直线

$$x=ih_1,\quad y=jh_2,\quad i,j=0,1,2,\cdots$$

称它们为网线。两族网线的交点 $(ih_1,jh_2)$ 称为网点(或节点)，记为 $(x_i,y_j)$ 或 $(i,j)$。对于两个网点 $(x_i,y_j)$ 与 $(x_l,y_m)$，如果

$$|i-l|+|j-m|=1$$

则称它们在矩形剖分情形下是相邻的。

以 $G_h=\{(x_i,y_j)\in G\}$ 来表示所有属于 $G$ 的节点集合，并称这样的网点为内点。$\Gamma_h$ 表示网线 $x=x_i$ 或 $y=y_j$ 与 $\Gamma$ 的交点集合，这样的点称为边界点。令 $\bar{G}_h=G_h\cup\Gamma_h$，则 $\bar{G}_h$ 就是代替域 $\bar{G}=G\cup\Gamma$ 的网点集合。若内点 $(i,j)$ 的四个邻点均属于网线的交点，则称 $(i,j)$ 为正则内点，否则称为非正则内点。

设 $(x_i,y_j)$ 为正则内点，沿 $x$、$y$ 方向分别用二阶中心差商代替 $u_{xx}$、$u_{yy}$，则得

$$-\Delta_h u_{ij}=-\left[\frac{u_{i+1,j}-2u_{i,j}+u_{i-1,j}}{h_1^2}+\frac{u_{i,j+1}-2u_{i,j}+u_{i,j-1}}{h_1^2}\right]=f_{ij} \tag{3.76}$$

其中，$u_{i,j}$ 表示节点 $(i,j)$ 上的网函数。假若以 $u_h$、$f_h$ 表示网函数，则 $u_h(x_i,u_j)=u_{i,j}$，$f_h(x_i,y_j)=f_{ij}=f(x_i,y_j)$。

利用 Taylor 展式

$$\frac{u(x_{i+1},y_j)-2u(x_i,y_j)+u(x_{i-1},y_j)}{h_1^2}=\frac{\partial^2 u(x_i,y_j)}{\partial x^2}+\frac{h_1^2}{12}\frac{\partial^4 u(x_i,y_j)}{\partial x^4}+O(h_1^4)$$

$$\frac{u(x_i,y_{j+1})-2u(x_i,y_j)+u(x_i,y_{j-1})}{h_2^2}=\frac{\partial^2 u(x_i,y_j)}{\partial y^2}+\frac{h_2^2}{12}\frac{\partial^4 u(x_i,y_j)}{\partial y^4}+O(h_2^4)$$

可得差分算子 $-\Delta_h$ 的截断误差

$$R_{ij}(u)=\Delta u(x_i,y_j)-\Delta_h u(x_i,y_j)=-\frac{1}{12}\left[h_1^2\frac{\partial^4 u}{\partial x^4}+h_2^2\frac{\partial^4 u}{\partial y^4}\right]_{ij}+O(h^4)$$

其中，$u$ 是方程(3.72)的光滑解。

因为差分方程(3.74)中出现 $u$ 在 $(i,j)$ 及其四个邻点上的值，所以称为五点差分格式。

为了提高精度，在五点差分格式的基础上进行 Taylor 展开并相加得

$$\begin{aligned}\Delta_h u(x_i,y_j)&=\Delta u(x_i,y_j)+\frac{1}{12}\left(h_1^2\frac{\partial^4 u(x_i,y_j)}{\partial x^4}+h_2^2\frac{\partial^4 u(x_i,y_j)}{\partial y^4}\right)+O(h^4)\\&=-f(x_i,y_j)-\frac{1}{12}\left(h_1^2\frac{\partial^2 u(x_i,y_j)}{\partial x^2}+h_2^2\frac{\partial^2 u(x_i,y_j)}{\partial y^2}\right)-\frac{h_1^2+h_2^2}{12}\frac{\partial^4 u(x_i,y_j)}{\partial x^2\partial y^2}+O(h^4)\end{aligned}$$

其中

$$\begin{aligned}\frac{\partial^4 u(x_i y_j)}{\partial x^2\partial y^2}&=\frac{u_{xx}(x_i,y_{j+1})-2u_{xx}(x_i,y_j)+u_{xx}(x_i,y_{j-1})}{h_2^2}+O(h_2^2)\\&=\frac{1}{h_2^2}\left[\frac{u(x_{i+1},y_{j+1})-2u(x_i,y_{j+1})+u(x_{i-1},y_{j+1})}{h_1^2}-2\frac{u(x_{i+1},y_j)-2u(x_i,y_j)+u(x_{i-1},y_j)}{h_1^2}\right.\\&\quad\left.+\frac{u(x_{i+1},y_{j-1})-2u(x_i,y_{j-1})+u(x_{i-1},y_{j-1})}{h_1^2}\right]+O(h^2)\end{aligned}$$

因此

$$\begin{aligned}&\Delta_h u(x_i,y_j)+\frac{1}{12}\frac{h_1^2+h_2^2}{h_1^2h_2^2}\Big[4u(x_i,y_j)-2\big(u(x_{i-1},y_j)+u(x_i,y_{j-1})+u(x_{i+1},y_j)\\&+u(x_i,y_{j+1})\big)+u(x_{i-1},y_{j-1})+u(x_{i+1},y_{j-1})+u(x_{i+1},y_{j+1})+u(x_{i-1},y_{j+1})\Big]\\&=-f(x_i,y_j)-\frac{1}{12}\left(h_1^2\frac{\partial^2 f(x_i,x_j)}{\partial x^2}+h_2^2\frac{\partial^2 f(x_i,x_j)}{\partial y^2}\right)+O(h^4)\end{aligned}$$

舍去截断误差，便得到逼近 Poisson 方程的九点差分格式：

$$-\Delta_h u_{ij}-\frac{1}{12}\frac{h_1^2+h_2^2}{h_1^2h_2^2}\Big[4u_{i,j}-2\big(u_{i-1,j}+u_{i,j-1}+u_{i+1,j}+u_{i,j+1}\big)+u_{i-1,j-1}+u_{i+1,j-1}$$

$$+u_{i+1,j+1}+u_{i-1,j+1}\Big]=f_{ij}+\frac{1}{12}\Big[h_1^2 f_{xx}\big(x_i,y_j\big)+h_2^2 f_{yy}\big(x_i,y_j\big)\Big]$$

其误差阶为$O\big(h^4\big)$。

5. 边界条件的处理

为了使差分格式的解满足边界条件，会有不同的处理方式，对于第一类边界条件，只需将式

$$u_{ij}=\alpha_{ij},\quad \forall(i,j)\in \varGamma_h$$

直接代入在内点列出的差分方程。对于第二类或者第三类边界条件的差分逼近，只需要考虑第三类边界条件(3.75)即可。假设$\varGamma_h$中的界点是两族网线的交点，如图 3.1 所示。

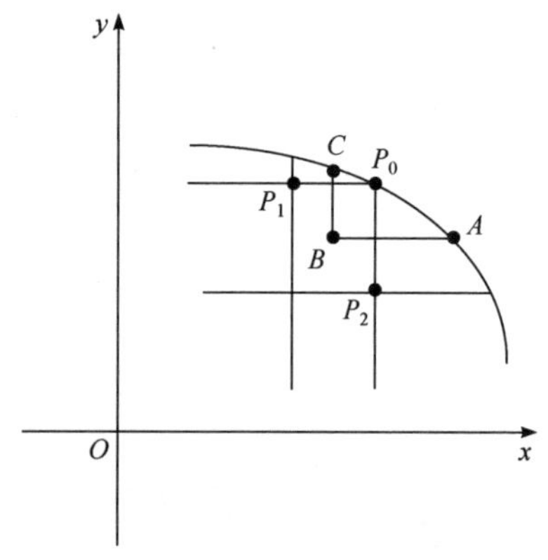


图 3.1 边界条件的处理

$P_0\big(x_{i_0},y_{j_0}\big)$是界点，$P_1\big(x_{i_0-1},y_{j_0}\big)$和$P_2\big(x_{i_0},y_{j_0-1}\big)$是与之相邻的内点。过$\left(x_{i_0-\frac{1}{2}},y_{i_0}\right)$、$\left(x_{i_0},y_{i_0-\frac{1}{2}}\right)$分别作与$y$轴和$x$轴平行的直线，他们与外界$\varGamma_h$构成曲边三角形$\widetilde{\triangle}ABC$。于$\widetilde{\triangle}ABC$对方程$-\Delta u=f(x,y),(x,y)\in G$两端积分，利用 Green 公式，得

$$-\int_{\widehat{ABCA}}\frac{\partial u}{\partial \boldsymbol{n}}\mathrm{d}s=\iint_{\widetilde{\triangle}ABC}f\mathrm{d}x\mathrm{d}y \tag{3.77}$$

而又有

$$\int_{\widehat{AB}} \frac{\partial u}{\partial \boldsymbol{n}} \mathrm{d}s \approx \frac{u_{p_2} - u_{p_0}}{h_2} \cdot \overline{AB}$$

$$\int_{\widehat{BC}} \frac{\partial u}{\partial \boldsymbol{n}} \mathrm{d}s \approx \frac{u_{p_1} - u_{p_0}}{h_1} \cdot \overline{BC}$$

$$\int_{\widehat{CA}} \frac{\partial u}{\partial \boldsymbol{n}} \mathrm{d}s = \int_{\widehat{CA}} (\gamma - ku) \mathrm{d}s \approx \left(\gamma_{p_0} - k_{p_0} u_{p_0}\right) \overline{CA}$$

以此代到方程(3.75)，即得逼近式(3.75)的差分方程

$$-\left[\frac{u_{p_2} - u_{p_0}}{h_2} \cdot \overline{AB} + \frac{u_{p_1} - u_{p_0}}{h_1} \cdot \overline{BC} + \left(\gamma_{p_0} - k_{p_0} u_{p_0}\right) \overline{CA}\right]$$
$$= \iint_{\triangle ABC} f \mathrm{d}x\mathrm{d}y$$

### 3.2.2　抛物型方程

考虑常系数扩散方程

$$\frac{\partial u}{\partial t} = a \frac{\partial^2 u}{\partial x^2}, \quad x \in \mathbf{R}, \quad t > 0 \tag{3.78}$$

其中，$a$ 为正常数。如果给定初始条件

$$u(x,0) = g(x), \quad x \in \mathbf{R} \tag{3.79}$$

那么就构成了初值问题。先讨论问题(3.78)和式(3.79)的差分格式，然后再讨论初边值问题。其边界条件主要有三类，即第一类边界条件、第二类边界条件和第三类边界条件。由于第二类边界条件是第三类边界条件的特殊情形，此时只考虑第一类、第三类边界条件。

1) 向前差分格式和向后差分格式

在 3.2.1 节中已经讨论了关于方程(3.78)和式(3.79)的向前差分格式：

$$\frac{u_j^{n+1} - u_j^n}{\tau} - a \frac{u_{j+1}^n - 2u_j^n + u_{j-1}^n}{h^2} = 0 \tag{3.80}$$

$$u_j^0 = g(x_j) \tag{3.81}$$

并得到其截断误差为 $O\left(\tau + h^2\right)$。考虑其稳定性，式(3.80)的增长因子为

$$G(\tau,k) = 1 - 4a\lambda \sin^2 \frac{kh}{2}$$

其中，$\lambda = \dfrac{r}{h^2}$。如果 $a\lambda \leqslant \dfrac{1}{2}$，那么有 $\left|G(\tau,k)\right| \leqslant 1$，即 von Neumann 条件满足，于是得到向前差分格式的稳定性条件是 $a\lambda \leqslant \dfrac{1}{2}$。

对于无条件稳定的向后差分格式：

$$\frac{u_j^n-u_j^{n-1}}{\tau}-a\frac{u_{j+1}^n-2u_j^n+u_{j-1}^n}{h^2}=0 \tag{3.82}$$

其截断误差为$O\left(\tau+h^2\right)$。

2) 加权隐式格式

上述式(3.80)改写为如下等式：

$$\frac{u_j^n-u_j^{n-1}}{\tau}-a\frac{u_{j+1}^{n-1}-2u_j^{n-1}+u_{j-1}^{n-1}}{h^2}=0$$

用$\theta$乘式(3.70)，再用$(1-\theta)$乘上式，相加得到以下差分格式：

$$\frac{u_j^n-u_j^{n-1}}{\tau}-a\left[\theta\frac{u_{j+1}^n-2u_j^n+u_{j-1}^n}{h^2}+(1-\theta)\frac{u_{j-1}^{n-1}-2u_j^{n-1}+u_{j-1}^{n-1}}{h^2}\right]=0 \tag{3.83}$$

其中，$0\leqslant\theta\leqslant1$，称式(3.83)为加权隐式格式。加权隐式格式稳定的条件是

$$\begin{cases}2a\lambda\leqslant\dfrac{1}{1-2\theta}, & 0\leqslant\theta<\dfrac{1}{2}\\ \text{无限制}, & \dfrac{1}{2}\leqslant\theta\leqslant1\end{cases}$$

当$\theta\neq1/2$时，截断误差为$O\left(\tau+h^2\right)$；当$\theta=1/2$时，截断误差为$O\left(\tau^2+h^2\right)$。当$\theta=1/2$时，加权隐式格式化为

$$\frac{u_j^{n+1}-u_j^n}{\tau}-\frac{a}{2h^2}\left[\left(u_{j+1}^{n+1}-2u_j^{n+1}+u_{j-1}^{n+1}\right)+\left(u_{j+1}^n-2u_j^n+u_{j-1}^n\right)\right]=0 \tag{3.84}$$

称此格式为 Crank-Nicolson 格式。

### 3.2.3 双曲型方程

最简单的二阶双曲型方程是波动方程，初值问题是

$$\begin{cases}\dfrac{\partial^2u}{\partial t^2}=a^2\dfrac{\partial^2u}{\partial x^2}, & x\in\mathbf{R},\ t\in(0,T]\\ u(x,0)=f(x), & x\in\mathbf{R}\\ \dfrac{\partial u}{\partial t}(x,0)=g(x), & x\in\mathbf{R}\end{cases} \tag{3.85}$$

其解为

$$u(x,t)=\frac{1}{2}\left[f(x+at)+f(x-at)\right]+\frac{1}{2a}\int_{x-at}^{x+at}g(\zeta)\mathrm{d}\zeta \tag{3.86}$$

1) 波动方程的显式格式

将波动方程中的偏导数用中心差商来逼近，得到差分格式

$$\frac{u_j^{n+1}-2u_j^n+u_j^{n-1}}{\tau^2}-a^2\frac{u_{j+1}^n-2u_j^n+u_{j-1}^n}{h^2}=0 \tag{3.87}$$

初始条件的离散如下：

$$\begin{cases}u_j^0=f(x_j)\\ \dfrac{u_j^1-u_j^0}{\tau}=g(x_j)\end{cases} \tag{3.88}$$

式(3.87)的截断误差为$O(\tau^2+h^2)$，而式(3.88)的截断误差为$O(\tau)$。考虑到上述截断误差的不匹配，为提高离散精度，可以用一个虚拟的函数$u(x_j,t_{-1})$来处理。注意到

$$\frac{\partial u}{\partial t}(x_j,0)=\frac{u(x_j,t_1)-u(x_j,t_{-1})}{2\tau}+O(\tau^2)$$

这样就得到了

$$u_j^1-u_j^{-1}=2\tau g(x_j) \tag{3.89}$$

其中，$u_j^{-1}$必须消去。在式(3.87)中令$n=0$，再与式(3.89)联立可得

$$u_j^1=\frac{1}{2}a^2\lambda^2\left(f(x_{j-1})+f(x_{j+1})\right)+\left(1-a^2\lambda^2\right)f(x_j)+\tau g(x_j) \tag{3.90}$$

利用式(3.87)、式(3.88)和式(3.90)就可以求得到波动方程初值问题。

2) 二阶双曲型方程的边界处理

在前面已经讨论了波动方程，其边界条件主要考虑第一类、第三类边界条件。

第一类边界条件可以写为

$$u|_{x=0}=\mu_0(t),\ \ u|_{x=l}=\mu_1(t) \tag{3.91}$$

第三类边界条件可以写为

$$\left[\frac{\partial u}{\partial x}+a_0(t)u\right]_{x=0}=\eta_0(t),\ \ \left[\frac{\partial u}{\partial x}+a_1(t)u\right]_{x=l}=\eta_1(t) \tag{3.92}$$

取网格$x_j=jh(j=0,1,\cdots,J)$，$t_n=n\tau(n\geqslant 0)$其中$h>0$，是空间步长，$\tau>0$是时间步长，$h=\dfrac{l}{J}$。

第一类边界条件可以采用直接转移的方法，即

$$u_0^n = \mu_0(n\tau) = \mu_0^n,\ u_J^n = \mu_1(n\tau) = \mu_1^n \tag{3.93}$$

第三类边界条件可以作以下处理，利用向前差商来逼近 $\left[\dfrac{\partial u}{\partial x}\right]_{x=0}$，利用向后差商来逼近 $\left[\dfrac{\partial u}{\partial x}\right]_{x=l}$，这样就可以得到第三类边界条件的差分逼近

$$\begin{cases} \dfrac{u_1^n - u_0^n}{h} + a_0^n u_0^n = \eta_0^n \\ \dfrac{u_J^n - u_{J-1}^n}{h} + a_1^n u_J^n = \eta_1^n \end{cases} \tag{3.94}$$

对于二阶双曲型方程的初边值问题，有了差分方程，初始条件和边界条件的差分近似就完全可以数值求解了。

对波动方程在第 $n-1$、$n$、$n+1$ 层上用中心差商的权平均去逼近 $\dfrac{\partial^2 u}{\partial x^2}$，可以得到差分格式

$$\frac{u_j^{n+1} - 2u_j^n + u_j^{n-1}}{\tau^2} = a^2\left[\theta\frac{u_{j+1}^{n+1} - 2u_j^{n+1} + u_{j-1}^{n+1}}{h^2} + (1-2\theta)\frac{u_{j+1}^n - 2u_j^n + u_{j-1}^n}{h^2} + \theta\frac{u_{j+1}^{n-1} - 2u_j^{n-1} + u_{j-1}^{n-1}}{h^2}\right] \tag{3.95}$$

其中，$0 \leqslant \theta \leqslant 1$ 为参数。当 $\theta = \dfrac{1}{4}$ 时，令 $v = \dfrac{\partial u}{\partial t}, w = a\dfrac{\partial u}{\partial x}$ 进行差分离散，即

$$\begin{cases} v_j^n = \dfrac{u_j^n - u_{j-1}^n}{\tau} \\ w_{j-\frac{1}{2}}^n = \dfrac{1}{2}a\left(\dfrac{u_j^n - u_{j-1}^n}{h} + \dfrac{u_j^{n-1} - u_{j-1}^{n-1}}{h}\right) \end{cases} \tag{3.96}$$

此时差分格式(3.95)等价于

$$\begin{cases} \dfrac{v_j^{n+1} - v_j^n}{\tau} - \dfrac{1}{2}a\left(\dfrac{w_{j+1/2}^{n+1} - w_{j-1/2}^{n+1}}{h} + \dfrac{w_{j+1/2}^n - w_{j-1/2}^n}{h}\right) = 0 \\ \dfrac{w_{j-1/2}^{n+1} - w_{j-1/2}^n}{h} - \dfrac{1}{2}a\left(\dfrac{v_j^{n+1} - v_{j-1}^{n+1}}{h} + \dfrac{v_j^n - v_{j-1}^n}{h}\right) = 0 \end{cases} \tag{3.97}$$

可改写为

$$
\begin{cases}
v_j^{n+1} - \frac{1}{2}a\lambda\left(w_{j+1/2}^{n+1} - w_{j-1/2}^{n+1}\right) = v_j^n + \frac{1}{2}a\lambda\left(w_{j+1/2}^n - w_{j-1/2}^n\right) \\
w_{j-1/2}^{n+1} - \frac{1}{2}a\lambda\left(v_j^{n+1} - v_{j-1}^{n+1}\right) = w_{j-1/2}^n + \frac{1}{2}a\lambda\left(v_j^n - w_{j-1}^n\right)
\end{cases} \tag{3.98}
$$

由式(3.98)可得

$$
v_j^{n+1} - \frac{1}{4}a^2\lambda^2\left(v_{j+1}^{n+1} - 2v_j^{n+1} + v_{j-1}^{n+1}\right) = v_j^n + a\lambda\left(w_{j+1/2}^n - w_{j-1/2}^n\right) + \frac{1}{4}a^2\lambda^2\left(v_{j+1}^n - 2v_j^n + v_{j-1}^n\right) \tag{3.99}
$$

边界给定以后，方程组(3.99)可以用追赶法求解，求出 $v_j^{n+1}$ 后，由式(3.98)的第二式可以得到 $w_{j-1/2}^{n+1}$，此时是显式求解。

令 $v_j^n = v^n e^{ikjh}, w_{j-1/2}^n = w^n e^{ik(j-1/2)h}$，将其代入式(3.98)可得

$$
\begin{cases}
v^{n+1} - \frac{1}{2}a\lambda\left(e^{ikh/2} - e^{-ikh/2}\right)w^{n+1} = v^n + \frac{1}{2}a\lambda\left(e^{ikh/2} - e^{-ikh/2}\right)w^n \\
e^{-ikh/2}w^{n+1} - \frac{1}{2}a\lambda\left(1 - e^{-ikh}\right)v^{n+1} = e^{-ikh/2}w^n + \frac{1}{2}a\lambda\left(1 - e^{-ikh}\right)v^n
\end{cases}
$$

令 $\boldsymbol{v}^n = [v^n, w^n]^{\mathrm{T}}$，则有

$$
\begin{bmatrix} 1 & -a\lambda \mathrm{i}\sin\frac{kh}{2} \\ -a\lambda \mathrm{i}\sin\frac{kh}{2} & 1 \end{bmatrix} v^{n+1} = \begin{bmatrix} 1 & a\lambda \mathrm{i}\sin\frac{kh}{2} \\ a\lambda \mathrm{i}\sin\frac{kh}{2} & 1 \end{bmatrix} v^n
$$

由此可以得到差分格式(3.95)的增长矩阵

$$
\boldsymbol{G}(\boldsymbol{\tau}, \boldsymbol{w}) = \begin{bmatrix} 1 & -a\lambda \mathrm{i}\sin\frac{kh}{2} \\ -a\lambda \mathrm{i}\sin\frac{kh}{2} & 1 \end{bmatrix}^{-1} \begin{bmatrix} 1 & a\lambda \mathrm{i}\sin\frac{kh}{2} \\ a\lambda \mathrm{i}\sin\frac{kh}{2} & 1 \end{bmatrix} = \begin{bmatrix} \frac{1-c^2/4}{1+c^2/4} & \frac{\mathrm{i}c}{1+c^2/4} \\ \frac{\mathrm{i}c}{1+c^2/4} & \frac{1-c^2/4}{1+c^2/4} \end{bmatrix}
$$

其中，$c = 2a\lambda\sin\frac{kh}{2}$。$\boldsymbol{G}$ 的特征方程为

$$
\left(\frac{1-c^2/4}{1+c^2/4} - \mu\right)^2 + \frac{c^2}{\left(1+c^2/4\right)^2} = 0
$$

即 $\left(1+c^2/4\right)\mu^2 - 2\left(1-c^2/4\right)\mu + \left(1+c^2/4\right) = 0$，由此得到 $\boldsymbol{G}$ 的特征值 $\mu = \left(1+c^2/4\right)^{-1}\left[\left(1-c^2/4\right) \pm \mathrm{i}c\right]$。

易得$|\mu|=1$，因此 von Neumann 条件满足。另外，$\boldsymbol{G}^*\boldsymbol{G}$ 是单位矩阵，$\boldsymbol{G}$ 是酉矩阵，所以 von Neumann 条件是稳定的充分必要条件。由此得出，差分格式(3.99)是无条件稳定的。关于微分方程数值解更多的细节可以参考文献[41]。

## 3.3　积分微分方程经典数值解法

积分微分方程是指既有未知函数的导数又有未知函数的积分的方程，它是继积分方程和微分方程之后又出现的一个新的数学分支[42, 43]。在工程、经济、物理以及化学等领域，许多实际问题都可以抽象为积分微分方程[44, 45]。

考虑 Volterra-Fredholm 积分微分方程的一般形式：

$$\sum_{k=0}^{m}\beta_k(x)y^{(k)}(x)=g(x)+\lambda_f\int_a^b K_f(x,t)y(t)\mathrm{d}t+\lambda_v\int_a^x K_v(x,t)y(t)\mathrm{d}t$$

$$0\leqslant a\leqslant x,\ t\leqslant b \tag{3.100}$$

在如下条件下成立：

$$\sum_{k=0}^{m-1}\left(a_{jk}y^{(k)}(a)+b_{jk}y^{(k)}(b)\right)=\lambda_j,\quad j=0,1,\cdots,m-1 \tag{3.101}$$

其中，$y^{(0)}(x)=y(x)$ 是未知待求函数，$\beta_k(x)$、$g(x)$、$K_f(x,t)$ 和 $K_v(x,t)$ 是定义在区间 $a\leqslant x,t\leqslant b$ 的已知函数，$a_{jk}$、$b_{jk}$、$\lambda_j$、$\lambda_f$、$\lambda_v$ 是常数，$\lambda_f$、$\lambda_v$ 不同时为 0。

在数学领域，已经发展出很多求解积分微分方程的数值解的经典方法，如 Legendre 小波法[46]、Tau 方法[47]、有限差分法[48]、Haar 小波方法[49, 50]、Chebyshev 配置法[51]和 Taylor 配置法[52]、Bessel 多项式[53]等方法。

下面简要介绍 Bessel 多项式数值方法的主要思想[53]。我们的目的是找到用截断 Bessel 级数形式表示的式(3.102)的近似解

$$y(x)=\sum_{n=0}^{N}a_nJ_n(x) \tag{3.102}$$

其中，$a_n(n=0,1,2,\cdots,N)$ 是未知的 Bessel 系数，$N$ 为正整数，且 $N\geqslant m$；$J_n(x)(n=0,1,2,\cdots,N)$ 是 Bessel 多项式，即

$$J_n(x)=\sum_{k=0}^{\left[\!\left[\frac{N-n}{2}\right]\!\right]}\frac{(-1)^k}{k!(k+n)!}\left(\frac{x}{2}\right)^{2k+n},\quad n\in N,\ 0\leqslant x<+\infty$$

1) 微分部分 $\boldsymbol{D}(\boldsymbol{x})$ 的矩阵关系

首先，我们可以把 $J_n(x)$ 写成矩阵的形式

$$\boldsymbol{J}^{\mathrm{T}}(\boldsymbol{x})=\boldsymbol{D}\boldsymbol{X}^{\mathrm{T}}(\boldsymbol{x})\Leftrightarrow\boldsymbol{J}(\boldsymbol{x})=\boldsymbol{X}(\boldsymbol{x})\boldsymbol{D}^{\mathrm{T}} \tag{3.103}$$

其中，$\boldsymbol{J}(\boldsymbol{x})=\left[J_0(x),J_1(x),\cdots,J_N(x)\right]$，$\boldsymbol{X}(\boldsymbol{x})=\left[1,x,x^2,\cdots,x^N\right]$。

若 $N$ 是奇数，则

$$\boldsymbol{D}=\begin{bmatrix} \frac{1}{0!0!2^0} & 0 & \frac{-1}{1!1!2^2} & \cdots & \frac{(-1)^{\frac{N-1}{2}}}{\left(\frac{N-1}{2}\right)!\left(\frac{N-1}{2}\right)!2^{N-1}} & 0 \\ 0 & \frac{1}{0!1!2^1} & 0 & \cdots & 0 & \frac{(-1)^{\frac{N-1}{2}}}{\left(\frac{N-1}{2}\right)!\left(\frac{N-1}{2}\right)!2^{N}} \\ 0 & 0 & \frac{1}{0!2!2^2} & \cdots & \frac{(-1)^{\frac{N-3}{2}}}{\left(\frac{N-3}{2}\right)!\left(\frac{N+1}{2}\right)!2^{N-1}} & 0 \\ \vdots & \vdots & \vdots & & \vdots & \vdots \\ 0 & 0 & 0 & \cdots & \frac{1}{(0)!(N-1)!2^{N-1}} & 0 \\ 0 & 0 & 0 & \cdots & 0 & \frac{1}{0!N!2^N} \end{bmatrix}_{(N+1)\times(N+1)}$$

若 $N$ 是偶数，则

$$\boldsymbol{D}=\begin{bmatrix} \frac{1}{0!0!2^0} & 0 & \frac{1}{1!1!2^2} & \cdots & 0 & \frac{(-1)^{\frac{N}{2}}}{\left(\frac{N}{2}\right)!\left(\frac{N}{2}\right)!2^{N}} \\ 0 & \frac{1}{0!1!2^1} & 0 & \cdots & \frac{(-1)^{\frac{N-2}{2}}}{\left(\frac{N-2}{2}\right)!\left(\frac{N}{2}\right)!2^{N-1}} & 0 \\ 0 & 0 & \frac{1}{0!2!2^2} & \cdots & 0 & \frac{(-1)^{\frac{N-2}{2}}}{\left(\frac{N-2}{2}\right)!\left(\frac{N+2}{2}\right)!2^{N}} \\ \vdots & \vdots & \vdots & & \vdots & \vdots \\ 0 & 0 & 0 & \cdots & \frac{1}{(0)!(N-1)!2^{N-1}} & 0 \\ 0 & 0 & 0 & \cdots & 0 & \frac{1}{0!N!2^N} \end{bmatrix}_{(N+1)\times(N+1)}$$

我们把式(3.100)转化为如下形式：

$$\int_{\tau} k(x,t)y(t)\mathrm{d}t=g(x),\quad \tau=[a,b] \tag{3.104}$$

令微分部分 $D(x)=\sum_{k=0}^{m} P_k(x)y^{(k)}(x)$，积分部分 $V(x)=\int_a^x K(x,t)y(t)\mathrm{d}t$ 。

我们首先考虑由截断 Bessel 级数(3.102)定义的方程(3.100)的数值解 $y(x)$，则在式(3.102)中的函数 $y(x)$ 可以写为矩阵形式：

$$\boldsymbol{y}(\boldsymbol{x})=\boldsymbol{J}(\boldsymbol{x})\boldsymbol{A},\quad \boldsymbol{A}=[a_0,a_1,\cdots,a_N]\text{或者 }\boldsymbol{y}(\boldsymbol{x})=\boldsymbol{X}(\boldsymbol{x})\boldsymbol{D}^{\mathrm{T}}\boldsymbol{A}$$

$\boldsymbol{X}^{(1)}(\boldsymbol{x})$ 表示 $\boldsymbol{X}(\boldsymbol{x})$ 的微分，且满足

$$\boldsymbol{X}^{(1)}(\boldsymbol{x})=\boldsymbol{X}(\boldsymbol{x})\boldsymbol{B}^{\mathrm{T}} \tag{3.105}$$

$$\boldsymbol{B}^{\mathrm{T}}=\begin{bmatrix}0&1&0&\cdots&0\\0&0&2&\cdots&0\\\vdots&\vdots&\vdots&&\vdots\\0&0&0&\cdots&N\\0&0&0&\cdots&0\end{bmatrix}$$

由式(3.105)可得

$$\begin{cases}\boldsymbol{X}^{(0)}(\boldsymbol{x})=\boldsymbol{X}(\boldsymbol{x})\\\boldsymbol{X}^{(1)}(\boldsymbol{x})=\boldsymbol{X}(\boldsymbol{x})\boldsymbol{B}^{\mathrm{T}}\\\boldsymbol{X}^{(2)}(\boldsymbol{x})=\boldsymbol{X}^{(1)}(\boldsymbol{x})\boldsymbol{B}^{\mathrm{T}}=\boldsymbol{X}(\boldsymbol{x})(\boldsymbol{B}^{\mathrm{T}})^2\\\boldsymbol{X}^{(k)}(\boldsymbol{x})=\boldsymbol{X}^{(k-1)}(\boldsymbol{x})\boldsymbol{B}^{\mathrm{T}}=\boldsymbol{X}(\boldsymbol{x})(\boldsymbol{B}^{\mathrm{T}})^K\end{cases} \tag{3.106}$$

$(\boldsymbol{B}^{\mathrm{T}})^0=\boldsymbol{I}_{(N+1)\times(N+1)}$ 为单位矩阵。

通过式(3.104)～式(3.106)，我们得到了递归关系：

$$\boldsymbol{y}^{(k)}(\boldsymbol{x})=\boldsymbol{X}^{(k)}(\boldsymbol{x})\boldsymbol{D}^{\mathrm{T}}\boldsymbol{A}=\boldsymbol{X}(\boldsymbol{x})(\boldsymbol{B}^{\mathrm{T}})^K\boldsymbol{D}^{\mathrm{T}}\boldsymbol{A},\quad k=0,1,2,\cdots,m \tag{3.107}$$

通过把式(3.107)代入式(3.104)，可得如下的矩阵关系：

$$\boldsymbol{HB}=[hb_{ij}]_{N+1,M+1} \tag{3.108}$$

2) 积分部分 $V(x)$ 的矩阵关系

核函数 $K(x,t)$ 可以用截断的 Maclaurin 级数和截断的 Bessel 级数来近似如下：

$$K(x,t)=\sum_{m=0}^{N}\sum_{n=0}^{N}k_{mn}^{t}x^m t^n\quad \text{和}\quad K(x,t)=\sum_{m=0}^{N}\sum_{n=0}^{N}k_{mn}^{b}J_m(x)J_n(x) \tag{3.109}$$

其中

$$k_{mn}^{t}=\frac{1}{m!n!}\frac{\partial^{m+n}K(0,0)}{\partial x^m\partial t^n},\quad m,n=0,1,2,\cdots,N$$

式(3.109)可以写成矩阵的形式：

$$\boldsymbol{K}(\boldsymbol{x},\boldsymbol{t})=\boldsymbol{X}(\boldsymbol{x})\boldsymbol{K}_t\boldsymbol{X}^{\mathrm{T}}(\boldsymbol{t}),\quad \boldsymbol{K}_t=\left[k_{mn}^t\right],\ m,n=0,1,\cdots,N \tag{3.110}$$

和

$$\boldsymbol{K}(\boldsymbol{x},\boldsymbol{t})=\boldsymbol{J}(\boldsymbol{x})\boldsymbol{K}_b\boldsymbol{J}^{\mathrm{T}}(\boldsymbol{t}),\quad \boldsymbol{K}_b=\left[k_{mn}^b\right],\ m,n=0,1,\cdots,N \tag{3.111}$$

由式(3.110)和式(3.111)可知如下的等式成立：

$$\boldsymbol{X}(\boldsymbol{x})\boldsymbol{K}_t\boldsymbol{X}^{\mathrm{T}}(\boldsymbol{t})=\boldsymbol{J}(\boldsymbol{x})\boldsymbol{K}_b\boldsymbol{J}^{\mathrm{T}}(\boldsymbol{t})\Rightarrow\boldsymbol{X}(\boldsymbol{x})\boldsymbol{K}_t\boldsymbol{X}^{\mathrm{T}}(\boldsymbol{t})=\boldsymbol{X}(\boldsymbol{x})\boldsymbol{D}^{\mathrm{T}}\boldsymbol{K}_b\boldsymbol{D}\boldsymbol{X}^{\mathrm{T}}(\boldsymbol{t})$$

$$\boldsymbol{K}_t=\boldsymbol{D}^{\mathrm{T}}\boldsymbol{K}_b\boldsymbol{D}\text{ 或者 }\boldsymbol{K}_b=(\boldsymbol{D}^{\mathrm{T}})^{-1}\boldsymbol{K}_t\boldsymbol{D}^{-1} \tag{3.112}$$

通过把上式代入式(3.104)中的积分部分，我们有如下的矩阵关系成立：

$$\boldsymbol{V}(\boldsymbol{x})=\int_a^x\boldsymbol{J}(\boldsymbol{x})\boldsymbol{K}_b\boldsymbol{J}^{\mathrm{T}}(\boldsymbol{t})\boldsymbol{J}(\boldsymbol{t})\boldsymbol{A}\mathrm{d}t=\boldsymbol{J}(\boldsymbol{x})\boldsymbol{K}_b\boldsymbol{Q}(\boldsymbol{x})\boldsymbol{A} \tag{3.113}$$

则

$$\boldsymbol{Q}(\boldsymbol{x})=\int_a^x\boldsymbol{J}^{\mathrm{T}}(\boldsymbol{t})\boldsymbol{J}(\boldsymbol{t})\mathrm{d}t=\int_a^x\boldsymbol{D}\boldsymbol{X}^{\mathrm{T}}(\boldsymbol{t})\boldsymbol{X}(\boldsymbol{t})\boldsymbol{D}^{\mathrm{T}}\mathrm{d}t=\boldsymbol{D}\boldsymbol{H}(\boldsymbol{x})\boldsymbol{D}^{\mathrm{T}}$$

其中，$\boldsymbol{H}(\boldsymbol{x})=\int_a^x\boldsymbol{X}^{\mathrm{T}}(\boldsymbol{t})\boldsymbol{X}(\boldsymbol{t})\mathrm{d}t=\left[h_{ij}(x)\right]$, $h_{ij}(x)=\dfrac{x^{i+j+1}-a^{i+j+1}}{i+j+1}$, $i,j=0,1,2,\cdots,N$。

最终可得到如下的矩阵关系：

$$\left[V(x)\right]=\boldsymbol{X}(\boldsymbol{x})\boldsymbol{M}\boldsymbol{H}(\boldsymbol{x})\boldsymbol{D}^{\mathrm{T}}\boldsymbol{A},\quad \boldsymbol{M}=\boldsymbol{D}^{\mathrm{T}}\boldsymbol{K}_b\boldsymbol{D} \tag{3.114}$$

混合条件(3.103)也可转化为如下形式：

$$\sum_{k=0}^{m-1}\left[a_{jk}\boldsymbol{X}(\boldsymbol{a})+b_{jk}\boldsymbol{X}(\boldsymbol{b})\right](\boldsymbol{B}^{\mathrm{T}})^K\boldsymbol{D}^{\mathrm{T}}\boldsymbol{A}=\left[\lambda_j\right],\quad j=0,1,2,\cdots,m-1 \tag{3.115}$$

3) Bessel 数值解法

把区域离散化为 $x_i=a+\dfrac{b-a}{N}i,\ i=0,1,\cdots,N$，则式(3.100)可化为

$$\sum_{k=0}^{m}\boldsymbol{P}_k(x_i)\boldsymbol{X}(\boldsymbol{x}_i)(\boldsymbol{B}^{\mathrm{T}})^K\boldsymbol{D}^{\mathrm{T}}\boldsymbol{A}=g(x_i)+\lambda\boldsymbol{X}(\boldsymbol{x}_i)\boldsymbol{M}\boldsymbol{H}(\boldsymbol{x}_i)\boldsymbol{D}^{\mathrm{T}}\boldsymbol{A}$$

或者简化为

$$\left\{\sum_{k=0}^{m}\boldsymbol{P}_k\boldsymbol{X}\left(\boldsymbol{B}^{\mathrm{T}}\right)^K\boldsymbol{D}^{\mathrm{T}}-\lambda\bar{\boldsymbol{X}}\,\bar{\boldsymbol{M}}\,\bar{\boldsymbol{H}}\,\bar{\boldsymbol{D}}\right\}\boldsymbol{A}=\boldsymbol{G} \tag{3.116}$$

其中

$$\boldsymbol{P}_k=\begin{bmatrix}P_k(x_0)&0&0&\cdots&0\\0&P_k(x_1)&0&\cdots&0\\\vdots&\vdots&\vdots&&\vdots\\0&0&0&\cdots&P_k(x_N)\end{bmatrix},\quad \boldsymbol{G}=\begin{bmatrix}g(x_0)\\g(x_1)\\\vdots\\g(x_N)\end{bmatrix}$$

$$\boldsymbol{X} = \begin{bmatrix} X(x_0) \\ X(x_1) \\ \vdots \\ X(x_N) \end{bmatrix} = \begin{bmatrix} 1 & x_0 & x_0^2 & \cdots & x_0^N \\ 1 & x_1 & x_1^2 & \cdots & x_1^N \\ \vdots & \vdots & \vdots & & \vdots \\ 1 & x_N & x_N^2 & \cdots & x_N^N \end{bmatrix}$$

$$\bar{\boldsymbol{X}} = \begin{bmatrix} X(x_0) & 0 & \cdots & 0 \\ 0 & X(x_1) & \cdots & 0 \\ \vdots & \vdots & & \vdots \\ 0 & 0 & \cdots & X(x_N) \end{bmatrix}, \quad \bar{\boldsymbol{M}} = \begin{bmatrix} M & 0 & \cdots & 0 \\ 0 & M & \cdots & 0 \\ \vdots & \vdots & & \vdots \\ 0 & 0 & \cdots & M \end{bmatrix}_{(N+1)\times(N+1)}$$

$$\bar{\boldsymbol{H}} = \begin{bmatrix} H(x_0) & 0 & \cdots & 0 \\ 0 & H(x_1) & \cdots & 0 \\ \vdots & \vdots & & \vdots \\ 0 & 0 & \cdots & H(x_N) \end{bmatrix}, \quad \bar{\boldsymbol{D}} = \begin{bmatrix} \boldsymbol{D}^{\mathrm{T}} \\ \boldsymbol{D}^{\mathrm{T}} \\ \vdots \\ \boldsymbol{D}^{\mathrm{T}} \end{bmatrix}_{(N+1)\times 1}, \quad \boldsymbol{A} = \begin{bmatrix} a_0 \\ a_1 \\ \vdots \\ a_N \end{bmatrix}$$

因此根据式(3.100)，式(3.116)可写为

$$\boldsymbol{W}\boldsymbol{A} = \boldsymbol{G}, \quad \boldsymbol{W} = \sum_{k=0}^{m} \boldsymbol{P}_k \boldsymbol{X}(\boldsymbol{B}^{\mathrm{T}})^K \boldsymbol{D}^{\mathrm{T}} - \lambda \bar{\boldsymbol{X}}\,\bar{\boldsymbol{M}}\,\bar{\boldsymbol{H}}\,\bar{\boldsymbol{D}} \tag{3.117}$$

边界条件(3.101)可以化为

$$\boldsymbol{A} = \left[\lambda_j\right], \quad j = 0,1,2,\cdots,m-1 \tag{3.118}$$

积分微分方程可化为线性方程组来寻找各项参数，从而得到其数值解。

4) Bessel 数值方法的误差分析

对于任意的 $x = x_q \in [a,b], q = 0,1,2,\cdots$

$$E(x_q) = \left|\sum_{k=0}^{m} P_k(x_q) y^{(k)}(x_q) - g(x_q) - \lambda V(x_q)\right| \leqslant 10^{-k_q}$$

具体细节这里不再赘述，有兴趣的读者请参考文献[53]，关于更多积分微分方程的数值解法请参考文献[54]、[55]。

# 第 4 章　BP 算法在数值求解复杂系统中的应用

本章主要介绍前馈神经网络的 BP 算法在数值求解微分方程中的应用[56]。

## 4.1　基于 Sigmoid 神经网络的常微分方程求解方法

本节我们将使用 Sigmoid 神经网络求解一阶常微分方程和二阶非线性奇异常微分方程。采用单隐含层前馈神经网络，网络参数用 BP 算法求解。

### 4.1.1　神经网络结构

我们使用 Sigmoid 函数作为隐含层神经元的激活函数。Sigmoid 神经网络结构如图 4.1 所示。Sigmoid 函数及其一至三阶导数如下：

$$\begin{cases} g(x)=\dfrac{1}{1+\mathrm{e}^{-x}} \\ g'(x)=-g^2(x)+g(x) \\ g''(x)=2g^3(x)-3g^2(x)+g(x) \\ g'''(x)=-6g^4(x)+12g^3(x)-7g^2(x)+g(x) \end{cases} \tag{4.1}$$

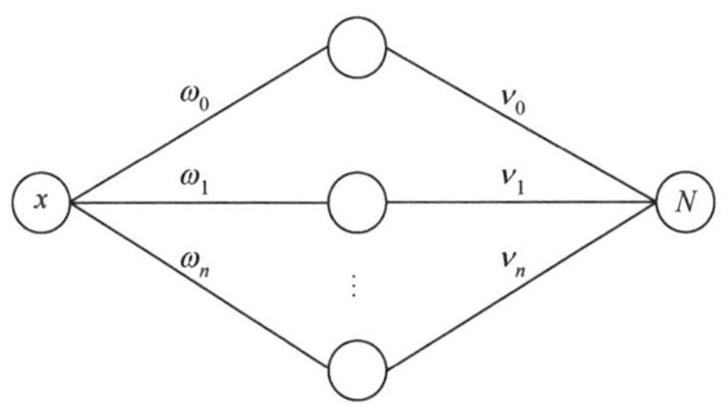


图 4.1　Sigmoid 神经网络结构

### 4.1.2　一阶常微分方程初值问题

对于一阶常微分方程初值问题

$$\begin{cases} \dfrac{\mathrm{d}y}{\mathrm{d}x}=f(x,y) \\ y(a)=A \end{cases} \quad x\in[a,b] \tag{4.2}$$

我们设其试探解为式(4.3)，其中，第一部分保证了数值解满足初始或者边界条件，第二部分包含神经网络的输出 $N$ ，$N$ 的表达式如式(4.4)所示。

$$y_t = A + (x-a)N(x,\nu,\varpi) \tag{4.3}$$

$$N = \sum_{j=1}^{m} v_j g(\varpi x_j + b_j) \tag{4.4}$$

将试探解(4.3)代入方程(4.2)，可得式(4.5)，即

$$\frac{\mathrm{d}y_t(x)}{\mathrm{d}x} = (x-a)N(x,\nu,\varpi) + \frac{\mathrm{d}N(x,\nu,\varpi)}{\mathrm{d}x} \tag{4.5}$$

任意一点 $x$ 处数值解的误差定义为式(4.6)，即

$$E(x,\nu,\varpi) = \frac{1}{2}\left(\frac{\mathrm{d}y_t(x,\nu,\varpi)}{\mathrm{d}x} - f(x, y_t(x,\nu,\varpi))\right) \tag{4.6}$$

在求解区间任意选取 $n$ 个离散点 $x_1, x_2, \cdots, x_n$ 作为输入，则总误差定义为每个点上的误差之和，即

$$E = \sum_{i=1}^{n} \frac{1}{2}\left(\frac{\mathrm{d}y_t(x_i,\nu,\varpi)}{\mathrm{d}x_i} - f(x_i, y_t(x_i,\nu,\varpi))\right) \tag{4.7}$$

随机给定网络参数 $\nu$、$\varpi$ 的初值，采用第 2 章介绍的 BP 算法求出参数 $\nu$、$\varpi$ 的最优值，将求得的参数 $\nu$、$\varpi$ 代入试探解中即可求出数值解的解析表达形式。下面给出数值实验。

**例 4.1** 考虑如下一阶常微分方程初值问题：

$$\begin{cases} \dfrac{\mathrm{d}y}{\mathrm{d}x} = 2x+1 \\ y(0) = 0 \end{cases} \quad x \in [0,1]$$

根据式(4.3)，设其试探解为 $y_t = xN(x,\nu,\varpi)$ ，其数值解如图 4.2 所示。

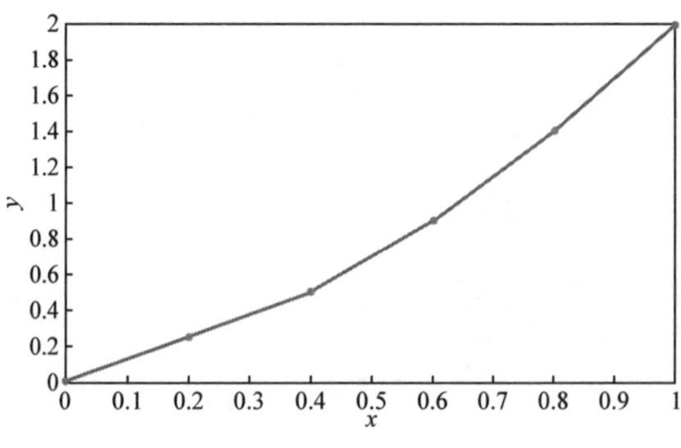


图 4.2 例 4.1 的数值解

**例 4.2**　考虑如下一阶常微分方程初值问题：

$$\begin{cases} \dfrac{\mathrm{d}y}{\mathrm{d}x}+0.2y=\mathrm{e}^{-0.2x}\cos x \\ y(0)=0 \end{cases} \quad x\in[0,1]$$

根据式(4.3)，设其试探解为 $y_t=xN(x,v,\varpi)$，其数值解如图 4.3 所示。

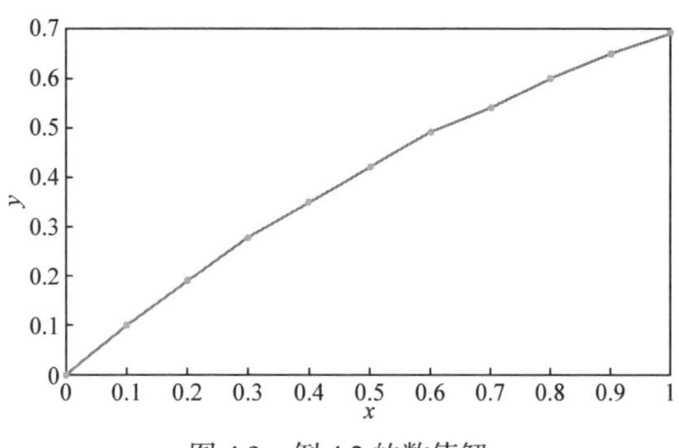


图 4.3　例 4.2 的数值解

### 4.1.3　二阶非线性常微分方程初值问题

对于二阶非线性常微分方程初值问题

$$\begin{cases} \dfrac{\mathrm{d}^2y}{\mathrm{d}x^2}=f\left(x,y,\dfrac{\mathrm{d}y}{\mathrm{d}x}\right) \\ y(a)=A,\quad y'(a)=A' \end{cases} \quad x\in[a,b] \tag{4.8}$$

其试探解可设为式(4.9)，第一部分 $A$ 包含方程的初值信息，第二部分 $A'(x-a)+(x-a)^2N(x,v,\varpi)$ 包含网络的可调参数。

$$y_t=A+A'(x-a)+(x-a)^2N(x,v,\varpi) \tag{4.9}$$

将式(4.9)代入式(4.8)，可得式(4.10)，即

$$\frac{\mathrm{d}^2y_t}{\mathrm{d}x^2}=A'+2(x-a)N(x,v,\varpi)+(x-a)^2\frac{\mathrm{d}N}{\mathrm{d}x} \tag{4.10}$$

任意一点 $x$ 处数值解的误差定义如下：

$$E(x,v,\varpi)=\frac{1}{2}\left(\frac{\mathrm{d}^2y_t(x,v,\varpi)}{\mathrm{d}x^2}-f\left(x,y_t(x,v,\varpi),\frac{\mathrm{d}y_t(x,v,\varpi)}{\mathrm{d}x}\right)\right)$$

在求解区间任意选取 $n$ 个离散点 $x_1,x_2,\cdots,x_n$ 作为输入，则总误差定义为每个点上的误差之和，即

$$E=\sum_{i=1}^{n}\frac{1}{2}\left(\frac{\mathrm{d}^2y_t(x,v,\varpi)}{\mathrm{d}x^2}-f\left(x,y_t(x,v,\varpi),\frac{\mathrm{d}y_t(x,v,\varpi)}{\mathrm{d}x}\right)\right) \tag{4.11}$$

随机给定网络参数 $v$、$\varpi$ 的初值，采用第 2 章介绍的 BP 算法求出参数 $v$、$\varpi$ 的最优值，将求得的参数 $v$、$\varpi$ 代入试探解中即可求出数值解的解析表达形式。下面给出数值实验。

**例 4.3**　考虑如下二阶非线性常微分方程初值问题：

$$\begin{cases} \dfrac{d^2y}{dx^2}+\dfrac{2}{x}\cdot\dfrac{dy}{dx}+e^{-y}=0 & x\in[0,1] \\ y(0)=0,\quad y'(0)=0 \end{cases}$$

其精确解为 $y(x)=\ln\left(-\dfrac{x^2}{2}\right)$。用神经网络方法得到的数值解如图 4.4 所示。

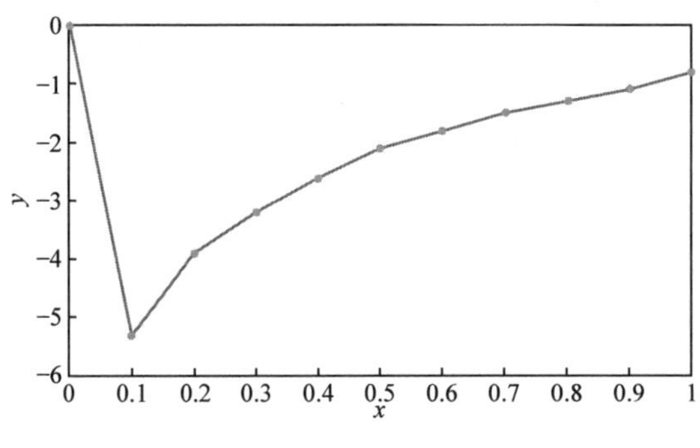


图 4.4　例 4.3 的数值解

## 4.2　基于 Chebyshev 神经网络的常微分方程求解方法

本节我们将使用 Chebyshev 神经网络(Chebyshev neural network，ChNN)求解二阶非线性奇异常微分方程初值问题。采用单隐含层前馈神经网络，网络参数用 BP 算法求解。

### 4.2.1　神经网络结构

本节我们使用 Chebyshev 多项式作为隐含层神经元的激活函数。Chebyshev 神经网络结构如图 4.5 所示。Chebyshev 多项式定义如下：

$$\begin{cases} C_0(x)=1 \\ C_1(x)=x \\ C_{n+1}(x)=2xC_n(x)-C_{n-1}(x) \end{cases}$$

### 4.2.2　微分方程求解模型

对于二阶非线性奇异常微分方程初值问题

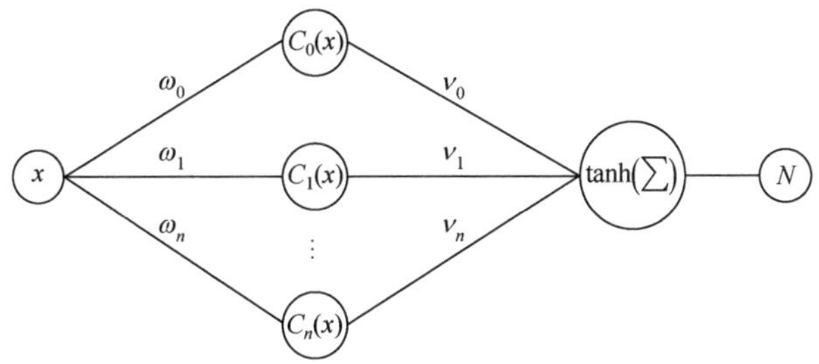


图 4.5 Chebyshev 神经网络结构

$$\begin{cases} \dfrac{\mathrm{d}^2 y}{\mathrm{d}x^2} = f\left(x, y, \dfrac{\mathrm{d}y}{\mathrm{d}x}\right) \\ y(a) = A, \quad y'(a) = A' \end{cases} \quad x \in [a,b] \tag{4.12}$$

将试探解设为式(4.13)，即

$$y_t = A + A'(x-a) + (x-a)^2 N(x,\varpi) \tag{4.13}$$

其中，$N(x,\varpi)$ 为网络的输出，其表达式如下：

$$N(x,\varpi) = \tanh(z) = \frac{\mathrm{e}^z - \mathrm{e}^{-z}}{\mathrm{e}^z + \mathrm{e}^{-z}} \tag{4.14}$$

$$z = \sum_{j=1}^{m} \omega_j C_{j-1}(x) \tag{4.15}$$

在任意一点 $x$ 处数值解的误差定义为式(4.16)，即

$$E(x,\varpi) = \frac{1}{2}\left(\frac{\mathrm{d}^2 y_t(x,\varpi)}{\mathrm{d}x^2} - f\left(x, y_t(x,\varpi), \frac{\mathrm{d}y_t(x,\varpi)}{\mathrm{d}x}\right)\right) \tag{4.16}$$

在求解区间任意选取 $n$ 个离散点 $x_1, x_2, \cdots, x_n$ 作为输入，则总误差定义为每个点上的误差之和，即

$$E = \sum_{i=1}^{n} \frac{1}{2}\left(\frac{\mathrm{d}^2 y_t(x,\varpi)}{\mathrm{d}x^2} - f\left(x, y_t(x,\varpi), \frac{\mathrm{d}y_t(x,\varpi)}{\mathrm{d}x}\right)\right) \tag{4.17}$$

随机给定权值的初始值，根据 BP 算法，权值按照下式更新：

$$\omega_j^{k+1} = \omega_j^k + \Delta\omega_j^k \tag{4.18}$$

其中

$$\begin{aligned} \Delta\omega_j^k &= -\eta \frac{\partial E^k}{\partial \omega_j^k} \\ &= -\eta\left(\frac{\partial}{\partial \omega_j^k}\left(\sum_{i=1}^{n} \frac{1}{2}\left(\frac{\mathrm{d}^2 y_t(x,\varpi)}{\mathrm{d}x^2} - f\left(x, y_t(x,\varpi), \frac{\mathrm{d}y_t(x,\varpi)}{\mathrm{d}x}\right)\right)^2\right)\right) \end{aligned}$$

下面给出数值实验。

**例 4.4**　考虑如下二阶非线性奇异常微分方程初值问题：

$$\begin{cases} \dfrac{\mathrm{d}^2 y}{\mathrm{d}x^2}+\dfrac{2}{x}\dfrac{\mathrm{d}y}{\mathrm{d}x}+1=0 & x\in[0,1] \\ y(0)=1,\quad y'(0)=0 \end{cases}$$

设其试探解为 $y_t(x,\omega)=1+x^2 N(x,\varpi)$，其数值解如图 4.6 所示。

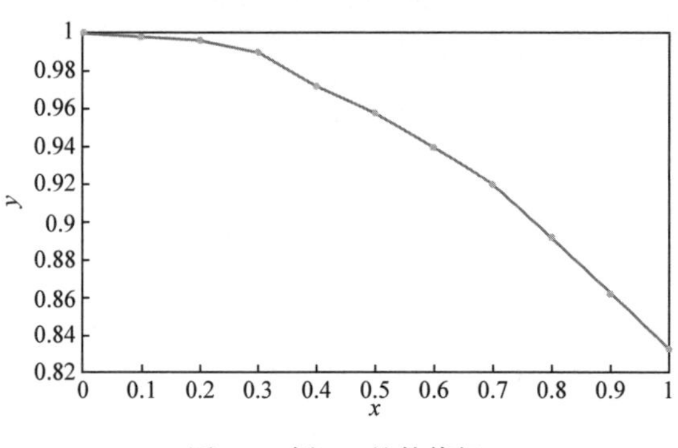


图 4.6　例 4.4 的数值解

## 4.3　基于 Legendre 神经网络的常微分方程求解方法

本节我们将使用 Legendre 神经网络求解二阶非线性奇异常微分方程初值问题。采用单隐含层前馈神经网络，网络参数用 BP 算法求解。

### 4.3.1　神经网络结构

我们使用 Legendre 多项式作为隐含层神经元的激活函数。Legendre 神经网络结构如图 4.7 所示。Legendre 多项式定义如下：

$$\begin{cases} L_0(x)=1 \\ L_1(x)=x \\ L_2(x)=\dfrac{1}{2}\left(3x^2-1\right) \\ L_{n+1}(x)=\dfrac{1}{n+1}\left[(2n+1)xL_n(x)-xL_{n-1}(x)\right] \end{cases}$$

### 4.3.2　微分方程求解模型

对于二阶非线性奇异常微分方程初值问题

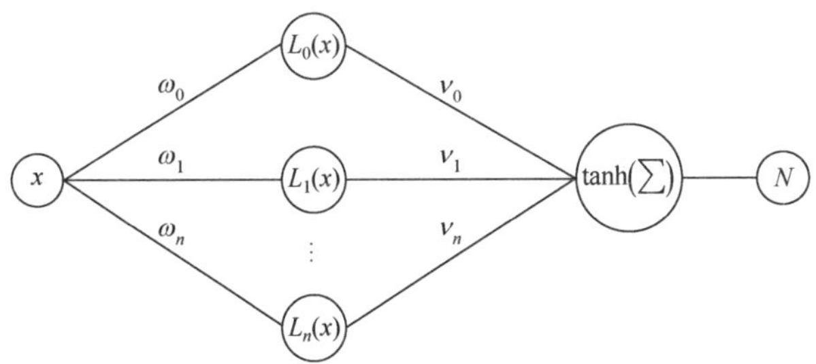


图 4.7　Legendre 神经网络结构

$$\begin{cases} \dfrac{\mathrm{d}^2 y}{\mathrm{d}x^2} = f\left(x, y, \dfrac{\mathrm{d}y}{\mathrm{d}x}\right) \\ y(a) = A, \quad y'(a) = A' \end{cases} \quad x \in [a,b] \tag{4.19}$$

将试探解设为式(4.20)，即

$$y_t = A + A'(x-a) + (x-a)^2 N(x,\varpi) \tag{4.20}$$

其中，$N(x,\varpi)$ 为网络的输出，其表达式如下：

$$N(x,\varpi) = \tanh(z) = \frac{\mathrm{e}^z - \mathrm{e}^{-z}}{\mathrm{e}^z + \mathrm{e}^{-z}} \tag{4.21}$$

$$z = \sum_{j=1}^{m} \omega_j L_{j-1}(x) \tag{4.22}$$

在任意一点 $x$ 处数值解的误差定义为式(4.23)，即

$$E(x,\varpi) = \frac{1}{2}\left(\frac{\mathrm{d}^2 y_t(x,\varpi)}{\mathrm{d}x^2} - f\left(x, y_t(x,\varpi), \frac{\mathrm{d}y_t(x,\varpi)}{\mathrm{d}x}\right)\right) \tag{4.23}$$

在求解区间任意选取 $n$ 个离散点 $x_1, x_2, \cdots, x_n$ 作为输入，则总误差定义为每个点上的误差之和，即

$$E = \sum_{i=1}^{n} \frac{1}{2}\left(\frac{\mathrm{d}^2 y_t(x,\varpi)}{\mathrm{d}x^2} - f\left(x, y_t(x,\varpi), \frac{\mathrm{d}y_t(x,\varpi)}{\mathrm{d}x}\right)\right) \tag{4.24}$$

随机给定权值的初始值，根据 BP 算法，权值按照下式更新：

$$\omega_j^{k+1} = \omega_j^k + \Delta\omega_j^k \tag{4.25}$$

其中

$$\begin{aligned} \Delta\omega_j^k &= -\eta \frac{\partial E^k}{\partial \omega_j^k} \\ &= -\eta\left(\frac{\partial}{\partial \omega_j^k}\left(\sum_{i=1}^{n} \frac{1}{2}\left(\frac{\mathrm{d}^2 y_t(x,\varpi)}{\mathrm{d}x^2} - f\left(x, y_t(x,\varpi), \frac{\mathrm{d}y_t(x,\varpi)}{\mathrm{d}x}\right)\right)^2\right)\right) \end{aligned}$$

下面给出数值实验。

**例 4.5** 考虑如下二阶非线性奇异常微分方程初值问题：

$$\begin{cases} \dfrac{\mathrm{d}^2 y}{\mathrm{d}x^2}+\dfrac{2}{x}\dfrac{\mathrm{d}y}{\mathrm{d}x}+4\left(2\mathrm{e}^{y}+\mathrm{e}^{\frac{y}{2}}\right)=0 & x\in[0,1] \\ y(0)=1, \quad y'(0)=0 \end{cases}$$

设其试探解为 $y_t(x,\varpi)=x^2N(x,\varpi)$。我们选取前 5 个 Legendre 多项式作为隐含层激活函数，在求解区间中取 10 个等距点进行数值实验，其数值解如图 4.8 所示。

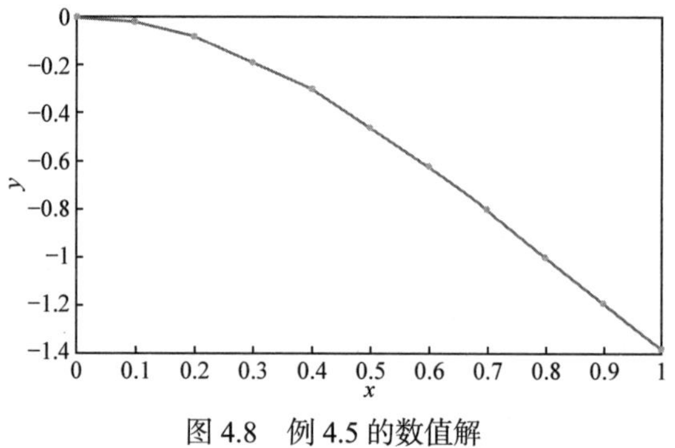


图 4.8 例 4.5 的数值解

## 4.4 基于正交多项式神经网络的常微分方程求解方法

本节我们将使用 Hermite 多项式神经网络求解二阶非线性奇异常微分方程初值问题。采用单隐含层前馈神经网络，网络参数用 BP 算法求解。

### 4.4.1 神经网络结构

将线性无关的序列 $\left\{1,x,x^2,x^3,x^4\right\}$ 通过 Gram-Schmidt 正交化得到正交序列 $H_n(x)(n=0,1,\cdots,4)$。将序列 $H_n(x)(n=0,1,\cdots,4)$ 作为隐含层神经元的激活函数，其表达式如式(4.26)所示。正交多项式神经网络结构如图 4.9 所示。

$$\begin{cases} H_0(x)=1 \\ H_1(x)=x-\dfrac{1}{2} \\ H_2(x)=x^2-x+\dfrac{1}{6} \\ H_3(x)=x^3-\dfrac{93}{2}x^2+\dfrac{3}{4}x-\dfrac{1}{20} \end{cases}$$

$$\begin{cases} H_4(x)=x^4-2x^3+\dfrac{9}{7}x^2-\dfrac{2}{7}x+\dfrac{1}{70} \\ H_5(x)=x^4-\dfrac{4}{2}x^4+\dfrac{20}{9}x^3-\dfrac{4}{6}x^2+\dfrac{4}{42}x-\dfrac{1}{242} \end{cases} \tag{4.26}$$

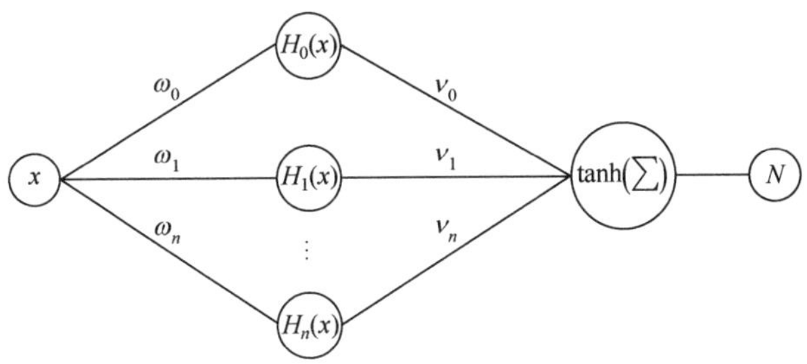


图 4.9　正交多项式神经网络结构

### 4.4.2　微分方程求解模型

对于二阶非线性奇异常微分方程初值问题

$$\begin{cases} \dfrac{\mathrm{d}^2 y}{\mathrm{d}x^2}=f\left(x,y,\dfrac{\mathrm{d}y}{\mathrm{d}x}\right) & x\in[a,b] \\ y(a)=A,\quad y'(a)=A' \end{cases} \tag{4.27}$$

将试探解设为式(4.28)，即

$$y_t=A+A'(x-a)+(x-a)^2 N(x,\varpi) \tag{4.28}$$

其中，$N(x,\varpi)$为网络的输出，其表达式如下：

$$N(x,\varpi)=\tanh(z)=\frac{\mathrm{e}^z-\mathrm{e}^{-z}}{\mathrm{e}^z+\mathrm{e}^{-z}} \tag{4.29}$$

$$z=\sum_{j=1}^{m}\omega_j L_{j-1}(x) \tag{4.30}$$

在任意一点 $x$ 处数值解的误差定义为式(4.31)，即

$$E(x,\varpi)=\frac{1}{2}\left(\frac{\mathrm{d}^2 y_t(x,\varpi)}{\mathrm{d}x^2}-f\left(x,y_t(x,\varpi),\frac{\mathrm{d}y_t(x,\varpi)}{\mathrm{d}x}\right)\right) \tag{4.31}$$

在求解区间任意选取 $n$ 个离散点 $x_1,x_2,\cdots,x_n$ 作为输入，则总误差定义为每个点上的误差之和，即

$$E=\sum_{i=1}^{n}\frac{1}{2}\left(\frac{\mathrm{d}^2 y_t(x,\varpi)}{\mathrm{d}x^2}-f\left(x,y_t(x,\varpi),\frac{\mathrm{d}y_t(x,\varpi)}{\mathrm{d}x}\right)\right) \tag{4.32}$$

随机给定权值的初始值，根据 BP 算法，权值按照下式更新：

$$\omega_j^{k+1} = \omega_j^k + \Delta\omega_j^k \tag{4.33}$$

其中

$$\Delta\omega_j^k = -\eta \frac{\partial E^k}{\partial \omega_j^k} = -\eta \left( \frac{\partial}{\partial \omega_j^k} \left( \sum_{i=1}^{n} \frac{1}{2} \left( \frac{\mathrm{d}^2 y_t(x,\varpi)}{\mathrm{d}x^2} - f\left( x, y_t(x,\varpi), \frac{\mathrm{d}y_t(x,\varpi)}{\mathrm{d}x} \right) \right)^2 \right) \right)$$

下面给出数值实验。

**例 4.6** 考虑如下二阶非线性奇异常微分方程初值问题：

$$\begin{cases} \dfrac{\mathrm{d}^2 y}{\mathrm{d}x^2} + \left( \dfrac{4}{3} + 3x \right) \dfrac{\mathrm{d}y}{\mathrm{d}x} + \dfrac{1}{3}x + x^3 = 0 & x \in [0,10] \\ y(0) = -0.2887, \quad y'(0) = 0.12 \end{cases}$$

设其试探解为 $y_t(x,\varpi) = -0.2887 + 0.12x + x^2 N(x,\varpi)$。在求解区间中以步长 0.4 进行等距采样，将得到的采样点作为输入进行数值实验，其数值解如图 4.10 所示。

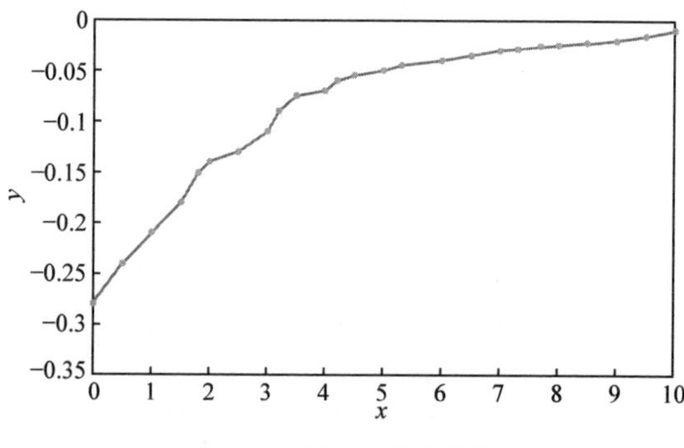


图 4.10 例 4.6 的数值解

# 第 5 章　ELM 算法在数值求解复杂系统中的应用

BP 算法收敛速度慢，甚至会出现不收敛的情况，而 ELM 算法是一种直接快速求解算法，刚好克服了 BP 算法的弱点。本章主要介绍神经网络的 ELM 算法在数值求解复杂系统中的应用。

## 5.1　基于 Legendre 神经网络和 IELM 算法的常微分方程数值解法

针对几类常微分方程数值解问题可以采用 Legendre 多项式作为隐含层激活函数，构造单隐含层前馈 Legendre 神经网络来逼近微分方程问题的近似解及其导数，并可以采用改进极限学习机(improved extreme learning machine，IELM)算法训练代数方程组中的网络权值，通过收敛性分析证明该方法是有效的。数值实验结果和与其他方法的比较研究验证了该方法的可行性及在计算精度和时间方面的优越性。

### 5.1.1　引言

科学和工程中遇到的很多问题需要建立微分方程的数学模型。很多实际问题的解的解析表达式不存在或者求解困难。因此，研究微分方程的数值方法很有意义，即计算微分方程的精确解 $y(x_i)$ 在定义域上离散点 $x_i(i=0,1,\cdots,L)$ 的近似解 $y_i$。关于微分方程的传统数值算法有很多成熟的研究成果，且计算精度较高，但是也存在一些不足：只能得到离散点上的数值解；改变样本，需要重新进行迭代计算；增加样本，运行时间迅速增加；等等。

随着人工智能和计算机技术的发展，越来越多的研究人员对神经网络方法产生了极大的兴趣。神经网络方法被应用到很多研究领域，如模式识别、图形处理、风险评估、系统控制、预测、分类等，具有广阔的应用前景。基于神经网络方法的优点及通用逼近能力，关于采用神经网络方法求解微分方程的研究迅速发展，并取得很多研究成果，主要研究包括：近似解的构造和权值训练算法的研究。

本节主要介绍几类线性或非线性常微分方程基于 Legendre 神经网络及 IELM 算法的数值解法。通过 Legendre 多项式构造近似解，将近似解及其导数代入微分方程及其边界条件，将原问题转化为求解非线性代数方程组。采用 IELM 算法训练网络权值，从而得到原问题的近似解。收敛性分析、数值实验及比较研究证明了该方法较传统方法有很好的优越性[57]。

提出该方法的主要目的和创新：为求线性或非线性常微分方程、常微分方程组、埃姆登-弗勒(Emden-Fowler)型奇异初值问题的数值解提供一种基于 Legendre 神经网络和 IELM 算法的新方法，采用 IELM 算法训练网络权值。该方法的主要优点如下。

(1) 网络拓扑结构为单隐含层，通过随机选取输入层权值，仅需计算输出层权值。

(2) 易于实现且运行很快。

IELM 算法是一种无监督权值训练算法，没有采用任何优化技术。计算精度优于传统方法。

### 5.1.2 问题描述

本节主要介绍几类常微分方程问题的一般形式。

1) 二阶 ODE

二阶 ODE 两点边值问题的一般形式为

$$\begin{cases} y'' = f(x, y, y') \\ y(a) = \alpha_1, y(b) = \alpha_2 \end{cases} \quad a \leqslant x \leqslant b \tag{5.1}$$

2) 一阶随机常微分方程

一阶随机常微分方程(stochastic ordinary differential equation，SODE)可以用如下公式表示：

$$\begin{cases} y_i' = f_i(x, y_1, y_2, \cdots, y_n) \\ y_i(a) = \alpha_i \end{cases} \quad a \leqslant x \leqslant b,\ \ i = 0,1,\cdots,n \tag{5.2}$$

一阶 ODE 为一阶 SODE 的特例。

3) 高阶 ODE 和高阶 SODE

高阶 ODE 的一般形式如下：

$$\begin{cases} y^{(n)} = f\left(x, y, y', y'', \cdots, y^{(n-1)}\right) \\ y(a) = \alpha_0, y'(a) = \alpha_1, \cdots, y^{(n-1)}(a) = \alpha_{n-1} \end{cases} \quad a \leqslant x \leqslant b \tag{5.3}$$

作变换 $y_1 = y, y_2 = y', \cdots, y_n = y^{(n-1)}$，高阶 ODE 可以转化为如下 SODE：

$$\begin{cases} y_1' = y_2 \\ y_2' = y_3 \\ \quad \vdots \\ y_n' = f\left(x, y, y', \cdots, y^{(n-1)}\right) = f(x, y_1, y_2, \cdots, y_n) \end{cases} \tag{5.4}$$

其中，初始条件(initial condition，IC)为 $y_1(a)=\alpha_0, y_2(a)=\alpha_1, \cdots, y_n(a)=\alpha_{n-1}$。

对于由两个高阶 ODE 组成的高阶 SODE：

$$\begin{cases} x^{(m)}=f\left(x,x',x'',\cdots,x^{(m-1)},y,y',y'',\cdots,y^{(n-1)}\right) \\ y^{(n)}=g\left(x,x',x'',\cdots,x^{(m-1)},y,y',y'',\cdots,y^{(n-1)}\right) \\ x(a)=\alpha_0,x'(a)=\alpha_1,\cdots,x^{(m-1)}(a)=\alpha_{m-1} \\ y(a)=\alpha_m,y'(a)=\alpha_{m+1},\cdots,y^{(n-1)}(a)=\alpha_{n+m-1} \end{cases} \quad a \leqslant x \leqslant b \tag{5.5}$$

作变换 $y_1=x,y_2=x',\cdots,y_m=x^{(m-1)},y_{m+1}=y,y_{m+2}=y',\cdots,y_{m+n}=y^{(n-1)}$，上述高阶 SODE 可以转化为

$$\begin{cases} y_1'=y_2 \\ y_2'=y_3 \\ \quad \vdots \\ y_m'=f\left(t,y_1,y_2,\cdots,y_m,y_{m+1},\cdots,y_{m+n}\right) \\ y_{m+1}'=y_{m+2} \\ \quad \vdots \\ y_{m+n}'=g(t,y_1,y_2,\cdots,y_m,y_{m+1},\cdots,y_{m+n}) \end{cases} \quad a \leqslant x \leqslant b \tag{5.6}$$

其中，IC 为 $y_i(a)=\alpha_{i-1}$，$i=1,2,\cdots,m+n$。

用如下表达式来描述上述线性或非线性 ODE：

$$\mathcal{L}y(x)=f(x),\quad x\in I \tag{5.7}$$

边界条件为

$$\mathcal{B}y(x)=\alpha,\quad x\in\partial I \tag{5.8}$$

其中，$\mathcal{L}$ 与 $\mathcal{B}$ 在区间 $I$ 上的微分算子 $y(x)$ 为待求解的向量；$f(x)$ 为线性或非线性源项，与 $x$、$y(x)$ 及其导数有关；$\alpha$ 为 $y(x)$ 及其导数在区间 $I$ 的端点处的值。

通过以上 ODE 问题的一般形式，求解微分方程(5.7)和(5.8)可以转化为如下约束优化问题：

最小化

$$\operatorname{argmin}\| \mathcal{L}y(x)-f(x)\| \tag{5.9}$$

使得

$$\| \mathcal{B}y(x)-\alpha \|=0 \tag{5.10}$$

### 5.1.3　基于 Legendre 神经网络的逼近和 ODE 问题数值解法

1. Legendre 神经网络的逼近

依据 Legendre 多项式的递推特性，接下来讨论基于 Legendre 基函数神经网络的近似解的构造。

**定理 5.1**　假定向量 $\boldsymbol{P}(x)$ 定义为 $\boldsymbol{P}(x)=\left[P_0(x),P_1(x),\cdots,P_{N+1}(x)\right]$，$P_n(x)$ $(n=0,1,\cdots,N+1)$ 是区间 $[0,1]$ 上的 $n$ 阶 Legendre 多项式，$\boldsymbol{P}'(x)$ 定义为 $\boldsymbol{P}'(x)=\left[P_0'(x),P_1'(x),\cdots,P_{N+1}'(x)\right]$，$P_n'(x)(n=0,1,\cdots,N+1)$ 是 $n$ 阶 Legendre 多项式 $P_n(x)$ 的导数，根据 Legendre 多项式的性质可得，$\boldsymbol{P}'(x)=\boldsymbol{P}(x)\boldsymbol{M}$，$\boldsymbol{M}$ 为如下矩阵：

$$\boldsymbol{M}=\begin{bmatrix} 0 & 1 & 0 & 1 & 0 & 1 & \cdots & 0 & 1 \\ 0 & 0 & 3 & 0 & 3 & 0 & \cdots & 3 & 0 \\ 0 & 0 & 0 & 5 & 0 & 5 & \cdots & 0 & 5 \\ 0 & 0 & 0 & 0 & 7 & 0 & \cdots & 7 & 0 \\ 0 & 0 & 0 & 0 & 0 & 9 & \cdots & 0 & 9 \\ \vdots & \vdots & \vdots & \vdots & \vdots & \vdots & & \vdots & \vdots \\ 0 & 0 & 0 & 0 & 0 & 0 & \cdots & 0 & 2n-1 \\ 0 & 0 & 0 & 0 & 0 & 0 & \cdots & 0 & 0 \end{bmatrix}_{(N+2)\times(N+2)}$$

**证明**　Legendre 多项式的导数满足递推关系

$$P_{n+1}'(x)-P_{n-1}'(x)=(2n+1)P_n(x) \tag{5.11}$$

根据该特性，易得定理 5.1 结论。

**定理 5.2**　对任意连续函数 $y:[a,b]\to\mathbf{R}$，存在自然数 $N$，常数 $a_n$、$b_n$、$\beta_n$ $(n=0,1,\cdots,N)$，及 Legendre 多项式 $P_0(x),P_1(x),\cdots,P_N(x)$，使得含有 $N+1$ 个隐含层神经元的 Legendre 神经网络(Legendre neural network，LNN)输出可表示为

$$y_{\mathrm{LNN}}(x)=\sum_{n=0}^{N}\beta_n P_n(a_n x+b_n) \tag{5.12}$$

$y_{\mathrm{LNN}}$ 是 $y$ 的近似解，且

$$\| y(x)-y_{\mathrm{LNN}}(x)\|=\| y(x)-\sum_{n=0}^{N}\beta_n P_n(a_n x+b_n)\|<\varepsilon \tag{5.13}$$

2. Legendre 神经网络求解 ODE

Legendre 基函数神经网络由三层组成：输入层、Legendre 隐含层和输出层。对于一般的微分方程问题，Legendre 神经网络的输出为

$$y_{\mathrm{LNN}}(x)=\sum_{n=0}^{N}P_n(a_n x+b_n)\boldsymbol{\beta} \tag{5.14}$$

其中，$a_n$ 是连接输入层到第 $n$ 个隐含层节点的权值，$b_n$ 是第 $n$ 个隐含层节点的偏置，$\boldsymbol{\beta}$ 为隐含层到输出层权值向量。

将近似解(5.14)代入方程(5.7)和边界条件(5.8)，可得关于权值向量 $\boldsymbol{\beta}$ 的方程组，该方程组为

$$\begin{cases}\mathcal{L}y_{\mathrm{LNN}}(x)=f(x),\ \ x\in I\\ \mathcal{B}y_{\mathrm{LNN}}(x)=\alpha,\ \ x\in\partial I\end{cases} \tag{5.15}$$

离散区间 $I=\{x_i:x_i\in I,\ \ i=0,1,\cdots,M\}$，定义 $f_i=f(x_i)$，可得如下关于权值 $a_n$、$b_n$、$\boldsymbol{\beta}$ 的方程组：

$$\begin{bmatrix}\mathcal{L}\left(\sum_{n=0}^{N}P_n(a_n x+b_n)\right)\\ \vdots\\ \mathcal{B}\left(\sum_{n=0}^{N}P_n(a_n x_{\mathrm{boundary}}+b_n)\right)\end{bmatrix}\boldsymbol{\beta}=\begin{bmatrix}f_i\\ \vdots\\ \alpha\end{bmatrix} \tag{5.16}$$

考虑如下一阶常微分方程组：

$$\begin{cases}y_1'+g_1(x)y_1+g_2(x)y_2=f_1(x)\\ y_2'+h_1(x)y_1+h_2(x)y_2=f_2(x)\quad a\leqslant x\leqslant b\\ y_1(a)=\alpha_1,\ \ y_2(a)=\alpha_2\end{cases} \tag{5.17}$$

假定连接输入层到第 $n$ 个隐含层节点的权值为 1，第 $n$ 个隐含层节点的偏置为 0，则问题(5.17)的近似解 $y_{1-\mathrm{LNN}}(x)$、$y_{2-\mathrm{LNN}}(x)$ 可表示为

$$y_{1-\mathrm{LNN}}(x)=\sum_{n=0}^{N}\beta_{1n}P_n(x)=\boldsymbol{P}(x)\boldsymbol{\beta}_1 \tag{5.18}$$

$$y_{2-\mathrm{LNN}}(x)=\sum_{n=0}^{N}\beta_{2n}P_n(x)=\boldsymbol{P}(x)\boldsymbol{\beta}_2 \tag{5.19}$$

其中，$\boldsymbol{\beta}_1=[\beta_{10},\beta_{11},\cdots,\beta_{1N}]^{\mathrm{T}}$，$\boldsymbol{\beta}_2=[\beta_{20},\beta_{21},\cdots,\beta_{2N}]^{\mathrm{T}}$。将近似解 $y_{1-\mathrm{LNN}}$、$y_{2-\mathrm{LNN}}$ 及其导数代入问题(5.17)，根据定理 5.1，可得

$$\begin{cases}\left(\boldsymbol{P}(x)\boldsymbol{M}+g_1(x)\boldsymbol{P}(x)\right)\boldsymbol{\beta}_1+g_2(x)\boldsymbol{P}(x)\boldsymbol{\beta}_2=f_1(x)\\ h_1(x)\boldsymbol{P}(x)\boldsymbol{\beta}_1+\left(\boldsymbol{P}(x)\boldsymbol{M}+h_2(x)\boldsymbol{P}(x)\right)\boldsymbol{\beta}_2=f_2(x)\\ \boldsymbol{P}(x)\boldsymbol{\beta}_1=\alpha_1\\ \boldsymbol{P}(x)\boldsymbol{\beta}_2=\alpha_2\end{cases} \tag{5.20}$$

这里 $x_i = a + \frac{b-a}{M} i$，$i = 0,1,\cdots,M$，定义

$$\boldsymbol{H} = \begin{bmatrix} \boldsymbol{w}_{11}(x_0), & \boldsymbol{w}_{12}(x_0) \\ & \vdots \\ \boldsymbol{w}_{11}(x_M), & \boldsymbol{w}_{12}(x_M) \\ \boldsymbol{w}_{21}(x_0), & \boldsymbol{w}_{22}(x_0) \\ \boldsymbol{w}_{21}(x_M), & \boldsymbol{w}_{22}(x_M) \\ \boldsymbol{w}_{31}, & \boldsymbol{w}_{32} \\ \boldsymbol{w}_{41}, & \boldsymbol{w}_{42} \end{bmatrix}_{(2M+4)\times(2N+2)}, \quad \boldsymbol{\beta} = \begin{bmatrix} \boldsymbol{\beta}_1 \\ \boldsymbol{\beta}_2 \end{bmatrix}, \quad \boldsymbol{T} = \begin{bmatrix} f_1(x_0) \\ \vdots \\ f_1(x_M) \\ f_2(x_0) \\ \vdots \\ f_2(x_M) \\ \alpha_1 \\ \alpha_2 \end{bmatrix}_{(2M+4)\times 1}$$

且

$$\boldsymbol{w}_{11}(x) = \boldsymbol{P}(x)\boldsymbol{M} + g_1(x)\boldsymbol{P}(x), \quad \boldsymbol{w}_{12} = g_2(x)\boldsymbol{P}(x),$$
$$\boldsymbol{w}_{21}(x) = h_1(x)\boldsymbol{P}(x), \quad \boldsymbol{w}_{22} = \boldsymbol{P}(x)\boldsymbol{M} + h_2(x)\boldsymbol{P}(x),$$
$$\boldsymbol{w}_{31} = \boldsymbol{P}(a), \quad \boldsymbol{w}_{32} = \boldsymbol{w}_{41} = (0)_{(N+1)\times 1}, \quad \boldsymbol{w}_{42} = \boldsymbol{w}_{31}$$

方程组(5.20)可以表示为如下矩阵形式：

$$\boldsymbol{H\beta} = \boldsymbol{T} \tag{5.21}$$

通过求解方程组(5.21)，可得 Legendre 神经网络的输出权值。

一般地，采用 Legendre 基函数神经网络构造 ODE 的近似解，将近似解及其导数代入微分方程问题中，可得求解网络权值的方程组，具体过程如图 5.1 所示。

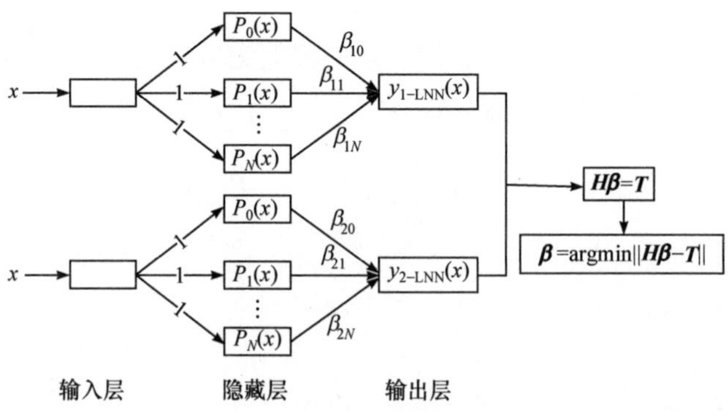


图 5.1　基于 Legendre 多项式的 SODE 问题的神经网络模型

### 5.1.4　IELM 算法

求解方程组(5.21)的数值方法有很多，本章依据 Huang 等[35]提出的 ELM 算法，采用 IELM 算法训练 Legendre 神经网络。

**定理 5.3**　方程组 $\boldsymbol{H\beta}=\boldsymbol{T}$ 是可解的，且满足如下情形：

(1) 若矩阵 $\boldsymbol{H}$ 是方阵且可逆，则 $\boldsymbol{\beta}=\boldsymbol{H}^{-1}\boldsymbol{T}$；

(2) 若矩阵 $\boldsymbol{H}$ 是长方阵，则 $\boldsymbol{\beta}=\boldsymbol{H}^{\dagger}\boldsymbol{T}$，$\boldsymbol{\beta}$ 是 $\boldsymbol{H\beta}=\boldsymbol{T}$ 的极小最小二乘解，即 $\boldsymbol{\beta}=\operatorname{argmin}\|\boldsymbol{H\beta}-\boldsymbol{T}\|$。

(3) 若矩阵 $\boldsymbol{H}$ 是奇异矩阵，则 $\boldsymbol{\beta}=\boldsymbol{H}^{\dagger}\boldsymbol{T}$，且 $\boldsymbol{H}^{\dagger}=\boldsymbol{H}^{\mathrm{T}}\left(\lambda\boldsymbol{I}+\boldsymbol{HH}^{\mathrm{T}}\right)^{-1}$，$\lambda$ 为正则系数，其值视具体情况而定。

**证明**　定理的证明可参考矩阵分析理论中广义逆矩阵相关知识及文献[35]。

根据定理 5.2，采用 ELM 算法求解神经网络模型时，隐含层节点数满足小于或等于样本量，即 $N\leqslant M$。由矩阵分析理论可知，当矩阵 $\boldsymbol{H}$ 是长方阵时，存在 $\boldsymbol{\beta}$，$\boldsymbol{\beta}$ 为 $\boldsymbol{H\beta}=\boldsymbol{T}$ 的极小最小二乘解，即 $\boldsymbol{\beta}=\operatorname{argmin}\|\boldsymbol{H\beta}-\boldsymbol{T}\|$，表明隐含层节点数不必满足小于或等于样本量。称求解 $\boldsymbol{H\beta}=\boldsymbol{T}$ 的改进算法为 IELM 算法。

采用 Legendre 神经网络及 IELM 算法求解 ODE 的步骤如下。

**步骤 1**　离散定义域 $I:a=x_0<x_1<\cdots<x_M=b$，$x_i=a+\dfrac{b-a}{M}i$，$i=0,1,\cdots,M$，采用 Legendre 多项式作为隐含层激活函数构造近似解 $y_{\mathrm{LNN}}(x)=\sum\limits_{n=0}^{N}\beta_nP_n(x)$；

**步骤 2**　将近似解 $y_{\mathrm{LNN}}(x)$ 及其导数在离散点处的值代入微分方程及其边界条件，可得方程组 $\boldsymbol{H\beta}=\boldsymbol{T}$；

**步骤 3**　采用定理 5.3 提出的 IELM 算法求解方程组 $\boldsymbol{H\beta}=\boldsymbol{T}$，可得网络权值 $\boldsymbol{\beta}=\boldsymbol{H}^{-1}\boldsymbol{T}$，$\boldsymbol{\beta}=\operatorname{argmin}\|\boldsymbol{H\beta}-\boldsymbol{T}\|$；

**步骤 4**　由步骤 3 得到的权值计算近似解 $y_{\mathrm{LNN}}(x)=\sum\limits_{n=0}^{N}\beta_nP_n(x)=\boldsymbol{P}(x)\boldsymbol{\beta}$。

### 5.1.5　收敛性分析

本节通过定理及证明来验证 LNN 方法在求解微分方程问题的可行性及收敛性。

**定理 5.4**　给定标准单隐含层 $n+1$ 隐含层节点前馈神经网络，隐含层为 Legendre 基函数 $P_i(x):\mathbf{R}\to\mathbf{R}$，$i=0,1,2,\cdots,n$，假定一阶微分方程的近似解如式(5.14)，对任意 $m+1$ 个不同的样本 $(\boldsymbol{x},\boldsymbol{f})$，对任意区间 $\mathbf{R}$ 上的随机值 $a_n$、$b_n$，根据任意连续概率分布，Legendre 神经网络的输出矩阵 $\boldsymbol{H}$ 可逆且 $\|\boldsymbol{H\beta}-\boldsymbol{T}\|=0$。

**证明**　根据 Legendre 神经网络模型，对任意 $m+1$ 个不同样本 $(\boldsymbol{x},\boldsymbol{f})$，$\boldsymbol{x}=[x_0,\cdots,x_m]^{\mathrm{T}}$，$\boldsymbol{f}=[f_0,\cdots,f_n]^{\mathrm{T}}$，考虑隐含层输出矩阵的第 $i+1$ 列 $\boldsymbol{c}(b_i)$，

$\boldsymbol{c}(b_i)\in\mathbf{R}^{m+1}$，假定 $b_i\in I$，$I$ 是 $\mathbf{R}$ 上的开区间

$$\boldsymbol{c}(b_i)=\left[P_i(a_ix_0+b_i),P_i(a_ix_1+b_i),\cdots,P_i(a_ix_m+b_i)\right]^{\mathrm{T}} \tag{5.22}$$

很容易得出向量 $\boldsymbol{c}$ 不属于任意维数小于 $m+1$ 的子空间。

假定 $a_i$ 基于连续概率分布随机生成，对任意 $k\neq k'$，可得 $a_ix_k\neq a_ix_{k'}$，假设向量 $\boldsymbol{c}$ 属于维子空间，向量 $\boldsymbol{\alpha}$ 垂直于该子空间，可得

$$\begin{aligned}\left(\boldsymbol{\alpha},\boldsymbol{c}(b_i)-\boldsymbol{c}(a)\right)&=\alpha_0\cdot P_i(d_0+b_1)+\alpha_1\cdot P_i(d_1+b_1)\\&\quad+\cdots+\alpha_m\cdot P_i(d_m+b_m)-c=0\end{aligned} \tag{5.23}$$

其中，$d_k=\alpha_ix_k$，$k=0,1,\cdots,m$ 且 $c=\boldsymbol{\alpha}\cdot\boldsymbol{c}(a)$，假定 $\alpha_m\neq 0$，式(5.23)可改写为

$$P_i(d_m+b_i)=-\sum_{k=0}^{m-1}\gamma_kP_i(d_k+b_i)+c/\alpha_m \tag{5.24}$$

这里，$\gamma_k=\alpha_k/\alpha_m$，$k=0,1,\cdots,m-1$，由式(5.24)左侧函数的无限可微性，对上式两边关于 $b_i$ 求导，可得

$$\begin{gathered}P_i^{(l)}(d_m+b_i)=-\sum_{k=0}^{m-1}\gamma_kP_i^{(l)}(d_k+b_i)\\l=1,2,\cdots,m,m+1,\cdots\end{gathered} \tag{5.25}$$

可知，未知系数 $\gamma_k$ 小于方程个数 $l$，得出矛盾。因此 $\boldsymbol{c}$ 不属于维数小于 $m+1$ 的任意子空间。

该结论表明，对 $\mathbf{R}$ 上的任意区间上随机选取的任意 $a_n$、$b_n$，如 $a_n=1$、$b_n=0$，根据任意连续概率分布，矩阵 $\boldsymbol{H}$ 的列向量满秩，定理得证。此外，存在 $n\leqslant m$，矩阵 $\boldsymbol{H}$ 为长方阵，对任意小的正常数 $\varepsilon>0$ 及 Legendre 激活函数 $P_i(x):\mathbf{R}\to\mathbf{R}$，对任意不同的样本 $(\boldsymbol{x},\boldsymbol{f})$，对 $\mathbf{R}$ 上的任意区间上随机选取的任意 $a_n$、$b_n$，根据任意连续概率分布，$\|\boldsymbol{H}_{m\times n}\boldsymbol{\beta}_{n\times 1}-\boldsymbol{f}_{m\times 1}\|<\varepsilon$。

### 5.1.6 数值结果及比较分析

本节给出数值实验来验证 Legendre 神经网络及 IELM 算法的有效性和优越性，使用该方法对线性的或者非线性的微分方程进行了测试，并与传统方法及文献中最近提出的方法进行了比较研究，最后还将该方法应用到求解 Emden-Fowler 方程中，证明了该方法在求解实际问题中应用的有效性。

采用平均绝对偏差(mean absolute deviation，MAD)来测试数值结果的误差：

$$\mathrm{MAD}=\frac{1}{m}(\varDelta_1+\varDelta_2+\cdots+\varDelta_m) \tag{5.26}$$

其中，$\Delta_1,\Delta_2,\cdots,\Delta_m$ 表示离散点上的绝对误差。

1. 数值结果

考虑如表 5.1 中所示一阶 ODE 初值问题(例 5.1～例 5.4)、二阶 ODE 两点边值问题(例 5.5～例 5.8)、SODE 初值问题(例 5.9 和例 5.10)和非线性边值问题(例 5.11)。图 5.2 和图 5.3 为例 5.1～例 5.4 的数值解及绝对误差，实验参数为 $n=10,m=30$。图 5.4 和图 5.5 为例 5.5～例 5.8 的数值解及绝对误差，实验参数为 $n=10,m=30$。图 5.6 和图 5.7 为例 5.9 与例 5.10 的数值解与绝对误差，实验参数为 $n=10,m=30$。图 5.8 为例 5.11 的数值解与绝对误差，实验参数为 $n=22$, $m=20$。

**表 5.1　实验中的常微分方程问题**

| | 一阶 ODE | IC | 精确解 | 定义域 |
|---|---|---|---|---|
| 例 5.1 | $y'+\frac{\cos x}{\sin x}y=\frac{1}{\sin x}$ | $y(1)=\frac{3}{\sin 1}$ | $y(x)=\frac{x+2}{\sin x}$ | $[1,2]$ |
| 例 5.2 | $y'+\frac{1}{5}y=\mathrm{e}^{-\frac{x}{5}}\cos x$ | $y(0)=0$ | $y(x)=\mathrm{e}^{-\frac{x}{5}}\sin x$ | $[0,2]$ |
| 例 5.3 | $y'+\left(x+\frac{1+3x^2}{1+x+x^3}\right)y$ $=x^3+2x+\frac{x^2+3x^4}{1+x+x^3}$ | $y(0)=1$ | $y(x)=\frac{\mathrm{e}^{-\frac{x^2}{2}}}{1+x+x^3}+x^2$ | $[0,1]$ |
| 例 5.4 | $y'-\sin x\cdot y=2x-x^2\sin x$ | $y(0)=0$ | $y(x)=x^2$ | $[0,1]$ |
| 例 5.5 | $y''+xy'-4y=12x^2-3x$ | $y(0)=0$<br>$y(1)=2$ | $y(x)=x^4+x$ | $[0,1]$ |
| 例 5.6 | $y''-y'=-2\sin x$ | $y(0)=-1$<br>$y\left(\frac{\pi}{2}\right)=1$ | $y(x)=\sin x-\cos x$ | $\left[0,\frac{\pi}{2}\right]$ |
| 例 5.7 | $y''+2y'+y=x^3+3x+1$ | $y(0)=0$<br>$y(2)=-\mathrm{e}^{-1}+1$ | $y(x)=-\mathrm{e}^{(-x)}+x^2-x+1$ | $[0,1]$ |
| 例 5.8 | $y''+\frac{1}{5}y'+y=-\frac{1}{5}\mathrm{e}^{-\frac{x}{5}}\cos x$ | $y(0)=0$<br>$y(2)=\mathrm{e}^{-\frac{2}{5}}\sin(2)$ | $y(x)=\mathrm{e}^{-\frac{x}{5}}\sin x$ | $[0,2]$ |
| 例 5.9 | $y_1'+2y_1+y_2=\sin x$<br>$y_2'-4y_1-2y_2=\cos x$ | $y_1(0)=0$<br>$y_2(0)=-3$ | $y_1(x)=2\sin x+x$<br>$y_2(x)=-3\sin x-2\cos x$<br>$-2x-1$ | $[0,2]$ |

续表

| | 一阶 ODE | IC | 精确解 | 定义域 |
|---|---|---|---|---|
| 例 5.10 | $y_1'+2y_1-y_2=2\sin x$<br>$y_2'-y_1+2y_2$<br>$=2(\cos x-\sin x)$ | $y_1(0)=3$<br>$y_2(0)=3$ | $y_1(x)=2\mathrm{e}^{-x}+\sin x$<br>$y_2(x)=2\mathrm{e}^{-x}+\cos x$ | $[0,1]$ |
| 例 5.11 | $y''=\dfrac{1}{2x^2}\left(y^3-2y^2\right)$ | $y(1)=1$<br>$y(2)=4/3$ | $y(x)=2x/(x+1)$ | $[1,2]$ |

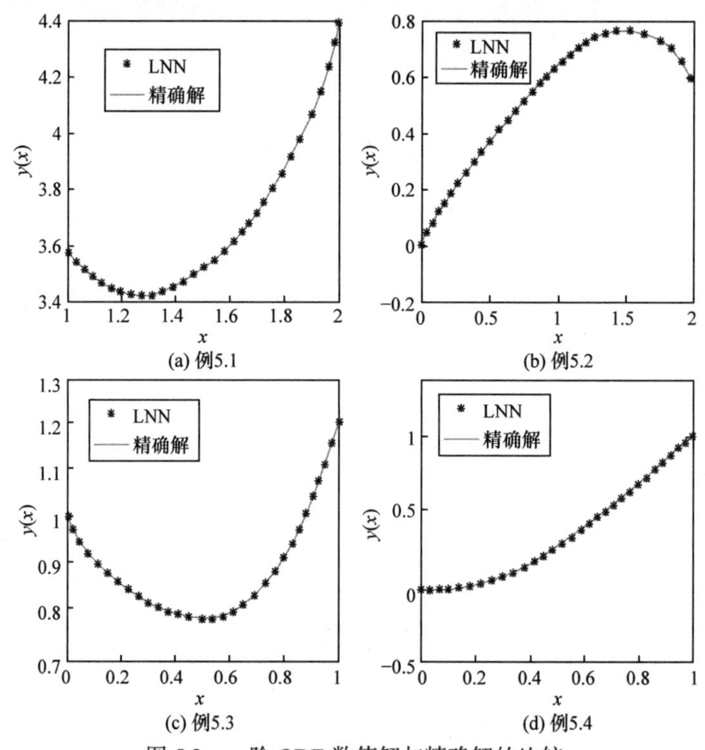


图 5.2　一阶 ODE 数值解与精确解的比较

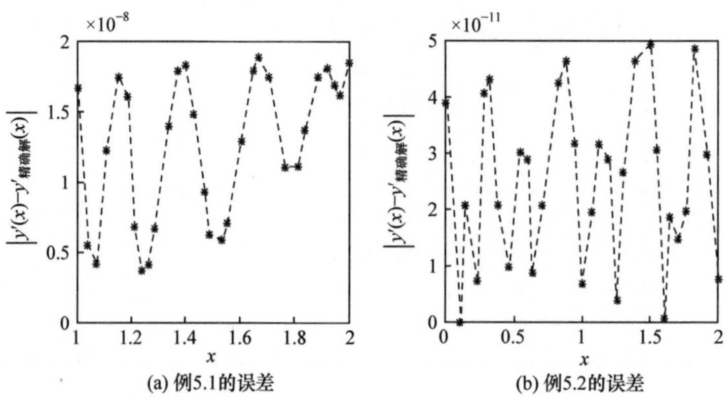

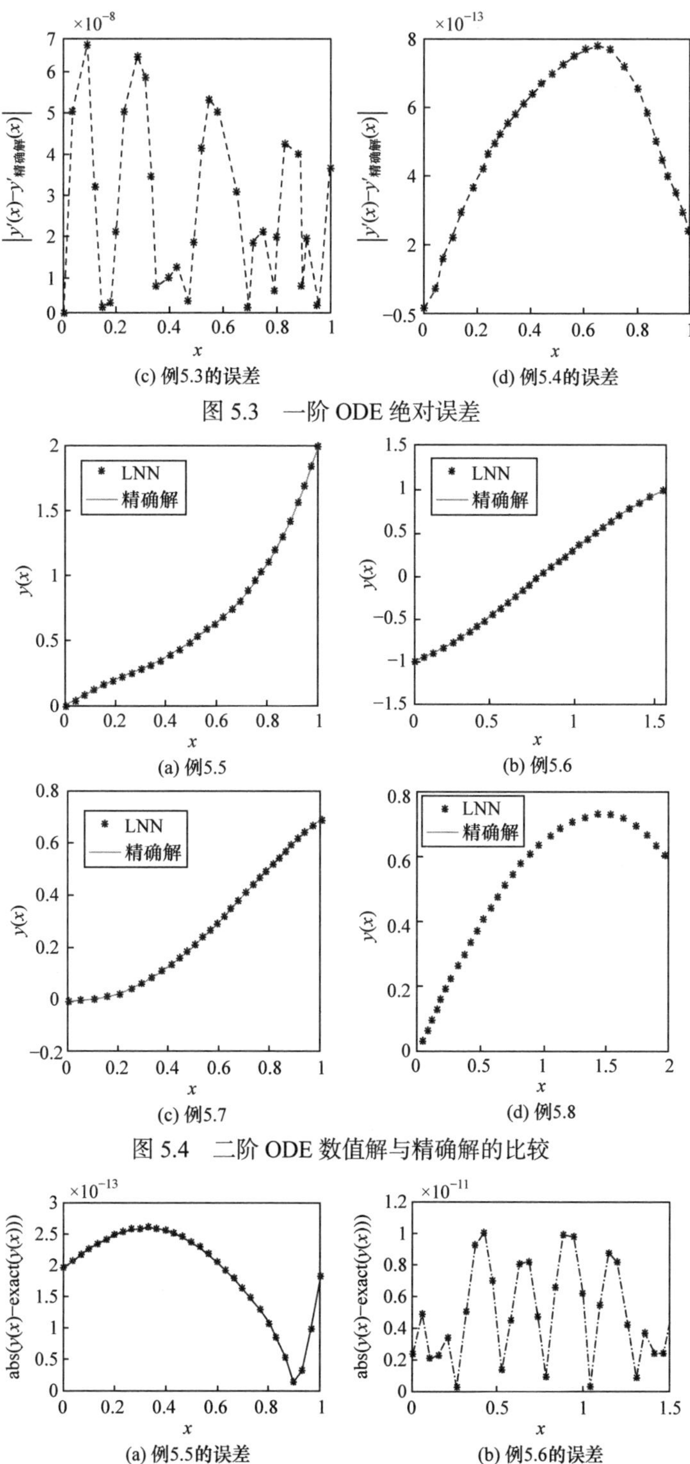


(c) 例5.3的误差　(d) 例5.4的误差

图 5.3　一阶 ODE 绝对误差

(a) 例5.5　(b) 例5.6

(c) 例5.7　(d) 例5.8

图 5.4　二阶 ODE 数值解与精确解的比较

(a) 例5.5的误差　(b) 例5.6的误差

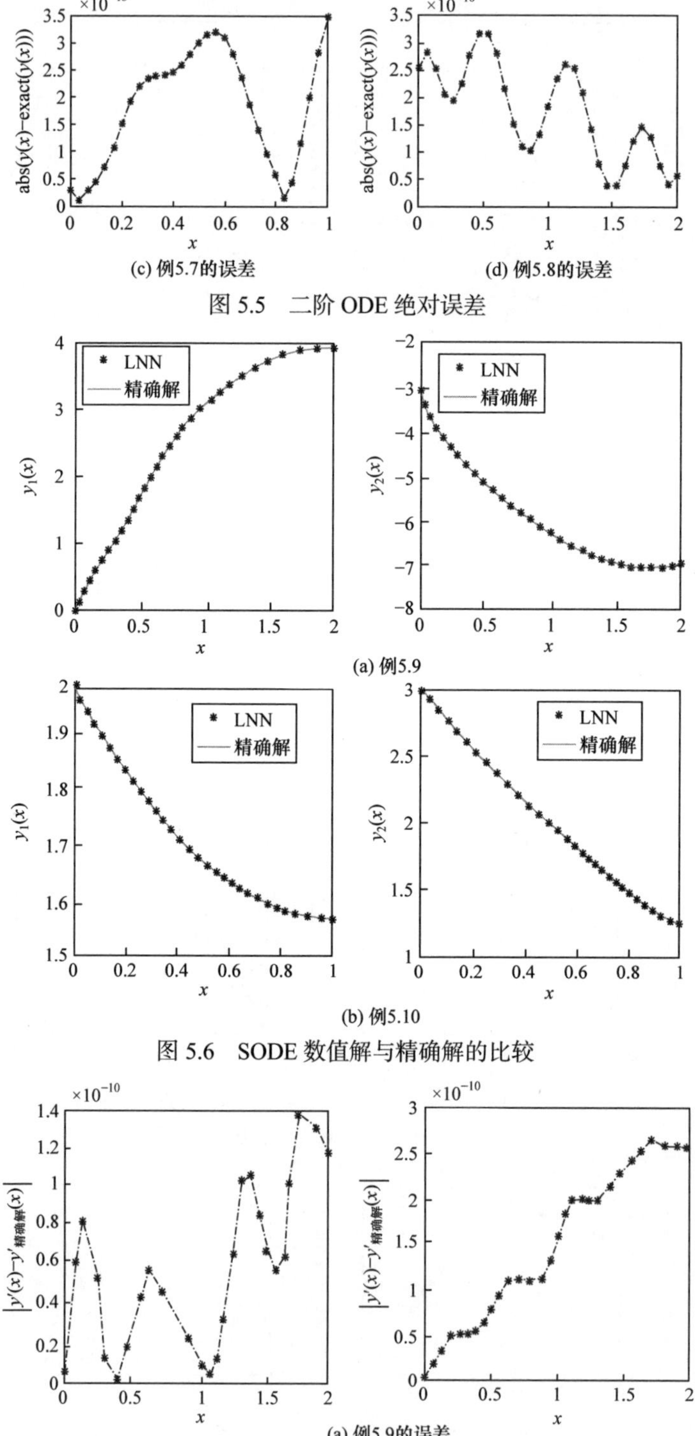


(c) 例5.7的误差　　(d) 例5.8的误差

图 5.5　二阶 ODE 绝对误差

(a) 例5.9

(b) 例5.10

图 5.6　SODE 数值解与精确解的比较

(a) 例5.9的误差

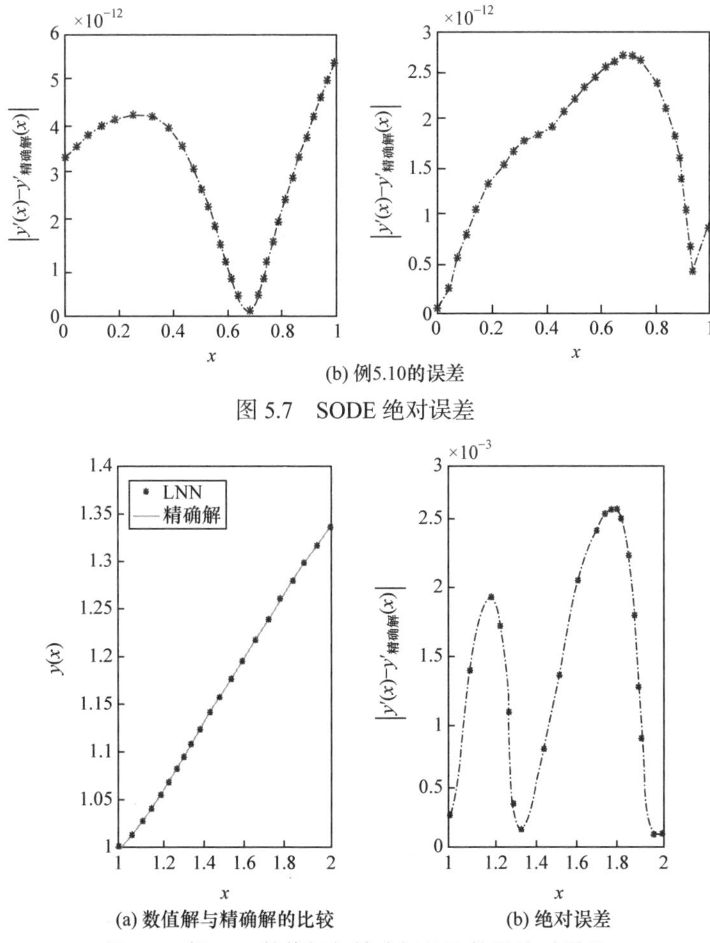


(b) 例5.10的误差

图 5.7　SODE 绝对误差

(a) 数值解与精确解的比较　　(b) 绝对误差

图 5.8　例 5.11 数值解与精确解的比较及绝对误差

对上面的例子取不同参数进行实验。表 5.2 和表 5.3 给出了每个例子在不同参数下的计算时间及平均绝对偏差，表 5.2 中的计算时间是 100 次的平均值(单位：s)。通过分析表 5.2 及表 5.3 中的数据可知，每个例子的最优参数值及网络参数的变化对计算时间影响不大。

**表 5.2　测试例子在不同参数下的计算时间**

| 参数 | $m=100$ | | | $n=10$ | | |
|---|---|---|---|---|---|---|
| | $n=5$ | $n=8$ | $n=10$ | $m=50$ | $m=200$ | $m=500$ |
| 例 5.1 | 0.0068 | 0.0073 | 0.0073 | 0.0073 | 0.0073 | 0.0077 |
| 例 5.2 | 0.0057 | 0.0059 | 0.0065 | 0.0063 | 0.0063 | 0.0064 |
| 例 5.3 | 0.0056 | 0.0059 | 0.0061 | 0.0060 | 0.0062 | 0.0068 |
| 例 5.4 | 0.0037 | 0.0040 | 0.0040 | 0.0041 | 0.0042 | 0.0048 |

续表

| 参数 | $m=100$ | | | $n=10$ | | |
|---|---|---|---|---|---|---|
| | $n=5$ | $n=8$ | $n=10$ | $m=50$ | $m=200$ | $m=500$ |
| 例 5.5 | 0.0060 | 0.0063 | 0.0066 | 0.0063 | 0.0064 | 0.0071 |
| 例 5.6 | 0.0056 | 0.0063 | 0.0062 | 0.0062 | 0.0061 | 0.0067 |
| 例 5.7 | 0.0058 | 0.0059 | 0.0062 | 0.0060 | 0.0063 | 0.0067 |
| 例 5.8 | 0.0057 | 0.0060 | 0.0061 | 0.0060 | 0.0062 | 0.0075 |
| 例 5.9 | 0.0120 | 0.0121 | 0.0121 | 0.0122 | 0.0124 | 0.0132 |
| 例 5.10 | 0.0118 | 0.0112 | 0.0114 | 0.0113 | 0.0117 | 0.0123 |
| 例 5.11 | 0.0025 | 0.0030 | 0.0037 | 0.0033 | 0.0049 | 0.0082 |

**表 5.3　测试例子在不同参数下的平均绝对偏差**

| 参数 | | $m=100$ | | | $n=10$ | | |
|---|---|---|---|---|---|---|---|
| | | $n=5$ | $n=8$ | $n=10$ | $m=50$ | $m=200$ | $m=500$ |
| 例 5.1 | | $2.179822\times10^{-4}$ | $1.124613\times10^{-7}$ | $6.070510\times10^{-8}$ | $1.594745\times10^{-8}$ | $3.258493\times10^{-8}$ | $1.893462\times10^{-8}$ |
| 例 5.2 | | $2.898579\times10^{-5}$ | $8.788694\times10^{-9}$ | $1.654316\times10^{-10}$ | $2.375011\times10^{-11}$ | $8.614644\times10^{-11}$ | $5.764976\times10^{-11}$ |
| 例 5.3 | | $2.651596\times10^{-4}$ | $1.352667\times10^{-6}$ | $2.191930\times10^{-8}$ | $2.476702\times10^{-8}$ | $2.041171\times10^{-8}$ | $1.950112\times10^{-8}$ |
| 例 5.4 | | $1.365455\times10^{-15}$ | $8.406017\times10^{-14}$ | $2.180178\times10^{-12}$ | $9.360722\times10^{-13}$ | $3.139500\times10^{-12}$ | $5.474343\times10^{-12}$ |
| 例 5.5 | | $4.048192\times10^{-15}$ | $1.721054\times10^{-14}$ | $1.911390\times10^{-13}$ | $1.914236\times10^{-13}$ | $2.815815\times10^{-13}$ | $3.639675\times10^{-13}$ |
| 例 5.6 | | $1.785691\times10^{-6}$ | $3.153652\times10^{-9}$ | $6.852182\times10^{-12}$ | $4.679648\times10^{-12}$ | $1.464149\times10^{-11}$ | $1.074478\times10^{-11}$ |
| 例 5.7 | | $1.535907\times10^{-5}$ | $2.385380\times10^{-11}$ | $1.783986\times10^{-13}$ | $8.363132\times10^{-14}$ | $9.388591\times10^{-14}$ | $3.149325\times10^{-13}$ |
| 例 5.8 | | $9.719036\times10^{-4}$ | $1.792439\times10^{-8}$ | $8.837987\times10^{-11}$ | $1.108446\times10^{-10}$ | $9.767964\times10^{-11}$ | $1.867956\times10^{-10}$ |
| 例 5.9 | $y_1$ | $1.198037\times10^{-8}$ | $2.726976\times10^{-11}$ | $2.726976\times10^{-11}$ | $4.126236\times10^{-11}$ | $3.043601\times10^{-11}$ | $2.383795\times10^{-11}$ |
| | $y_2$ | $2.137740\times10^{-8}$ | $4.481164\times10^{-11}$ | $4.481164\times10^{-11}$ | $1.151830\times10^{-10}$ | $4.740707\times10^{-11}$ | $1.311124\times10^{-11}$ |
| 例 5.10 | $y_1$ | $7.071364\times10^{-12}$ | $2.296702\times10^{-12}$ | $2.296702\times10^{-12}$ | $2.432451\times10^{-12}$ | $2.747277\times10^{-12}$ | $1.456190\times10^{-12}$ |
| | $y_2$ | $3.228814\times10^{-11}$ | $1.792269\times10^{-12}$ | $1.792269\times10^{-12}$ | $8.192227\times10^{-13}$ | $6.997846\times10^{-12}$ | $5.358554\times10^{-12}$ |
| 例 5.11 | | $5.861896\times10^{-2}$ | $2.837823\times10^{-3}$ | $1.038392\times10^{-2}$ | $2.361003\times10^{-2}$ | $1.044330\times10^{-2}$ | $1.047949\times10^{-2}$ |

2. 比较分析

本部分主要对新方法与传统方法及文献中提出的方法进行比较研究，以验证新方法的优势。首先与一些传统方法进行了比较。

对例 5.1～例 5.4，分别采用欧拉法、Suen 三阶龙格-库塔法(Suen third-order Runge-Kutta，Suen-R-K3)、经典四阶龙格-库塔方法(fourth-order Runge-Kutta，R-K4)、基于梯度下降(gradient descent)算法，及改进极限学习机算法的余弦基函数神经网络方法(CNN)进行数值实验，表 5.4 和表 5.5 中列出了所有实验结果，表明 LNN 方法计算精度高，计算速度快。表 5.6 给出了各方法的实验参数。

**表 5.4　一阶 ODE 在几种方法时的平均绝对偏差**

| ODE | EM | Suen-R-K3 | R-K4 | CNN(GD) | CNN(IELM) | LNN |
|---|---|---|---|---|---|---|
| 例 5.1 | 0.009438 | $7.199659\times10^{-8}$ | $3.516257\times10^{-11}$ | $3.038010\times10^{-4}$ | 0.018023 | $6.070510\times10^{-8}$ |
| 例 5.2 | 0.006143 | $2.556570\times10^{-8}$ | $2.508454\times10^{-11}$ | $5.306315\times10^{-4}$ | 0.010317 | $1.654316\times10^{-10}$ |
| 例 5.3 | 0.003830 | $6.992166\times10^{-8}$ | $4.140991\times10^{-10}$ | $2.502357\times10^{-4}$ | 0.007621 | $2.191930\times10^{-8}$ |
| 例 5.4 | 0.005874 | $4.650619\times10^{-9}$ | $2.364301\times10^{-11}$ | $2.463780\times10^{-4}$ | 0.010018 | $2.180179\times10^{-12}$ |

**表 5.5　一阶 ODE 在几种方法时的计算时间**

| ODE | EM | Suen-R-K3 | R-K4 | CNN(GD) | CNN(IELM) | LNN |
|---|---|---|---|---|---|---|
| 例 5.1 | 1.4122 | 4.3523 | 5.7430 | 57.2749 | 0.0311 | 0.0056 |
| 例 5.2 | 1.4694 | 4.1127 | 5.8199 | 3.6168 | 0.0315 | 0.0106 |
| 例 5.3 | 1.3024 | 3.9871 | 5.2435 | 75.1474 | 0.0268 | 0.0063 |
| 例 5.4 | 1.2431 | 3.9994 | 5.3399 | 46.1268 | 0.0272 | 0.0043 |

**表 5.6　不同方法的参数值**

| 算法 | 神经元($n$) | 样本($m$) | 迭代次数 | 误差和($\varepsilon$) | 动量因子($\lambda$) |
|---|---|---|---|---|---|
| EM | — | 100 | 100 | — | — |
| Suen-R-K3 | — | 100 | 100 | — | — |
| R-K4 | — | 100 | 100 | — | — |
| CNN(GD) | 10 | 100 | — | 0.01 | 0.5 |
| CNN(IELM) | 10 | 100 | — | — | — |
| LNN | 10 | 100 | — | — | — |

分别采用打靶法(shooting method，SM)、差分法(difference method，DM)、CNN(IELM)方法对例 5.5～例 5.8 进行了数值实验，实验中的样本点为 100，网络中的神经元为 10，表 5.7 和表 5.8 给出平均绝对偏差及计算时间。可知 LNN 方法计算精度高，计算速度和差分法区别不大，比 CNN (IELM)方法速度快。

**表 5.7　二阶 ODE 在几种方法时的平均绝对偏差**

| ODE | SM | DM | CNN(IELM) | LNN |
|---|---|---|---|---|
| 例 5.5 | $3.630769\times10^{-10}$ | $1.838151\times10^{-5}$ | 0.004091 | $1.911390\times10^{-13}$ |
| 例 5.6 | $5.590491\times10^{-11}$ | $1.046468\times10^{-5}$ | 0.004280 | $6.852182\times10^{-12}$ |
| 例 5.7 | $1.794887\times10^{-11}$ | $1.282581\times10^{-6}$ | 0.003461 | $1.783986\times10^{-13}$ |
| 例 5.8 | $1.110794\times10^{-9}$ | $1.439213\times10^{-5}$ | 0.001528 | $8.837987\times10^{-11}$ |

**表 5.8　二阶 ODE 在几种方法时的计算时间**

| ODE | SM | DM | CNN(IELM) | LNN |
|---|---|---|---|---|
| 例 5.5 | 0.0375 | 0.0060 | 0.0299 | 0.0064 |
| 例 5.6 | 0.0365 | 0.0052 | 0.0330 | 0.0056 |
| 例 5.7 | 0.0372 | 0.0051 | 0.0339 | 0.0057 |
| 例 5.8 | 0.0371 | 0.0051 | 0.0294 | 0.0059 |

对两个常微分方程组问题(例 5.9 和例 5.10)，分别采用 EM、R-K4、CNN(IELM)等方法计算了 100 个样本点，神经网络方法的神经元为 10。表 5.9 和表 5.10 表示实验结果。可知 LNN 方法计算精度高，计算速度与差分法相差不大，比 CNN (IELM)方法速度快。

**表 5.9　SODE 在几种方法时的平均绝对偏差**

| SODE | | EM | R-K4 | CNN(IELM) | LNN |
|---|---|---|---|---|---|
| 例 5.9 | $y_1(x)$ | 0.018838 | $2.247437\times10^{-10}$ | 0.005677 | $2.726976\times10^{-11}$ |
| | $y_2(x)$ | 0.046376 | $5.494596\times10^{-10}$ | 0.021612 | $4.481164\times10^{-11}$ |
| 例 5.10 | $y_1(x)$ | 0.001791 | $1.411037\times10^{-10}$ | 0.003651 | $2.296702\times10^{-12}$ |
| | $y_2(x)$ | 0.001202 | $1.041297\times10^{-10}$ | 0.006159 | $1.792269\times10^{-12}$ |

**表 5.10　SODE 在几种方法时的计算时间**

| SODE | EM | R-K4 | CNN(IELM) | LNN |
|---|---|---|---|---|
| 例 5.9 | 0.0155 | 0.0144 | 0.1182 | 0.0107 |
| 例 5.10 | 0.0133 | 0.0140 | 0.1188 | 0.0104 |

表 5.5 中的计算时间为 30 次的平均值，表 5.8 和表 5.10 中的计算时间为 100 次的平均值。

通过与传统方法的比较，很容易证明新方法在计算精度及速度方面的优势。为了进一步证明新方法的优势，与文献中提出的方法进行比较。下面给出三个常微分方程边值问题来测试新方法。

**例 5.12**　该例来自文献[58]。

$$\begin{cases} y' = y - x^2 + 1 \\ y(0) = 0.5 \end{cases}$$

定义域为 $x \in [0,2]$，精确解为 $y(x) = (x+1)^2 - 0.5\mathrm{e}^x$。

实验中的样本点为 $m = 10$，结果如图 5.9(a)所示。通过比较，文献[58]中 BeNN 方法(详见 5.8 节)的误差最大值为 $2.7 \times 10^{-3}$，LNN 方法的误差最大值为 $4.9 \times 10^{-10}$。从图 5.9(a)中很容易看出，LNN 方法的计算精度高于其他方法，验证了新方法的优势。

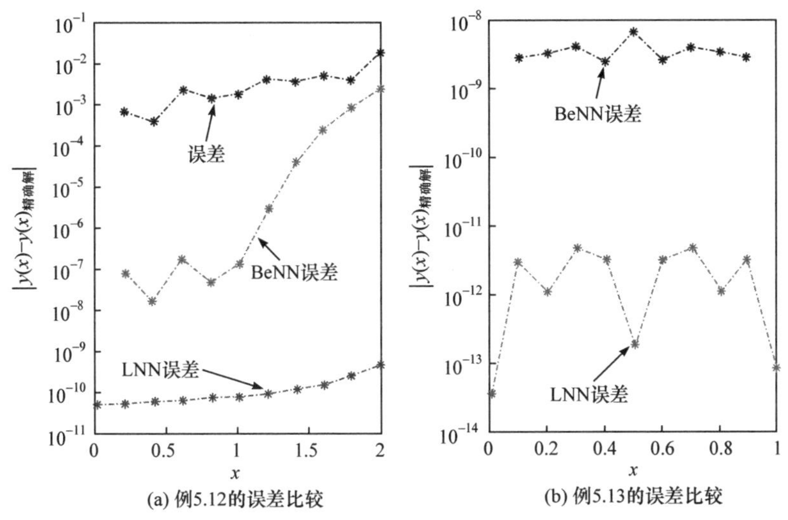


图 5.9　例 5.12 与例 5.13 的误差比较

**例 5.13**　该微分方程问题选自文献[59]。

$$\begin{cases} y'' + y = 2 \\ y(0) = 1, \quad y(1) = 0 \end{cases}$$

该问题的精确解为

$$y(x) = \frac{\cos 1 - 2}{\sin 1}\sin x - \cos x + 2, \quad x \in [0,1]$$

实验中的样本点为$m=10$，结果如图 5.9(b)所示。通过比较，文献[60]中提出的 BeNN 方法的误差最大值为$7.3\times10^{-9}$，LNN 方法的误差最大值为$5.2\times10^{-12}$。从图 5.9(b)很容易得出，LNN 方法的计算精度高于 BeNN 方法。样本点为$m=50$时，文献中的方法误差最大值为$3.5\times10^{-2}$，LNN 方法的误差最大值可达$2.4\times10^{-13}$，这验证了 LNN 方法的优势。

**例 5.14**　该常微分方程组选自文献[61]。

$$\begin{cases} y_1'=\cos x,\quad y_1(0)=0 \\ y_2'=-y_1,\quad y_2(0)=1 \\ y_3'=y_2,\quad y_3(0)=0 \\ y_4'=-y_3,\quad y_4(0)=1 \\ y_5'=y_4,\quad y_5(0)=0 \end{cases}$$

该问题的精确解为

$$y_1(x)=\sin x,\quad y_2(x)=\cos x,\quad y_3(x)=\sin x$$
$$y_4(x)=\cos x,\quad y_5(x)=\sin x,\quad x\in[0,1]$$

如图 5.10 和图 5.11 所示，样本为$m=10$，神经元为$n=9$。通过与文献[61]的结果及文献[60]提出的 BeNN 方法的数值解进行比较，文献中方法的误差最大值分别为$2.3\times10^{-5}$和$6.8\times10^{-8}$，而采用 LNN 及 IELM 算法的误差最大值为$4.0\times10^{-12}$，验证了新方法的优势。

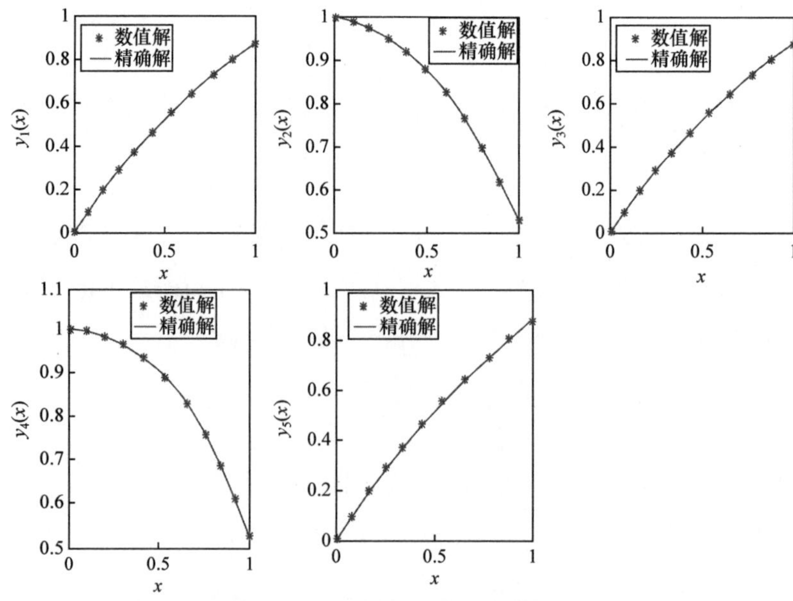


图 5.10　例 5.14 精确解与数值解比较

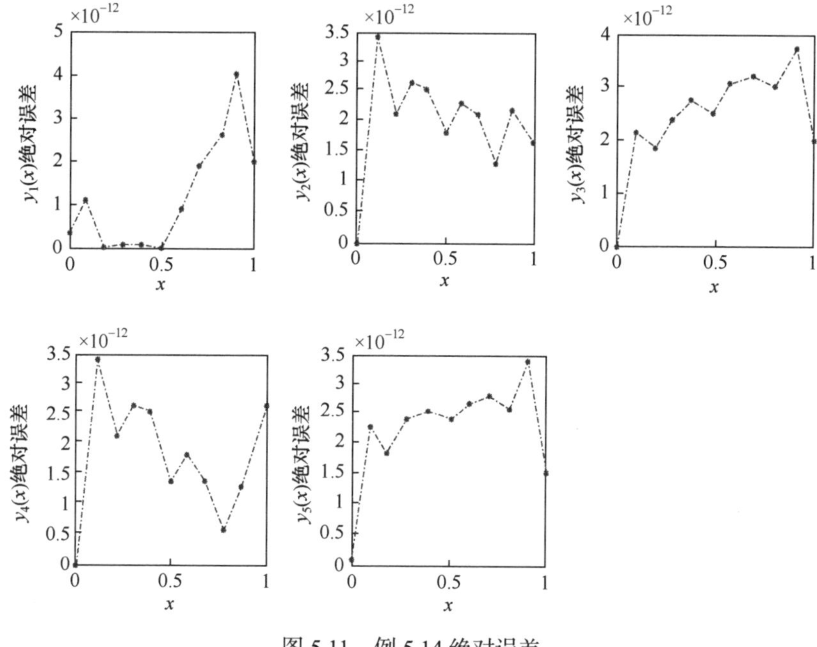


图 5.11　例 5.14 绝对误差

3. 经典 Emden-Fowler 方程

科学和工程中的很多问题可以用 Emden-Fowler 方程建模，Emden-Fowler 方程数值解问题引起了很多研究人员的兴趣。我们将采用 LNN 神经网络和 IELM 算法求解经典 Emden-Fowler 方程。

**例 5.15**　考虑如下选取自文献[62]的经典 Emden-Fowler 方程：

$$\begin{cases} y'' + \dfrac{2}{x}y' + 2y = 0 \\ y(0) = 1, \quad y'(0) = 0 \end{cases}$$

该问题的精确解为 $y = \dfrac{\sin(\sqrt{2}x)}{\sqrt{2}x}, x \in [0,1]$。

这里，选取区间[0,1]上的 11 个等距样本及 12 个神经元来训练 Legendre 神经网络。图 5.12 给出数值解与精确解的比较，以及每个样本点的绝对误差。表 5.11 更直观地展示了数值解与精确解。

**表 5.11　精确解、数值解及绝对误差**

| $x_k$ | 精确解 | LNN 解 | 绝对误差 |
|---|---|---|---|
| 0 | 1 | 1 | 0 |
| 0.1 | 0.9966699984131 | 0.9966699984129 | $1.8\times10^{-13}$ |

续表

| $x_k$ | 精确解 | LNN 解 | 绝对误差 |
|---|---|---|---|
| 0.2 | 0.9867198985254 | 0.9867198985252 | $2.2\times10^{-13}$ |
| 0.3 | 0.9702688457452 | 0.9702688457450 | $2.3\times10^{-13}$ |
| 0.4 | 0.9475135272247 | 0.9475135272245 | $2.3\times10^{-13}$ |
| 0.5 | 0.9187253698655 | 0.9187253698653 | $2.3\times10^{-13}$ |
| 0.6 | 0.8842466786034 | 0.8842466786032 | $2.2\times10^{-13}$ |
| 0.7 | 0.8444857748514 | 0.8444857748511 | $2.2\times10^{-13}$ |
| 0.8 | 0.7999112103978 | 0.7999112103976 | $2.1\times10^{-13}$ |
| 0.9 | 0.7510451462491 | 0.7510451462489 | $2.0\times10^{-13}$ |
| 1 | 0.6984559986366 | 0.6984559986364 | $1.8\times10^{-13}$ |

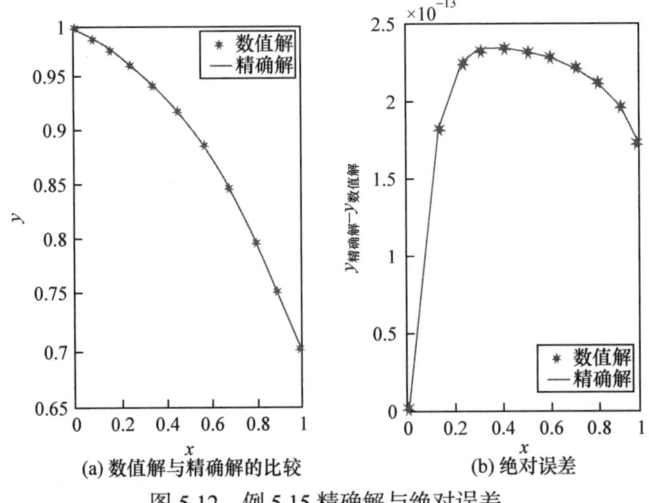


(a) 数值解与精确解的比较　(b) 绝对误差

图 5.12　例 5.15 精确解与绝对误差

### 5.1.7　小结

5.1 节主要介绍了采用 Legendre 神经网络求解几种类型的线性或非线性 ODE。选择 Legendre 多项式作为隐含层基函数构造神经网络模型，采用 IELM 算法训练代数方程中的网络权值，收敛性分析验证了该方法是可行的。通过一系列数值实验，并将数值解与精确解进行比较，证明了该方法的精确性。通过比较研究发现，该方法比一些传统数值方法或者文献中提出的方法更具优势。同时，将该方法应用到经典 Emden-Fowler 方程的数值解中，进一步验证了该方法是可行的。通过研究发现，采用 Legendre 神经网络和 IELM 算法求解 ODE 直观、简单、易于实现，且计算精度较高。

## 5.2　基于分块三角基函数神经网络和 IELM 算法的偏微分方程数值解法

### 5.2.1　引言

长期以来，偏微分方程的数值解问题引起了数值计算研究者的兴趣。偏微分方程数值解的经典方法包括有限元法、有限差分法等，并由此衍生出很多其他算法。这些算法通常基于对时空的网格剖分、微分方程中的导数替换等。它们在求解微分方程时通常有以下缺点：数值解的计算精度依赖于网格剖分，只能通过网格细化来改进。但是这种情况下，计算所需时间快速增加；另外，这些方法对精确解的逼近效果很好，但是对导数的逼近能力通常不是那么令人满意。而且，对具有复杂边界条件的实际问题的建模和求解依然面临很多困难。由于在很多科学和工程计算中，偏微分方程的数值解问题是不可避免的，本章提出分块三角基函数神经网络(B-TBNN)方法和 IELM 算法来求解几类偏微分方程。

基于网络结构的设计、隐含层基函数选取和权值训练算法，产生了很多求解微分方程的神经网络方法。McFall[63]提出采用神经网络方法求解微分方程边值问题(boundary value problem，BVP)。Shirvany 等[64]和 Yadav 等[65]进一步采用神经网络方法求解非线性薛定谔方法和椭圆边值问题。构造神经网络[60]、耦合神经网络[66]、多层感知器网络[67]，以及 IRBF 网络[68]等的提出为求解不同类型的微分方程问题的数值解提供了方法。各种类型的权值训练算法如：Beidokhti 等[69]提出的优化算法，Tsoulos 等[70]提出的语法进化算法，以及 Yadav 等[71]提出的粒子群优化算法等，都曾应用于网络权值训练。Kumar 等[72]将神经网络方法应用于梁柱屈曲的实际问题分析中。更多的研究成果，可以参考文献[73]～[76]。

Leshno 等[77]于 1993 年证明具有非多项式隐含层基函数的神经网络的通用逼近能力。Costarelli 等[78]给出多元神经网络逼近定理。根据神经网络的通用逼近能力，Huang 在 2006 年首次提出了极限学习机(ELM)算法用来求解网络权值。后来，增量极限学习机(increment-extreme learning machine，I-ELM)[79]、凸增量极限学习机(convex increment-extreme learning machine，CI-ELM)[80]、增强型增量极限学习机(enhanced increment-extreme learning machine，EI-ELM)[36]相继被提出。极限学习机算法也被应用到分类和回归问题的处理中[81]。最近，为减少输出矩阵不可逆时的计算误差，获得好的泛化特性，Wong 等[82]将核学习机集成到极限学习机，该方法称为核极限学习机(kernel-extreme learning machine，K-ELM)。

基于 ELM 算法在求解网络权值时的准确快速特性，采用三角基函数神经网络和 IELM 算法，我们已经成功地解决了破产概率连续时间模型和无损双导体传输线方程的数值求解问题。由于偏微分方程问题的数值计算意义重大，下面将详细介绍分块三角基函数神经网络和 IELM 算法在求解几类偏微分方程中的应用。

### 5.2.2 问题表述

1. 一维问题

对于一维问题，我们考虑如下两种类型的微分方程问题。

**案例 I**：两点边值问题。

两点边值问题的一般形式为

$$u''(x)+p(x)u'(x)+q(x)u(x)=f(x),\quad x\in(a,b) \tag{5.27}$$

$$u(a)=\alpha_1,\quad x=a \tag{5.28}$$

$$u(b)=\alpha_2,\quad x=b \tag{5.29}$$

其中，$p(x)$、$q(x)$ 和方程右侧的 $f(x)$ 为区间 $[a,b]$ 上的未知函数。式(5.27)～式(5.29)称作区间 $[a,b]$ 上的两点边值问题。

**案例 II**：非光滑边值问题。

考虑如下非光滑边值问题：

$$\alpha u''(x)+\beta u'(x)+\gamma u(x)=f(x),\quad x\in[a,b] \tag{5.30}$$

这里，$x\in[a,b]$ 为奇异点，假定 $\alpha(x)$、$\beta(x)$、$\gamma(x)$ 和方程右侧的 $f(x)$ 为区间 $[a,b]$ 上的未知函数，可能在 $x_s$ 处不连续，且 $f(x)=f_1(x),x\in[a,x_s]$，$f(x)=f_2(x),x\in[x_s,b]$。在这种情况下，解析解 $u(x)$ 是连续的，但是其导数不连续。

根据两种不同类型的边界条件，问题(5.30)可以分成两类，称为非光滑 $\mathrm{BVP}_{\mathrm{I}}$ 和非光滑 $\mathrm{BVP}_{\mathrm{II}}$：

$$\text{(I)}\quad -u(a)=\alpha_1,\ [u]_s=u\left(x_s^+\right)-u\left(s_s^-\right)=0,\ u'\left(x_s^-\right)=\delta_1,u'(n)=\beta_1 \tag{5.31}$$

$$\text{(II)}\quad -u(a)=\alpha_1,\ u(b)=\alpha_2,\ [u]_s=0,u'\left(x_s^-\right)=\delta_1,\ [u']_s=u'\left(x_s^+\right)-\delta_1=\delta \tag{5.32}$$

2. 二维问题

一般地，线性二阶 PDE 形式如下：

$$-\sum_{i,j=1}^{2}\frac{\partial}{\partial x_j}\left(a_{ij}(x)\frac{\partial u}{\partial x_i}\right)+\sum_{i=1}^{2}b_i(x)\frac{\partial u}{\partial x_i}+c(x)u=f(x),\quad x\in\Omega \tag{5.33}$$

其中，系数 $a_{ij} \in C^1(\bar{\Omega})(i,j=1,2)$ ，$b_i \in C(\bar{\Omega})(i=1,2)$，$c \in C(\bar{\Omega})$，$f \in C(\bar{\Omega})$。问题(5.33)通常具有如下形式的边界条件：

$$u = g, \quad x \in \partial\boldsymbol{\Omega} \tag{5.34}$$

$$\frac{\partial u}{\partial \boldsymbol{n}} = g, \quad x \in \partial\boldsymbol{\Omega} \tag{5.35}$$

$$\frac{\partial u}{\partial \boldsymbol{n}} + \sigma u = g, \quad x \in \partial\boldsymbol{\Omega} \tag{5.36}$$

$$\sum_{i,j=1}^{2} a_{ij} \frac{\partial u}{\partial x_i} \cos\alpha_j + \sigma(x) u = g, \quad x \in \partial\boldsymbol{\Omega} \tag{5.37}$$

这里，$\boldsymbol{n}$ 为单位外法向量，$\alpha_j$ 为 $\boldsymbol{n}$ 与 $x_j$ 轴之间的角度。

### 5.2.3 求解 PDE 的分块三角基函数神经网络方法

1. 对上述问题的逼近

三角基函数神经网络由三层组成：输入层、三角基函数隐含层及输出层。对于上述不同问题，三角基函数神经网络的输出可表示如下。

对于一维问题案例 I：

$$\hat{u}(x) = \sum_{i=1}^{N} \omega_i \left(c_i(x) + s_i(x)\right) \tag{5.38}$$

其中，$\omega_i$ 为隐含层到输出层权值；隐含层基函数 $c_i(x)$、$s_i(x)$ 为三角函数定义如下：

$$c_i(x) = \cos(a_i x + b_i), \quad s_i(x) = \sin(a_i x + b_i) \tag{5.39}$$

对于一维问题案例 II：

假定区间 $[a,b]$ 只有一个奇异值 $x_s$，在区间 $[a,x_s]$ 和区间 $[x_s,b]$ 上采用如下分块三角基函数神经网络：

$$\hat{u}_1(x) = \sum_{i=1}^{N_1} \omega_i^1 \left(c_i(x) + s_i(x)\right), \quad [a,x_s] \tag{5.40}$$

$$\hat{u}_2(x) = \sum_{i=1}^{N_2} \omega_i^2 \left(c_i(x) + s_i(x)\right), \quad [x_s,b] \tag{5.41}$$

其中，$\omega_i^l(l=1,2)$ 表示各分块网络隐含层到输出层权值；$c_i(x)$、$s_i(x)$ 如式(5.40)所示。对在给定区间上有多个奇异值点的非光滑 PDE，可以通过增加网络分块的数量来构造近似解。

对二维问题：

$$\hat{u}(x_1,x_2)=\sum_{i=1}^{N}\sum_{j=1}^{M}\omega_{ij}c_{ij}(x_1,x_2) \tag{5.42}$$

其中，$\omega_{ij}$ 表示隐含层到输出层权值；隐含层基函数 $c_{ij}(x_1,x_2)$ 为如下形式的三角函数：

$$c_{ij}(x_1,x_2)=\cos\left(a_i x_1+b_i+a_j x_2+b_j\right) \tag{5.43}$$

将近似解代入 5.1.3 节的问题中，可得如下关于网络权值的线性方程组：

$$\boldsymbol{H\beta}=\boldsymbol{T} \tag{5.44}$$

其中，矩阵 $\boldsymbol{H}$ 和矩阵 $\boldsymbol{T}$ 均为已知矩阵，$\boldsymbol{\beta}$ 为待求解的权值向量。

2. 求解 PDE 的分块三角基函数神经网络方法

由微分方程的近似解 $\hat{u}$，可得近似解的导数。对式(5.38)，可计算其导数表达式如下：

$$\frac{\partial\hat{u}}{\partial x}=\sum_{i=1}^{N}\omega_i h_i(x) \tag{5.45}$$

$$\frac{\partial^2\hat{u}}{\partial x^2}=\sum_{i=1}^{N}\omega_i \tilde{h}_i(x) \tag{5.46}$$

其中

$$h_i(x)=\frac{\partial}{\partial x}\left(c_i(x)+s_i(x)\right)=a_i\left(c_i(x)-s_i(x)\right) \tag{5.47}$$

$$\tilde{h}_i(x)=\frac{\partial h_i(x)}{\partial x}=-a_i^2\left(c_i(x)+s_i(x)\right) \tag{5.48}$$

将式(5.45)～式(5.48)代入一维问题(5.27)～(5.29)，并考虑边界条件，可得关于权值 $\omega_i$ 的方程组：

$$\begin{bmatrix}\tilde{\boldsymbol{h}}(x)+p(x)\boldsymbol{h}(x)+q(x)\left(\boldsymbol{c}(x)+\boldsymbol{s}(x)\right)\\ \boldsymbol{c}(a)+\boldsymbol{s}(a)\\ \boldsymbol{c}(b)+\boldsymbol{s}(b)\end{bmatrix}\begin{bmatrix}\omega_1\\ \vdots\\ \omega_N\end{bmatrix}=\begin{bmatrix}f(x)\\ \alpha_1\\ \alpha_2\end{bmatrix} \tag{5.49}$$

式(5.49)也可以表示成矩阵形式 $\boldsymbol{H\beta}=\boldsymbol{T}$，这里 $\tilde{\boldsymbol{h}}(x)=\left[\tilde{h}_1(x),\cdots,\tilde{h}_N(x)\right]$，$\boldsymbol{h}(x)=\left[h_1(x),\cdots,h_N(x)\right]$，$\boldsymbol{c}(x)+\boldsymbol{s}(x)=\left[c_1(x)+s_1(x),\cdots,c_N(x)+s_N(x)\right]$。

对于式(5.40)和式(5.41)，近似解的导数为

$$\frac{\partial\hat{u}_1}{\partial x}=\sum_{i=1}^{N_1}\omega_i^1 h_i^1(x) \tag{5.50}$$

$$\frac{\partial^2 \hat{u}_1}{\partial x^2} = \sum_{i=1}^{N_1} \omega_i^1 \tilde{h}_i^1(x) \tag{5.51}$$

$$\frac{\partial \hat{u}_2}{\partial x} = \sum_{i=1}^{N_2} \omega_i^2 h_i^2(x) \tag{5.52}$$

$$\frac{\partial^2 \hat{u}_2}{\partial x^2} = \sum_{i=1}^{N_2} \omega_i^2 \tilde{h}_i^2(x) \tag{5.53}$$

其中，$h_i^k(x)$、$\tilde{h}_i^k(x)(k=1,2)$ 如式(5.47)和式(5.48)，考虑非光滑 $\text{BVP}_\text{I}$ 问题，将式(5.50)～式(5.53)代入式(5.30)和式(5.31)，可得

$$\begin{bmatrix} \alpha\tilde{\boldsymbol{h}}^1(x)+\beta\tilde{\boldsymbol{h}}^1(x)+\gamma\left(\boldsymbol{c}^1(x)+\boldsymbol{s}^1(x)\right) \\ \boldsymbol{c}^1(a)+\boldsymbol{s}^1(a) \\ \boldsymbol{c}^1(x_s)+\boldsymbol{s}^1(x_s) \\ \boldsymbol{h}^1(x_s) \\ \alpha\tilde{\boldsymbol{h}}^2(x)+\beta\tilde{\boldsymbol{h}}^2(x)+\gamma\left(\boldsymbol{c}^2(x)+\boldsymbol{s}^2(x)\right) \\ \boldsymbol{c}^2(x_s)+\boldsymbol{s}^2(x_s) \\ \boldsymbol{h}^2(b) \end{bmatrix} \begin{bmatrix} \omega_1^1 \\ \omega_2^2 \\ \vdots \\ \omega_{N_1}^1 \\ \omega_1^2 \\ \vdots \\ \omega_{N_2}^2 \end{bmatrix} = \begin{bmatrix} f_1(x) \\ \alpha_1 \\ \alpha_2 \\ \delta_1 \\ f_2(x) \\ \alpha_2 \\ \beta_1 \end{bmatrix} \tag{5.54}$$

此时可得关于网络权值的代数方程组 $\boldsymbol{H\beta}=\boldsymbol{T}$，其中

$$\tilde{\boldsymbol{h}}^i(x)=\left[\tilde{h}_1(x),\cdots,\tilde{h}_{N_i}(x)\right],\quad \boldsymbol{h}^i(x)=\left[h_1(x),\cdots,h_{N_i}(x)\right],$$

$$\boldsymbol{c}^i(x)+\boldsymbol{s}^i(x)=\left[c_1(x)+s_1(x),\cdots,c_{N_i}(x)+s_{N_i}(x)\right],\quad i=1,2$$

最后，二维问题的近似解的导数计算，由式(5.43)可得

$$\frac{\partial \hat{u}}{\partial x_1} = \sum_{i=1}^{N}\sum_{j=1}^{M} \omega_{ij} h_{ij}^1(x_1,x_2) \tag{5.55}$$

$$\frac{\partial^2 \hat{u}}{\partial x_1^2} = \sum_{i=1}^{N}\sum_{j=1}^{M} \omega_{ij} \tilde{h}_{ij}^1(x_1,x_2) \tag{5.56}$$

$$\frac{\partial \hat{u}}{\partial x_2} = \sum_{i=1}^{N}\sum_{j=1}^{M} \omega_{ij} h_{ij}^2(x_1,x_2) \tag{5.57}$$

$$\frac{\partial^2 \hat{u}}{\partial x_2^2} = \sum_{i=1}^{N}\sum_{j=1}^{M} \omega_{ij} \tilde{h}_{ij}^2(x_1,x_2) \tag{5.58}$$

这里

$$h_{ij}^1(x_1,x_2) = \frac{\partial}{\partial x_1}\left(c_{ij}(x_1,x_2)\right) = -a_i s_{ij}(x_1,x_2) \tag{5.59}$$

$$\tilde{h}_{ij}^1\left(x_1,x_2\right)=\frac{\partial h_{ij}^1}{\partial x_1}=-a_i^2c_{ij}\left(x_1,x_2\right) \tag{5.60}$$

$$h_{ij}^2\left(x_1,x_2\right)=\frac{\partial}{\partial x_2}\left(c_{ij}\left(x_1,x_2\right)\right)=-a_js_{ij}\left(x_1,x_2\right) \tag{5.61}$$

$$\tilde{h}_{ij}^2\left(x_1,x_2\right)=\frac{\partial h_{ij}^2}{\partial x_2}=-a_j^2c_{ij}\left(x_1,x_2\right) \tag{5.62}$$

且

$$s_{ij}\left(x_1,x_2\right)=\sin\left(a_ix_1+b_i+a_jx_2+b_j\right) \tag{5.63}$$

简单起见， 考虑如下椭圆型 PDE：

$$\Delta u=\frac{\partial^2u}{\partial x_1^2}+\frac{\partial^2u}{\partial x_2^1}=f\left(x_1,x_2\right),\quad x\in D \tag{5.64}$$

$$u\left(x_1,0\right)=g\left(x_1\right),\quad x\in\partial D \tag{5.65}$$

$$\frac{\partial u\left(0,x_2\right)}{\partial x_1}=\alpha u\left(0,x_2\right)+\mu\left(x_2\right),\quad x\in\partial D \tag{5.66}$$

$$\frac{\partial u\left(a,x_2\right)}{\partial x_1}=\beta u\left(a,x_2\right)+\upsilon\left(x_2\right),\quad x\in\partial D \tag{5.67}$$

其中，$f\left(x_1,x_2\right)$、$g\left(x_1\right)$、$\alpha$、$\beta$、$u\left(0,x_2\right)$、$u\left(a,x_2\right)$、$\mu\left(x_2\right)$、$\upsilon\left(x_2\right)$是已知函数，已知矩形区域 $D$ ： $D=\left\{(x,y)\middle|0<x<a,0<y<b\right\}$ ，且其边界为：$\partial D=\left\{(x,y)\middle|x=0,a,0\leqslant y\leqslant b;y=0,b,0\leqslant x\leqslant a\right\}$。将式(5.55)～式(5.63)代入式(5.64)～式(5.67)，可得

$$\begin{bmatrix}\tilde{\boldsymbol{h}}_{ij}^1\left(x_1,x_2\right)+\tilde{\boldsymbol{h}}_{ij}^2\left(x_1,x_2\right)\\ \boldsymbol{c}_{ij}\left(x_1,0\right)\\ \boldsymbol{h}_{ij}^1\left(0,x_2\right)\\ \boldsymbol{h}_{ij}^1\left(a,x_2\right)\end{bmatrix}\begin{bmatrix}\omega_{11}\\ \vdots\\ \omega_{1M}\\ \vdots\\ \omega_{2M}\\ \vdots\\ \omega_{NM}\end{bmatrix}=\begin{bmatrix}f\left(x_1,x_2\right)\\ g\left(x_1\right)\\ \alpha u\left(0,x_2\right)+\mu\left(x_2\right)\\ \beta u\left(a,x_2\right)+\upsilon\left(x_2\right)\end{bmatrix} \tag{5.68}$$

可得关于网络权值的代数方程组 $\boldsymbol{H\beta}=\boldsymbol{T}$ ，其中 $\tilde{\boldsymbol{h}}_{ij}^k=[h_{11}^k,\cdots h_{1M}^k,\cdots,h_{2M}^k,\cdots,h_{NM}^k](k=1,2)$，$\boldsymbol{c}_{ij}=[c_{11},\cdots,c_{1M},\cdots,c_{2M},\cdots,c_{NM}]$且$\boldsymbol{h}_{ij}^1=\left[h_{11}^1,\cdots h_{1M}^1,\cdots,h_{2M}^1,\cdots,h_{NM}^1\right]$。

一般地，通过三角基函数神经网络，可以构造 PDE 的近似解，将近似解及其导数代入微分方程问题中，可得关于网络权值的线性代数方程组，B-TBNN 网络模型如图 5.13 所示。

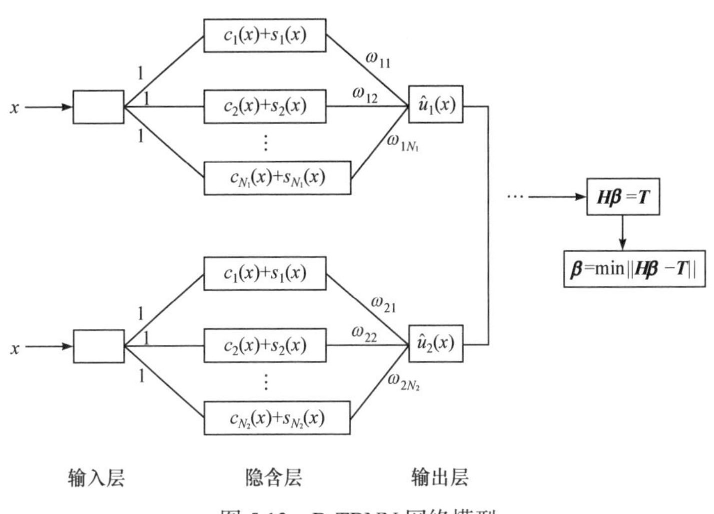


图 5.13　B-TBNN 网络模型

### 5.2.4　IELM 算法

**定理 5.5**　方程组 $\boldsymbol{H\beta}=\boldsymbol{T}$ 是可解的，且满足如下情形：

(1) 若矩阵 $\boldsymbol{H}$ 是方阵且可逆，则 $\boldsymbol{\beta}=\boldsymbol{H}^{-1}\boldsymbol{T}$；

(2) 若矩阵 $\boldsymbol{H}$ 是长方阵，则 $\boldsymbol{\beta}=\boldsymbol{H}^{\dagger}\boldsymbol{T}$，$\boldsymbol{\beta}$ 是 $\boldsymbol{H\beta}=\boldsymbol{T}$ 的极小最小二乘解，即 $\boldsymbol{\beta}=\operatorname{argmin}\|\boldsymbol{H\beta}-\boldsymbol{T}\|$。

(3) 若矩阵 $\boldsymbol{H}$ 是奇异矩阵，则 $\boldsymbol{\beta}=\boldsymbol{H}^{\dagger}\boldsymbol{T}$，且 $\boldsymbol{H}^{\dagger}=\boldsymbol{H}^{\mathrm{T}}\left(\lambda\boldsymbol{I}+\boldsymbol{HH}^{\mathrm{T}}\right)^{-1}$，$\lambda$ 为正则系数，其值视具体情况而定。

**证明**　定理的证明可参考矩阵分析理论中广义逆矩阵相关知识及文献[35]。这种求解方程组 $\boldsymbol{H\beta}=\boldsymbol{T}$ 的算法称为改进极限学习机算法。

采用三角基函数神经网络和 IELM 算法求解非光滑 $\mathrm{BVP_I}$ 问题的步骤如下：

**步骤 1**　采用三角基函数及 $(N_1+N_2)$ 隐含层神经元网络构造近似解 $\hat{u}_1(x)$、$\hat{u}_2(x)$；

**步骤 2**　将近似解及其导数代入微分方程问题中，可得关于网络权值的方程组 $\boldsymbol{H\beta}=\boldsymbol{T}$；

**步骤 3**　采用定理 5.5 给出的 IELM 算法求解方程组 $\boldsymbol{H\beta}=\boldsymbol{T}$，即

$$\boldsymbol{\beta}=\operatorname{argmin}\|\boldsymbol{H\beta}-\boldsymbol{T}\|$$

**步骤 4** 由前一步得出的权值，可得近似解 $\hat{u}_1(x)$、$\hat{u}_2(x)$。

图 5.14 给出采用 B-TBNN 方法构造近似解求解微分方程的流程。

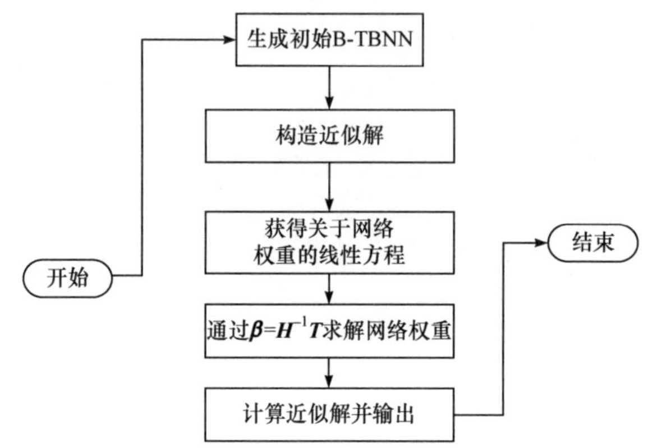


图 5.14 B-TBNN 方法流程

### 5.2.5 收敛性分析

本节通过定理 5.6 及证明来验证 B-TBNN 方法在求解微分方程问题时的可行性及收敛性。

**定理 5.6** 假定一阶微分方程的近似解由单隐含层神经网络给出如式(5.38)，那么近似解 $\hat{u}(x)$ 可以零误差逼近精确解 $u(x)$，即 $\|u(x)-\hat{u}(x)\|=0$。

**证明** 由 B-TBNN 方法，对于任意 $m$ 个不同的样本 $(\boldsymbol{x},\boldsymbol{u})$，且 $\boldsymbol{x}=[x_1,\cdots,x_m]^{\mathrm{T}}$，$\boldsymbol{u}=[u_1,\cdots,u_m]^{\mathrm{T}}$，式(5.38)可以改写为

$$\boldsymbol{A\omega}=\boldsymbol{u} \tag{5.69}$$

其中，矩阵 $\boldsymbol{A}$ 为网络输出矩阵，且

$$\boldsymbol{A}=\begin{bmatrix} c_1(x_1)+s_1(x_1) & \cdots & c_N(x_m)+s_N(x_m) \\ \vdots & & \vdots \\ c_1(x_m)+s_1(x_m) & \cdots & c_N(x_m)+s_N(x_m) \end{bmatrix} \tag{5.70}$$

考虑矩阵 $\boldsymbol{A}$ 的第 $i$ 列

$$\begin{aligned} \boldsymbol{c}(b_i)&=\left[c_i(x_1)+s_i(x_1),\cdots,c_i(x_m)+s_i(x_m)\right]^{\mathrm{T}} \\ &=\left[\cos(a_ix_1+b_i)+\sin(a_ix_1+b_i),\cdots,\cos(a_ix_m+b_i)+\sin(a_ix_m+b_i)\right]^{\mathrm{T}} \end{aligned} \tag{5.71}$$

$\boldsymbol{c}(b_i)\in\mathbf{R}^m$，假定 $b_i\in I$，$I$ 是 $\mathbf{R}$ 上的开区间。根据 Huang 等在文献[35]中的证明，可证列向量 $\boldsymbol{c}$ 的元素线性无关。假定 $a_i$ 随机生成，对任意的 $k\neq k'$，有 $a_ix_k\neq a_ix_{k'}$，假设 $\boldsymbol{c}$ 是 $m-1$ 维子空间，向量 $\boldsymbol{\alpha}$ 垂直于该子空间，可得

$$
\begin{aligned}
\left(\boldsymbol{\alpha},\boldsymbol{c}\left(b_i\right)-\boldsymbol{c}\left(a\right)\right)=\alpha_1\cdot\left(\cos\left(a_ix_1+b_i\right)+\sin\left(a_ix_1+b_i\right)\right)\\
+\alpha_2\cdot\left(\cos\left(a_ix_2+b_i\right)+\sin\left(a_ix_2+b_i\right)\right)+\cdots\\
+\alpha_m\cdot\left(\cos\left(a_ix_m+b_i\right)+\sin\left(a_ix_m+b_i\right)\right)-c=0
\end{aligned}
\tag{5.72}
$$

其中，$c=\boldsymbol{\alpha}\cdot\boldsymbol{c}\left(a\right)$。假定$\alpha_m\neq 0$，式(5.72) 可改写为

$$
\begin{aligned}
&\cos\left(a_ix_m+b_i\right)+\sin\left(a_ix_m+b_i\right)\\
&=-\sum_{k=1}^{m-1}\gamma_k\left(\cos\left(a_ix_k+b_i\right)+\sin\left(a_ix_k+b_i\right)\right)+c/\alpha_m
\end{aligned}
\tag{5.73}
$$

这里，$\gamma_k=\alpha_k/\alpha_m,k=1,\cdots,m-1$，由式(5.73)左侧函数的无限可微性，对式(5.73)两侧关于$b_i$求导，可得

$$
\begin{gathered}
\left(\cos\left(a_ix_m+b_i\right)+\sin\left(a_ix_m+b_i\right)\right)^{(l)}=-\sum_{k=1}^{m-1}\gamma_k\left(\cos\left(a_ix_k+b_i\right)+\sin\left(a_ix_k+b_i\right)\right)^{(l)}\\
l=1,\cdots,m,m+1,\cdots
\end{gathered}
\tag{5.74}
$$

可知，系数$\gamma_k$小于方程个数$l$，得出矛盾，向量$\boldsymbol{c}$属于$m$维子空间，即表明方程(5.70)的系数矩阵$\boldsymbol{A}$列满秩，定理 5.6 得证。

**定理 5.7** 假定二阶微分方程的近似解由单隐含层神经网络给出如式(5.42)，那么近似解$\hat{u}\left(x_1,x_2\right)$可以零误差逼近精确解$u\left(x_1,x_2\right)$，即$\|u\left(x_1,x_2\right)-\hat{u}\left(x_1,x_2\right)\|=0$。

**证明** 定理 5.7 的证明可以参考定理 5.6 的证明。

定理 5.6 与定理 5.7 表明采用 B-TBNN 方法构造微分方程问题的近似解是可行的，网络权值的计算可以采用 IELM 算法。

### 5.2.6 数值实验与比较分析

我们对一些一阶或二阶偏微分方程问题进行数值实验，来验证上述方案的可行性和有效性，通过与一些经典方法及最新研究成果进行比较，来验证新方法的优势。

使用最大绝对误差(maximum absolute error，MAE)和平均绝对偏差(MAD)来测量数值解的误差

$$
\mathrm{MAE}=\max\left(\varDelta_1,\varDelta_2,\cdots,\varDelta_m\right)\tag{5.75}
$$

$$
\mathrm{MAD}=\frac{1}{m}\left(\varDelta_1,\varDelta_2,\cdots,\varDelta_m\right)\tag{5.76}
$$

其中，$\varDelta_1,\varDelta_2,\cdots,\varDelta_m$为离散点处的绝对误差。

1. 实验结果

本部分给出所有测试实例的数值结果，仅给出数值解与精确解的比较，即实

验误差。后面有关于与经典方法及最新研究成果中的方法的比较分析。

为了测试 B-TBNN 方法和 IELM 算法在求解一维问题时的性能，我们选取案例 I 的一个例子及案例 II 的两个例子进行数值实验。

**例 5.16**　考虑 PDE

$$-u''+u=2x\sin x-2\cos x$$

边界条件为 $u(0)=u(2\pi)=0$，精确解为 $u(x)=x\sin x$。选取 $m=51$ 作为样本，实验结果如图 5.15 所示。

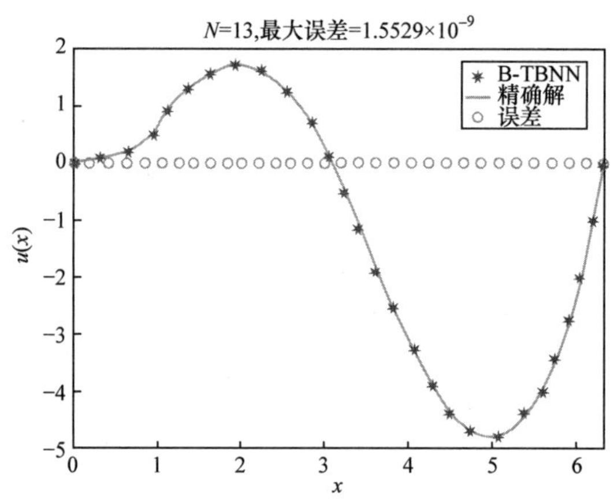


图 5.15　例 5.16 实验结果

对案例 II，令 $a=0,\ b=1$，$\alpha=\beta=1,\ \gamma=0$，且 $f_i(x)=2x^2\left(3a_i(x+5)x^2+2b_i(x+3)\right),\ i=1,2$，精确解为

$$y(x)=\begin{cases}x^4\left(a_0x^2+b_0\right), & x\in[0,x_s]\\ x^4\left(a_1x^2+b_1\right), & x\in[x_s,1]\end{cases}$$

为了保证两个区间的步长 $h_i(i=1,2)$ 相同，令 $h_1=x_s/m_1,\ m_2=\left[(1-x_s)/h_1\right]$，这里 $m_1$、$m_2$ 在两个区间上的值相同。

**例 5.17**　该测试例子为非光滑 $\mathrm{BVP}_{\mathrm{I}}$，即

$$u''+u'=f(x)$$

边界条件为 $u(0)=0$，$[u]_s=u\left(x_s^+\right)-u\left(x_s^-\right)=0$，$u'\left(x_s^-\right)=\delta_1$，$u'(1)=\beta_1$。这里 $a_0=5$，$a_1=1$，$b_0=1$，$x_s=0.5$。两个区间的样本为 $m_1=m_2=50$，图 5.16 为 $u$、$u'$、$u''$ 的数值解与精确解，表 5.12 给出近似解及其导数在一些点的误差。

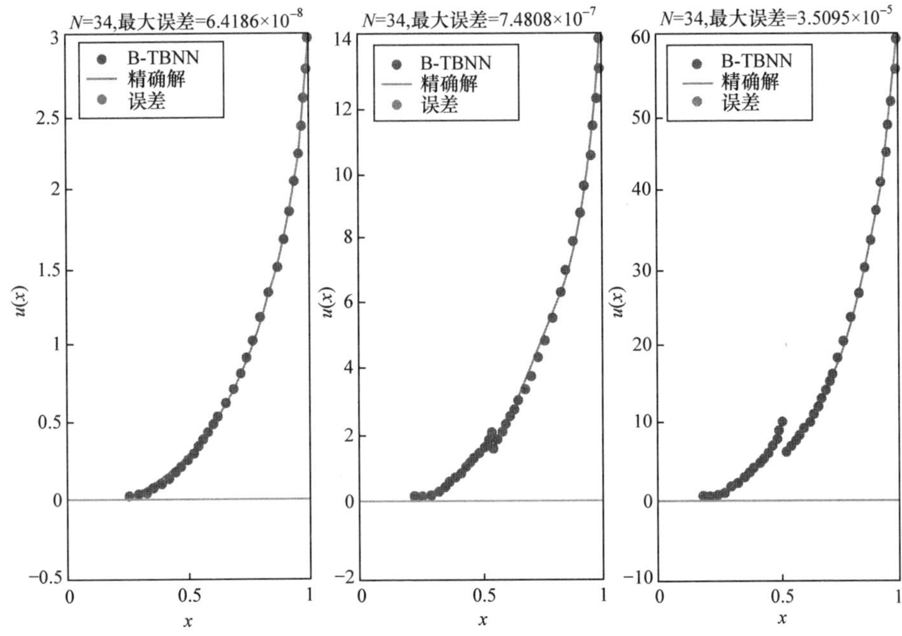


图 5.16　非光滑 $BVP_1$ 的实验结果

**表 5.12　近似解及其导数的绝对误差**

| $x$ | $\text{abs}\lvert\hat{u}-u\rvert$ | $\text{abs}\lvert\hat{u}'-u'\rvert$ | $\text{abs}\lvert\hat{u}''-u''\rvert$ |
|---|---|---|---|
| 0 | $9.2570\times10^{-10}$ | $7.8949\times10^{-9}$ | $6.2430\times10^{-6}$ |
| 0.05 | $6.5569\times10^{-10}$ | $1.6490\times10^{-8}$ | $8.2653\times10^{-7}$ |
| 0.10 | $1.8949\times10^{-9}$ | $1.8033\times10^{-8}$ | $8.8286\times10^{-7}$ |
| 0.15 | $1.3885\times10^{-9}$ | $3.6891\times10^{-8}$ | $7.2831\times10^{-7}$ |
| 0.20 | $6.1541\times10^{-10}$ | $3.0262\times10^{-8}$ | $7.4880\times10^{-7}$ |
| 0.25 | $1.2331\times10^{-9}$ | $2.3273\times10^{-9}$ | $4.4232\times10^{-7}$ |
| 0.30 | $5.5921\times10^{-10}$ | $2.5892\times10^{-8}$ | $5.2674\times10^{-7}$ |
| 0.35 | $1.0906\times10^{-9}$ | $3.0170\times10^{-8}$ | $6.0735\times10^{-7}$ |
| 0.40 | $1.4364\times10^{-9}$ | $1.8359\times10^{-8}$ | $8.2425\times10^{-7}$ |
| 0.45 | $1.6938\times10^{-10}$ | $1.8614\times10^{-8}$ | $7.2686\times10^{-7}$ |
| 0.50 | $2.4689\times10^{-10}$ | $1.9945\times10^{-8}$ | $9.6516\times10^{-7}$ |
| 0.55 | $2.0103\times10^{-8}$ | $2.5649\times10^{-7}$ | $1.4305\times10^{-5}$ |
| 0.60 | $1.5957\times10^{-8}$ | $3.5962\times10^{-7}$ | $7.1620\times10^{-6}$ |

续表

| $x$ | $\text{abs}\lvert\hat{u}-u\rvert$ | $\text{abs}\lvert\hat{u}'-u'\rvert$ | $\text{abs}\lvert\hat{u}''-u''\rvert$ |
|---|---|---|---|
| 0.65 | $4.0687\times10^{-9}$ | $3.0087\times10^{-7}$ | $9.1183\times10^{-6}$ |
| 0.70 | $5.8268\times10^{-9}$ | $2.0194\times10^{-7}$ | $5.8033\times10^{-6}$ |
| 0.75 | $4.1582\times10^{-9}$ | $7.5516\times10^{-8}$ | $7.7678\times10^{-6}$ |
| 0.80 | $2.5066\times10^{-9}$ | $7.7968\times10^{-9}$ | $8.9969\times10^{-6}$ |
| 0.85 | $1.9237\times10^{-8}$ | $6.6425\times10^{-7}$ | $9.2005\times10^{-6}$ |
| 0.90 | $5.3658\times10^{-8}$ | $5.2656\times10^{-7}$ | $1.2031\times10^{-5}$ |
| 0.95 | $6.3540\times10^{-8}$ | $1.2447\times10^{-7}$ | $1.1584\times10^{-5}$ |
| 1 | $4.7325\times10^{-8}$ | $4.6884\times10^{-7}$ | $2.8765\times10^{-5}$ |

**例 5.18**　考虑如下边值问题：

$$u''+u'=f(x)$$

边界条件为$u(0)=0$，$u(1)=0$，$[u]_s=0$，$u'\left(x_s^-\right)=\delta_1$，$[u']_s=u'\left(x_s'\right)-\delta_1=\delta$。其中参数$a_0=1$，$a_1=9$，$b_0=-5$，$b_1=-9$，$x_s=1/\sqrt{2}$，$\delta_1=2x_s^5\left(a_1-a_0\right)$。$m_1=m_2=50$为实验样本，选取 34 个隐含层神经元使用 B-TBNN 方法及 IELM 算法进行实验，实验结果如图 5.17 所示，近似解及其导数在一些点的绝对误差

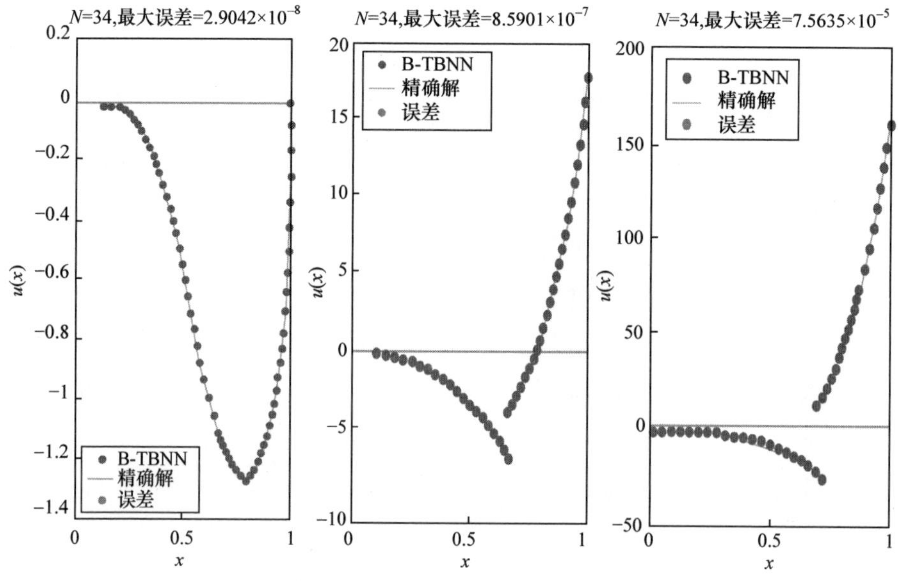


图 5.17　非光滑 BVP$_{\text{II}}$的实验结果

如表 5.13 所示。

**表 5.13　近似解及其导数的绝对误差**

| $x$ | $\text{abs}\lvert\hat{u}-u\rvert$ | $\text{abs}\lvert\hat{u}'-u'\rvert$ | $\text{abs}\lvert\hat{u}''-u''\rvert$ |
|---|---|---|---|
| 0 | $1.0250\times10^{-8}$ | $3.8253\times10^{-8}$ | $1.1566\times10^{-5}$ |
| 0.07 | $1.0469\times10^{-8}$ | $4.7484\times10^{-8}$ | $2.7770\times10^{-7}$ |
| 0.14 | $8.3960\times10^{-9}$ | $4.8701\times10^{-10}$ | $6.1838\times10^{-7}$ |
| 0.21 | $7.5337\times10^{-9}$ | $6.3774\times10^{-8}$ | $2.6140\times10^{-6}$ |
| 0.28 | $4.2034\times10^{-9}$ | $2.4528\times10^{-7}$ | $5.6926\times10^{-7}$ |
| 0.35 | $1.5975\times10^{-8}$ | $4.5384\times10^{-9}$ | $5.9284\times10^{-6}$ |
| 0.42 | $5.1027\times10^{-9}$ | $2.2843\times10^{-7}$ | $6.0007\times10^{-7}$ |
| 0.49 | $5.7892\times10^{-9}$ | $6.1775\times10^{-8}$ | $2.2283\times10^{-6}$ |
| 0.57 | $7.6181\times10^{-9}$ | $3.1188\times10^{-8}$ | $1.0953\times10^{-6}$ |
| 0.64 | $1.2581\times10^{-8}$ | $8.8640\times10^{-8}$ | $5.9628\times10^{-7}$ |
| 0.71 | $1.3837\times10^{-8}$ | $8.9052\times10^{-8}$ | $3.8350\times10^{-6}$ |
| 0.74 | $1.1235\times10^{-8}$ | $4.6161\times10^{-7}$ | $1.1186\times10^{-5}$ |
| 0.77 | $2.0234\times10^{-8}$ | $1.4584\times10^{-7}$ | $1.1665\times10^{-5}$ |
| 0.79 | $2.0369\times10^{-8}$ | $9.3673\times10^{-8}$ | $3.9370\times10^{-6}$ |
| 0.82 | $1.6125\times10^{-8}$ | $1.8895\times10^{-7}$ | $1.1696\times10^{-6}$ |
| 0.85 | $1.2577\times10^{-8}$ | $2.8737\times10^{-8}$ | $1.3835\times10^{-5}$ |
| 0.88 | $1.8082\times10^{-8}$ | $2.8031\times10^{-7}$ | $1.7171\times10^{-6}$ |
| 0.91 | $2.6059\times10^{-8}$ | $2.3336\times10^{-7}$ | $5.5209\times10^{-6}$ |
| 0.94 | $2.8698\times10^{-8}$ | $1.0184\times10^{-7}$ | $1.4658\times10^{-5}$ |
| 0.97 | $2.0048\times10^{-8}$ | $4.7035\times10^{-7}$ | $1.1555\times10^{-5}$ |
| 1 | $1.4148\times10^{-9}$ | $8.5904\times10^{-7}$ | $7.5635\times10^{-5}$ |

简单起见，我们仅给出一些椭圆型偏微分方程的数值例子，来验证采用 B-TBNN 方法及 IELM 算法求解二维问题的有效性。

**例 5.19**　该问题如下所示：

$$
\begin{cases}
\dfrac{\partial^2 u}{\partial x^2}+\dfrac{\partial^2 u}{\partial y^2}=4-2x^2-2y^2, & x\in D \\
u=0 \\
\dfrac{\partial u}{\partial x}=0 \\
\dfrac{\partial u}{\partial y}=0
\end{cases}
$$

其精确解为 $u(x,y)=x^2+y^2-x^2y^2-1$，且 $D=\{(x,y)\,|-1\leqslant x,y\leqslant 1\}$。实验参数为 $N=M=31$， $m=3721$，通过数值实验可得， $\mathrm{MAE}=1.3157\times10^{-4}$， $\mathrm{MAD}=3.5358\times10^{-8}$。图 5.18 为数值解与精确解。

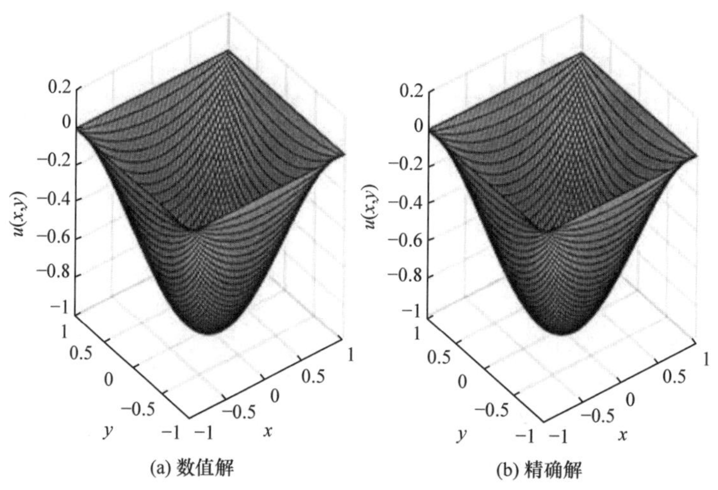


(a) 数值解　(b) 精确解

图 5.18　例 5.19 数值解与精确解

**例 5.20**　该问题如下所示：

$$
\begin{cases}
-\left(\dfrac{\partial^2 u}{\partial x^2}+\dfrac{\partial^2 u}{\partial y^2}\right)=2\pi^2\sin(\pi x)\sin(\pi y), & x\in D \\
u=0
\end{cases}
$$

其精确解为 $u(x,y)=\sin(\pi x)\sin(\pi y)$，且 $D=\{(x,y)\,|\,0\leqslant x,y\leqslant 1\}$。实验参数为 $N=6,\ M=7$， $m=961$，通过数值实验可得， $\mathrm{MAE}=8.0901\times10^{-15}$， $\mathrm{MAD}=8.4184\times10^{-18}$。图 5.19 为实验的数值解、精确解及绝对误差。

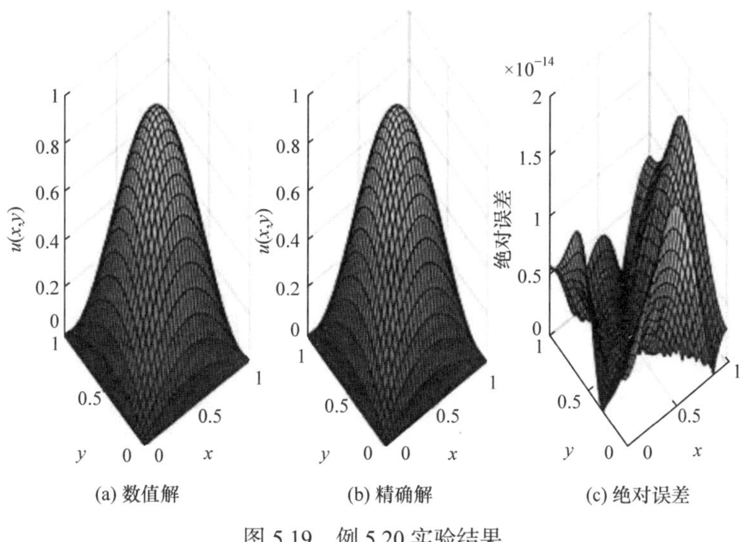


(a) 数值解　(b) 精确解　(c) 绝对误差

图 5.19　例 5.20 实验结果

**例 5.21**　考虑如下偏微分方程问题：

$$\begin{cases} \dfrac{\partial^2 u}{\partial x^2}+\dfrac{\partial^2 u}{\partial y^2}=0, \quad x\in D \\ u_y(x,0)=-\sin x \\ u(x,0)=\sin x \\ u(0,y)=0 \\ u(\pi,y)=0 \end{cases}$$

其精确解为 $u(x,y)=\mathrm{e}^{-y}\sin x$，且 $D=\{(x,y)\,|\,0\leqslant x,y\leqslant\pi\}$。对该问题，选取实验参数 $N=M=11$，$m=121$，实验结果为 $\mathrm{MAE}=4.0233\times10^{-16}$，$\mathrm{MAD}=3.3250\times10^{-18}$。数值解及精确解如图 5.20 所示。

**例 5.22**　考虑如下问题：

$$\begin{cases} \dfrac{\partial^2 u}{\partial x^2}+\dfrac{\partial^2 u}{\partial y^2}=12\left(x^2+y^2\right), \quad x\in D \\ u(x,0)=x^4+1 \\ u(x,1)=x^4+2x+2 \\ u(0,y)=y^4+1 \\ u(1,y)=y^4+2y+2 \end{cases}$$

其精确解为 $u(x,y)=x^4+y^4+2xy+1$，且 $D=\{(x,y)\,|\,0\leqslant x,y\leqslant 1\}$。如图 5.21 所示，

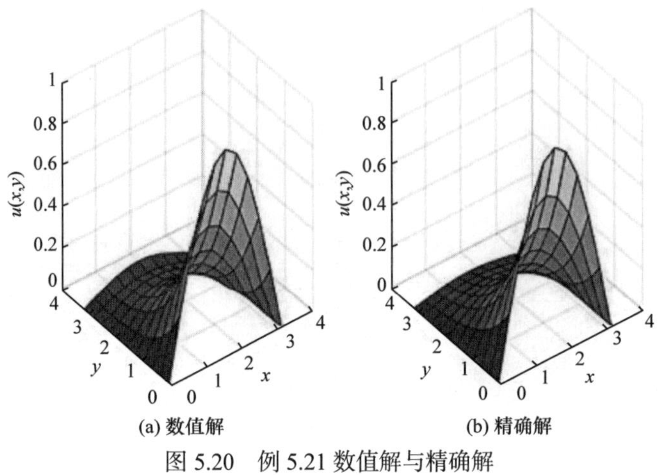


图 5.20　例 5.21 数值解与精确解

实验参数选取为 $N = M = 21, m = 441$，实验结果为 $\mathrm{MAE} = 8.0824\times 10^{-14}$，$\mathrm{MAD} = 1.8327\times10^{-16}$。

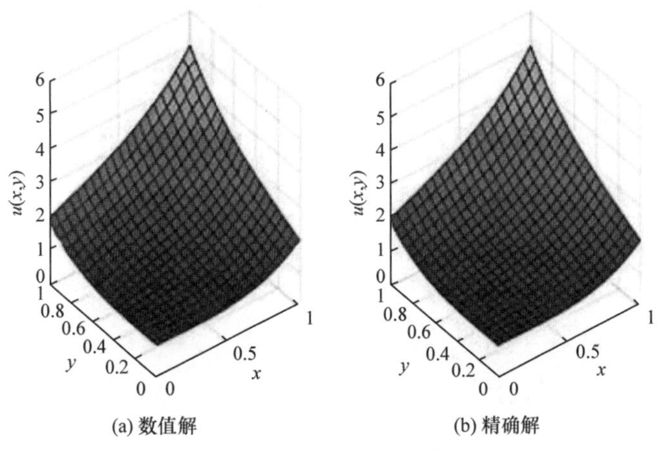


图 5.21　例 5.22 数值解与精确解

**例 5.23**　该问题如下所示：

$$\begin{cases}\dfrac{\partial^2 u}{\partial x^2}+\dfrac{\partial^2 u}{\partial y^2}=\left(4x^3+4xy^2-8x\right)\mathrm{e}^{-x^2-y^2}, \quad x\in D\\ u\left(x,-3\right)=x\mathrm{e}^{-x^2-9}\\ u\left(x,3\right)=x\mathrm{e}^{-x^2-9}\\ u\left(-3,y\right)=-3\mathrm{e}^{-9-y^2}\\ u\left(3,y\right)=3\mathrm{e}^{-9-y^2}\end{cases}$$

其精确解为 $u = xe^{-x^2-y^2}$，且 $D=\{(x,y)\mid -3\leqslant x,y\leqslant 3\}$。如图 5.22 所示，实验参数选取为 $N=M=31, m=961$，实验结果为 $\mathrm{MAE}=4.1361\times10^{-15}$，$\mathrm{MAD}=4.3039\times10^{-18}$。

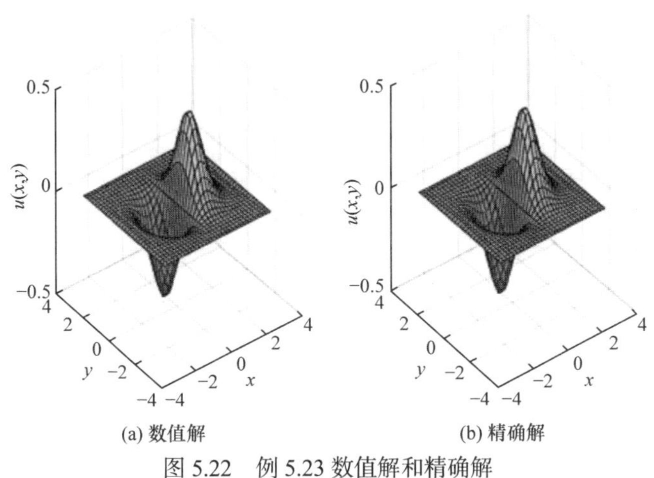


图 5.22 例 5.23 数值解和精确解

2. 比较分析

本部分将讨论 B-TBNN 算法与一些经典方法或近期文献研究成果的比较。采用式(5.75)给出的最大绝对误差来测量不同方法的实验误差。对一阶微分方程问题，选取例 5.16～例 5.19 进行实验。

如例 5.16 中的两点边值问题，采用三种传统方法，即线性差分法(linear difference method，LDM)、bvp4c 求解器、线性打靶法(linear shooting method，LSM)进行实验，结果如图 5.23 所示。可知 B-TBNN 比其他方法的最大绝对误差小、计算精度高。这验证了新方法比三种传统方法计算精度高。

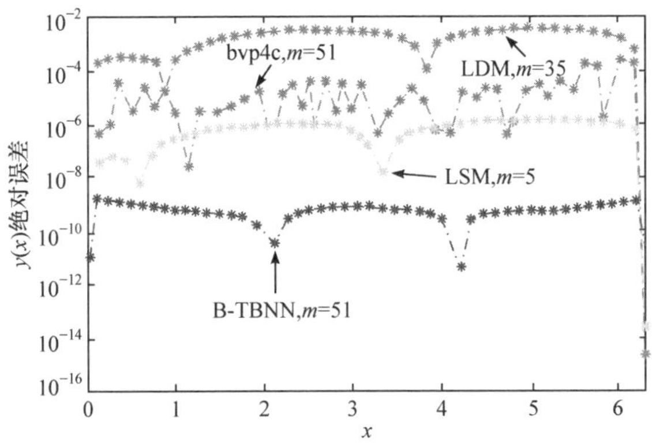


图 5.23 例 5.16 在不同算法 LDM、bvp4c、LSM 和 B-TBNN 的绝对误差比较

为了进一步检验 B-TBNN 方法在计算精度方面的优势，考虑如下问题。

**例 5.24**　考虑如下边值问题(取自文献[59])：

$$u'' + u = 2 \tag{5.77}$$

边界条件为 $u(0)=1, u(1)=0$，精确解为

$$u(x) = ((\cos 1 - 2)/\sin 1)\sin x - \cos 1 + 2$$

在区间[0,1]上选取50个等距点为样本进行实验。采用 B-TBNN 方法的误差如图 5.24 所示。通过比较，采用文献[83]的方法和文献[84]中的 BeNN 方法计算的最大绝对误差分别为 $3.56\times10^{-2}$ 和 $7.30\times10^{-9}$，采用 B-TBNN 方法的最大绝对误差为 $3.07\times10^{-10}$，这进一步验证了新方法相对最近文献中提出的方法在计算精度方面的优势。

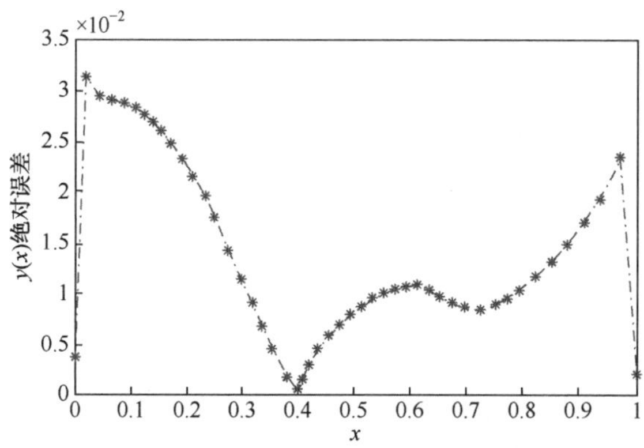


图 5.24　采用 B-TBNN 方法时例 5.24 的绝对误差

对非光滑 $BVP_{I}$(例 5.17)和非光滑 $BVP_{II}$(例 5.18)，将前面的实验结果与文献[84]给出的 ECDF 算法进行比较。实验结果如表 5.14 所示。通过分析可知，采用 B-TBNN 方法和 IELM 算法的计算误差更小、计算精度更高。

**表 5.14　文献[84]及新算法的误差**

| | 例 5.17 | 例 5.18 |
|---|---|---|
| | $5.20\times10^{-1}$ | $1.40\times10^{-1}$ |
| | $2.60\times10^{-1}$ (0.9765) | $1.30\times10^{-1}$ (0.13369) |
| FD | $1.30\times10^{-1}$ (0.9884) | $8.30\times10^{-2}$ (0.65107) |
| | $6.70\times10^{-2}$ (0.9942) | $4.60\times10^{-2}$ (0.84226) |
| | $3.40\times10^{-2}$ (0.9971) | — |

续表

| | 例 5.17 | 例 5.18 |
|---|---|---|
| ECDF1 | $1.20\times10^{-1}$ | — |
| | $5.60\times10^{-2}$ (1.1291) | — |
| | $2.60\times10^{-2}$ (1.0717) | — |
| | $1.30\times10^{-2}$ (1.0379) | — |
| | $6.40\times10^{-3}$ (1.0195) | — |
| ECDF2 | $3.90\times10^{-2}$ | $2.20\times10^{-2}$ |
| | $1.00\times10^{-2}$ (1.9609) | $5.50\times10^{-3}$ (1.9853) |
| | $2.50\times10^{-3}$ (1.9804) | $1.40\times10^{-4}$ (2.0028) |
| | $6.40\times10^{-4}$ (1.9902) | $3.40\times10^{-4}$ (2.0036) |
| | $1.60\times10^{-4}$ (1.9951) | — |
| ECDF4 | $1.20\times10^{-4}$ | $1.50\times10^{-4}$ |
| | $7.60\times10^{-6}$ (3.9951) | $9.60\times10^{-6}$ (3.9982) |
| | $4.70\times10^{-7}$ (3.9983) | $6.00\times10^{-7}$ (4.0001) |
| | $3.00\times10^{-8}$ (3.9995) | $3.80\times10^{-8}$ (4.0003) |
| | $1.80\times10^{-9}$ (4.0099) | — |
| B-TBNN | $6.42\times10^{-8}$ | $2.90\times10^{-8}$ |

另外，对二阶偏微分方程问题，选择例 5.19、例 5.20、例 5.21、例 5.23 进行实验，将数值结果与五点差分法(five-point difference method，FPD)进行比较。实验结果如表 5.15 所示。很容易得出 B-TBNN 方法比五点差分法计算精度高。

**表 5.15　五点差分法及新算法的误差**

| | FPD | B-TBNN |
|---|---|---|
| 例 5.19 | $4.6120\times10^{-2}$ | $1.3157\times10^{-4}$ |
| 例 5.20 | $1.4333\times10^{-1}$ | $8.0901\times10^{-15}$ |
| 例 5.21 | $7.3040\times10^{-1}$ | $4.0233\times10^{-16}$ |
| 例 5.23 | $6.6864\times10^{-3}$ | $4.1361\times10^{-15}$ |

通过如下问题，进一步检验 B-TBNN 方法在求解二阶 PDE 时在计算精度方面的优势。

**例 5.25**　考虑如下二阶 PDE(来自文献[85])：

$$\begin{cases} \dfrac{\partial^2 u}{\partial x^2} + \dfrac{\partial^2 u}{\partial y^2} = \sin(\pi x)\sin(\pi y), & x \in D \\ u = 0, & x \in \partial D \end{cases} \tag{5.78}$$

其中，精确解为$u(x,y) = -\dfrac{1}{2\pi^2}\sin(\pi x)\sin(\pi y)$，且$D = \{(x,y) \mid 0 \leqslant x, y \leqslant 1\}$。采用B-TBNN方法和IELM算法来求解该问题。在域$[0,1]\times[0,1]$中选取10个等距点，网络结构中隐含层神经元参数为$N=4, M=5$，进行实验。实验结果如图5.25和图5.26所示。采用文献[83]提出的ChNN方法及文献[84]提出BeNN方法的最大绝对误差分别为$7.00\times10^{-4}$和$7.60\times10^{-5}$，采用B-TBNN方法的最大绝对误差为$2.80\times10^{-17}$，其计算精度高于文献[84]提出的其他两种方法，这验证了新方法在计算精度方面相对文献[84]提出的方法具有优势。

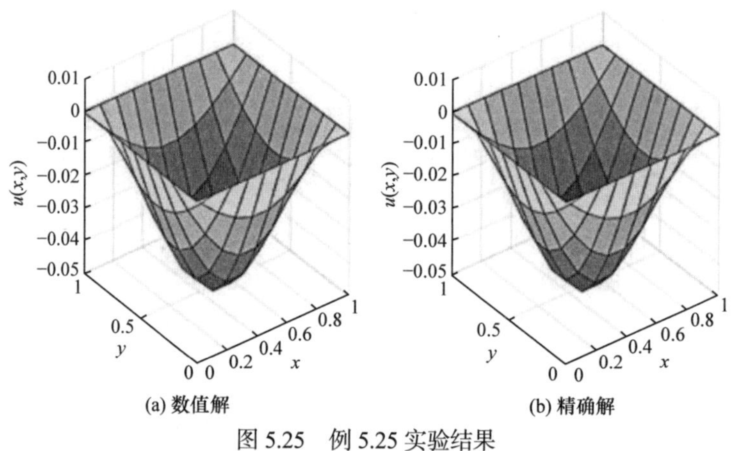


(a) 数值解　　(b) 精确解

图5.25　例5.25实验结果

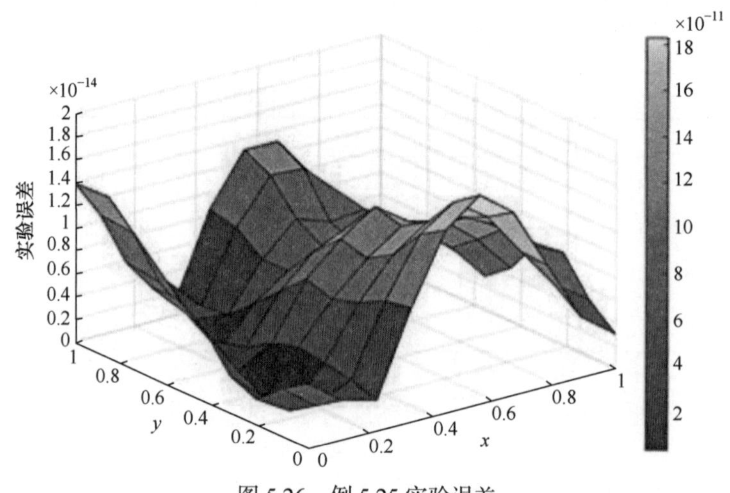


图5.26　例5.25实验误差

### 5.2.7　小结

5.2 节介绍了分块三角基函数神经网络和 IELM 算法求解偏微分方程或非光滑偏微分方程，采用三角基函数作为隐含层激活函数来构造偏微分方程问题的近似解及其导数，采用 IELM 算法对网络权值进行训练。对于有多个奇异点的非光滑偏微分方程，只需增加网络分块，计算量相对增加较少，即可很好地逼近精确解及其导数。数值实验结果表明，采用 B-TBNN 结合 IELM 算法，只需少量的隐含层神经元，就能快速获得高精度的数值解。通过与文献中提出的算法的比较研究，进一步验证了该方法在计算精度方面的优势。

## 5.3　基于分块 Legendre 神经网络和 IELM 算法的 Emden-Fowler 方程数值解法

### 5.3.1　引言

经典非线性二阶常微分方程奇异初值问题，一直以来都是人们研究的对象，引起了很多数学家和物理学家的兴趣。天体物理学和数学物理学中的很多问题均可由 Emden-Fowler 型方程奇异初值问题推导，其形式如下：

$$y''+\frac{r}{t}y'+f(t,y)=h(t),\quad 0\leqslant t \tag{5.79}$$

初始条件为

$$y(0)=\alpha,\quad y'(0)=0 \tag{5.80}$$

这里 $r$ 和 $\alpha$ 为常数，$f(t,y)$ 和 $h(t)$ 为 $t$ 和 $y$ 的已知函数。

1907 年，德国天体物理学家 Robert Emden 在他关于球形气体云的热行为的研究中首次提出该方程。后来，它也被用来模拟数学物理和天体物理学问题，如恒星结构理论和热离子流理论[56, 86, 87]。此类方程在这些问题中的应用也引起了科研人员对其数值解的广泛关注。

通常，方程(5.79)与初始条件(5.80)只有在 $r=2$，$\alpha=1$，$h(t)=0$，$f(t,y)=y^n$ 且 $n=0,1,5$ 时具有解析解。Wazwaz[88]采用基于 Adomian 分解法的算法来克服奇异初值问题。后来，Wazwaz[89]又提出一种改进的分解方法，该方法可以加快收敛速度、减少工作量并提供精确解，并被 Wazwaz[90]应用到特殊的四阶边值问题数值求解中。Bengochea 等[91]研究了采用 Adomian 多项式和算法求解 Emden-Fowler 方程。Chowdhury 等[62]采用同伦摄动法得出了广义 Emden-Fowler 方程的近似或准确的解析解。Singh 等[92]提出用于 Lane-Emden 型方程的修正同伦分析方法。

近年来，一些关于 Emden-Fowler 方程数值解的研究成果相继提出。Lakestani 等[93]利用 Legendre 尺度函数构造近似解，将问题简化为代数方程组求解。Rismani 等[94]提出修正的 Legendre 谱方法求解 Lane-Emden 型方程。Mall 等[83]首次提出使用 Chebyshev 神经网络模型和 BP 算法求解 Lane-Emden 型方程。Khalid 等[95]研究了采用神经网络方法求解一种六阶微分方程。Zhao 等[96]提出 Legendre 配置法，通过将二阶常微分方程转化为一阶常微分方程组来求解 Lane-Emden 型方程。

随着人工智能和深度学习算法的发展，神经网络方法已经在很多领域得到应用，如预测[97]、分类[98]、图像处理[99]、模式识别[100]、风险评估[101]和系统控制[76]，具有广阔的应用前景。基于神经网络的通用逼近能力[45, 102, 103]，各种类型的神经网络方法被广泛地应用到微分方程的数值解中[57, 104]。下面采用分块 Legendre 基函数神经网络(B-LBNN)方法和 IELM 算法来求解 Emden-Fowler 型方程。

本节介绍一种求解 Emden-Fowler 方程的数值方法。通过对非线性微分方程进行变量变换，将 Emden-Fowler 型方程转化为 SODE。采用分块 Legendre 基函数神经网络来构造近似解及其导数。采用 IELM 算法求解网络权值。收敛性分析证明了该方法的可行性。数值实验和比较分析验证了该方法的有效性和优越性。该方法具有以下优势：只需计算输出层权值，易于实施且运行快速，不使用优化技术且计算精度高于其他较新的方法。

### 5.3.2　分块 Legendre 基函数神经网络模型

1. Legendre 基函数神经网络及逼近

考虑单隐含层前馈 Legendre 基函数神经网络，由三层组成：输入层、Legendre 基函数隐含层和输出层。Legendre 基函数神经网络模型的输出近似解如下：

$$\hat{y}(t)=\sum_{i=0}^{n}\omega_i P_i\left(a_i t+b_i\right) \tag{5.81}$$

其中，隐含层基函数 $P_i(i=0,1,\cdots,n)$ 为 Legendre 多项式，$a_i$ 为连接输入层到第 $i$ 个隐含层节点的权值，$b_i$ 为第 $i$ 个隐含层节点的偏置，$\omega_i$ 为隐含层到输出层权值。若选取参数 $a_i=1,b_i=0,i=0,1,\cdots,n$，式(5.81)中的近似解可以改写为

$$\hat{y}(t)=\sum_{i=0}^{n}\omega_i P_i(t) \tag{5.82}$$

在节点 $t_i$ 定义 $y_i=y(t_i)$，近似解 $\hat{y}(t)$ 的权值 $\omega_i$ 可通过以下线性方程组求解：

$$\begin{bmatrix} P_0(t_0) & P_1(t_0) & \cdots & P_n(t_0) \\ P_0(t_1) & P_1(t_1) & \cdots & P_n(t_1) \\ \vdots & \vdots & & \vdots \\ P_0(t_m) & P_1(t_m) & \cdots & P_n(t_m) \end{bmatrix}\begin{bmatrix} \omega_0 \\ \omega_1 \\ \vdots \\ \omega_n \end{bmatrix}=\begin{bmatrix} y_0 \\ y_1 \\ \vdots \\ y_m \end{bmatrix} \tag{5.83}$$

定义

$$\boldsymbol{H}=\begin{bmatrix} P_0(t_0) & P_1(t_0) & \cdots & P_n(t_0) \\ P_0(t_1) & P_1(t_1) & \cdots & P_n(t_1) \\ \vdots & \vdots & & \vdots \\ P_0(t_m) & P_1(t_m) & \cdots & P_n(t_m) \end{bmatrix},\quad \boldsymbol{\beta}=\begin{bmatrix} \omega_0 \\ \omega_1 \\ \vdots \\ \omega_n \end{bmatrix},\quad \boldsymbol{T}=\begin{bmatrix} y_0 \\ y_1 \\ \vdots \\ y_m \end{bmatrix}$$

可得

$$\boldsymbol{H\beta}=\boldsymbol{T} \tag{5.84}$$

当 $\boldsymbol{H}$ 为可逆矩阵时，可由 $\boldsymbol{\beta}=\boldsymbol{H}^{-1}\boldsymbol{T}$ 计算权值向量。一般地，若 $\boldsymbol{H}$ 为长方阵，可求解如下关于权值向量 $\boldsymbol{\beta}$ 的优化问题：

$$\boldsymbol{\beta}=\operatorname{argmin}\|\boldsymbol{H\beta}-\boldsymbol{T}\| \tag{5.85}$$

可得权值向量 $\boldsymbol{\beta}$ 并进一步得到近似解 $\hat{y}(t)$。

2. 分块 Legendre 基函数神经网络求解 Emden-Fowler 方程

Emden-Fowler 方程为一种经典的微分方程类型，通常用来描述数学物理或天体物理学中的问题。该方程的数值解可由近似解及其导数得出。由式(5.82)中的近似解可得 $\hat{y}(t)$ 的导数表达式

$$\frac{\partial\hat{y}}{\partial t}=\sum_{i=0}^{n}\omega_i\frac{\partial P_i(t)}{\partial t} \tag{5.86}$$

$$\frac{\partial\hat{y}}{\partial t}=\sum_{i=0}^{n}\omega_i g_i(t) \tag{5.87}$$

$$\frac{\partial^2\hat{y}}{\partial t^2}=\sum_{i=0}^{n}\omega_i\tilde{g}_i(t) \tag{5.88}$$

这里

$$g_i(t)=\frac{\partial P_i(t)}{\partial t} \tag{5.89}$$

$$\tilde{g}_i(t)=\frac{\partial g_i}{\partial t}=\frac{\partial}{\partial t}\left(\frac{\partial P_i(t)}{\partial t}\right) \tag{5.90}$$

以区间 $I=[0,1]$ 上的 Emden-Fowler 方程为例来说明采用分块 Legendre 基函数神经网络求解 Emden-Fowler 方程的过程：

$$y''+\frac{r}{t}y'+f(t)y^3=h(t),\quad t\in I \tag{5.91}$$

初始条件为

$$y(0)=\alpha,\quad y'(0)=0 \tag{5.92}$$

其中，$r$ 和 $\alpha$ 为已知的常数，$f(t)$ 和 $h(t)$ 为自变量 $t$ 的已知函数，作如下的变量变换：$y_1=y, y_2=y', y_3=y^2, y_4=y^3$，非线性微分方程(5.91)及 IC (5.92) 即转化为如下线性常微分方程组：

$$\begin{cases} y_1'=y_2 \\ y_2'=-\dfrac{r}{t}y_2-f(t)y_4+h(t) \\ y_3'=2y_1 \\ y_4'=3y_3 \end{cases} \quad 0\leqslant t\leqslant 1 \tag{5.93}$$

且 IC 为

$$\begin{cases} y_1(0)=\alpha \\ y_2(0)=0 \end{cases} \tag{5.94}$$

利用 Legendre 基函数神经网络，式(5.93)中的常微分方程组的近似解可表示为

$$\begin{cases} \hat{y}_1=\sum\limits_{i=0}^{n}\omega_{1i}P_i(a_{1i}t+b_{1i}) \\ \hat{y}_2=\sum\limits_{i=0}^{n}\omega_{2i}P_i(a_{2i}t+b_{2i}) \\ \hat{y}_3=\sum\limits_{i=0}^{n}\omega_{3i}P_i(a_{3i}t+b_{3i}) \\ \hat{y}_4=\sum\limits_{i=0}^{n}\omega_{4i}P_i(a_{4i}t+b_{4i}) \end{cases} \tag{5.95}$$

若选取参数 $a_{ki}=1, b_{ji}=0, k=1,2,3,4, i=0,1,\cdots,n$，方程(5.95)可以改写为

$$\begin{cases} \hat{y}_1=\sum\limits_{i=0}^{n}\omega_{1i}P_i(t) \\ \hat{y}_2=\sum\limits_{i=0}^{n}\omega_{2i}P_i(t) \\ \hat{y}_3=\sum\limits_{i=0}^{n}\omega_{3i}P_i(t) \\ \hat{y}_4=\sum\limits_{i=0}^{n}\omega_{4i}P_i(t) \end{cases} \tag{5.96}$$

定义向量 $\boldsymbol{P}(t)=\left[P_0(t),P_1(t),\cdots,P_n(t)\right]$，$\boldsymbol{\beta}_k=[\omega_{k0},\omega_{k1},\cdots,\omega_{kn}]^{\mathrm{T}}$，$k=1,2,3,4$，方程(5.96)可化为

$$\begin{cases} \hat{y}_1 = \boldsymbol{P}(t)\boldsymbol{\beta}_1 \\ \hat{y}_2 = \boldsymbol{P}(t)\boldsymbol{\beta}_2 \\ \hat{y}_3 = \boldsymbol{P}(t)\boldsymbol{\beta}_3 \\ \hat{y}_4 = \boldsymbol{P}(t)\boldsymbol{\beta}_4 \end{cases} \tag{5.97}$$

根据定理 5.5，可得 $\boldsymbol{P}'(t) = \boldsymbol{P}(t)\boldsymbol{M}$ ，矩阵 $\boldsymbol{M}$ 由定理 5.5 给出。将方程(5.97)及其导数代入式(5.93)和式(5.94)中，可得如下关于网络权值的方程组：

$$\begin{bmatrix} \boldsymbol{P}(t)\boldsymbol{M} & -\boldsymbol{P}(t) & 0 & 0 \\ 0 & \boldsymbol{P}(t)\boldsymbol{M} + \dfrac{r}{t}\boldsymbol{P}(t) & 0 & f(t)\boldsymbol{P}(t) \\ -2\boldsymbol{P}(t) & 0 & \boldsymbol{P}(t)\boldsymbol{M} & 0 \\ 0 & 0 & -3\boldsymbol{P}(t) & \boldsymbol{P}(t)\boldsymbol{M} \\ \boldsymbol{P}(0) & 0 & 0 & 0 \\ 0 & \boldsymbol{P}(0) & 0 & 0 \end{bmatrix} \begin{bmatrix} \boldsymbol{\beta}_1 \\ \boldsymbol{\beta}_2 \\ \boldsymbol{\beta}_3 \\ \boldsymbol{\beta}_4 \end{bmatrix} = \begin{bmatrix} 0 \\ h(t) \\ 0 \\ 0 \\ \alpha \\ 0 \end{bmatrix} \tag{5.98}$$

定义

$$\boldsymbol{H} = \begin{bmatrix} \boldsymbol{P}(t)\boldsymbol{M} & -\boldsymbol{P}(t) & 0 & 0 \\ 0 & \boldsymbol{P}(t)\boldsymbol{M} + \dfrac{r}{t}\boldsymbol{P}(t) & 0 & f(t)\boldsymbol{P}(t) \\ -2\boldsymbol{P}(t) & 0 & \boldsymbol{P}(t)\boldsymbol{M} & 0 \\ 0 & 0 & -3\boldsymbol{P}(t) & \boldsymbol{P}(t)\boldsymbol{M} \\ \boldsymbol{P}(0) & 0 & 0 & 0 \\ 0 & \boldsymbol{P}(0) & 0 & 0 \end{bmatrix}, \quad \boldsymbol{\beta} = \begin{bmatrix} \boldsymbol{\beta}_1 \\ \boldsymbol{\beta}_2 \\ \boldsymbol{\beta}_3 \\ \boldsymbol{\beta}_4 \end{bmatrix}, \quad \boldsymbol{T} = \begin{bmatrix} 0 \\ h(t) \\ 0 \\ 0 \\ \alpha \\ 0 \end{bmatrix}$$

关于网络权值的线性方程组(5.98)可改写为

$$\boldsymbol{H}\boldsymbol{\beta} = \boldsymbol{T} \tag{5.99}$$

通过优化算法求解式(5.99)，可得未知权值向量 $\boldsymbol{\beta}$ 。

总地来说，求解非线性 Emden-Fowler 方程，首先需要进行变量变换，将非线性微分方程问题转化为求解微分方程组。通过分块 Legendre 基函数神经网络，可以构造微分方程组的近似解。将近似解及其导数代入问题中，可得关于网络权值的代数方程组。采用 Legendre 基函数神经网络求解 Emden-Fowler 方程的过程如图 5.27 所示。

### 5.3.3　IELM 算法

本节基于 ELM 算法，采用 IELM 算法训练 B-LBNN 模型。根据 5.3.2 节中介绍的采用 B-LBNN 方法求解 Emden-Fowler 方程，通过选取合适的输入权值及

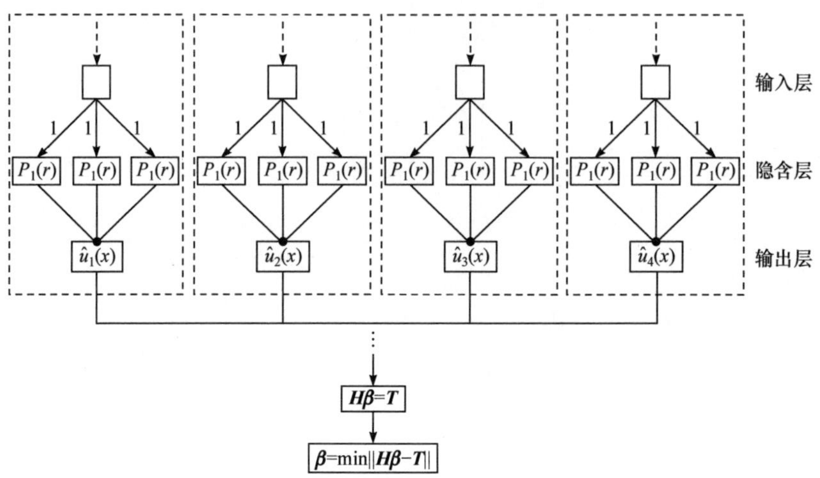


图 5.27　求解 Emden-Fowler 方程的分块 Legendre 基函数神经网络

隐含层神偏置，只需计算输出权值。

**定理 5.8**　方程组 $\boldsymbol{H\beta}=\boldsymbol{T}$ 是可解的，且满足如下情形：

(1) 若矩阵 $\boldsymbol{H}$ 是方阵且可逆，则 $\boldsymbol{\beta}=\boldsymbol{H}^{-1}\boldsymbol{T}$；

(2) 若矩阵 $\boldsymbol{H}$ 是长方阵，则 $\boldsymbol{\beta}=\boldsymbol{H}^{-1}\boldsymbol{T}$，$\boldsymbol{\beta}$ 是 $\boldsymbol{H\beta}=\boldsymbol{T}$ 的极小最小二乘解，即 $\boldsymbol{\beta}=\operatorname{argmin}\|\boldsymbol{H\beta}-\boldsymbol{T}\|$；

(3) 若矩阵 $\boldsymbol{H}$ 是奇异矩阵，则 $\boldsymbol{\beta}=\boldsymbol{H}^{\dagger}\boldsymbol{T}$，且 $\boldsymbol{H}^{\dagger}=\boldsymbol{H}^{\mathrm{T}}\left(\lambda\boldsymbol{I}+\boldsymbol{HH}^{\mathrm{T}}\right)^{-1}$，$\lambda$ 为正则系数，其值视具体情况来定。

**证明**　定理的证明可参考矩阵分析理论中广义逆矩阵相关知识及文献[35]。

使用分块 Legendre 基函数神经网络求解 Emden-Fowler 方程(5.91)及 IC (5.92)时，输出层的网络权值的训练过程如下。

**步骤 1**　对非线性微分方程(5.91)进行变量变换，将其转化为线性微分方程组。

**步骤 2**　构造 B-LBNN 模型，采用 4 个分块 Legendre 神经网络，$4(m+1)$个等距样本和$4(n+1)$个隐含层神经元。

**步骤 3**　采用 B-LBNN 构造近似解并求解方程(5.91)及 IC (5.92)。

**步骤 4**　将近似解及其导数代入 Emden-Fowler 方程，得到关于网络权值的线性代数方程组 $\boldsymbol{H\beta}=\boldsymbol{T}$。

**步骤 5**　使用 IELM 算法训练 B-LBNN，输出层权值向量可表示为 $\boldsymbol{\beta}=\operatorname{argmin}\|\boldsymbol{H\beta}-\boldsymbol{T}\|$，$\boldsymbol{\beta}=\boldsymbol{H}^{\dagger}\boldsymbol{T}$。

**步骤 6**　将步骤 5 中得到的网络权值代入近似解。

图 5.28 给出了采用 B-LBNN 方法和 IELM 算法求解 Emden-Fowler 方程时进行变量变换、构造近似解并求解的流程。

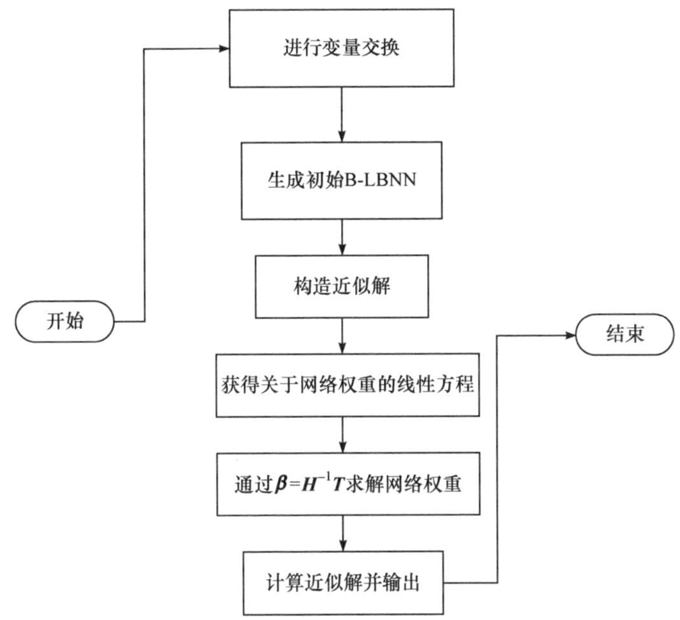


图 5.28　B-LBNN 方法和 IELM 算法流程图

### 5.3.4　收敛性分析

**定理 5.9**　给定带有 $n+1$ 个隐含层节点的单隐含层前馈神经网络，隐含层为 Legendre 基函数：$P_i(t):\mathbf{R}\to\mathbf{R},\ i=0,1,\cdots,n$，假设 Emden-Fowler 方程的近似解由式(5.81)给出，对任意 $m+1$ 个离散样本 $(\boldsymbol{t},\boldsymbol{y})$，对 $\mathbf{R}$ 上的任意区间上随机选取的 $a_i$、$b_i$，根据任意连续概率分布，Legendre 网络的隐含层输出矩阵 $\boldsymbol{H}$ 是可逆的且 $\|\boldsymbol{H\beta}-\boldsymbol{y}\|=0$。

**证明**　由 Legendre 神经网络，对任意 $m+1$ 离散样本 $(\boldsymbol{t},\boldsymbol{y})$，且 $\boldsymbol{t}=[t_0,\cdots,t_m]^{\mathrm{T}}$，$\boldsymbol{y}=[y_0,\cdots,y_m]^{\mathrm{T}}$，考虑 Legendre 隐含层输出矩阵 $\boldsymbol{c}(b_i),\boldsymbol{c}(b_i)\in\mathbf{R}^{m+1}$ 的第 $i+1$ 列，假设 $b_i\in I$，$I$ 是 $\mathbf{R}$ 上的开区间

$$\boldsymbol{c}(\boldsymbol{b}_i)=\left[P_i(a_it_0+b_i),P_i(a_it_1+b_i),\cdots,P_i(a_it_m+b_i)\right]^{\mathrm{T}} \tag{5.100}$$

由文献[35]的证明可以得出，向量 $\boldsymbol{c}$ 不属于任意维数小于 $m+1$ 的子空间。

假定 $a_i$ 由连续概率分布随机生成，对任意 $k\neq k'$，可得 $a_it_k\neq a_it_{k'}$，假设向量 $\boldsymbol{c}$ 属于 $m$ 维子空间，向量 $\boldsymbol{\alpha}$ 垂直于该子空间，可得

$$\begin{aligned}\left(\boldsymbol{\alpha},\boldsymbol{c}\left(b_i\right)-\boldsymbol{c}\left(a\right)\right)=\alpha_0\cdot P_i\left(d_0+b_i\right)+\alpha_1\cdot P_i\left(d_1+b_i\right)+\cdots\\ +\alpha_m\cdot P_i\left(d_m+b_i\right)-c=0\end{aligned} \tag{5.101}$$

其中，$d_k=a_it_k$，$k=0,1,\cdots,m$ 且 $c=\boldsymbol{\alpha}\cdot\boldsymbol{c}\left(a\right)$，假设 $\alpha_m\neq0$，式(5.101)可以改写为

$$P_i\left(d_m+b_i\right)=-\sum_{k=0}^{m-1}\gamma_kP_i\left(d_k+b_i\right)+c/\alpha_m \tag{5.102}$$

这里，$\gamma_k=\alpha_k/\alpha_m,k=0,\cdots,m-1$，由式(5.102)左侧函数的无限可微性，对方程(5.103)两侧关于 $b_i$ 求导数，可得

$$P_i^{(l)}\left(d_m+b_i\right)=-\sum_{k=0}^{m-1}\gamma_kP_i^{(l)}\left(d_k+b_i\right),\ \ l=1,\cdots,m,m+1,\cdots \tag{5.103}$$

可知，系数 $\gamma_k$ 小于方程个数 $l$，得出矛盾，向量 $\boldsymbol{c}$ 不属于任意维数小于 $m+1$ 的子空间。这意味着对任意在 $\mathbf{R}$ 上的区间中随机选取的 $a_i$、$b_i$，如 $a_i=1$、$b_i=0$，根据任意连续概率分布，矩阵 $\boldsymbol{H}$ 的列向量列满秩，定理得证。此外，存在 $n\leqslant m$，矩阵 $\boldsymbol{H}$ 为长方阵，对任意小的 $\varepsilon>0$ 和 Legendre 基函数 $P_i\left(t\right):\mathbf{R}\to\mathbf{R}$，对 $m$ 个任意离散样本 $\left(\boldsymbol{t},\boldsymbol{y}\right)$，对 $\mathbf{R}$ 上任意区间中随机选取的任意 $a_i$、$b_i$，根据任意连续概率分布，可得 $\|\boldsymbol{H}_{m\times n}\boldsymbol{\beta}_{n\times1}-\boldsymbol{y}_{m\times1}\|<\varepsilon$。

### 5.3.5　数值结果与比较研究

通过一些关于齐次(非齐次)线性(非线性)Emden-Fowler 方程的数值实验来检验提出的 B-LBNN 方法和 IELM 算法。通过与精确解或者文献中新提出的方法的比较分析来验证该方法的有效性和优越性。

采用最大绝对误差(MAE)来测量数值结果的误差：

$$\text{MAE}=\operatorname{argmax}\left(\varDelta_1,\varDelta_2,\cdots,\varDelta_m\right) \tag{5.104}$$

其中，$\varDelta_1,\varDelta_2,\cdots,\varDelta_m$ 为离散样本点的绝对误差。

**例 5.26**　首先考虑如下 Emden-Fowler 方程：

$$y''+\frac{2}{t}y'+a-0$$

其中，IC 为 $y\left(0\right)=1,y'\left(0\right)=0$ 且精确解为 $y\left(t\right)=1-\dfrac{1}{6}at^2,0\leqslant t\leqslant1$，$a$ 为给定常数。

选取区间 $[0,1]$ 上的 10 个等距样本点来训练网络，隐含层神经元参数为 $n=5$。图 5.29 和图 5.30 给出了数值实验结果。图 5.29 主要为 B-LBNN 结果与精确解的比较 $\left(a=1\right)$、实验误差 $\left(a=1\right)$，以及当 $a=2,5,8,10$ 时的实验结果和误差。图 5.30 为 B-LBNN 方法和文献[83]提出的 ChNN 方法之间的比较。通过比

较分析，采用文献[83]的 ChNN 方法的最大误差为 $5.4\times10^{-3}$，采用 B-LBNN 方法的最大误差为 $3.3\times10^{-16}$，证明了 B-LBNN 方法和 IELM 算法的优势。表 5.16 给出了精确解、B-LBNN 和文献[83]中 ChNN 方法的数值解的比较。

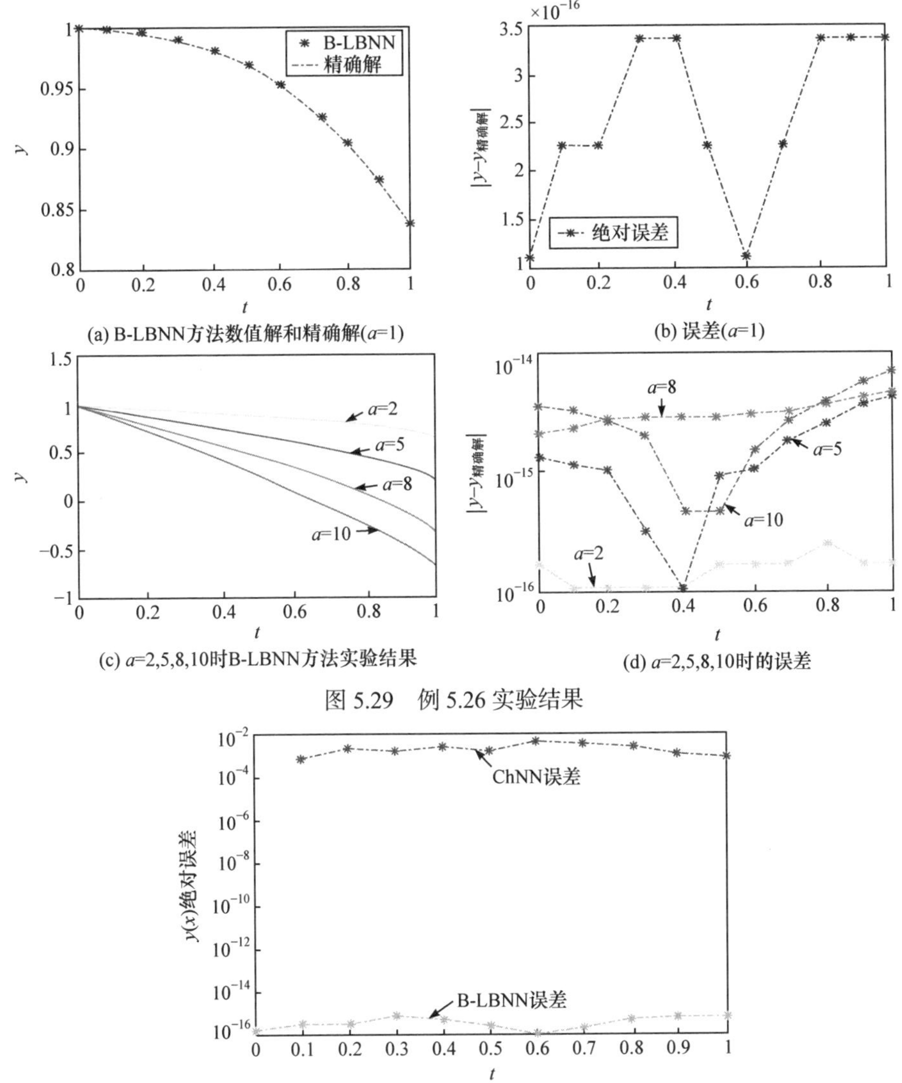


(a) B-LBNN方法数值解和精确解($a$=1)　(b) 误差($a$=1)

(c) $a$=2,5,8,10时B-LBNN方法实验结果　(d) $a$=2,5,8,10时的误差

图 5.29　例 5.26 实验结果

图 5.30　B-LBNN 方法与文献[83]中 ChNN 方法的误差

**表 5.16　精确解、ChNN 和 B-LBNN 数值解**

| $x_k$ | 精确解 | ChNN | B-LBNN | 绝对误差 |
| --- | --- | --- | --- | --- |
| 0 | 1.0000 | 1.0000 | 1.0000 | $1.1102\times10^{-16}$ |

续表

| $x_k$ | 精确解 | ChNN | B-LBNN | 绝对误差 |
|---|---|---|---|---|
| 0.1 | 0.9983 | 0.9993 | 0.9983 | $2.2204\times10^{-16}$ |
| 0.2 | 0.9933 | 0.9901 | 0.9933 | $2.2204\times10^{-16}$ |
| 0.3 | 0.9850 | 0.9822 | 0.9850 | $3.3307\times10^{-16}$ |
| 0.4 | 0.9733 | 0.9766 | 0.9733 | $3.3307\times10^{-16}$ |
| 0.5 | 0.9583 | 0.9602 | 0.9583 | $2.2204\times10^{-16}$ |
| 0.6 | 0.9400 | 0.9454 | 0.9400 | $1.1102\times10^{-16}$ |
| 0.7 | 0.9183 | 0.9139 | 0.9183 | $2.2204\times10^{-16}$ |
| 0.8 | 0.8933 | 0.8892 | 0.8933 | $3.3307\times10^{-16}$ |
| 0.9 | 0.8650 | 0.8633 | 0.8650 | $3.3307\times10^{-16}$ |
| 1 | 0.8333 | 0.8342 | 0.8333 | $3.3307\times10^{-16}$ |

**例 5.27** 考虑如下形式的 Emden-Fowler 方程：

$$y''+\frac{2}{t}y'+ay=0$$

其中，IC 为 $y(0)=1,y'(0)=0$ 且精确解为 $y(t)=\dfrac{\sin(\sqrt{at})}{\sqrt{at}},0\leqslant t\leqslant 1$，$a$是给定的常数。

选取区间[0,1]上的 20 个等距样本和$n=13$个隐含层神经元来训练该网络。图 5.31 给出了实验结果。图 5.32 为与 ChNN 方法的比较。表 5.17 给出了精确解、B-LBNN 和文献[83]提出的 ChNN 方法的数值解。通过比较，ChNN 方法的最大误差为$6.40\times10^{-3}$，而新方法的误差为$1.20\times10^{-15}$，证明了 B-LBNN 方法和 IELM 算法在计算精度方面的优势。

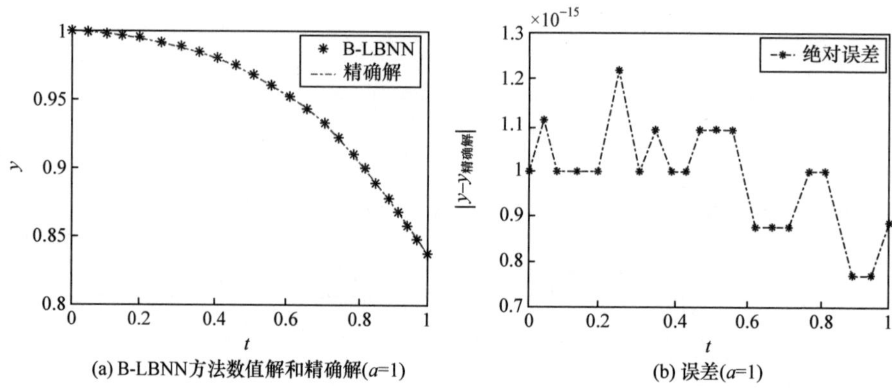


(a) B-LBNN方法数值解和精确解($a$=1)　　(b) 误差($a$=1)

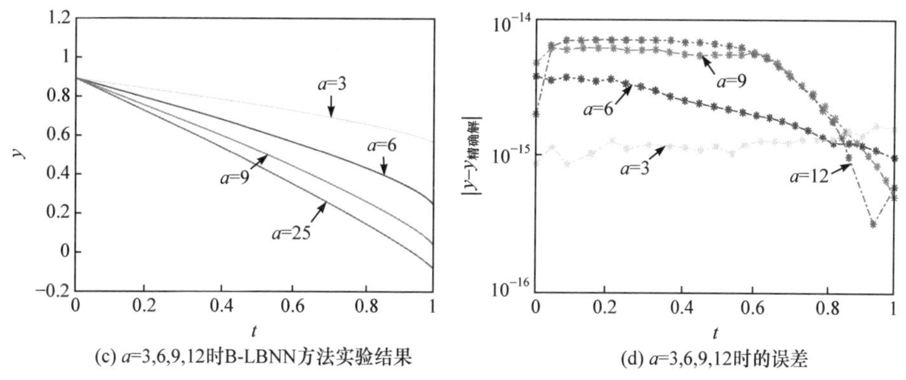


(c) $a$=3,6,9,12时B-LBNN方法实验结果

(d) $a$=3,6,9,12时的误差

图 5.31 例 5.27 实验结果

**表 5.17 精确解、ChNN 和 B-LBNN 数值解**

| $x_k$ | 精确解 | ChNN | B-LBNN | 绝对误差 |
|---|---|---|---|---|
| 0 | 1.0000 | 1.0000 | 1.0000 | $9.9920\times10^{-16}$ |
| 0.05 | 0.9996 | — | 0.9996 | $1.1102\times10^{-15}$ |
| 0.10 | 0.9983 | 1.0018 | 0.9983 | $9.9920\times10^{-16}$ |
| 0.15 | 0.9963 | 0.9975 | 0.9963 | $9.9920\times10^{-16}$ |
| 0.20 | 0.9933 | 0.9905 | 0.9933 | $9.9920\times10^{-16}$ |
| 0.25 | 0.9896 | 0.9884 | 0.9896 | $1.2212\times10^{-15}$ |
| 0.30 | 0.9851 | 0.9839 | 0.9851 | $9.9920\times10^{-16}$ |
| 0.35 | 0.9797 | 0.9766 | 0.9797 | $1.1102\times10^{-15}$ |
| 0.40 | 0.9735 | 0.9734 | 0.9735 | $9.9920\times10^{-16}$ |
| 0.45 | 0.9666 | 0.9631 | 0.9666 | $9.9920\times10^{-16}$ |
| 0.50 | 0.9589 | 0.9598 | 0.9589 | $1.1102\times10^{-15}$ |
| 0.55 | 0.9503 | 0.9512 | 0.9503 | $1.1102\times10^{-15}$ |
| 0.60 | 0.9411 | 0.9417 | 0.9411 | $1.1102\times10^{-15}$ |
| 0.65 | 0.9311 | 0.9340 | 0.9311 | $8.8818\times10^{-16}$ |
| 0.70 | 0.9203 | 0.9210 | 0.9203 | $8.8818\times10^{-16}$ |
| 0.75 | 0.9089 | 0.9025 | 0.9089 | $8.8818\times10^{-16}$ |
| 0.80 | 0.8967 | 0.8925 | 0.8967 | $9.9920\times10^{-16}$ |
| 0.85 | 0.8839 | 0.8782 | 0.8839 | $9.9920\times10^{-16}$ |
| 0.90 | 0.8704 | 0.8700 | 0.8704 | $7.7716\times10^{-16}$ |
| 0.95 | 0.8562 | 0.8588 | 0.8562 | $7.7716\times10^{-16}$ |
| 1 | 0.8415 | 0.8431 | 0.8415 | $8.8818\times10^{-16}$ |

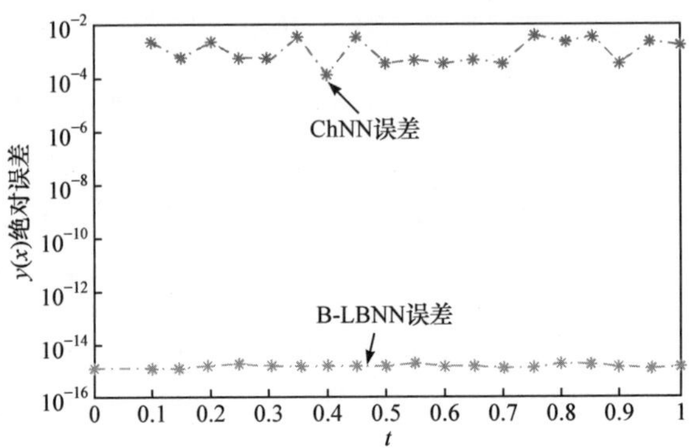


图 5.32　B-LBNN 方法和文献[83]中 ChNN 方法的误差

**例 5.28**　考虑如下形式的齐次非线性 Emden-Fowler 方程：

$$y'' + \frac{2}{t}y' + ay^5 = 0$$

其中，IC 为 $y(0)=1$，$y'(0)=0$ 且精确解为 $y(x)=\left(1+\frac{a}{3}t^2\right)^{-\frac{1}{2}}$，$0 \leqslant t \leqslant 1$，$a$ 是给定常数。

选取区间[0,1]上 40 个等距样本和 $n=6$ 个隐含层神经元进行网络训练。图 5.33(a)

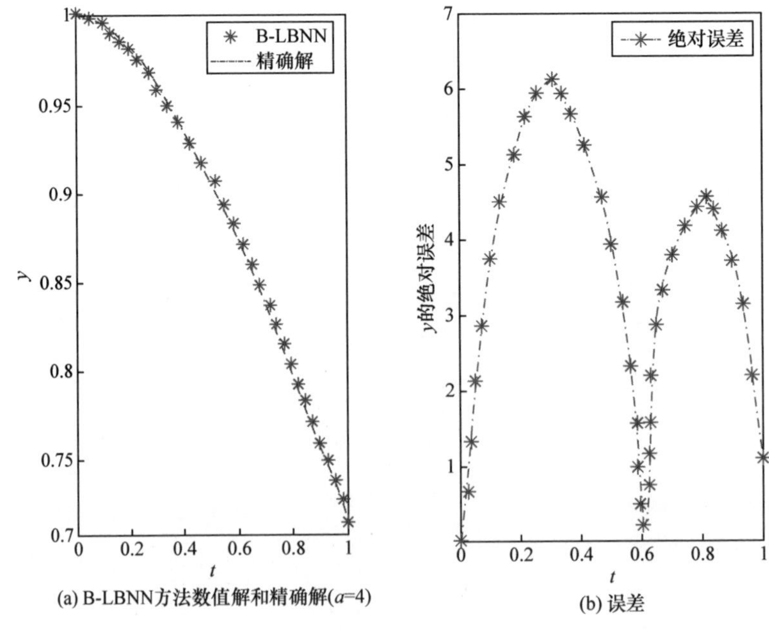


(a) B-LBNN方法数值解和精确解($a$=4)　　(b) 误差

图 5.33　例 5.28 实验结果

为 $a=4$ 时 B-LBNN 的数值解和精确解，图 5.33(b)为样本点处的实验误差。当 $a=4$ 时采用新方案的最大误差为 $6.10\times10^{-3}$。

**例 5.29**　该问题如下所示：

$$y''+\frac{2}{t}y'+at^{m}=0$$

其中，IC 为 $y(0)=1$，$y'(0)=0$ 且精确解为 $y(t)=1-\frac{a}{(m+3)(m+2)}t^{m+2}$，$0\leqslant t\leqslant1$，$a$、$m$ 是给定的常数。

选取区间[0,1]上的 20 个等距样本和 $n=6$ 个隐含层神经元来训练 B-LBNN。在不同参数 $a$ 和 $m$ 时的数值实验结果如图 5.34 所示。当 $a=1,c=2$ 时采用该方法的最大误差为 $5.60\times10^{-16}$。

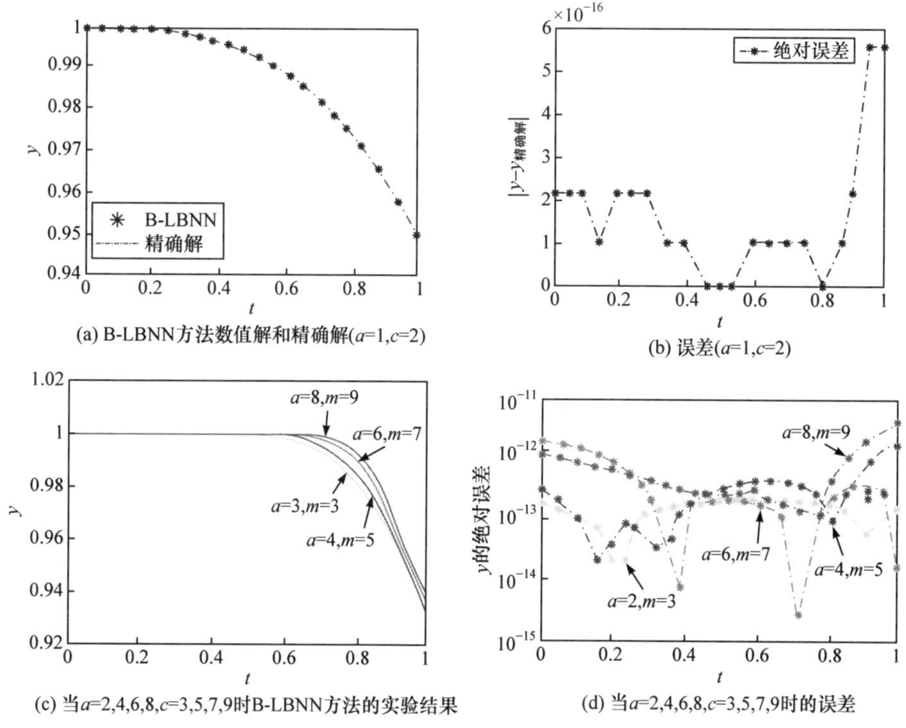

(a) B-LBNN方法数值解和精确解($a$=1,$c$=2)

(b) 误差($a$=1,$c$=2)

(c) 当$a$=2,4,6,8,$c$=3,5,7,9时B-LBNN方法的实验结果

(d) 当$a$=2,4,6,8,$c$=3,5,7,9时的误差

图 5.34　例 5.29 实验结果

**例 5.30**　考虑如下齐次 Emden-Fowler 方程：

$$y'+\frac{2}{t}y'-2\left(2t^{2}+3\right)y=0$$

其中，IC 为 $y(0)=1$，$y'(0)=0$，且精确解为 $y(t)=\mathrm{e}^{t^{2}}$，$0\leqslant t\leqslant1$。

选取区间[0,1]上的10个等距样本和$n=11$个隐含层神经元来训练B-LBNN。图5.35为实验结果。表5.18给出了精确解、B-LBNN方法和文献[83]中ChNN方法的数值解。通过比较分析可知，文献[83]的最大误差为$1.30\times10^{-2}$，采用新方法的最大误差为$8.80\times10^{-7}$，证明了B-LBNN比ChNN方法的计算精度更高。

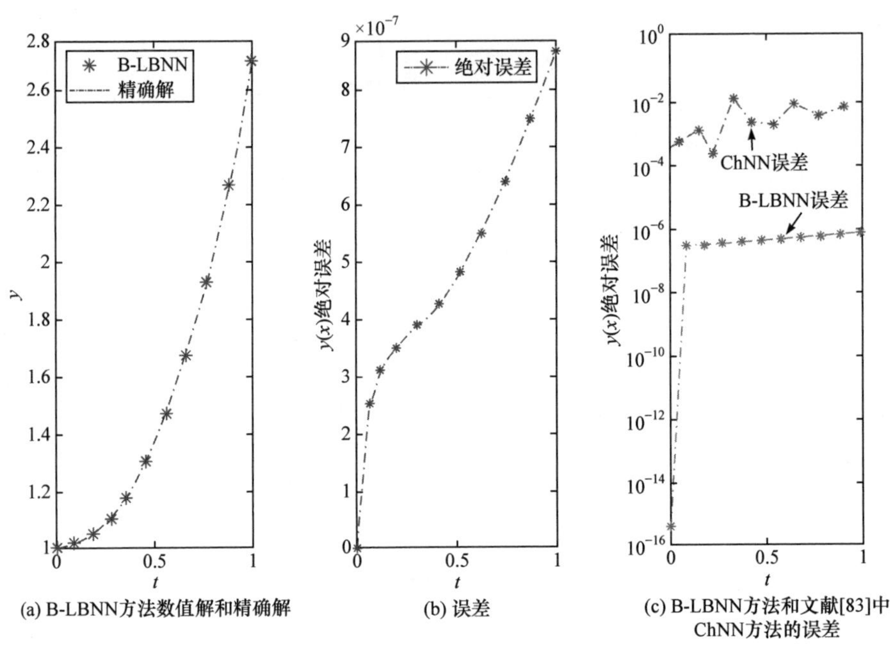


(a) B-LBNN方法数值解和精确解　(b) 误差　(c) B-LBNN方法和文献[83]中ChNN方法的误差

图5.35　例5.30实验结果

**表5.18　精确解、ChNN和B-LBNN数值解**

| $x_k$ | 精确解 | ChNN | B-LBNN | 绝对误差 |
|---|---|---|---|---|
| 0 | 1.0000 | 1.0000 | 1.0000 | $4.4409\times10^{-16}$ |
| 0.1 | 1.0101 | 1.0094 | 1.0101 | $2.4433\times10^{-7}$ |
| 0.2 | 1.0408 | 1.0421 | 1.0408 | $3.1367\times10^{-7}$ |
| 0.3 | 1.0942 | 1.0945 | 1.0942 | $3.4459\times10^{-7}$ |
| 0.4 | 1.1735 | 1.1598 | 1.1735 | $3.7710\times10^{-7}$ |
| 0.5 | 1.2840 | 1.2866 | 1.2840 | $4.1681\times10^{-7}$ |
| 0.6 | 1.4333 | 1.4312 | 1.4333 | $4.6781\times10^{-7}$ |
| 0.7 | 1.6343 | 1.6238 | 1.6343 | $5.3458\times10^{-7}$ |
| 0.8 | 1.8965 | 1.8924 | 1.8965 | $6.2166\times10^{-7}$ |
| 0.9 | 2.2479 | 2.2392 | 2.2479 | $7.3991\times10^{-7}$ |
| 1 | 2.7183 | 2.7148 | 2.7183 | $8.7715\times10^{-7}$ |

**例 5.31**　考虑如下非齐次 Emden-Fowler 方程：

$$y''+\frac{2}{t}y'+y=6+12t+t^2+t^3$$

其中，IC 为 $y(0)=0$，$y'(0)=0$ 且精确解为 $y(t)=t^2+t^3$，$0\leqslant t\leqslant 1$。

选取区间 $[0,1]$ 上的 20 个等距样本和 $n=5$ 个隐含层神经元来训练 B-LBNN。图 5.36 为实验结果。表 5.19 给出了精确解、B-LBNN 方法和文献[83]中 ChNN 方法的数值解。通过比较分析可知，文献[83]的最大误差为 $8.70\times10^{-3}$，采用新方法的最大误差为 $4.90\times10^{-15}$，证明了 B-LBNN 比 ChNN 方法的计算精度更高。

**表 5.19　精确解、ChNN 和 B-LBNN 数值解**

| $x_k$ | 精确解 | ChNN | B-LBNN | 绝对误差 |
|---|---|---|---|---|
| 0 | 0.0000 | 0.0000 | $2.5535\times10^{-15}$ | $2.5535\times10^{-15}$ |
| 0.05 | 0.0026 | — | 0.0026 | $2.2556\times10^{-15}$ |
| 0.10 | 0.0110 | 0.0103 | 0.0110 | $2.0001\times10^{-15}$ |
| 0.15 | 0.0259 | 0.0219 | 0.0259 | $1.6896\times10^{-15}$ |
| 0.20 | 0.0480 | 0.0470 | 0.0480 | $1.5057\times10^{-15}$ |
| 0.25 | 0.0781 | 0.0780 | 0.0781 | $1.2490\times10^{-15}$ |
| 0.30 | 0.1170 | 0.1164 | 0.1170 | $1.0547\times10^{-15}$ |
| 0.35 | 0.1654 | 0.1598 | 0.1654 | $8.3467\times10^{-16}$ |
| 0.40 | 0.2240 | 0.2214 | 0.2240 | $6.9389\times10^{-16}$ |
| 0.45 | 0.2936 | 0.2947 | 0.2936 | $5.5511\times10^{-16}$ |
| 0.50 | 0.3750 | 0.3676 | 0.3750 | $5.5511\times10^{-16}$ |
| 0.55 | 0.4689 | 0.4696 | 0.4689 | $5.5511\times10^{-16}$ |
| 0.60 | 0.5760 | 0.5712 | 0.5760 | $5.5511\times10^{-16}$ |
| 0.65 | 0.6971 | 0.6947 | 0.6971 | $7.7716\times10^{-16}$ |
| 0.70 | 0.8330 | 0.8363 | 0.8330 | $9.9920\times10^{-16}$ |
| 0.75 | 0.9844 | 0.9850 | 0.9844 | $1.3343\times10^{-15}$ |
| 0.80 | 1.1520 | 1.1607 | 1.1520 | $1.7764\times10^{-15}$ |
| 0.85 | 1.3366 | 1.3392 | 1.3366 | $2.6645\times10^{-15}$ |
| 0.90 | 1.5390 | 1.5389 | 1.5390 | $2.8866\times10^{-15}$ |
| 0.95 | 1.7599 | 1.7606 | 1.7599 | $3.7748\times10^{-15}$ |
| 1 | 2.0000 | 2.0036 | 2.0000 | $4.8850\times10^{-15}$ |

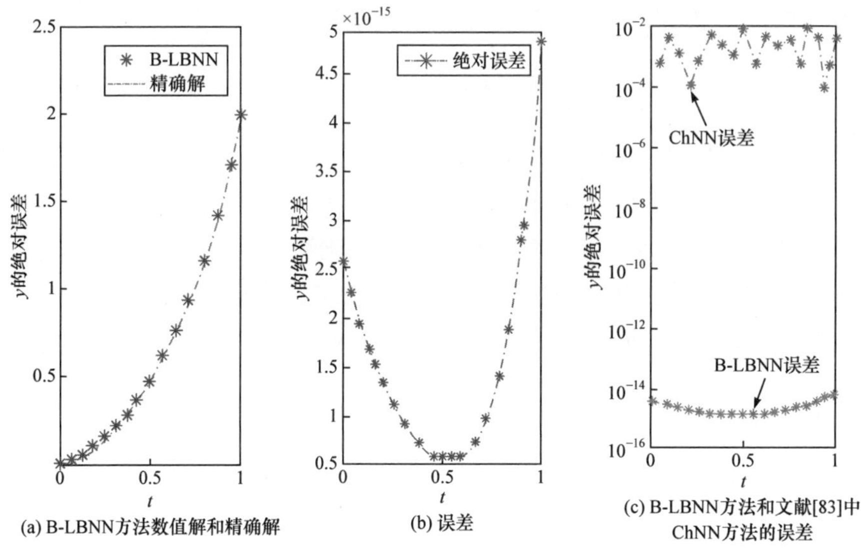

(a) B-LBNN方法数值解和精确解　(b) 误差　(c) B-LBNN方法和文献[83]中ChNN方法的误差

图 5.36　例 5.31 实验结果

**例 5.32**　考虑非齐次非线性 Emden-Fowler 方程：

$$y'' + \frac{2121}{t} y' + y^2 = 4 + 6369t + 4t^3 + t^6$$

其中，IC 为 $y(0) = 2$， $y'(0) = 0$ 且精确解为 $y(t) = 2 + t^3, 0 \leqslant t \leqslant 1$。

选取区间 $[0,1]$ 上的 40 个等距样本和 $n = 12$ 个隐含层神经元来训练 B-LBNN。图 5.37(a)为 B-LBNN 方法数值解和精确解，图 5.37(b)为各样本点的绝对误差。

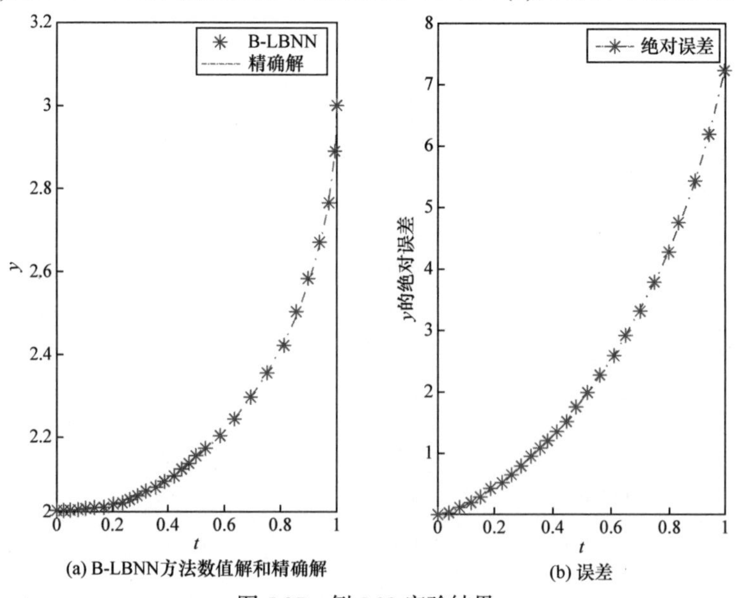

(a) B-LBNN方法数值解和精确解　(b) 误差

图 5.37　例 5.32 实验结果

采用该方法的最大误差为 $7.30\times10^{-4}$ 。

**例 5.33**　考虑如下非齐次非线性问题：

$$y''+\frac{18}{t}y'+y^3=38+t^6$$

其中，IC 为 $y(0)=0$ ， $y'(0)=0$ 且精确解为 $y(t)=t^2$ ， $0\leqslant t\leqslant1$ 。

选取区间 $[0,1]$ 上的 20 个等距样本和 $n=11$ 个隐含层神经元来训练 B-LBNN。图 5.38(a)为 B-LBNN 方法数值解和精确解，图 5.38(b)为各样本点的绝对误差。采用该方法的最大误差为 $6.30\times10^{-4}$ 。

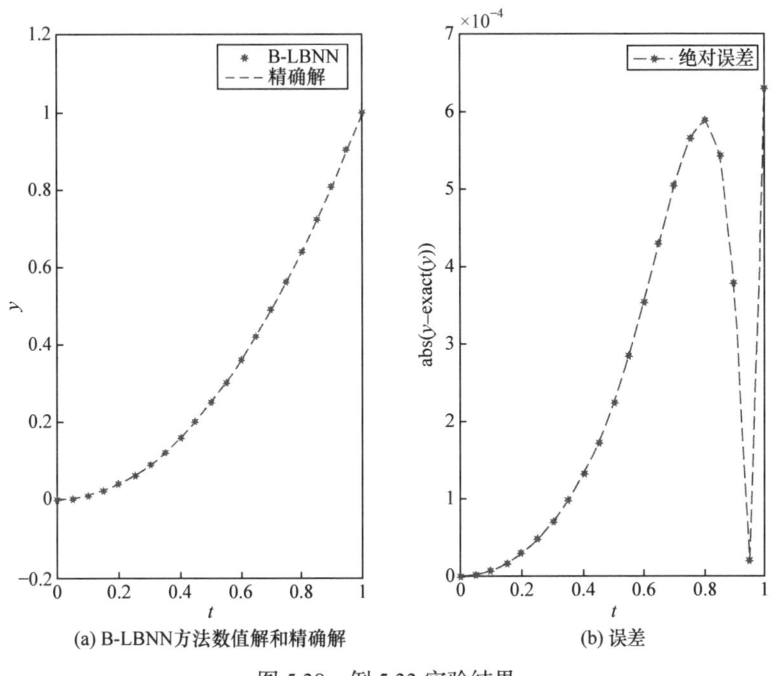

(a) B-LBNN方法数值解和精确解　(b) 误差

图 5.38　例 5.33 实验结果

### 5.3.6　小结

5.3 节首次提出采用分块 Legendre 基函数神经网络和 IELM 算法求解 Emden-Fowler 方程。通过变量变换，将 Emden-Fowler 方程求解问题转化为求解微分方程组。采用分块 Legendre 神经网络模型来构造近似解及其导数和 IELM 算法训练网络权值。并通过一些测试实例来验证该方法的有效性和优越性。实验结果表明，与精确解进行比较，该方案的计算精度较高；与文献中提出的方法比较，该方案的计算精度较高。本节的介绍表明 B-LBNN 模型和 IELM 算法在求解 Emden-Fowler 方程时易于构造、结构简单且易于实施。

## 5.4　基于三角基函数神经网络和 IELM 算法的无损双导体传输线方程数值解法

### 5.4.1　引言

科学和工程中的很多计算问题涉及微分方程的数值解。微分方程的数值解在自然科学(物理、气象学、地质学、生命科学等)和工程技术(核技术、石油勘探、航空航天、大型土木工程等)的发展中起着越来越重要的作用。通常用于求解微分方程的数值方法包括差分法[41, 43, 96, 97, 105, 106]、有限元法[107, 108]、有限体积法[109-111]和边界元法。求微分方程的数值解，实质上涉及用一系列的离散点的函数值来近似方程的精确解。

人工神经网络是一门涉及生物学、电子学、计算机、数学、物理学等学科的新兴交叉学科，具有广阔的应用前景。例如，从数值计算方面来说，侯木舟等[44, 45, 98, 102, 103, 112]证明了神经网络可以以任意精度逼近任意函数。此外，神经网络方法在微分方程数值解方面取得了很大进展，主要包括多层感知器神经网络[113]、径向基函数神经网络[46]、多尺度径向基函数神经网络[114]、细胞神经网络[115]、有限元神经网络[116]和小波神经网络[45]，可以用来求解各种不同类型的微分方程。使用神经网络方法求解微分方程，不仅能够求出离散点的函数值，而且能求出任意点的函数值，具有显著的优越性。

科研人员对电磁现象的研究由来已久[117, 118]，其中包括传输线问题和电磁兼容问题的数值解。近年来，随着数值计算技术的快速发展，研究人员能够采用数值方法解决一些复杂的电磁问题。随着计算性能的提高，提出很多数值算法，并通过数值实验验证其是有效的。电磁场计算的主要任务是根据具有复杂初始条件或边界条件的实际问题，用数值方法求解各种形式的麦克斯韦方程。常用的数值算法有频域算法和时域算法。首先发展的是频域算法，主要有有限元法[119]、矩量法[120]和高频近似算法。时域算法主要包括时域有限差分法[121-123]、传输线矩阵法[124, 125]、有限积分法[126-128]、时域有限体积法[129]、时域伪谱法[130]、时域不连续伽辽金法[131]和时域多分辨法[132, 133]。

传输线以横向电磁传导模式传输电磁能量或信号。传输线理论又称为一维参数分布电路理论，传输线方程又称为电报方程。对于无损传输线，可以使用集成电路模型(simulation program with integrated circuit emphasis，SPICE)、时域频域变换法或 FDTD 法来计算时域响应[134]。与这些传统的实现方法不同，本节主要介绍一种基于神经网络模型和 IELM 算法的无损双导体传输线方程(lossless two-conductor transmission line equation，LTTLE)的数值方法。

通过选取两个三角基函数的乘积作为隐含层神经元激活函数，建立神经网络模型，采用 IELM 算法训练网络权值。在该模型和算法的基础上，开发了求解无损双导体传输线方程的求解器，并通过数值实验验证了该方法是可行的[104]。

### 5.4.2　无损双导体传输线方程

LTTLE 的一般形式为[134]

$$\begin{cases}\dfrac{\partial V(z,t)}{\partial z}+l\dfrac{\partial I(z,t)}{\partial t}=0\\ \dfrac{\partial I(z,t)}{\partial z}+c\dfrac{\partial V(z,t)}{\partial t}=0\end{cases} \tag{5.105}$$

其中，$z\in[a,b]$，$t\in[e,d]$，且$l$、$c$是常数。

对无损双导体传输线方程(5.105)，需要已知初始条件或边界条件来进一步确定方程的解。这里考虑线性负载终端，图 5.39 为带线性负载终端的双导体传输线，传输线长度为$L$，且负载终端分别为$R_s$和$R_b$。

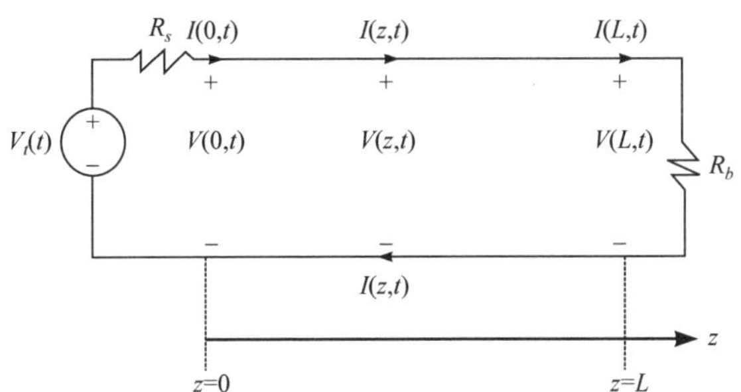

图 5.39　线性负载终端双导体传输线

如图 5.39 所示，$V_s(t)$是初始点$z=0$处的源电压，且是已知的梯形脉冲函数，$V_b(t)$是终点$z=L$处的电压，$V_b(t)=0$。$R_s$和$R_b$为常数。在这种情况下，初始条件可以表示为

$$\begin{cases}V(a,t)=V_s(t)-R_sI(a,t)\\ V(b,t)=V_b(t)-R_bI(b,t)\end{cases} \tag{5.106}$$

接下来，主要介绍带有初始条件式(5.106)的无损双导体传输线方程(5.105)的数值解。

### 5.4.3　微分方程的神经网络方法

近年来，人们提出很多求解微分方程的神经网络方法。微分方程问题的一般

形式可表示为

$$F\left(\boldsymbol{x},y(\boldsymbol{x}),\nabla y(\boldsymbol{x}),\nabla^2 y(\boldsymbol{x})\right)=0,\quad \boldsymbol{x}\in D \tag{5.107}$$

其中， $\boldsymbol{x}=(x_1,x_2,\cdots,x_n)\in D$ ， $D\subset\mathbf{R}^n$ 是求解域， $y(\boldsymbol{x})$ 是微分方程(5.107)的精确解。

首先，将微分方程问题的定义域 $D$ 及其边界 $\bar{D}$ 离散，得到一系列的离散点 $\boldsymbol{x}_i=\left(x_1^i,x_2^i,\cdots,x_n^i\right)$， $i=1,2,\cdots,n$ 。假设 $y(\boldsymbol{x}_i)$ 满足微分方程及其边界条件，方程(5.107)可以改写为

$$F\left(\boldsymbol{x}_i,y(\boldsymbol{x}_i),\nabla y(\boldsymbol{x}_i),\nabla^2 y(\boldsymbol{x}_i)\right)=0,\ \ \forall\boldsymbol{x}_i\in D\cup\bar{D},\ \ i=1,2,\cdots,n \tag{5.108}$$

基于神经网络的通用逼近能力，使用神经网络方法构造微分方程问题的近似解 $\hat{y}(\boldsymbol{x},\boldsymbol{\omega})$ 如下所示：

$$\hat{y}(\boldsymbol{x},\boldsymbol{\omega})=A(\boldsymbol{x})+f\left(\boldsymbol{x},\varphi(\boldsymbol{x},\boldsymbol{\omega})\right) \tag{5.109}$$

其中， $\boldsymbol{\omega}$ 为网络权值； $A(\boldsymbol{x})$ 满足微分方程的边界条件且与权值向量 $\boldsymbol{\omega}$ 无关； $\varphi(\boldsymbol{x},\boldsymbol{\omega})$ 是神经网络输出，与权值向量 $\boldsymbol{\omega}$ 和输入向量 $\boldsymbol{x}$ 有关； $f\left(\boldsymbol{x},\varphi(\boldsymbol{x},\boldsymbol{\omega})\right)$ 只与权值向量 $\boldsymbol{\omega}$ 有关，与边界条件无关。调整权值向量 $\boldsymbol{\omega}$ 使得近似解 $\hat{y}(\boldsymbol{x},\boldsymbol{\omega})$ 满足微分方程(5.107)。假设 $\hat{y}(\boldsymbol{x},\boldsymbol{\omega})$ 在离散点 $\boldsymbol{x}_i=\left(x_1^i,x_2^i,\cdots,x_n^i\right)$ ( $i=1,2,\cdots,n$ )满足式(5.108)，将 $\hat{y}(\boldsymbol{x}_i,\boldsymbol{\omega})$ 代入式(5.108)可得

$$F\left(\boldsymbol{x}_i,\hat{y}(\boldsymbol{x}_i,\boldsymbol{\omega}),\nabla\hat{y}(\boldsymbol{x}_i,\boldsymbol{\omega}),\nabla^2\hat{y}(\boldsymbol{x}_i,\boldsymbol{\omega})\right)=0,\quad \forall\boldsymbol{x}_i\in D\cup\bar{D},\ \ i=1,2,\cdots,n \tag{5.110}$$

这样，即可将微分方程求解问题转化为优化问题。调整网络权值参数向量 $\boldsymbol{\omega}$ 使得

$$\min_{\boldsymbol{\omega}}\sum_{\boldsymbol{x}_i\in D\cup\bar{D}}F\left(\boldsymbol{x}_i,\hat{y}(\boldsymbol{x}_i,\boldsymbol{\omega}),\nabla\hat{y}(\boldsymbol{x}_i,\boldsymbol{\omega}),\nabla^2\hat{y}(\boldsymbol{x}_i,\boldsymbol{\omega})\right)^2 \tag{5.111}$$

通常，求解优化问题(5.111)的算法有很多，如 BP 算法、RPROP 算法、Levenberg-Marquardt 算法、遗传算法和粒子群优化算法等。通过采用不同的神经网络模型构造近似解 $\hat{y}(\boldsymbol{x},\boldsymbol{\omega})$ ，或者采用不同的算法训练网络权值，即可得到求解微分方程的不同方法。无损双导体传输线方程的求解，即求解偏微分方程初值问题，采用神经网络方法进行数值计算是可行的。

### 5.4.4 无损双导体传输线方程的神经网络方法

1. 三角基函数神经网络模型和逼近

接下来介绍求解无损双导体传输线方程的神经网络模型。

**定理 5.10**　由多层前馈神经网络的通用逼近能力，对无损双导体传输线方程的精确解 $V(z,t)$ 、$I(z,t)$ ，存在基函数 $C_n(z,t)$ ，权值 $\beta_n^1$、$\beta_n^2$ ，使得网络输出 $\hat{V}(z,t)$、$\hat{I}(z,t)$满足

$$\lim_{N\to+\infty}\|\hat{V}(z,t)-V(z,t)\|=\lim_{N\to+\infty}\|\sum_{n=1}^{N}\beta_n^1C_n(z,t)-V(z,t)\|=0 \tag{5.112}$$

且

$$\lim_{N\to+\infty}\|\hat{V}(z,t)-V(z,t)\|=\lim_{N\to+\infty}\|\sum_{n=1}^{N}\beta_n^2C_n(z,t)-I(z,t)\|=0 \tag{5.113}$$

**定理 5.11**　已知函数 $C(z,t)=\cos(\omega^1z+\omega^2t+b)$ ，且 $C_n(z,t)=\cos(\omega_n^1z+\omega_n^2t+b_n)$ ，则该函数可以表示成两个三角函数的乘积。

**证明**　令 $b=0$ ，则

$$\begin{aligned}C(z,t)&=\cos(\omega^1z+\omega^2t)=\cos(\omega^1z)\cos(\omega^2t)-\sin(\omega^1z)\sin(\omega^2t)\\&=\cos(\omega^1z)\cos(\omega^2t)-\cos\left(\omega^1z-\frac{\pi}{2}\right)\cos\left(\omega^2t-\frac{\pi}{2}\right)\end{aligned} \tag{5.114}$$

且

$$\begin{aligned}C(z,t)&=\cos(\omega_n^1z+\omega_n^2t)=\cos(\omega_n^1z)\cos(\omega_n^2t)-\sin(\omega_n^1z)\sin(\omega_n^2t)\\&=\cos(\omega_n^1z)\cos(\omega_n^2t)-\cos\left(\omega_n^1z-\frac{\pi}{2}\right)\cos\left(\omega_n^2t-\frac{\pi}{2}\right)\end{aligned} \tag{5.115}$$

定理 5.11 得证。

单隐含层前馈三角基函数神经网络由三层组成：输入层、三角基函数隐含层和输出层。对任意自变量 $z\in[a,b],t\in[e,d]$ ，选取

$$C_n(z,t)=\cos\left[\frac{n\pi}{b-a}(z-a)\right]\cos\left[\frac{n\pi}{d-e}(t-e)\right],\quad n=0,1,\cdots,N \tag{5.116}$$

为神经网络隐含层激活函数，则三角基函数神经网络模型的输出近似解 $\hat{V}(z,t)$ 和 $\hat{I}(z,t)$ 可表示为

$$\hat{V}(z,t)=\sum_{n=0}^{N}a_n\cos\left[\frac{n\pi}{b-a}(z-a)\right]\cos\left[\frac{n\pi}{d-e}(t-e)\right] \tag{5.117}$$

$$\hat{I}(z,t)=\sum_{n=0}^{N}b_n\cos\left[\frac{n\pi}{b-a}(z-a)\right]\cos\left[\frac{n\pi}{d-e}(t-e)\right] \tag{5.118}$$

其中，$z$、$t$ 为自变量，离散可得 $z_i = a + \frac{b-a}{Z} i\left(i = 0,1,\cdots,Z\right)$，$t_j = c + \frac{d-e}{T} j(j = 0,1,\cdots,T)$。

由式(5.117)和式(5.118)中的近似解，可得 $\hat{V}\left(z,t\right)$ 和 $\hat{I}\left(z,t\right)$ 的偏导数表达式：

$$\frac{\partial \hat{V}\left(z,t\right)}{\partial z} = -\frac{\pi}{b-a}\sum_{n=0}^{N} n a_n \sin\left[\frac{n\pi}{b-a}\left(z-a\right)\right]\cos\left[\frac{n\pi}{d-e}\left(t-e\right)\right] \tag{5.119}$$

$$\frac{\partial \hat{V}\left(z,t\right)}{\partial t} = -\frac{\pi}{d-e}\sum_{n=0}^{N} n a_n \cos\left[\frac{n\pi}{b-a}\left(z-a\right)\right]\sin\left[\frac{n\pi}{d-e}\left(t-e\right)\right] \tag{5.120}$$

$$\frac{\partial \hat{I}\left(z,t\right)}{\partial z} = -\frac{\pi}{b-a}\sum_{n=0}^{N} n b_n \sin\left[\frac{n\pi}{b-a}\left(z-a\right)\right]\cos\left[\frac{n\pi}{d-e}\left(t-e\right)\right] \tag{5.121}$$

$$\frac{\partial \hat{I}\left(z,t\right)}{\partial t} = -\frac{\pi}{d-e}\sum_{n=0}^{N} n b_n \cos\left[\frac{n\pi}{b-a}\left(z-a\right)\right]\sin\left[\frac{n\pi}{d-e}\left(t-e\right)\right] \tag{5.122}$$

将近似解 $\hat{V}\left(z,t\right)$ 和 $\hat{I}\left(z,t\right)$ 及其偏导数式(5.117)～式(5.122)代入无损双导体传输线方程(5.105)及其初始条件(5.106)，可得以下关于网络权值的方程组：

$$\begin{cases}
\sum_{n=0}^{N}\left(\frac{-n\pi}{b-a}\right)a_n \sin\left[\frac{n\pi}{b-a}\left(z_i-a\right)\right]\cos\left[\frac{n\pi}{d-e}\left(t_j-e\right)\right] \\
\qquad + \sum_{n=0}^{N}\left(\frac{-\ln\pi}{d-e}\right)b_n \cos\left[\frac{n\pi}{b-a}\left(z_i-a\right)\right]\sin\left[\frac{n\pi}{d-e}\left(t_j-e\right)\right] = 0 \\
\sum_{n=0}^{N}\left(\frac{-cn\pi}{d-e}\right)a_n \cos\left[\frac{n\pi}{b-a}\left(z_i-a\right)\right]\sin\left[\frac{n\pi}{d-e}\left(t_j-e\right)\right] \\
\qquad + \sum_{n=0}^{N}\left(\frac{-n\pi}{b-a}\right)b_n \sin\left[\frac{n\pi}{b-a}\left(z_i-a\right)\right]\cos\left[\frac{n\pi}{d-e}\left(t_j-e\right)\right] = 0 \\
\sum_{n=0}^{N} a_n \cos\left[\frac{n\pi}{d-e}\left(t_j-e\right)\right] + R_s \sum_{n=0}^{N} b_n \cos\left[\frac{n\pi}{d-e}\left(t_j-e\right)\right] = V_s\left(t_j\right) \\
\sum_{n=0}^{N} a_n \cos\left(n\pi\right)\cos\left[\frac{n\pi}{d-e}\left(t_j-e\right)\right] - R_b \sum_{n=0}^{N} b_n \cos\left(n\pi\right)\cos\left[\frac{n\pi}{d-e}\left(t_j-e\right)\right] = 0
\end{cases} \tag{5.123}$$

令

$$\left\{\begin{aligned}
\boldsymbol{\omega}_1 &= \begin{bmatrix} 0 \\ \dfrac{-1\cdot\pi}{b-a}\sin\left[\dfrac{1\cdot\pi}{b-a}(z_i-a)\right]\cos\left[\dfrac{1\cdot\pi}{d-e}(t_j-e)\right] \\ \vdots \\ \dfrac{-N\cdot\pi}{b-a}\sin\left[\dfrac{N\cdot\pi}{b-a}(z_i-a)\right]\cos\left[\dfrac{N\cdot\pi}{d-e}(t_j-e)\right] \end{bmatrix} \\
\boldsymbol{\omega}_2 &= \begin{bmatrix} 0 \\ \dfrac{-1\cdot\pi}{d-3}\sin\left[\dfrac{1\cdot\pi}{b-a}(z_i-a)\right]\cos\left[\dfrac{1\cdot\pi}{d-e}(t_j-e)\right] \\ \vdots \\ \dfrac{-N\cdot\pi}{b-a}\sin\left[\dfrac{N\cdot\pi}{b-a}(z_i-a)\right]\cos\left[\dfrac{N\cdot\pi}{d-e}(t_j-e)\right] \end{bmatrix} \\
\boldsymbol{\omega}_3 &= \begin{bmatrix} 1 \\ \cos\left[\dfrac{1\cdot\pi}{d-e}(t_j-e)\right] \\ \vdots \\ \cos\left[\dfrac{N\cdot\pi}{d-e}(t_j-e)\right] \end{bmatrix} \\
\boldsymbol{\omega}_4 &= \begin{bmatrix} 0 \\ \cos(1\cdot\pi)\cos\left[\dfrac{1\cdot\pi}{d-e}(t_j-e)\right] \\ \vdots \\ \cos(N\cdot\pi)\cos\left[\dfrac{N\cdot\pi}{d-e}(t_j-e)\right] \end{bmatrix}
\end{aligned}\right.$$

且

$$\boldsymbol{\beta}_1 = \begin{bmatrix} a_0 \\ a_1 \\ \vdots \\ a_N \end{bmatrix},\quad \boldsymbol{\beta}_2 = \begin{bmatrix} b_0 \\ b_1 \\ \vdots \\ b_N \end{bmatrix},\quad \boldsymbol{V}_s = \begin{bmatrix} V_s(t_0) \\ V_s(t_1) \\ \vdots \\ V_s(t_T) \end{bmatrix},\quad \boldsymbol{O}_1 = [0]_{(Z+1)(T+1)\times 1},\quad \boldsymbol{O}_2 = [0]_{(T+1)\times 1}$$

则可得网络输出矩阵 $\boldsymbol{H}$ 、网络权值向量 $\boldsymbol{\beta}$ 和源项 $\boldsymbol{T}$ 如下所示：

$$\boldsymbol{H} = \begin{bmatrix} \boldsymbol{\omega}_1^{\mathrm{T}} & \boldsymbol{l}\boldsymbol{\omega}_2^{\mathrm{T}} \\ \boldsymbol{c}\boldsymbol{\omega}_2^{\mathrm{T}} & \boldsymbol{\omega}_1^{\mathrm{T}} \\ \boldsymbol{\omega}_3^{\mathrm{T}} & \boldsymbol{R}_s\boldsymbol{\omega}_1^{\mathrm{T}} \\ \boldsymbol{\omega}_4^{\mathrm{T}} & -\boldsymbol{R}_b\boldsymbol{\omega}_1^{\mathrm{T}} \end{bmatrix},\quad \boldsymbol{\beta} = \begin{bmatrix} \boldsymbol{\beta}_1 \\ \boldsymbol{\beta}_2 \end{bmatrix},\quad \boldsymbol{T} = \begin{bmatrix} \boldsymbol{O}_1 \\ \boldsymbol{O}_1 \\ \boldsymbol{V}_s \\ \boldsymbol{O}_2 \end{bmatrix} \tag{5.124}$$

代数方程组(5.123)可改写为如下矩阵形式：

$$\boldsymbol{H\beta}=\boldsymbol{T} \tag{5.125}$$

通过优化算法求解关于网络权值向量 $\boldsymbol{\beta}$ 的代数方程组(5.125)，即可得到无损双导体传输线方程的近似解。

一般地，通过三角基函数神经网络可以构造无损双导体传输线方程的近似解，将近似解及其导数代入传输线方程问题中，可得关于网络权值的线性方程组，LTTLE 的神经网络模型如图 5.40 所示。

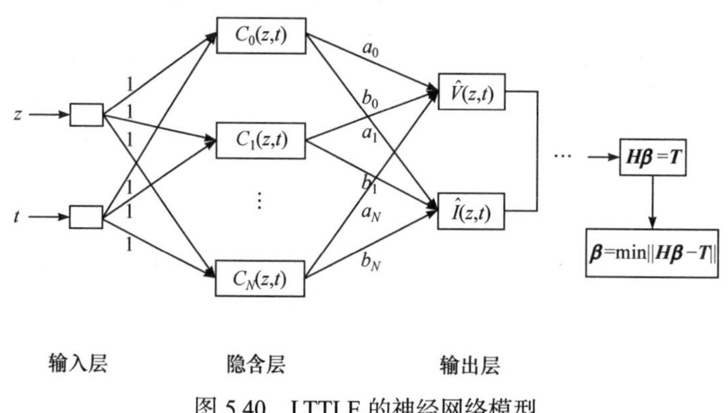


图 5.40　LTTLE 的神经网络模型

## 2. IELM 算法

本部分基于 ELM 算法，采用 IELM 算法训练求解无损双导体传输线方程的神经网络模型。根据 5.4.1 节中介绍的求解流程，只需计算网络输出权值。

**定理 5.12**　方程组 $\boldsymbol{H\beta}=\boldsymbol{T}$ 是可解的，且满足如下情形：

(1) 若矩阵 $\boldsymbol{H}$ 是方阵且可逆，则 $\boldsymbol{\beta}=\boldsymbol{H}^{-1}\boldsymbol{T}$；

(2) 若矩阵 $\boldsymbol{H}$ 是长方阵，则 $\boldsymbol{\beta}=\boldsymbol{H}^{-1}\boldsymbol{T}$，$\boldsymbol{\beta}$ 是 $\boldsymbol{H\beta}=\boldsymbol{T}$ 的极小最小二乘解，即 $\boldsymbol{\beta}=\mathrm{argmin}\|\boldsymbol{H\beta}-\boldsymbol{T}\|$；

(3) 若矩阵 $\boldsymbol{H}$ 是奇异矩阵，则 $\boldsymbol{\beta}=\boldsymbol{H}^{\dagger}\boldsymbol{T}$，且 $\boldsymbol{H}^{\dagger}=\boldsymbol{H}^{\mathrm{T}}\left(\lambda\boldsymbol{I}+\boldsymbol{HH}^{\mathrm{T}}\right)^{-1}$，$\lambda$ 为正则系数，其值视具体情况来定。

**证明**　定理 5.12 的证明可参考矩阵分析理论中广义逆矩阵相关知识和文献[35]。

## 3. 算法步骤

使用三角基函数神经网络模型求解无损双导体传输线方程(5.105)及 IC (5.106)时，网络输出权值训练过程如下。

**步骤 1**　神经网络模型结构为 $2\times(2N+2)\times 2$；构造三角基函数神经网络模型，离散自变量，得到网络训练样本集：$\{(z_i,t_j)\,|\,i=0,1,\cdots,Z;j=0,1,\cdots,T\}$。

**步骤 2**　采用三角基函数神经网络模型构造近似解及其导数。

**步骤 3**　将近似解及其导数代入传输线方程(5.105)及 IC(5.106)中，得到关于网络权值的线性代数方程组 $\boldsymbol{H\beta}=\boldsymbol{T}$。

**步骤 4**　使用 IELM 算法训练三角基函数神经网络，输出层权值向量可表示为 $\boldsymbol{\beta}=\operatorname{argmin}\|\boldsymbol{H\beta}-\boldsymbol{T}\|$，$\boldsymbol{\beta}=\boldsymbol{H}^{\dagger}\boldsymbol{T}$。

**步骤 5**　将步骤 4 中得到的网络权值代入近似解 $\hat{V}(z,t)$ 和 $\hat{I}(z,t)$。

### 5.4.5　数值实验

以图 5.39 所示的双导体传输线为例进行数值实验。实验参数选自文献[37]：线缆长度为 $L=400\mathrm{m}$，单位长度的电容和电感分别为 $c=100\mathrm{pF/m}$、$l=0.25\mu\mathrm{H/m}$，特征阻抗为 $Z_c=\sqrt{l/c}=50\Omega$，波速为 $v=\dfrac{1}{\sqrt{lc}}=200\mathrm{m}/\mu\mathrm{s}$，终端负载为 $100\Omega$，电源电阻为 $50\Omega$。采用图 5.41 所示的梯形脉冲函数作为电压源，初始值为 $0\mathrm{V}$，振幅 $A=30\mathrm{V}$，脉冲持续时间 $10\mu\mathrm{s}$，脉冲前沿 $\tau_r=1\mu\mathrm{s}$，脉冲后沿 $\tau_f=1\mu\mathrm{s}$。带宽 $\mathrm{BW}=1/\tau_r$，脉冲最大频率为 $1\mathrm{MHz}$。

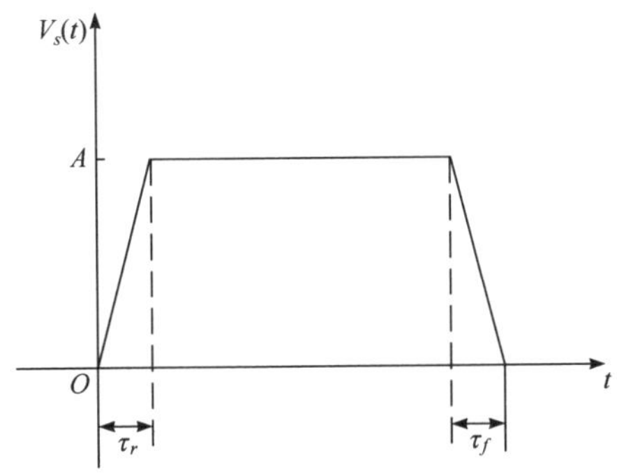


图 5.41　梯形脉冲函数

使用神经网络方法和 IELM 算法进行数值实验时，电容和电感参数为 $c=1.00\times10^{-10}$ 和 $l=2.50\times10^{-7}$。在进行数值实验时，考虑到信号传输时空间离散与时间离散的相位差，选取隐含层基函数

$$C_n(z,t)=\cos\left[\frac{n\pi}{b-a}(z-a)\right]\cos\left[\frac{n\pi}{d-e}(t+q-e)\right],\quad n=0,1,\cdots,N \tag{5.126}$$

其中，$q$ 为常数。

1. 实验结果

选取参数 $l=2.50\times10^{-7}$，$c=1.00\times10^{-10}$，$z\in[0,400]$，$t\in[0,20]$，$\Delta z=10$，$\Delta t=1$，$mu=1$ 和 $pk=3$，隐含层神经元参数分别为 $2(N+1)$，$N=100$，$N=1000$ 和 $N=10000$，进行数值实验。通过实验，可得终端电压如图 5.42、图 5.43 和图 5.44 所示。

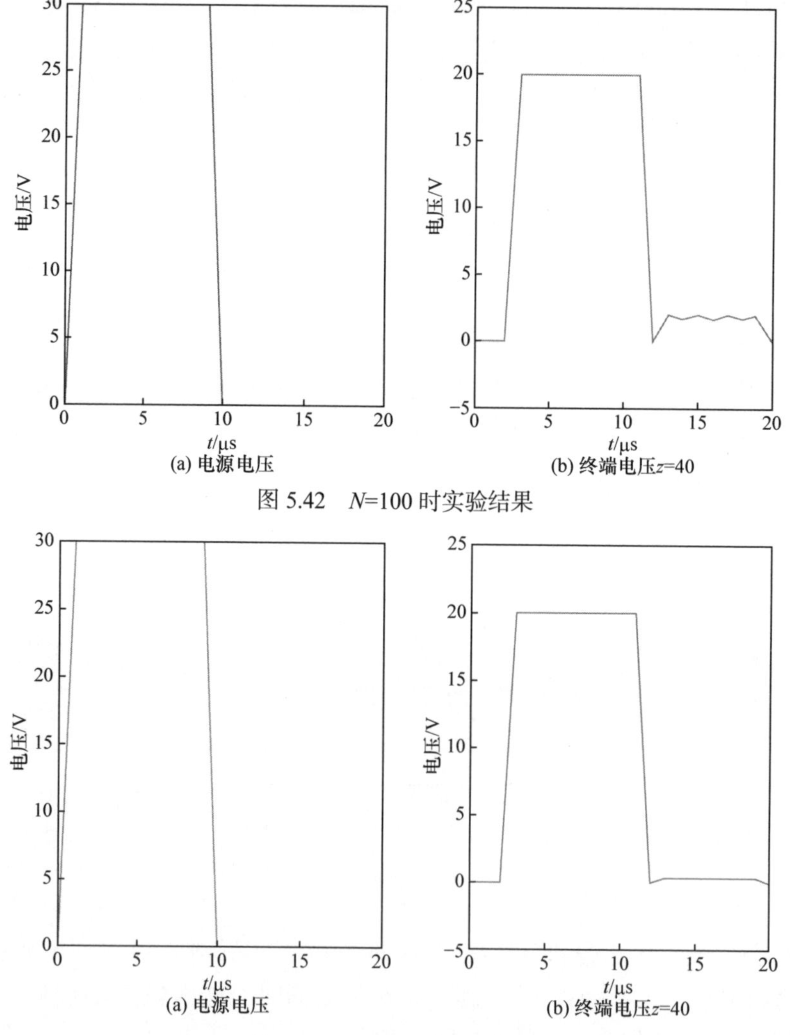


图 5.42 N=100 时实验结果

图 5.43 N=1000 时实验结果

选取参数 $l=2.50\times10^{-7}$，$c=1.00\times10^{-10}$，$z\in[0,400]$，$t\in[0,20]$，$\Delta z=10$，$\Delta t=1$，$mu=1$，$pk=3$，$N=1000$，在 $z=20$，$z=30$ 和 $z=40$ 时，实验结果如图 5.45 所示。

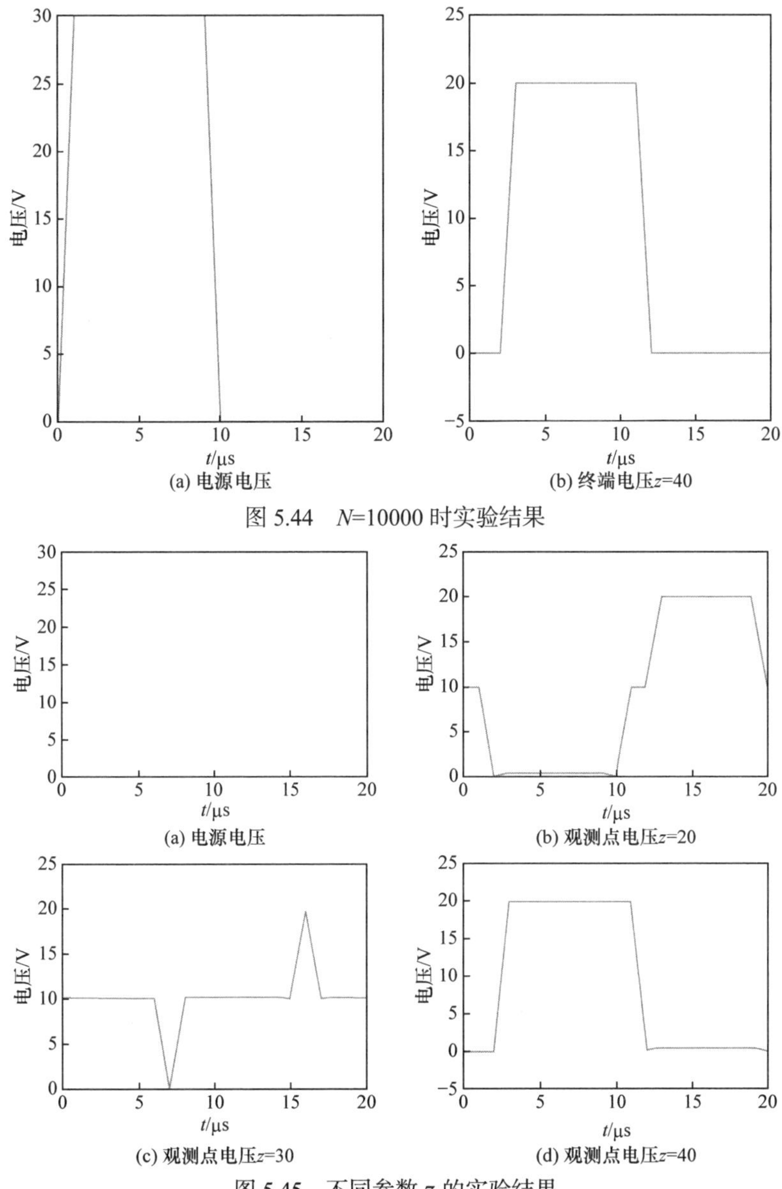


图 5.44　$N$=10000 时实验结果

图 5.45　不同参数 $z$ 的实验结果

实验表明，采用神经网络方法可以计算传输线方程在任意点处的函数值，即传输线上任意点处的电压。此外，通过调整其他参数如电感、电容、空间步长、时间步长等，可以计算不同参数时的终端电压。

## 2. 比较研究

对神经网络方法，选取参数 $\Delta z = 20$ 和 $\Delta t = 1$，隐含层神经元 $2(N+1)$，

$N=5000$，参数 $q=3$。与传统时域有限差分法、级数展开(series expansion, SE)法的数值结果比较发现，采用神经网络方法可以准确地计算传输线方程的终端电压，为传输线方程的数值解提供一种新的方法。实验结果如图 5.46 所示。

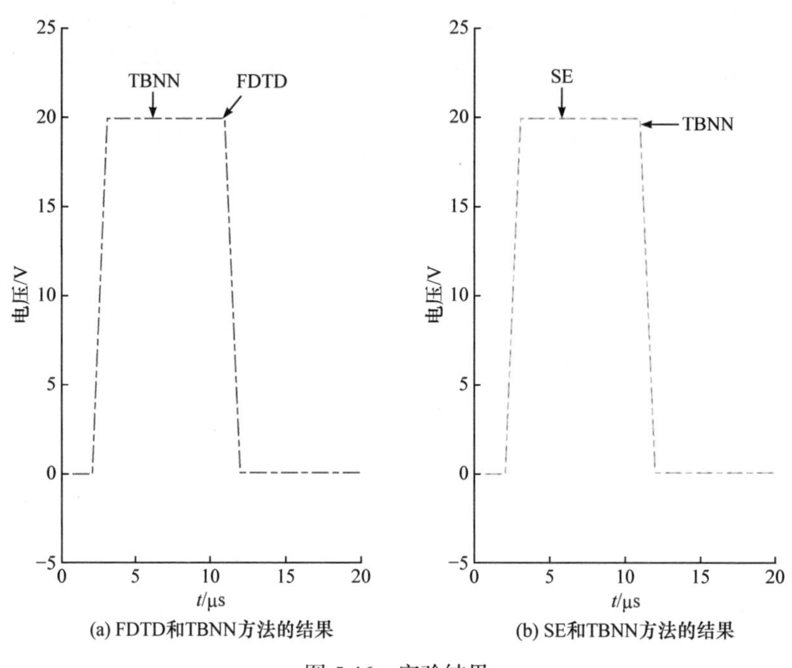


(a) FDTD和TBNN方法的结果　　(b) SE和TBNN方法的结果

图 5.46　实验结果

### 5.4.6　小结

5.4 节主要介绍了神经网络方法在求解无损双导体传输线方程中的应用。采用三角基函数作为隐含层激活函数构造传输线方程的近似解及其导数，采用 IELM 算法训练网络权值，并给出了算法步骤。数值实验结果表明，与传统 FDTD 法和 SE 法相比，该方法是可行的，可为无损双导体传输线方程的数值解提供一种新的算法。

## 5.5　基于三角基函数和 ELM 的神经网络算法在线性积分方程中的应用

### 5.5.1　引言

物理学、生物学和工程学中许多问题需要用线性积分方程来建模[135, 136]。由于线性积分方程的重要性，研究者们已经提出了许多求解各种类型线性积分方程的算法。Maleknejad 等[137]提出 Haar 小波法用于求解第二类线性 Fredholm 积分方程。Bernstein 多项式[138-140]用于求解第一类和第二类的线性 Volterra 和 Fredholm 积分方程。Dastjerdi 等[141]提出基于最小二乘法和 Chebyshev 多项式的数值方法用于求解线性 Volterra-Fredholm 积分方程。Taylor 配置法[142]、Lagrange 配置法[143, 144]和 Fibonacci 配置法[145]用于求解线性 Volterra-Fredholm 积分方程。B 样条配置法[146, 147]用于求解第二类线性 Volterra 和 Fredholm 积分方程。Sinc 配置法[148, 149]用于求解线性 Volterra 和 Fredholm 积分方程。Galerkin 法[150-152]用于求解第二类线性 Volterra 积分方程。变分法[153, 154]用于求解第二类线性 Volterra 和 Fredholm 积分方程。同伦摄动法[155]用于求解第一类和第二类的线性 Fredholm 积分方程。Babolian 等[156]提出 Adomian 分解法用于求解第二类线性 Volterra 积分方程。虽然传统的数值解法计算精度较高，但是得到的数值解大多是离散的。

神经网络具有较强的函数逼近能力[45, 102, 103]，神经网络在模式识别、智能机器人、自动控制、预测估计、生物、医学、经济等领域已成功地解决了许多现代计算机难以解决的实际问题，表现出良好的智能特性[157-162]。同时，已成为求解积分方程的一种替代方法。Golbabai 等[163]提出了径向基神经网络模型用于求解第二类线性 Fredholm 积分方程。Effati 等[164]提出了多层感知器网络模型用于求解第二类 Fredholm 积分方程。Jafarian 等[165, 166]提出反馈型神经网络模型用于求解第二类线性 Volterra 和 Fredholm 积分方程。然而，传统的神经网络算法存在收敛速度慢、训练时间长、局部最优等问题[37]。

极限学习机[36, 79, 80]提供了更快的学习速度、更好的泛化性能和最少的人为干预. 极限学习机在很多领域都有广泛的应用[81, 82, 167-170]。本章我们研究了基于三角基函数和极限学习机的神经网络模型用于求解第一类线性 Volterra 积分方程、第二类线性 Volterra 积分方程、第一类线性 Fredholm 积分方程、第二类线性 Fredholm 积分方程和线性 Volterra-Fredholm 积分方程。线性积分方程的一般形式表示如下：

$$y(x)+\lambda\int_a^x k_1(x,t)y(t)\mathrm{d}t+\mu\int_a^x k_2(x,t)y(t)\mathrm{d}t=g(x),\quad x\in[a,b] \tag{5.127}$$

### 5.5.2　基于三角基函数和 ELM 的神经网络算法在线性 Volterra/Fredholm 积分方程中的应用

本部分研究了基于三角基函数神经网络算法的第一类和第二类线性 Volterra/Fredholm 积分方程的数值解法。

1. 第一类 Volterra/Fredholm 积分方程

第一类积分方程的一般形式如下所示：

$$\int_{\tau} k(x,t)y(t)\mathrm{d}t = g(x),\quad \tau=[a,b] \quad 或 \quad \tau=[a,b],\ x\in[a,b] \tag{5.128}$$

其中，$k(x,t)$和$g(x)$是已知函数，$y(t)$是未知函数。

假定方程(5.128)的近似解为

$$y(x)=\sum_{j=0}^{M} a_j \cos\left(\frac{j\pi}{b-a}(x-a)\right)+\sum_{j=0}^{M} b_j \sin\left(\frac{j\pi}{b-a}(x-a)\right) \tag{5.129}$$

把式(5.129)代入式(5.128)，我们得到

$$\int_{\tau}\sum_{j=0}^{M} a_j k(x,t)\cos\left(\frac{j\pi}{b-a}(t-a)\right)\mathrm{d}t+\int_{\tau}\sum_{j=0}^{M} b_j k(x,t)\sin\left(\frac{j\pi}{b-a}(t-a)\right)\mathrm{d}t=g(x) \tag{5.130}$$

用配置法把区间$[a,\ b]$离散化为$\Omega=\{a=x_0<x_1<\cdots<x_N=b\}$，可以得到

$$\int_{\tau_i}\sum_{j=0}^{M} a_j k(x_i,t)\cos\left(\frac{j\pi}{b-a}(t_i-a)\right)\mathrm{d}t+\int_{\tau_i}\sum_{j=0}^{M} b_j k(x_i,t)\sin\left(\frac{j\pi}{b-a}(t_i-a)\right)\mathrm{d}t = g(x_i),\quad i=0,1,2,\cdots,N \tag{5.131}$$

合并同类项，我们得到

$$\sum_{j=0}^{M} a_j\left[\int_{\tau_i} k(x_i,t)\cos\left(\frac{j\pi}{b-a}(t_i-a)\right)\mathrm{d}t\right]+\sum_{j=0}^{M} b_j\left[\int_{\tau_i} k(x_i,t)\sin\left(\frac{j\pi}{b-a}(t_i-a)\right)\mathrm{d}t\right] = g(x_i),\quad i=0,1,2,\cdots,N \tag{5.132}$$

最后，把方程组(5.132)重写成矩阵的形式，可以得到

$$\boldsymbol{H\beta}=\boldsymbol{G} \tag{5.133}$$

其中

$$\boldsymbol{H}=[\boldsymbol{HA}\ \boldsymbol{HB}],\quad \boldsymbol{HA}=[ha_{ij}]_{N+1,M+1},\quad \boldsymbol{HB}=[hb_{ij}]_{N+1,M+1}$$

$$ha_{ij}=\int_{\tau_i} k(x_i,t)\cos\left(\frac{j\pi}{b-a}(t_i-a)\right)\mathrm{d}t,\quad hb_{ij}=\int_{\tau_i} k(x_i,t)\sin\left(\frac{j\pi}{b-a}(t_i-a)\right)\mathrm{d}t$$

$$i=0,1,\cdots,N,\quad j=0,1,\cdots,M,\quad \boldsymbol{\tau}_i=[a,b] \quad 或 \quad \boldsymbol{\tau}_i=[a,x_i]$$

$$\boldsymbol{\beta}=(a_0,a_1,\cdots,a_M,b_0,b_1,\cdots,b_M)^{\mathrm{T}}$$

$$\boldsymbol{G}=(g(x_0),g(x_1),\cdots,g(x_N))^{\mathrm{T}}$$

根据 Moore-Penrose 广义逆，求得方程组(5.133)的最小二乘解为

$$\boldsymbol{\beta}=\boldsymbol{H}^{\dagger}\boldsymbol{G} \tag{5.134}$$

2. 第二类 Volterra/Fredholm 积分方程

第二类积分方程的一般形式如下所示：

$$y(x)+\int_{\tau} k(x,t)y(t)\mathrm{d}t=g(x),\quad \boldsymbol{\tau}=[a,b] \quad 或 \quad \boldsymbol{\tau}=[a,b],\ x\in[a,b] \tag{5.135}$$

其中，$k(x,t)$和$g(x)$是已知函数，$y(t)$是未知函数。

假定方程(5.135)的近似解为

$$y(x)=\sum_{j=0}^{M}a_j\cos\left(\frac{j\pi}{b-a}(x-a)\right)+\sum_{j=0}^{M}b_j\sin\left(\frac{j\pi}{b-a}(x-a)\right) \tag{5.136}$$

把式(5.136)代入式(5.135)，我们得到

$$\begin{aligned}&\sum_{j=0}^{M}a_j\cos\left(\frac{j\pi}{b-a}(x-a)\right)+\sum_{j=0}^{M}b_j\sin\left(\frac{j\pi}{b-a}(x-a)\right)\\&+\int_{\tau}\sum_{j=0}^{M}a_jk(x,t)\cos\left(\frac{j\pi}{b-a}(t-a)\right)\mathrm{d}t+\int_{\tau}\sum_{j=0}^{M}b_jk(x,t)\sin\left(\frac{j\pi}{b-a}(t-a)\right)\mathrm{d}t=g(x)\end{aligned} \tag{5.137}$$

用配置法把区间$[a,b]$离散化为$\Omega=\{a=x_0<x_1<\cdots<x_N=b\}$，可以得到

$$\begin{aligned}&\sum_{j=0}^{M}a_j\cos\left(\frac{j\pi}{b-a}(x-a)\right)+\sum_{j=0}^{M}b_j\sin\left(\frac{j\pi}{b-a}(x-a)\right)\\&+\lambda\int_{\tau_i}\sum_{j=0}^{M}a_jk(x_i,t)\cos\left(\frac{j\pi}{b-a}(t_i-a)\right)\mathrm{d}t+\lambda\int_{\tau_i}\sum_{j=0}^{M}b_jk(x_i,t)\sin\left(\frac{j\pi}{b-a}(t_i-a)\right)\mathrm{d}t\\&=g(x_i),\quad i=0,1,2,\cdots,N\end{aligned} \tag{5.138}$$

合并同类项，我们得到

$$\begin{aligned}&\sum_{j=0}^{M}a_j\left[\cos\left(\frac{j\pi}{b-a}(x_i-a)\right)+\lambda\int_{\tau_i}k(x_i,t)\cos\left(\frac{j\pi}{b-a}(t_i-a)\right)\mathrm{d}t\right]\\&+\sum_{j=0}^{M}b_j\left[\sin\left(\frac{j\pi}{b-a}(x_i-a)\right)+\lambda\int_{\tau_i}k(x_i,t)\sin\left(\frac{j\pi}{b-a}(t_i-a)\right)\mathrm{d}t\right]=g(x_i),\\&i=0,1,2,\cdots,N\end{aligned} \tag{5.139}$$

最后，把方程组(5.139)重写成矩阵的形式，可以得到

$$\boldsymbol{H\beta}=\boldsymbol{G} \tag{5.140}$$

其中

$$\boldsymbol{H}=[\boldsymbol{HA}\quad \boldsymbol{HB}],\ \boldsymbol{HA}=[ha_{ij}]_{N+1,M+1},\ \boldsymbol{HB}=[hb_{ij}]_{N+1,M+1}$$

$$ha_{ij}=\cos\left(\frac{j\pi}{b-a}(x_i-a)\right)+\lambda\int_{\tau_i}k(x_i,t)\cos\left(\frac{j\pi}{b-a}(t_i-a)\right)\mathrm{d}t$$

$$hb_{ij}=\sin\left(\frac{j\pi}{b-a}(x_i-a)\right)+\lambda\int_{\tau_i}k(x_i,t)\sin\left(\frac{j\pi}{b-a}(t_i-a)\right)\mathrm{d}t$$

$i=0,1,\cdots,N$，$j=0,1,\cdots,M$，$\boldsymbol{\tau}_i=[a,b]$或$\boldsymbol{\tau}_i=[a,x_i]$，$\boldsymbol{\beta}=(a_0,a_1,\cdots,a_M,b_0,b_1,\cdots,b_M)^{\mathrm{T}}$

$$\boldsymbol{G}=(g(x_0),g(x_1),\cdots,g(x_N))^{\mathrm{T}}$$

根据 Moore-Penrose 广义逆，求得方程组(5.140)的最小二乘解为

$$\boldsymbol{\beta}=\boldsymbol{H}^{\dagger}\boldsymbol{G} \tag{5.141}$$

### 5.5.3 基于三角基函数和 ELM 的神经网络算法在 Volterra-Fredholm 积分方程中的应用

本部分我们用三角基函数神经网络算法求解线性 Volterra-Fredholm 积分方程。线性 Volterra-Fredholm 积分方程的一般形式为

$$y(x)+\lambda\int_a^x k_1(x,t)y(t)\mathrm{d}t+\mu\int_a^x k_2(x,t)y(t)\mathrm{d}t=g(x),\quad x\in[a,b] \tag{5.142}$$

其中，$k_1(x,t)$、$k_2(x,t)$和$g(x)$是已知函数，$y(t)$是未知函数。

假定方程(5.142)的近似解为

$$y(x)=\sum_{j=0}^{M}a_j\cos\left(\frac{j\pi}{b-a}(x-a)\right)+\sum_{j=0}^{M}b_j\sin\left(\frac{j\pi}{b-a}(x-a)\right) \tag{5.143}$$

把式(5.143)代入式(5.142)，我们得到

$$\begin{aligned}&\sum_{j=0}^{M}a_j\cos\left(\frac{j\pi}{b-a}(x-a)\right)+\sum_{j=0}^{M}b_j\sin\left(\frac{j\pi}{b-a}(x-a)\right)\\&+\lambda\int_a^b\sum_{j=0}^{M}a_jk_1(x,t)\cos\left(\frac{j\pi}{b-a}(x-a)\right)\mathrm{d}t+\lambda\int_a^b\sum_{j=0}^{M}b_jk_1(x,t)\sin\left(\frac{j\pi}{b-a}(t-a)\right)\mathrm{d}t\\&+\mu\int_a^x\sum_{j=0}^{M}a_jk_2(x,t)\cos\left(\frac{j\pi}{b-a}(x-a)\right)\mathrm{d}t+\mu\int_a^x\sum_{j=0}^{M}b_jk_2(x,t)\sin\left(\frac{j\pi}{b-a}(t-a)\right)\mathrm{d}t\\=&\,g(x)\end{aligned} \tag{5.144}$$

用配置法把区间$[a,b]$离散化为$\Omega=\{a=x_0<x_1<\cdots<x_N=b\}$，可以得到

$$\begin{aligned}&\sum_{j=0}^{M}a_j\cos\left(\frac{j\pi}{b-a}(x_i-a)\right)+\sum_{j=0}^{M}b_j\sin\left(\frac{j\pi}{b-a}(x_i-a)\right)\\&+\lambda\int_a^b\sum_{j=0}^{M}a_jk_1(x_i,t)\cos\left(\frac{j\pi}{b-a}(x_i-a)\right)\mathrm{d}t+\lambda\int_a^b\sum_{j=0}^{M}b_jk_1(x_i,t)\sin\left(\frac{j\pi}{b-a}(t_i-a)\right)\mathrm{d}t\\&+\mu\int_a^x\sum_{j=0}^{M}a_jk_2(x_i,t)\cos\left(\frac{j\pi}{b-a}(x_i-a)\right)\mathrm{d}t+\mu\int_a^x\sum_{j=0}^{M}b_jk_2(x_i,t)\sin\left(\frac{j\pi}{b-a}(t_i-a)\right)\mathrm{d}t\\=&\,g(x_i)\end{aligned} \tag{5.145}$$

合并同类项，我们得到

$$\sum_{j=0}^{M}a_j\left[\cos\left(\frac{j\pi}{b-a}(x_i-a)\right)+\lambda\int_a^b k_1(x_i,t)\cos\left(\frac{j\pi}{b-a}(x_i-a)\right)\mathrm{d}t+\mu\int_a^x k_2(x_i,t)\cos\left(\frac{j\pi}{b-a}(t_i-a)\right)\mathrm{d}t\right]$$
$$+\sum_{j=0}^{M}b_j\left[\sin\left(\frac{j\pi}{b-a}(x_i-a)\right)+\lambda\int_a^b k_1(x_i,t)\sin\left(\frac{j\pi}{b-a}(x_i-a)\right)\mathrm{d}t+\mu\int_a^x k_2(x_i,t)\sin\left(\frac{j\pi}{b-a}(t_i-a)\right)\mathrm{d}t\right]$$
$$=g(x_i),\quad i=0,1,2,\cdots,N \tag{5.146}$$

最后，把方程组(5.146)重写成矩阵的形式，可以得到

$$\boldsymbol{H\beta}=\boldsymbol{G} \tag{5.147}$$

其中

$$\boldsymbol{H}=[\boldsymbol{HA}\quad \boldsymbol{HB}],\quad \boldsymbol{HA}=[ha_{ij}]_{N+1,M+1},\quad \boldsymbol{HB}=[hb_{ij}]_{N+1,M+1}$$

$$ha_{ij}=\cos\left(\frac{j\pi}{b-a}(x_i-a)\right)+\lambda\int_a^b k_1(x_i,t)\cos\left(\frac{j\pi}{b-a}(t_i-a)\right)\mathrm{d}t+\mu\int_a^x k_2(x_i,t)\cos\left(\frac{j\pi}{b-a}(t_i-a)\right)\mathrm{d}t$$

$$hb_{ij}=\sin\left(\frac{j\pi}{b-a}(x_i-a)\right)+\lambda\int_a^b k_1(x_i,t)\sin\left(\frac{j\pi}{b-a}(t_i-a)\right)\mathrm{d}t+\mu\int_a^x k_2(x_i,t)\sin\left(\frac{j\pi}{b-a}(t_i-a)\right)\mathrm{d}t$$

$$i=0,1,\cdots,N,\ j=0,1,\cdots,M,\ \boldsymbol{\tau}_i=[a,b]\text{或}\boldsymbol{\tau}_i=[a,x_i],\ \boldsymbol{\beta}=(a_0,a_1,\cdots,a_M,b_0,b_1,\cdots,b_M)^{\mathrm{T}}$$

$$\boldsymbol{G}=(g(x_0),g(x_1),\cdots,g(x_N))^{\mathrm{T}}$$

根据 Moore-Penrose 广义逆，求得方程组(5.147)的最小二乘解为

$$\boldsymbol{\beta}=\boldsymbol{H}^{\dagger}\boldsymbol{G} \tag{5.148}$$

### 5.5.4　基于三角基函数神经网络算法求解线性积分方程的步骤及其结构

基于三角基函数和极限学习机算法的神经网络模型由一个输入节点，一个输出节点和一个基于三角基函数的函数扩展块三部分组成。该模型用三角基函数的函数扩展块来消除隐含层，同时用极限学习机计算输出权重，改进的神经网络模型的结构如图 5.47 所示。

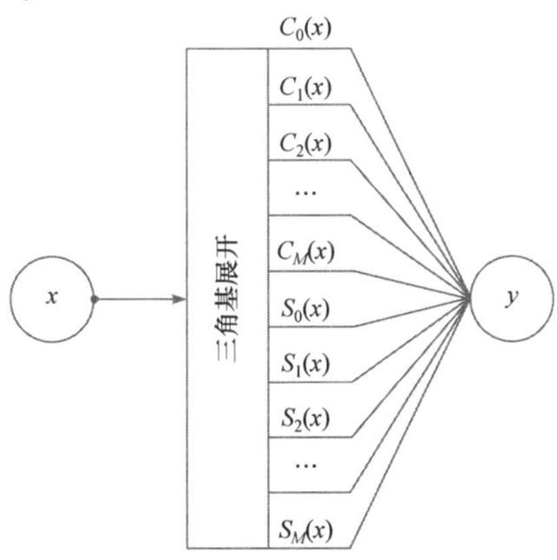


图 5.47　改进的神经网络模型的结构

三角基函数神经网络算法的步骤如下所示。

**步骤 1** 区间$[a,b]$离散成一系列的配置点，即区间$[a,b]$离散化为

$$\Omega=\{a=x_0<x_1<\cdots<x_N=b\},x_i=a+x_{i-1}(b-a)/N,\ \ i=0,1,\cdots,N$$

**步骤 2** 选用三角基函数作为激励函数，假定线性积分方程的近似解为

$$y(x)=\sum_{j=0}^{M}a_j\cos\left(\frac{j\pi}{b-a}(x-a)\right)+\sum_{j=0}^{M}b_j\sin\left(\frac{j\pi}{b-a}(x-a)\right)$$

**步骤 3** 在各个离散点处，把近似解$y(x)$代入线性积分方程，转换成方程组

$$\boldsymbol{H\beta}=\boldsymbol{G}$$

**步骤 4** 用改进的神经网络算法训练模型，相当于求解方程组$\boldsymbol{H\beta}=\boldsymbol{G}$的最小二乘解，即可求出输出权重$\boldsymbol{\beta}=\boldsymbol{H}^{\dagger}\boldsymbol{G},\boldsymbol{\beta}=\operatorname{argmin}\|\boldsymbol{H\beta}-\boldsymbol{G}\|$。

**步骤 5** 把输出权重$\boldsymbol{\beta}$代入近似解。

三角基函数神经网络算法的主要优点如下。

(1) 三角基函数神经网络算法随机选择输入权重，只需确定输出权重即可。没有进行反向传播，而是将这个问题转化为一个线性方程组，通过 Moore-Penrose 广义逆矩阵得到输出权重，大大提高了计算速度。

(2) 三角基函数神经网络算法用三角基函数扩展输入模块来消除隐含层。

(3) 三角基函数神经网络算法没有使用优化技术。

### 5.5.5 数值模拟

为了验证三角基函数神经网络算法的有效性，本部分分别对第一类线性 Volterra 积分方程、第二类线性 Volterra 积分方程、第一类线性 Fredholm 积分方程、第二类线性 Fredholm 积分方程，以及线性 Volterra-Fredholm 积分方程用三角基函数神经网络算法做了数值实验。在改进的算法中，$\omega_j=j\pi/(b-a),b_j=-j\pi a/(b-a)(j=0,1,\cdots,M)$。在我们的实验中，神经元的个数根据验证集中点的最小均方误差来确定。这里，验证集由训练点$\{x\}_{i=0}^{N}$的中点构成，即为$V=\{v_i\mid v_i=(x_i+x_{i+1})/2,i=0,1,\cdots,N\}$。

**例 5.34** 考虑第二类线性 Volterra 积分方程

$$f(x)+\int_0^x(x-t)f(t)\mathrm{d}t=1,\ \ x\in[0,1] \tag{5.149}$$

其精确解为$f(x)=\cos(x)$。

选取区间$[0,1]$上的 21 个等间隔的训练点和 10 个三角基函数对第二类线性 Volterra 积分方程用改进的神经网络模型进行训练。精确解和改进的神经网络模型得到的近似解的比较如图 5.48(a)所示，精确解和改进的神经网络模型得到的近

似解的误差比较如图 5.48(b)所示。经计算发现：对于训练点改进的神经网络模型得到的近似解的均方误差为$9.9951\times10^{-18}$。虽然我们仅选择了一小部分训练点，但是改进的神经网络模型的误差精度达到$O\left(10^{-9}\right)$。改进的神经网络模型对于求解第二类线性 Volterra 积分方程具有较高的准确性。

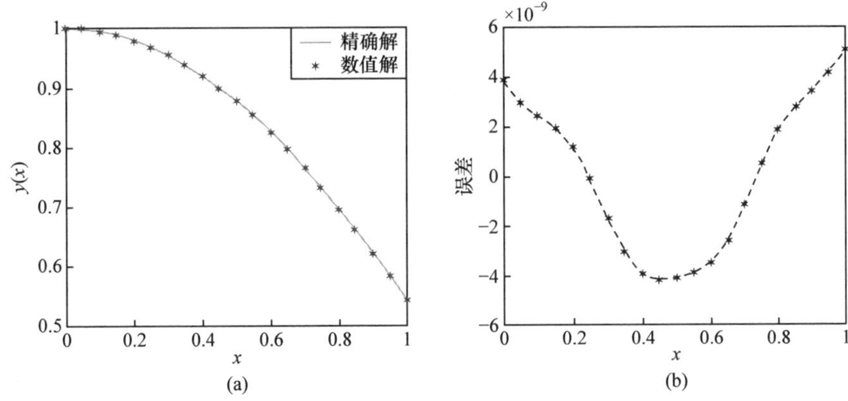


图 5.48　例 5.34 情况下第二类线性 Volterra 积分方程

最后，在区间[0,1]随机地取 11 个点测试神经网络模型。精确解和改进的神经网络算法得到的近似解的结果以及绝对误差如表 5.20 所示。经计算发现：对于测试点，改进的神经网络模型得到的近似解的均方误差是$1.6198\times10^{-17}$。改进的神经网络算法对于求解第二类线性 Volterra 积分方程可以达到令人满意的效果。

**表 5.20　精确解和近似解的比较(例 5.34)**

| $x$ | 精确解 | 近似解 | 绝对误差 |
|---|---|---|---|
| 0.0624 | 0.99805375164 | 0.99805374188 | $9.7576\times10^{-9}$ |
| 0.0915 | 0.99581679479 | 0.99581679059 | $4.2023\times10^{-9}$ |
| 0.1518 | 0.98850048763 | 0.98850048566 | $1.9785\times10^{-9}$ |
| 0.2410 | 0.97109978660 | 0.97109978650 | $9.7347\times10^{-11}$ |
| 0.3604 | 0.93575583912 | 0.93575584244 | $3.3261\times10^{-9}$ |
| 0.5252 | 0.86522368172 | 0.86522368577 | $4.0509\times10^{-9}$ |
| 0.6395 | 0.80239425533 | 0.80239425823 | $2.8952\times10^{-9}$ |
| 0.7590 | 0.72552456965 | 0.72552456885 | $8.0325\times10^{-10}$ |
| 0.8482 | 0.66133438071 | 0.66133437801 | $2.7062\times10^{-9}$ |
| 0.9084 | 0.61500816934 | 0.61500816759 | $1.7473\times10^{-9}$ |
| 0.9348 | 0.54030230587 | 0.54030230076 | $3.8094\times10^{-9}$ |

**例 5.35**　考虑第一类线性 Volterra 积分方程

$$\int_0^x e^{x+1} f(t)\mathrm{d}t = xe^x \tag{5.150}$$

其精确解为 $f(x)=e^{-x}$。

选取区间[0,1]上的 21 个等间隔的训练点和 9 个三角基函数训练改进的神经网络模型。精确解和改进的神经网络模型得到的近似解的比较如图 5.49(a)所示，精确解和改进的神经网络模型得到的近似解的误差比较如图 5.49(b)所示，最大绝对误差为$1.4189\times10^{-6}$。虽然我们仅选择了 21 个训练点，但是改进的神经网络模型具有较高的准确性。

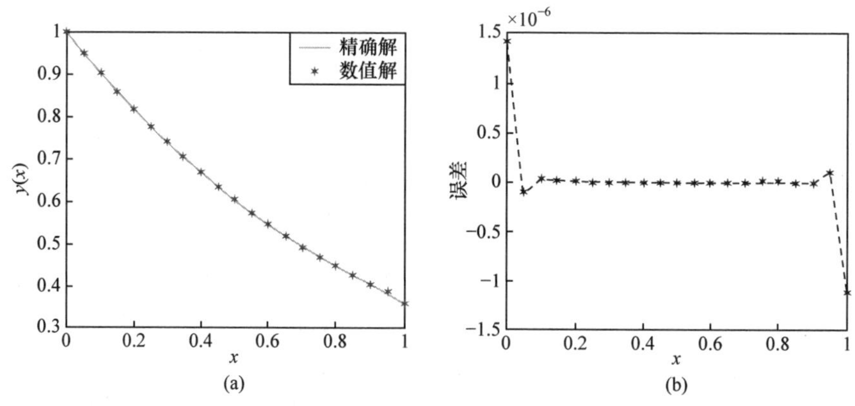


图 5.49　例 5.35 情况下第一类线性 Volterra 积分方程

最后，在区间[0,1]随机地取 11 个点测试神经网络模型。精确解和改进的神经网络算法得到的近似解的结果以及绝对误差如表 5.21 所示。经计算发现：均方误差是$1.7566\times10^{-16}$。改进的神经网络算法具有较高的准确性。

**表 5.21　精确解和近似解的比较(例 5.35)**

| $x$ | 精确解 | 近似解 | 绝对误差 |
|---|---|---|---|
| 0.0624 | 0.93950700882 | 0.93950701666 | $7.8430\times10^{-9}$ |
| 0.0915 | 0.91256131615 | 0.91256128157 | $3.4581\times10^{-8}$ |
| 0.1518 | 0.85916009558 | 0.85916009393 | $1.6517\times10^{-9}$ |
| 0.2410 | 0.78584162639 | 0.78584162803 | $1.6400\times10^{-9}$ |
| 0.3604 | 0.69739731135 | 0.69739732059 | $9.2449\times10^{-9}$ |
| 0.5252 | 0.59143706512 | 0.59143707674 | $1.1613\times10^{-9}$ |
| 0.6395 | 0.52755613618 | 0.52755614434 | $8.1592\times10^{-9}$ |

续表

| $x$ | 精确解 | 近似解 | 绝对误差 |
|---|---|---|---|
| 0.7590 | 0.46813432735 | 0.46813432790 | $5.5174\times10^{-9}$ |
| 0.8482 | 0.42818497165 | 0.42818496332 | $8.3319\times10^{-9}$ |
| 0.9084 | 0.40316877830 | 0.40316878981 | $1.1516\times10^{-9}$ |
| 0.9348 | 0.39266439056 | 0.39266437713 | $1.3427\times10^{-9}$ |

**例 5.36**　考虑第一类线性 Fredholm 积分方程

$$\int_0^1 \left(x^2+t^2\right)^{\frac{1}{2}} f\left(t\right)\mathrm{d}t=\frac{\left(x^2+1\right)^{\frac{3}{2}}-x^3}{3},\quad x\in[0,1] \tag{5.151}$$

其精确解为 $f\left(x\right)=x$ 。

选取区间[0,1]上的 21 个等间隔的训练点和 5 个三角基函数训练改进的神经网络模型。精确解和改进的神经网络模型得到的近似解的比较如图 5.50(a)所示，精确解和改进的神经网络模型得到的近似解的误差比较如图 5.50(b)所示。经计算发现：均方误差为 $4.5858\times10^{-8}$ ，说明改进的神经网络模型对于求解第一类线性 Fredholm 积分方程具有较高的准确性。

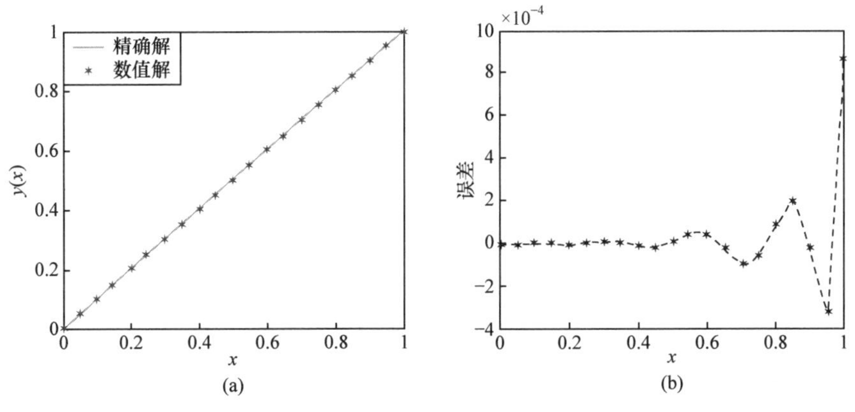


图 5.50　例 5.36 情况下第一类线性 Fredholm 积分方程

最后，在区间[0,1]随机地取 11 个点测试神经网络模型。精确解和改进的神经网络算法得到的近似解的结果以及绝对误差如表 5.22 所示。从表中可以看出：最大绝对误差是 $5.0194\times10^{-5}$ 。改进的神经网络算法具有较高的准确性。

**表 5.22　精确解和近似解的比较(例 5.36)**

| $x$ | 精确解 | 近似解 | 绝对误差 |
|---|---|---|---|
| 0.0624 | 0.0624 | 0.0624018374958 | $1.8375\times10^{-6}$ |
| 0.0915 | 0.0915 | 0.0914998075600 | $1.9244\times10^{-7}$ |
| 0.1518 | 0.1518 | 0.1517998145017 | $1.8550\times10^{-7}$ |
| 0.2410 | 0.2410 | 0.2409996452088 | $3.5479\times10^{-7}$ |
| 0.3604 | 0.3604 | 0.3603986129114 | $1.3871\times10^{-6}$ |
| 0.4178 | 0.4178 | 0.4178174298837 | $1.7430\times10^{-5}$ |
| 0.5123 | 0.5123 | 0.5122793175940 | $2.0682\times10^{-5}$ |
| 0.5567 | 0.5567 | 0.5566498055205 | $5.0194\times10^{-5}$ |
| 0.6034 | 0.6034 | 0.6033610814703 | $3.8919\times10^{-5}$ |
| 0.6395 | 0.6395 | 0.6395088122798 | $8.8123\times10^{-6}$ |
| 0.7590 | 0.7590 | 0.7590441135358 | $4.4114\times10^{-5}$ |

**例 5.37**　考虑第二类线性 Fredholm 积分方程

$$f(x)+\frac{1}{3}\int_0^1 \mathrm{e}^{2x-\frac{5t}{3}} f(t)\mathrm{d}t=\mathrm{e}^{2x+\frac{1}{3}},\quad x\in[0,1] \tag{5.152}$$

其精确解为 $f(x)=\mathrm{e}^{2x}$。

选取区间[0,1]上的 21 个等间隔的训练点和 10 个三角基函数训练改进的神经网络模型。精确解和改进的神经网络模型得到的近似解的比较如图 5.51(a)所示，

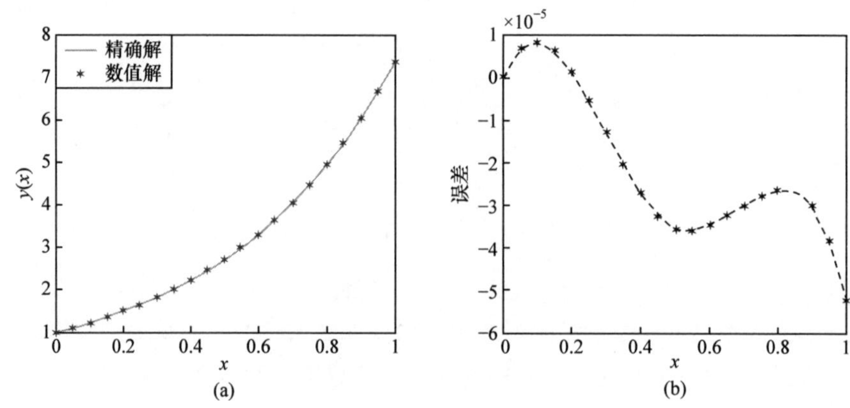


图 5.51　例 5.37 情况下第二类线性 Fredholm 积分方程

精确解和改进的神经网络模型得到的近似解的误差比较如图 5.51(b)所示，最大绝对误差为 $5.2594\times10^{-8}$ 。改进的神经网络模型对于求解第二类线性 Fredholm 积分方程具有较高的准确性。

最后，在区间 [0,1] 随机地取 11 个点测试神经网络模型。精确解和改进的神经网络算法得到的近似解的结果以及绝对误差如表 5.23 所示。经计算发现：均方误差是 $4.6162\times10^{-15}$ 。改进的神经网络算法具有较高的准确性。

**表 5.23 精确解和近似解的比较(例 5.37)**

| $x$ | 精确解 | 近似解 | 绝对误差 |
|---|---|---|---|
| 0.0624 | 1.13292184603767 | 1.13292200114221 | $1.5510\times10^{-7}$ |
| 0.0915 | 1.20081440808083 | 1.20081443909615 | $3.1015\times10^{-8}$ |
| 0.1518 | 1.35472705687431 | 1.35472705223985 | $4.6345\times10^{-9}$ |
| 0.2410 | 1.61930978530193 | 1.61930978847933 | $3.1774\times10^{-9}$ |
| 0.3604 | 2.05607741480638 | 2.05607743678996 | $2.1984\times10^{-8}$ |
| 0.5252 | 2.85879440715296 | 2.85879444297453 | $3.5822\times10^{-8}$ |
| 0.6395 | 3.59304488356428 | 3.59304491603424 | $3.2470\times10^{-8}$ |
| 0.7590 | 4.56308988310901 | 4.56308991182704 | $2.8718\times10^{-8}$ |
| 0.8482 | 5.45427660976895 | 5.45427663486168 | $2.5093\times10^{-8}$ |
| 0.9084 | 6.15214006907956 | 6.15214005846768 | $1.0612\times10^{-8}$ |
| 0.9348 | 6.48570159972151 | 6.48570145364190 | $1.4608\times10^{-7}$ |

**例 5.38** 考虑线性 Volterra-Fredholm 积分方程

$$f(x)+\int_0^1 \mathrm{e}^{x+t} f(t)\mathrm{d}t-\int_0^x \mathrm{e}^{x+t} f(t)\mathrm{d}t=\mathrm{e}^x-\mathrm{e}^{-x}(x-1),\quad x\in[0,1] \tag{5.153}$$

其精确解为 $f(x)=\mathrm{e}^{-x}$ 。

选取区间 [0,1] 上的 21 个等间隔的点和 10 个三角基函数对线性 Volterra-Fredholm 积分方程用改进的神经网络模型进行训练。精确解和改进的神经网络模型得到的近似解的比较如图 5.52(a)所示，精确解和改进的神经网络模型得到的近似解的误差比较如图 5.52(b)所示，均方误差为 $6.8684\times10^{-17}$ 。改进的神经网络模型对于求解线性 Volterra-Fredholm 积分方程具有较高的准确性。

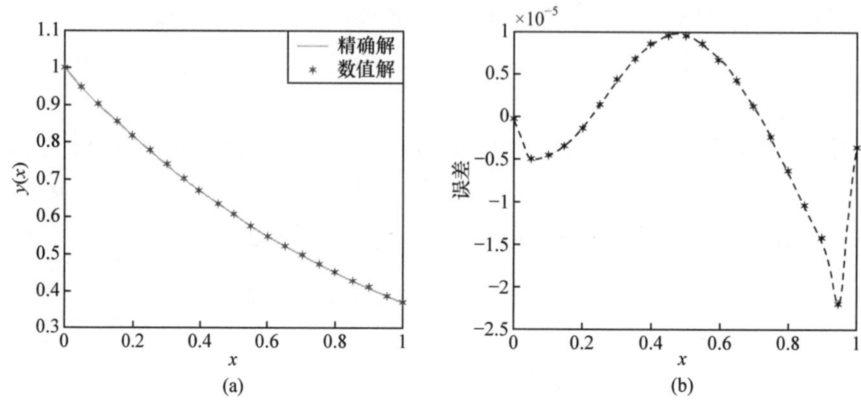


图 5.52 例 5.38 情况下第二类线性 Volterra-Fredholm 积分方程

最后，在区间[0,1]随机地取 11 个点测试神经网络模型。精确解和改进的神经网络算法得到的近似解的结果以及绝对误差如表 5.24 所示。从表中可以看出：最大绝对误差是$3.1109\times10^{-8}$。改进的神经网络算法具有较高的准确性。

**表 5.24 精确解和近似解的比较(例 5.38)**

| $x$ | 精确解 | 近似解 | 绝对误差 |
|---|---|---|---|
| 0.0624 | 0.93950700882 | 0.93950700070 | $8.1219\times10^{-9}$ |
| 0.0915 | 0.91256131615 | 0.91256131766 | $1.5057\times10^{-9}$ |
| 0.1518 | 0.85916009558 | 0.85916009899 | $3.4158\times10^{-9}$ |
| 0.2410 | 0.78584162639 | 0.78584162572 | $6.6445\times10^{-10}$ |
| 0.3604 | 0.69739731135 | 0.69739730425 | $7.0929\times10^{-9}$ |
| 0.5252 | 0.59143706512 | 0.59143705613 | $8.9942\times10^{-9}$ |
| 0.6395 | 0.52755613618 | 0.52755613150 | $4.6745\times10^{-9}$ |
| 0.7590 | 0.46813432735 | 0.46813433050 | $3.1531\times10^{-9}$ |
| 0.8482 | 0.42818497165 | 0.42818498217 | $1.0513\times10^{-8}$ |
| 0.9084 | 0.40316877830 | 0.40316879630 | $1.8001\times10^{-8}$ |
| 0.9348 | 0.39266439056 | 0.39266442167 | $3.1109\times10^{-8}$ |

### 5.5.6 小结

5.5 节提出了一种基于三角基函数和 ELM 的神经网络算法，用于求解线性 Fredholm 积分微分方程。通过求解带初始条件的线性一阶 Fredholm 积分微分方程、带初始条件的线性二阶 Fredholm 积分微分方程、带边界条件的线性二阶 Fredholm 积分微分方程、带初始条件的线性三阶 Fredholm 积分微分方程和带边界条件的线性四阶 Fredholm 积分微分方程，验证了改进的神经网络算法的精度。与精确解进行比较，改进的神经网络算法的计算精度较高。

## 5.6　Legendre 神经网络 ELM 算法在线性 Fredholm 积分微分方程中的应用

### 5.6.1　引言

线性 Fredholm 积分微分方程在流体动力学、生物工程和化学动力学等诸多领域发挥着重要的作用。研究者们提出了许多求解线性 Fredholm 积分微分方程的数值方法，如 Bessel 配置法[171]、Sinc 配置法[172]、有限差分法[48]、sine-cosine 小波法[173, 174]、Haar 小波法[49]、CAS 小波法[175]、样条小波法[176]、同伦摄动法[177]、变分法[178]以及神经网络法[179]等。

极限学习机是一种单隐含层前馈型神经网络，其输入权重和偏置值是随机选择的，输出权重通过 Moore-Penrose 广义逆运算得到。极限学习机提供了更快的学习速度、更好的泛化性能和更少的人为干预，也避免了基于梯度下降的 BP 神经网络算法所面临的隐含层神经元选择困难、局部最优解和训练时间长等问题[81, 167]。极限学习机已经成功应用于求解微分方程和积分方程。Yang 等[57, 180]提出了一种基于 Legendre 多项式和极限学习机的 Legendre 神经网络算法用于求解常微分方程和偏微分方程。Sun 等[61]提出了一种基于 Bernstein 多项式和极限学习机的单隐含层 Bernstein 神经网络，用于求解常微分方程和偏微分方程。Zhou 等[181]提出了一种基于三角基函数和极限学习机的改进神经网络算法用于求解金融风险模型中一种特殊的更新积分微分方程。据我们所知，在选用合适的基函数和改进极限学习机的神经网络方法求解线性 Fredholm 积分微分方程问题方面没有太多的研究工作。本节我们用 Legendre 神经网络算法研究线性 Fredholm 积分微分方程的数值解法。线性 Fredholm 积分微分方程的一般形式为

$$\sum_{s=0}^{S} \gamma_s(x) y^{(s)}(x) - \lambda \int_a^b k_1(x,t) y(t) \mathrm{d}t = g(x), \quad x \in [a,b] \tag{5.154}$$

### 5.6.2　单隐含层 Legendre 神经网络模型的结构

单隐含层 Legendre 神经网络模型由三部分组成：一个输入节点、一个输出节点和一个 Legendre 多项式的函数扩展块。单隐含层 Legendre 神经网络模型的结构如

图 5.53 所示。Legendre 多项式是一组由 Legendre 微分方程的解得到的正交多项式。

前两项 Legendre 多项式为

$$\begin{cases} L_0(x)=1 \\ L_1(x)=x \end{cases}$$

高阶的 Legendre 多项式由下面的递推公式得到：

$$L_{n+1}(x)=\frac{1}{n+1}\left[(2n+1)xL_n(x)-nL_{n-1}(x)\right],\quad n\geqslant 2 \tag{5.155}$$

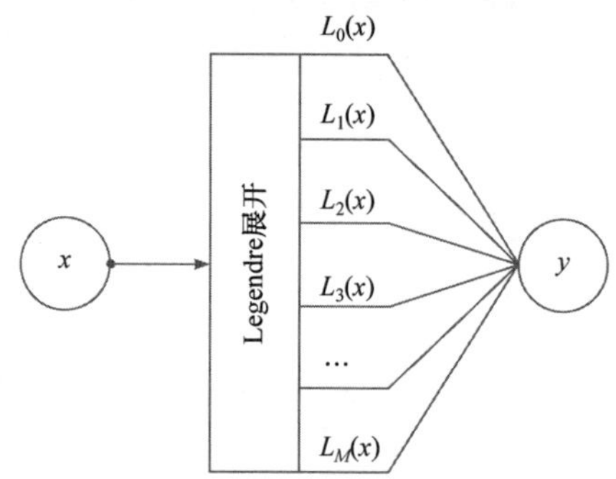


图 5.53　单隐含层 Legendre 神经网络模型的结构

选用 Legendre 多项式作为激活函数的优点如下。

(1) Legendre 函数是函数空间 $C[a,b]$的正交基，即满足

$$\int_{-1}^{1} L_i(x)L_j(x)\mathrm{d}x=\frac{2}{2i+1}\delta_{ij}$$

其中，$\delta_{ij}=1, i=j$；$\delta_{ij}=0,\ i\neq j$。因此，函数空间 $C[a,b]$ 中的任何函数都可以表示为 Legendre 基函数的线性组合。

(2) Legendre 函数是可微的。它的导数也是可微的，且满足 $\boldsymbol{L}'(\boldsymbol{x})=\boldsymbol{L}(\boldsymbol{x})\boldsymbol{Q}$，其中 $\boldsymbol{Q}$ 是 Legendre 运算矩阵：

$$\boldsymbol{Q}=\begin{bmatrix} 0 & 1 & 0 & 1 & 0 & 1 & \dots & 0 & 1 \\ 0 & 0 & 3 & 0 & 3 & 0 & \dots & 3 & 0 \\ 0 & 0 & 0 & 5 & 0 & 5 & \dots & 0 & 5 \\ 0 & 0 & 0 & 0 & 7 & 0 & \dots & 7 & 0 \\ 0 & 0 & 0 & 0 & 0 & 9 & \dots & 0 & 9 \\ \vdots & \vdots & \vdots & \vdots & \vdots & \vdots & & \vdots & \vdots \\ 0 & 0 & 0 & 0 & 0 & 0 & \dots & 0 & 2n-1 \\ 0 & 0 & 0 & 0 & 0 & 0 & \dots & 0 & 0 \end{bmatrix}_{(n+1)\times(n+1)} \tag{5.156}$$

$\boldsymbol{L}(\boldsymbol{x})=\left[L_0(x),L_1(x),\cdots,L_n(x)\right]$，$L_n(x)$ 是 $n$ 阶 Legendre 多项式；$\boldsymbol{L}'(\boldsymbol{x})=\left[L_0'(x),L_1'(x),\cdots,L_n'(x)\right]$，$L_n'(x)$ 是 $n$ 阶 Legendre 多项式 $L_n(x)$ 的导数。

(3) Legendre 函数比三角函数具有更好的收敛性。

### 5.6.3 基于 Legendre 神经网络算法的线性 Fredholm 积分微分方程的初值问题研究

线性 Fredholm 积分微分方程的一般形式为

$$\sum_{s=0}^{S}\gamma_s(x)y^{(s)}(x)-\lambda\int_a^b k_1(x,t)y(t)\mathrm{d}t=g(x),\quad x\in[a,b] \tag{5.157}$$

其初始条件为 $y^{(l)}(a)=p_l,l=0,1,\cdots,S-1$，其中 $y^{(s)}(x)$ 是未知函数的 $s$ 阶导数，$y(t)$ 是未知函数，$\gamma_s(x)$、$g(x)$ 和 $k_1(x,t)$ 是已知函数，$a$、$b$、$\lambda$ 和 $p_l$ 是常数。

假定方程(5.157)的近似解为

$$y(x)=\sum_{j=0}^{M}\beta_j L_j(x) \tag{5.158}$$

把式(5.158)代入式(5.157)，我们得到

$$\sum_{s=0}^{S}\sum_{j=0}^{M}\beta_j\gamma_s(x)L_j^{(s)}(x)-\lambda\int_a^b\sum_{j=0}^{M}k(x,t)\beta_jL_j(t)\mathrm{d}t=g(x) \tag{5.159}$$

用配置法把区间 $[a,b]$ 离散化为 $\Omega=\{a=x_0<x_1<\cdots<x_N=b\}$，可以得到

$$\sum_{s=0}^{S}\sum_{j=0}^{M}\beta_j\gamma_s(x_i)L_j^{(s)}(x_i)-\lambda\int_a^b\sum_{j=0}^{M}k_1(x_i,t)\beta_jL_j(t)\mathrm{d}t=g(x_i),\quad i=0,1,2,\cdots,N \tag{5.160}$$

合并同类项，我们得到

$$\sum_{j=0}^{M}\left(\sum_{s=0}^{S}\gamma_s(x_i)L_j^{(s)}(x_i)-\lambda\int_a^b\sum_{j=0}^{M}k_1(x_i,t)L_j(t)\mathrm{d}t\right)\beta_j=g(x_i),\quad i=0,1,2,\cdots,N \tag{5.161}$$

最后，把方程组(5.161)重写成矩阵的形式，可以得到

$$\boldsymbol{H\beta}=\boldsymbol{G} \tag{5.162}$$

其中

$$\boldsymbol{H}=\begin{bmatrix}\boldsymbol{HQ}\\ \boldsymbol{HI}\end{bmatrix}_{N+S+1,M+1}$$

$$\boldsymbol{HQ}=\boldsymbol{HL}-\lambda\boldsymbol{HA},\quad \boldsymbol{HA}=[ha_{ij}]_{N+1,M+1}$$

$$\boldsymbol{HL}=[hl_{ij}]_{N+1,M+1}$$

$$ha_{ij}=\int_a^b k_1(x_i,t)L_j(t)\mathrm{d}t$$

$$hl_{ij}=\sum_{s=0}^{S}\gamma_s(x_i)L_j^{(s)}(x_i),\quad i=0,1,\cdots,N,\quad j=0,1,\cdots,M$$

$$\boldsymbol{\beta}=(\beta_0,\beta_1,\cdots,\beta_M)^{\mathrm{T}}$$

$$\boldsymbol{G}=(g(x_0),g(x_1),\cdots,g(x_N),p_0,p_1,\cdots,p_{S-1})_{1,N+S+1}^{\mathrm{T}}$$

$$\boldsymbol{HI}=\left(L_j^{(0)}(a),L_j^{(1)}(a),\cdots,L_j^{(S-1)}(a)\right),\quad \boldsymbol{L}_j^{(l)}(\boldsymbol{a})=\left(L_0^{(l)}(a),L_1^{(l)}(a),\cdots,L_M^{(l)}(a)\right),$$

$$l=0,1,\cdots,S-1$$

根据 Moore-Penrose 广义逆，求得方程组(5.162)的最小二乘解为

$$\boldsymbol{\beta}=\boldsymbol{H}^{\dagger}\boldsymbol{G} \tag{5.163}$$

### 5.6.4 基于 Legendre 神经网络算法的线性 Fredholm 积分微分方程的边值问题研究

线性 Fredholm 积分微分方程的一般形式为

$$\sum_{s=0}^{S}\gamma_s(x)y^{(s)}(x)-\lambda\int_a^b k_1(x,t)y(t)\mathrm{d}t=g(x),\quad x\in[a,b] \tag{5.164}$$

其边界条件为 $y^{(k)}(a)=p_k$，$y^{(r)}(b)=q_r$，$0\leqslant k\leqslant K$，$0\leqslant r\leqslant R$，$R=S-2-K$，其中 $y^{(s)}(x)$ 是未知函数的 $s$ 阶导数，$y(t)$ 是未知函数，$\gamma_s(x)$、$g(x)$ 和 $k_1(x,t)$ 是已知函数，$a$、$b$、$\lambda$、$p_k$ 和 $q_r$ 是常数。

假定方程(5.164)的近似解为

$$y(x)=\sum_{j=0}^{M}\beta_j L_j(x) \tag{5.165}$$

把式(5.165)代入式(5.164)，我们得到

$$\sum_{s=0}^{S}\sum_{j=0}^{M}\beta_j\gamma_s(x)L_j^{(s)}(x)-\lambda\int_a^b\sum_{j=0}^{M}k_1(x,t)\beta_jL_j(t)\mathrm{d}t=g(x) \tag{5.166}$$

用配置法把区间 $[a,b]$ 离散化为 $\Omega=\{a=x_0<x_1<\cdots<x_N=b\}$，可以得到

$$\sum_{s=0}^{S}\sum_{j=0}^{M}\beta_j\gamma_s(x_i)L_j^{(s)}(x_i)-\lambda\int_a^b\sum_{j=0}^{M}k_1(x_i,t)\beta_jL_j(t)\mathrm{d}t=g(x_i),$$

$$i=0,1,2,\cdots,N \tag{5.167}$$

合并同类项，我们得到

$$\sum_{j=0}^{M}\left(\sum_{s=0}^{S}\gamma_s(x)L_j^{(s)}(x)-\lambda\int_a^b\sum_{j=0}^{M}k_1(x,t)L_j(t)\mathrm{d}t\right)\beta_j=g(x_i),\quad i=0,1,2,\cdots,N \tag{5.168}$$

最后，把方程组(5.168)重写成矩阵的形式，可以得到

$$\boldsymbol{H\beta}=\boldsymbol{G} \tag{5.169}$$

其中

$$\boldsymbol{H}=\begin{bmatrix}\boldsymbol{HQ}\\ \boldsymbol{HI}\end{bmatrix}_{N+R+K+3,M+1},\quad \boldsymbol{HQ}=\boldsymbol{HL}-\lambda\boldsymbol{HA},\quad \boldsymbol{HA}=[ha_{ij}]_{N+1,M+1}$$

$$\boldsymbol{HL}=[hl_{ij}]_{N+1,M+1}$$

$$ha_{ij}=\int_a^b k_1(x_i,t)L_j(t)\mathrm{d}t,\quad hl_{ij}=\sum_{s=0}^{S}\gamma_s(x_i)L_j^{(s)}(x_i),\quad i=0,1,\cdots,N,j=0,1,\cdots,M$$

$$\boldsymbol{G}=((g(x_0),g(x_1),\cdots,g(x_N),p_0,p_1,\cdots,p_K,q_0,q_1,\cdots,q_R)_{1,N+K+R+3})^{\mathrm{T}}$$

$$\boldsymbol{\beta}=(\beta_0,\beta_1,\cdots,\beta_M)^{\mathrm{T}},\quad \boldsymbol{HI}=\left(L_j^{(0)}(a),L_j^{(1)}(a),\cdots,L_j^{(K)}(a),L_j^{(0)}(b),L_j^{(1)}(b),\cdots,L_j^{(R)}(b)\right)$$

$$\boldsymbol{L}_j^{(k)}(\boldsymbol{a})=\left(L_0^{(k)}(a),L_1^{(k)}(a),\cdots,L_M^{(k)}(a)\right),\quad \boldsymbol{L}_j^{(r)}(\boldsymbol{b})=\left(L_0^{(r)}(b),L_1^{(r)}(b),\cdots,L_M^{(r)}(b)\right)$$

根据 Moore-Penrose 广义逆，求得方程组(5.169)的最小二乘解为

$$\boldsymbol{\beta}=\boldsymbol{H}^{\dagger}\boldsymbol{G} \tag{5.170}$$

### 5.6.5　数值模拟

为了验证 Legendre 神经网络算法的有效性，本部分对一阶、二阶和高阶线性 Fredholm 积分微分方程的初值问题和边值问题做了数值实验。

**例 5.39**　考虑一阶线性 Fredholm 积分微分方程

$$y'(x)-\int_0^1 xy(t)\mathrm{d}t=x\mathrm{e}^x+\mathrm{e}^x-x,\quad x\in[0,1] \tag{5.171}$$

其初始条件为 $y(0)=0$。此方程的精确解为 $y(x)=x\mathrm{e}^x$。

选取区间 $[0,1]$ 上的 21 个等间隔的点和 6 个 Legendre 多项式训练 Legendre 神经网络模型用于求解一阶线性 Fredholm 积分微分方程的初值问题。精确解和改进的神经网络模型得到的近似解的比较如图 5.54(a)所示，精确解和改进的神经网络模型得到的近似解的误差比较如图 5.54(b)所示，其均方误差为 $3.28315\times10^{-13}$，最大绝对误差为 $9.98316\times10^{-7}$。虽然我们仅选择了一小部分训练点，但是 Legendre 神经网络模型呈现出较高的准确性。

进一步，在区间 $[0,1]$ 等间隔地取 9 个测试点测试提出的 Legendre 神经网络模型，并将 Legendre 神经网络算法的近似解的结果与精确解以及文献[177]的 HPM 算法的近似解的结果作比较。Legendre 神经网络算法的绝对误差以及 HPM

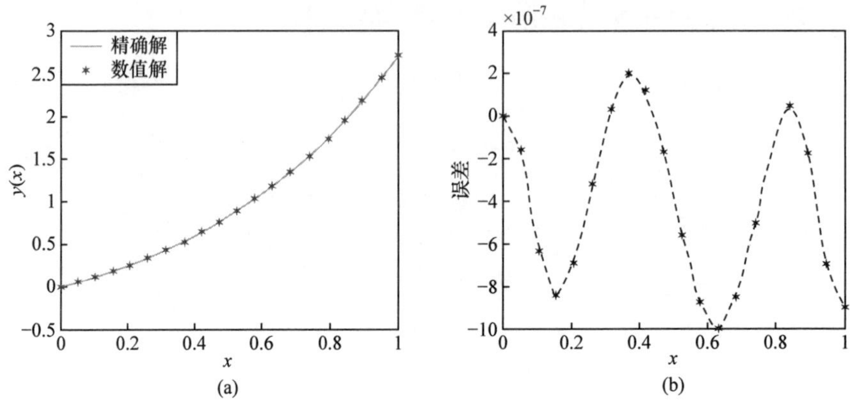


图 5.54　例 5.39 情况下一阶线性 Fredholm 积分微分方程

算法的绝对误差如表 5.25 所示。Legendre 神经网络算法的精度达到 $O\left(10^{-7}\right)$，均方误差大约是 $2.92808\times10^{-13}$，而 HPM 算法的精度仅为 $O\left(10^{-4}\right)$。Legendre 神经网络算法的结果优于 HPM 算法的结果。Legendre 神经网络模型求解一阶线性 Fredholm 积分微分方程的初值问题具有较好的效果。

**表 5.25　对于测试点的精确解、LNN 解和 HPM 解的比较(例 5.39)**

| $x$ | 精确解 | 近似解 | LNN 绝对误差 | HPM 绝对误差 |
|---|---|---|---|---|
| 0.1000 | 0.110517091807565 | 0.110517687030202 | $6.0\times10^{-7}$ | $2.3\times10^{-6}$ |
| 0.2000 | 0.244280551632034 | 0.244281296474265 | $7.4\times10^{-7}$ | $9.3\times10^{-6}$ |
| 0.3000 | 0.404957642272801 | 0.404957705081938 | $6.3\times10^{-8}$ | $2.1\times10^{-5}$ |
| 0.4000 | 0.596729879056508 | 0.596729694062323 | $1.8\times10^{-7}$ | $3.7\times10^{-5}$ |
| 0.5000 | 0.824360635350064 | 0.824361001874135 | $3.7\times10^{-7}$ | $5.8\times10^{-5}$ |
| 0.6000 | 1.093271280234310 | 1.093272238454470 | $9.6\times10^{-7}$ | $8.3\times10^{-5}$ |
| 0.7000 | 1.409626895229330 | 1.409627660886060 | $7.7\times10^{-7}$ | $1.1\times10^{-4}$ |
| 0.8000 | 1.780432742793970 | 1.780432810503080 | $6.8\times10^{-8}$ | $1.5\times10^{-4}$ |
| 0.9000 | 2.213642800041260 | 2.213643011435470 | $2.1\times10^{-7}$ | $1.9\times10^{-4}$ |

**例 5.40**　考虑三阶线性 Fredholm 积分微分方程

$$y'''(x)-\int_{0}^{1}y(t)\mathrm{d}t=\mathrm{e}^{x}-\mathrm{e}+1,\quad x\in[0,1] \tag{5.172}$$

其初始条件为 $y(0)=y'(0)=y''(0)=1$。此方程的精确解为 $y(x)=\mathrm{e}^{x}$。

选取区间[0,1]上的 21 个等间隔的点和 9 个 Legendre 多项式训练 Legendre 神经网络模型用于求解三阶线性 Fredholm 积分微分方程的初值问题。精确解和改进的神经网络模型得到的近似解的比较如图 5.55(a)所示，精确解和改进的神经网络模型得到的近似解的误差比较如图 5.55(b)所示，其均方误差为$1.5502\times10^{-19}$，最大绝对误差为$8.3210\times10^{-10}$。虽然我们仅选择了一小部分训练点，但是 Legendre 神经网络模型具有较高的准确性。

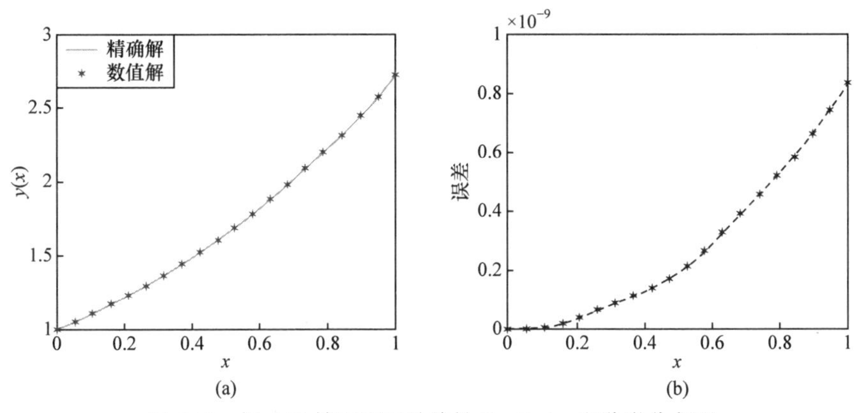


图 5.55　例 5.40 情况下三阶线性 Fredholm 积分微分方程

进一步，在区间[0,1]等间隔地取 9 个测试点测试提出的 Legendre 神经网络模型，并将 Legendre 神经网络算法的近似解的结果与精确解以及文献[182]中的 Chebyshev 级数算法的近似解的结果作比较。Legendre 神经网络算法的绝对误差以及 Chebyshev 级数算法的绝对误差如表 5.26 所示。Legendre 神经网络算法的最大绝对误差为$6.7\times10^{-10}$，均方误差大约是$1.1544\times10^{-19}$，而 Chebyshev 级数算法的精度仅为$O\left(10^{-6}\right)$。Legendre 神经网络算法的结果优于 Chebyshev 级数算法的结果。Legendre 神经网络模型求解三阶线性 Fredholm 积分微分方程的初值问题具有较好的准确性。

**表 5.26　对于测试点的精确解、LNN 解和 Chebyshev 级数解的比较(例 5.40)**

| $x$ | 精确解 | 近似解 | LNN 绝对误差 | Chebyshev 级数绝对误差 |
| --- | --- | --- | --- | --- |
| 0.1000 | 1.10517091807565 | 1.10517091807166 | $4.0\times10^{-12}$ | $1.2\times10^{-8}$ |
| 0.2000 | 1.22140275816017 | 1.22140275812486 | $3.5\times10^{-11}$ | $9.4\times10^{-8}$ |
| 0.3000 | 1.34985880757600 | 1.34985880749407 | $8.2\times10^{-11}$ | $3.1\times10^{-7}$ |
| 0.4000 | 1.49182469764127 | 1.49182469751441 | $1.3\times10^{-10}$ | $2.1\times10^{-7}$ |
| 0.5000 | 1.64872127070013 | 1.64872127050988 | $1.9\times10^{-10}$ | $1.3\times10^{-6}$ |

续表

| $x$ | 精确解 | 近似解 | LNN 绝对误差 | Chebyshev 级数绝对误差 |
|---|---|---|---|---|
| 0.6000 | 1.82211880039051 | 1.82211880009990 | $2.9\times10^{-10}$ | $1.3\times10^{-6}$ |
| 0.7000 | 2.01375270747048 | 2.01375270705951 | $4.1\times10^{-10}$ | $1.2\times10^{-6}$ |
| 0.8000 | 2.22554092849247 | 2.22554092796199 | $5.3\times10^{-10}$ | $1.2\times10^{-6}$ |
| 0.9000 | 2.45960311115695 | 2.45960311049069 | $6.7\times10^{-10}$ | $1.1\times10^{-6}$ |

**例 5.41** 考虑二阶线性 Fredholm 积分微分方程

$$y''(x)+4xy''(x)+2\int_0^1 \frac{t^2+1}{\left(x^2+1\right)^2}y(t)\mathrm{d}t=-\frac{8x^4}{\left(x^2+1\right)^3},\quad x\in[0,1] \tag{5.173}$$

其边界条件为 $y(0)=1, y(1)=1/2$。此方程的精确解为 $y(x)=1/\left(x^2+1\right)$。

选取区间[0,1]上的 20 个等间隔的点和 12 个 Legendre 多项式训练 Legendre 神经网络模型用于求解二阶线性 Fredholm 积分微分方程的边值问题。精确解和改进的神经网络模型得到的近似解的比较如图 5.56(a)所示，精确解和改进的神经网络模型得到的近似解的误差比较如图 5.56(b)所示，其最大绝对误差为 $6.9048\times10^{-9}$，均方误差为 $1.1434\times10^{-17}$。虽然我们仅选择了一小部分训练点，但是 Legendre 神经网络模型具有较高的准确性。

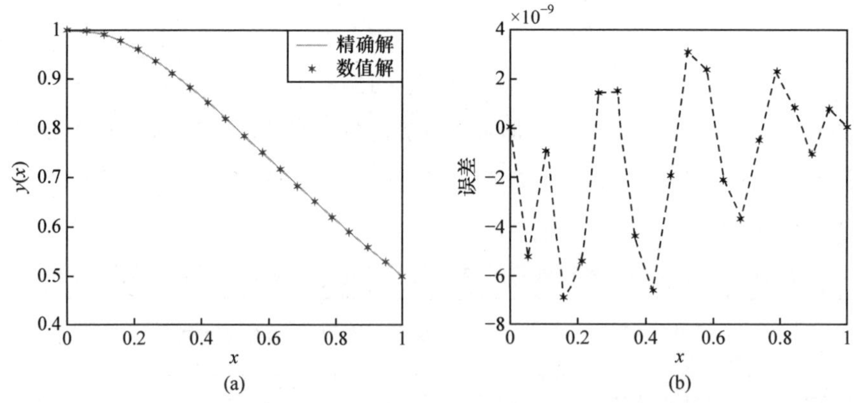


图 5.56 例 5.41 情况下四阶线性 Fredholm 积分微分方程

进一步，在区间[0,1]等间隔地取 7 个测试点测试提出的 Legendre 神经网络模型，并将 Legendre 神经网络算法的近似解的结果与精确解以及文献[176]的 B 样条小波法的近似解的结果作比较。Legendre 神经网络算法的相对误差以及 B 样条小波法的相对误差如表 5.27 所示。从表中可以看出：Legendre 神经网络算法的精

度达到 $O\left(10^{-9}\right)$ 而 B 样条小波法的精度仅为 $O\left(10^{-6}\right)$。Legendre 神经网络算法的结果优于 B 样条小波法的结果。

**表 5.27　对于测试点的精确解、LNN 解和 B 样条小波解的比较(例 5.41)**

| $x$ | 精确解 | 近似解 | LNN 绝对误差 | B 样条小波绝对误差 |
|---|---|---|---|---|
| 0.125 | 0.984615384615385 | 0.984615387600426 | $3.0\times10^{-9}$ | $2.5\times10^{-7}$ |
| 0.250 | 0.941176470588235 | 0.941176470588127 | $1.2\times10^{-13}$ | $1.9\times10^{-7}$ |
| 0.375 | 0.876712328767123 | 0.876712333846015 | $5.8\times10^{-9}$ | $1.4\times10^{-6}$ |
| 0.500 | 0.800000000000000 | 0.799999998964489 | $1.3\times10^{-9}$ | $1.1\times10^{-6}$ |
| 0.625 | 0.719101123595506 | 0.719101125166795 | $2.2\times10^{-9}$ | $4.7\times10^{-7}$ |
| 0.750 | 0.640000000000000 | 0.639999999508063 | $7.7\times10^{-10}$ | $6.9\times10^{-7}$ |
| 0.875 | 0.566371681415929 | 0.566371682162671 | $1.3\times10^{-9}$ | $2.1\times10^{-7}$ |

**例 5.42**　考虑四阶线性 Fredholm 积分微分方程

$$y^{(4)}(x)-y(x)+\int_0^1 y(t)\mathrm{d}t=4\mathrm{e}^x+1,\quad x\in[0,1] \tag{5.174}$$

其边界条件为 $y(0)=1$，$y'(0)=1$，$y(1)=1+\mathrm{e}$，$y'(1)=2\mathrm{e}$。此方程的精确解为 $y(x)=1+x\mathrm{e}^x$。

选取区间[0,1]上的 11 个等间隔的点和 9 个 Legendre 多项式训练 Legendre 神经网络模型用于求解四阶线性 Fredholm 积分微分方程的边值问题。精确解和改进的神经网络模型得到的近似解的比较如图 5.57(a)所示，精确解和改进的神经网络模型得到的近似解的误差比较如图 5.57(b)所示，其最大绝对误差为 5.6137×

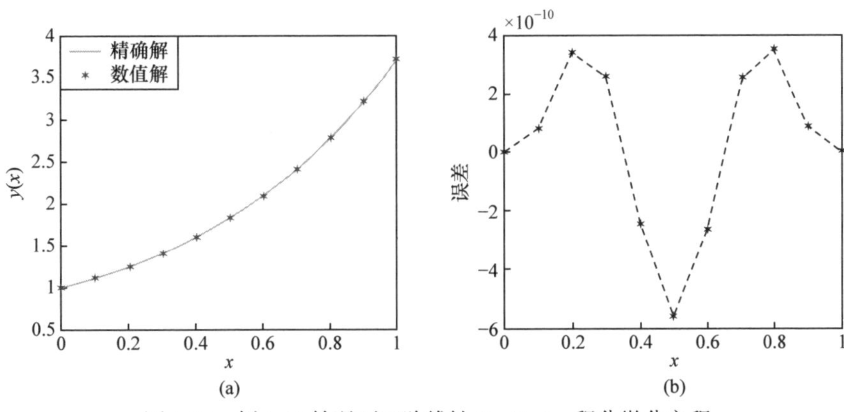


图 5.57　例 5.42 情况下四阶线性 Fredholm 积分微分方程

$10^{-10}$，均方误差为$8.2729\times10^{-20}$。从结果可以看出：Legendre 神经网络模型具有较高的准确性。

进一步，在区间$[0,1]$等间隔地取 6 个测试点测试提出的 Legendre 神经网络模型，并将 Legendre 神经网络算法的近似解的结果与精确解以及文献[183]中的 reproducing kernel space 算法的近似解的结果作比较。Legendre 神经网络算法的绝对误差以及 reproducing kernel space 算法的绝对误差如表 5.28 所示。Legendre 神经网络算法的均方误差为$8.5165\times10^{-20}$。Legendre 神经网络算法的精度达到$O\left(10^{-10}\right)$，而 reproducing kernel space 算法的精度仅为$O\left(10^{-7}\right)$。Legendre 神经网络算法的结果优于 reproducing kernel space 算法的结果。

**表 5.28　对于测试点的精确解、LNN 解和 reproducing kernel space 解的比较(例 5.42)**

| $x$ | 精确解 | 近似解 | LNN 绝对误差 | reproducing kernel space 绝对误差 |
|---|---|---|---|---|
| 0.16 | 1.18776173935869 | 1.18776173911500 | $2.4\times10^{-10}$ | $6.3\times10^{-8}$ |
| 0.32 | 1.44068088458751 | 1.44068088440859 | $1.8\times10^{-10}$ | $1.7\times10^{-7}$ |
| 0.48 | 1.77571571305259 | 1.77571571359774 | $5.5\times10^{-10}$ | $2.4\times10^{-7}$ |
| 0.64 | 2.21374776275517 | 2.21374776279632 | $4.1\times10^{-11}$ | $2.1\times10^{-7}$ |
| 0.80 | 2.78043274279397 | 2.78043274244655 | $3.5\times10^{-10}$ | $1.0\times10^{-7}$ |
| 0.96 | 3.50722861448619 | 3.50722861448391 | $2.3\times10^{-12}$ | $6.2\times10^{-7}$ |

**例 5.43**　考虑二阶线性 Fredholm 积分微分方程

$$y''(x)-\int_0^1 xty(t)\mathrm{d}t=\mathrm{e}^x-\frac{4}{3}x,\quad x\in[0,1] \tag{5.175}$$

其边界条件为$y(0)=1,y'(0)=2$。此方程的精确解为$y(x)=x+\mathrm{e}^x$。

选取区间$[0,1]$上的 21 个等间隔的点和 8 个 Legendre 多项式训练 Legendre 神经网络模型用于求解二阶线性 Fredholm 积分微分方程的初值问题。精确解和改进的神经网络模型得到的近似解的比较如图 5.58(a)所示，精确解和改进的神经网络模型得到的近似解的误差比较如图 5.58(b)所示，其最大绝对误差为$1.5998\times10^{-9}$，均方误差为$8.8830\times10^{-19}$。从结果可以看出：Legendre 神经网络模型具有较高的准确性。

进一步，在区间$[0,1]$等间隔地取 11 个测试点测试提出的 Legendre 神经网络模型，并将 Legendre 神经网络算法的近似解的结果与精确解以及文献[181]的三角基函数神经网络算法(triangle basis function neural network algorithm，TNN)的近似解的结果作比较。Legendre 神经网络算法的绝对误差以及三角基函数神经网络

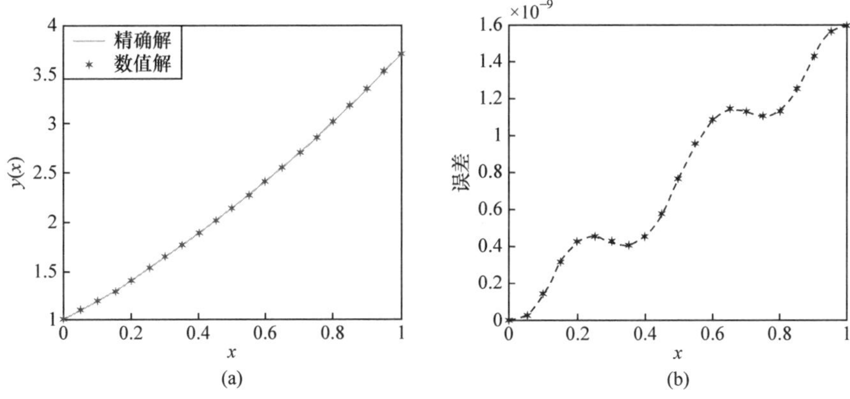


图 5.58 例 5.43 情况下二阶线性 Fredholm 积分微分方程

算法的绝对误差如表 5.29 所示。Legendre 神经网络算法的均方误差为 $8.9844\times 10^{-19}$，算法的精度达到 $O\left(10^{-9}\right)$；三角基函数神经网络算法的均方误差为 $1.3326\times 10^{-8}$，算法的精度仅为 $O\left(10^{-4}\right)$。Legendre 神经网络算法的结果优于三角基函数神经网络算法的结果。

**表 5.29 对于测试点的精确解、LNN 解和 TNN 解的比较(例 5.43)**

| $x$ | 精确解 | 近似解 | LNN 绝对误差 | TNN 绝对误差 |
|---|---|---|---|---|
| 0.13550 | 1.28060919583444 | 1.28060919557076 | $2.6\times10^{-10}$ | $2.3\times10^{-5}$ |
| 0.21718 | 1.45974774420333 | 1.45974774375810 | $4.5\times10^{-10}$ | $4.0\times10^{-5}$ |
| 0.29886 | 1.64718084534040 | 1.64718084491505 | $4.3\times10^{-10}$ | $5.4\times10^{-5}$ |
| 0.38054 | 1.84361443635199 | 1.84361443592964 | $4.2\times10^{-10}$ | $7.1\times10^{-5}$ |
| 0.46222 | 2.04981453560646 | 2.04981453498682 | $6.2\times10^{-10}$ | $8.6\times10^{-5}$ |
| 0.54390 | 2.26661235616142 | 2.26661235523038 | $9.3\times10^{-10}$ | $1.0\times10^{-4}$ |
| 0.62558 | 2.49490985438726 | 2.49490985326131 | $1.1\times10^{-9}$ | $1.2\times10^{-4}$ |
| 0.70726 | 2.73568575082574 | 2.73568574970303 | $1.1\times10^{-9}$ | $1.4\times10^{-4}$ |
| 0.78894 | 2.99000206347495 | 2.99000206235978 | $1.1\times10^{-9}$ | $1.5\times10^{-4}$ |
| 0.87062 | 3.25901119711255 | 3.25901119578915 | $1.3\times10^{-9}$ | $1.7\times10^{-4}$ |
| 0.95230 | 3.54396363598073 | 3.54396363440537 | $1.6\times10^{-9}$ | $1.9\times10^{-4}$ |

### 5.6.6 小结

5.6 节提出了一种单隐含层 Legendre 神经网络算法，用于求解线性 Fredholm

积分微分方程。通过求解带初始条件的线性一阶 Fredholm 积分微分方程、带初始条件的线性二阶 Fredholm 积分微分方程、带边界条件的线性二阶 Fredholm 积分微分方程、带初始条件的线性三阶 Fredholm 积分微分方程和带边界条件的线性四阶 Fredholm 积分微分方程，验证了改进的神经网络算法的精度。与精确解进行比较，Legendre 神经网络算法的计算精度较高；与文献中提出的方法的比较也表明 Legendre 神经网络算法的计算精度较高。

## 5.7　基于 Legendre 多项式和 ELM 的神经网络算法的破产概率数值解法研究

### 5.7.1　引言

风险理论中的破产概率是保险公司研究的核心问题，是保险公司防范和化解风险的重要理论基础，是保险公司健全性和偿付能力的重要衡量指标，是衡量保险公司风险承受能力的重要依据，也是保险公司稳定运行的重要指导方针。

破产概率的数值计算问题在精算科学中起着重要的作用。破产概率的主要研究方法是在符合现实的假设条件下对保险公司的资金流动情况建立数学模型，以概率统计和随机过程为研究工具对保险经营中的损失风险和经营风险进行定量的刻画。Asmussen 等[184]总结了多种风险模型的破产概率的数值计算问题。Dassios 等[185]用鞅方法研究了指数索赔下绝对破产概率问题。Gerber 等[186]研究了带扩散扰动的复合 Poisson 风险模型的绝对破产概率的数值计算问题。Cardoso 等[187]讨论了经典风险模型的两种扩展模型的破产概率的数值计算问题。

随着智能算法的兴起和计算技术的迅速提高，许多研究者开始着力于用新的技术和理论研究破产概率的数值解法。Asmussen 等[188]和 Shakenov 等[189]提出了蒙特卡罗算法求解一些风险模型的破产概率。Coulibaly 等[190]研究了拟蒙特卡罗方法求解经典的复合 Poisson 风险模型的破产概率。Zhou 等[181]提出了基于三角基函数和极限学习机的神经网络算法用于求解经典风险模型的破产概率。同时，周涛[191]提出了基于三角基函数和极限学习机的神经网络算法用于求解 Erlang(2)风险模型中当理赔额服从指数分布和 Pareto 分布的破产概率。接下来我们主要研究基于 Legendre 多项式和极限学习机的神经网络算法的经典风险模型和 Erlang(2)风险模型中的破产概率的数值解法。

### 5.7.2　经典风险模型中破产概率的数值解法

本节我们研究基于 Legendre 多项式和极限学习机的神经网络算法的经典风险模型中破产概率的数值解法。

1. 经典风险模型的相关结论

**定义 5.1**　设 $u$ 为保险公司的初始资金，$c$ 为单位时间内保费收入，则保险公司的盈余过程 $\{U(t)\}_{t\geqslant 0}$ 为[181-184]

$$U(t)=u+ct-\sum_{i=1}^{N(t)} X_i,\quad t\geqslant 0 \tag{5.176}$$

其中，$\{N(t),\ t\geqslant 0\}$ 表示 $[0,t]$ 内发生的索赔次数，是一个参数为 $\lambda>0$ 的齐次 Poisson 过程。$X_i$ 为第 $i$ 次的个体索赔额，独立同分布且与 $\{N(t),t\geqslant 0\}$ 相互独立。

**定义 5.2**　经典风险模型的最终破产概率定义为

$$\psi(u)=P\big(T<+\infty|U(0)=u\big),\quad u\geqslant 0 \tag{5.177}$$

**定义 5.3**　生存概率为

$$\varphi(u)=1-\psi(u) \tag{5.178}$$

注意：对于 $u<0$ 有 $\psi(u)=1$。

**定义 5.4**　令 $c=(1+\theta)\lambda\mu$，则称 $\theta$ 为相对安全负荷。

**定理 5.13**　对于经典风险模型，破产概率 $\psi(u)$ 满足下面的积分微分方程

$$\begin{cases}\psi'(u)=\dfrac{\lambda}{c}\psi(u)-\dfrac{\lambda}{c}\displaystyle\int_0^u\psi(u-x)\mathrm{d}F(x)-\dfrac{\lambda}{c}\big[1-F(u)\big]\\ \psi(0)=\dfrac{\lambda}{c}\mu=\dfrac{1}{1+\theta}\end{cases} \tag{5.179}$$

**证明**　索赔次数过程是 Poisson 过程，根据 Poisson 过程的性质，第一次理赔发生的时间 $t$ 服从参数为 $\dfrac{1}{\lambda}$ 的指数分布。因此，根据全概率公式，我们得到

$$G(u,y)=\int_0^{+\infty}\left[\int_0^{u+ct}G(u+ct-x,y)\mathrm{d}F(x)+F(u+ct+y)-F(u+ct)\right]\lambda\mathrm{e}^{-\lambda t}\mathrm{d}t \tag{5.180}$$

令 $z=u+ct$，则 $\mathrm{d}t=\mathrm{d}z/c$，交换积分顺序，式(5.180)变为

$$G(u,y)=\frac{\lambda}{c}\mathrm{e}^{(\lambda/c)u}\int_u^{+\infty}\mathrm{e}^{-(\lambda/c)z}\left[\int_0^z G(z-x,y)\mathrm{d}F(x)+F(z+y)-F(z)\right]\mathrm{d}z \tag{5.181}$$

根据微积分基本定理得到

$$\frac{\partial G(u,y)}{\partial u}=\frac{\lambda}{c}G(u,y)+\frac{\lambda}{c}\mathrm{e}^{(\lambda/c)u}\left\{-\mathrm{e}^{-(\lambda/c)u}\left[\int_0^u G(z-x,y)\mathrm{d}F(x)+F(u+y)-F(u)\right]\right\} \tag{5.182}$$

令式(5.182)中的 $y\to+\infty$，得到

$$\psi'(u)=\lim_{y\to+\infty}\frac{\partial G(u,y)}{\partial u}=\frac{\lambda}{c}\psi(u)-\frac{\lambda}{c}\int_0^u\psi(u-x)\mathrm{d}F(x)-\frac{\lambda}{c}\left[1-F(u)\right] \tag{5.183}$$

函数$\psi(0,y)$有如下表达式：

$$\psi(0,y)=\frac{\lambda}{c}\int_0^y\left[1-F(x)\right]\mathrm{d}x,\quad y\geqslant 0 \tag{5.184}$$

因此

$$\psi(0)=\lim_{y\to+\infty}\psi(0,y)=\lim_{y\to+\infty}\frac{\lambda}{c}\int_0^y\left[1-F(x)\right]\mathrm{d}x=\frac{\lambda}{c}\mu=\frac{1}{1+\theta} \tag{5.185}$$

2. 经典风险模型的公式推导

假定经典风险模型中破产概率$\psi(u)$满足的积分微分方程(5.179)的近似解为

$$\psi(u)=\sum_{j=0}^{M}\beta_jL_j(u) \tag{5.186}$$

把式(5.186)代入式(5.179)，我们得到

$$\frac{\lambda}{c}\sum_{j=0}^{M}\beta_jL_j(u)-\sum_{j=0}^{M}\beta_jL_j'(u)-\frac{\lambda}{c}\sum_{j=0}^{M}\beta_j\int_0^uL_j(u-x)\mathrm{d}F(x)=\frac{\lambda}{c}\left[1-F(u)\right] \tag{5.187}$$

用配置法把区间$[0,b]$离散化为$\Omega=\{0=u_0<u_1<\cdots<u_N=b\}$，可以得到

$$\frac{\lambda}{c}\sum_{j=0}^{M}\beta_jL_j(u_i)-\sum_{j=0}^{M}\beta_jL_j'(u_i)-\frac{\lambda}{c}\sum_{j=0}^{M}\beta_j\int_a^{u_i}L_j(u_i-x)\mathrm{d}F(x)=\frac{\lambda}{c}\left[1-F(u_i)\right],\quad i=0,1,2,\cdots,N \tag{5.188}$$

合并同类项，我们得到

$$\sum_{j=0}^{M}\left(\frac{\lambda}{c}L_j(u_i)-L_j'(u_i)-\frac{\lambda}{c}\int_a^{u_i}L_j(u_i-x)\mathrm{d}F(x)\right)\beta_j=\frac{\lambda}{c}\left[1-F(u_i)\right],\quad i=0,1,2,\cdots,N \tag{5.189}$$

最后，把方程组(5.189)重写成矩阵的形式，可以得到

$$\boldsymbol{H\beta}=\boldsymbol{G} \tag{5.190}$$

其中

$$\boldsymbol{H}=\begin{bmatrix}\boldsymbol{HL}\\ \boldsymbol{HI}\end{bmatrix}_{N+2,M+1},\quad \boldsymbol{HL}=[hl_{ij}]_{N+1,M+1},\quad \boldsymbol{HI}=\left(L_0(0),L_1(0),\cdots,L_M(0)\right)$$

$$hl_{ij}=\frac{\lambda}{c}L_j(u_i)-L_j'(u_i)-\frac{\lambda}{c}\int_a^{u_i}L_j(u_i-x)\mathrm{d}F(x),\quad i=0,1,\cdots,N,\ j=0,1,\cdots,M$$

$$\boldsymbol{\beta}=(\beta_0,\beta_1,\cdots,\beta_M)^{\mathrm{T}}$$

$$G=\left(\frac{\lambda}{c}\left[1-F\left(u_0\right)\right],\frac{\lambda}{c}\left[1-F\left(u_1\right)\right],\cdots,\frac{\lambda}{c}\left[1-F\left(u_N\right)\right],\frac{1}{1+\theta}\right)_{N+2,1}$$

根据 Moore-Penrose 广义逆，求得方程组(5.190)的最小二乘解为

$$\beta=H^{\dagger}G \tag{5.191}$$

其中，$H^{\dagger}$ 是矩阵 $H$ 的 Moore-Penrose 广义逆，最小范数最小二乘解是唯一的，而且是所有最小二乘解中的最小范数。

### 5.7.3　Erlang(2)风险模型中破产概率的数值解法

本节我们研究基于 Legendre 多项式和极限学习机的神经网络算法的 Erlang(2) 风险模型中破产概率的数值解法。

1. Erlang(2)风险模型的相关结论

Erlang(2)更新风险模型是经典风险模型的扩展形式[25, 192, 193]，在风险理论中广为流行。

**定义 5.5**　设 $u$ 为保险公司的初始资金，$c$ 为单位时间内的保费收入，则保险公司的盈余过程 $\{U(n)\}_{n\geqslant 1}$ 为

$$U(n)=u+\sum_{i=1}^{n}\left(cT_i-X_i\right),\quad n\geqslant 1 \tag{5.192}$$

其中，$X_1,X_2,\cdots,X_{N(t)}$ 是非负、独立同分布的随机变量。$T_1,T_2,\cdots,T_n$ 是非负、独立同分布的随机变量，$T_1$ 是首次索赔的时间，$T_i(i\geqslant 2)$ 是第 $i-1$ 次索赔和第 $i$ 次索赔的时间间隔。$T_i$ 服从 Erlang(2)分布，密度函数为 $f(t)=\eta^2 t\mathrm{e}^{-\eta t}(t>0)$，$T_i(i\geqslant 1)$ 与 $X_i(i\geqslant 1)$ 相互独立。

**定义 5.6**　Erlang(2)风险模型的最终破产概率定义为

$$\psi(u)=P\left\{u+\sum_{i=0}^{n}\left(cT_i-X_i\right)<0,\forall n\in N\right\},\quad u\geqslant 0 \tag{5.193}$$

**定理 5.14**　对于 Erlang(2)风险模型，破产概率 $\psi(u)$ 满足下面的积分微分方程[194]：

$$c^2\psi''(u)-2\eta c\psi'(u)+\eta^2\psi(u)=\eta^2\int_0^u\psi(u-x)\mathrm{d}F(x)+\eta^2\left[1-F(u)\right]$$
$$\psi(0)=\frac{c^2s_0-2\eta c+\eta^2 m}{c^2s_0} \tag{5.194}$$

其中，$s_0$ 是方程 $c^2s^2-2\eta cs+\eta^2=\eta^2\int_0^{+\infty}\mathrm{e}^{-sx}\mathrm{d}F(x)$ 的根。

2. Erlang(2)风险模型的公式推导

假定 Erlang(2)风险模型中破产概率$\psi(u)$满足的积分微分方程的近似解为

$$\psi(u)=\sum_{j=0}^{M}\beta_j L_j(u) \tag{5.195}$$

把式(5.195)代入式(5.194)，我们得到

$$c^2\sum_{j=0}^{M}\beta_j L_j''(u)-2\eta c\sum_{j=0}^{M}\beta_j L_j'(u)+\eta^2\sum_{j=0}^{M}\beta_j L_j(u)-\eta^2\sum_{j=0}^{M}\beta_j\int_a^u L_j(u-x)\mathrm{d}F(x)$$
$$=\eta^2\left[1-F(u)\right] \tag{5.196}$$

用配置法把区间$[0,b]$离散化为$\Omega=\{0=u_0<u_1<\cdots<u_N=b\}$，可以得到

$$c^2\sum_{j=0}^{M}\beta_j L_j''(u_i)-2\eta c\sum_{j=0}^{M}\beta_j L_j'(u_i)+\eta^2\sum_{j=0}^{M}\beta_j L_j(u_i)-\eta^2\sum_{j=0}^{M}\beta_j\int_a^{u_i} L_j(u_i-x)\mathrm{d}F(x)$$
$$=\eta^2\left[1-F(u_i)\right],\quad i=0,1,2,\cdots,N \tag{5.197}$$

合并同类项，我们得到

$$\sum_{j=0}^{M}\left(c^2L_j''(u_i)-2\eta cL_j'(u_i)+\eta^2L_j(u_i)-\eta^2\int_a^{u_i}L_j(u_i-x)\mathrm{d}F(x)\right)\beta_j$$
$$=\eta^2\left[1-F(u_i)\right],\quad i=0,1,2,\cdots,N \tag{5.198}$$

最后，把方程组(5.198)重写成矩阵的形式，可以得到

$$\boldsymbol{H\beta}=\boldsymbol{G} \tag{5.199}$$

其中

$$\boldsymbol{H}=\begin{bmatrix}\boldsymbol{HL}\\ \boldsymbol{HI}\end{bmatrix}_{N+2,M+1},\quad \boldsymbol{HL}=[hl_{ij}]_{N+1,M+1},\quad \boldsymbol{HI}=\left(L_0(0),L_1(0),\cdots,L_M(0)\right)$$

$$hl_{ij}=c^2L_j''(u_i)-2\eta cL_j'(u_i)+\eta^2L_j(u_i)-\eta^2\int_a^{u_i}L_j(u_i-x)\mathrm{d}F(x),$$

$$i=0,1,\cdots,N,\ j=0,1,\cdots,M,\quad \boldsymbol{\beta}=(\beta_0,\beta_1,\cdots,\beta_M)^{\mathrm{T}}$$

$$\boldsymbol{G}=\left(\frac{\lambda}{c}\left[1-F(u_0)\right],\frac{\lambda}{c}\left[1-F(u_1)\right],\cdots,\frac{\lambda}{c}\left[1-F(u_N)\right],\frac{c^2s_0-2\eta c+\eta^2m}{c^2s_0}\right)_{N+2,1}$$

根据 Moore-Penrose 广义逆，求得方程组(5.199)的最小二乘解为

$$\boldsymbol{\beta}=\boldsymbol{H}^{\dagger}\boldsymbol{G} \tag{5.200}$$

其中，$\boldsymbol{H}^{\dagger}$是矩阵$\boldsymbol{H}$的 Moore-Penrose 广义逆，最小范数最小二乘解是唯一的，

而且是所有最小二乘解中的最小范数。

接下来用 Legendre 神经网络算法对理赔额服从指数分布和 Pareto 分布的经典风险模型和 Erlang(2)风险模型的破产概率做了数值实验，从而验证 Legendre 神经网络算法的有效性和可行性。

**例 5.44** 假定经典风险模型中的理赔额的分布服从均值为 $\mu=1/\alpha$ 的指数分布，即

$$F(x)=1-\mathrm{e}^{-\alpha x},\quad f(x)=F'(x)=\alpha\mathrm{e}^{-\alpha x},\quad x>0 \tag{5.201}$$

其破产概率的解析解为

$$\psi(u)=\frac{1}{1+\theta}\mathrm{e}^{-\theta\alpha u/(1+\theta)} \tag{5.202}$$

选取区间[0,10]上的 21 个等间隔的点训练改进的基于 Legendre 多项式和极限学习机的神经网络模型 $(c=3,\lambda=4,\alpha=2,b=10,N=12,M=20)$。精确解和 Legendre 神经网络模型的近似解的比较如图 5.59(a)所示，精确解和改进的神经网络模型得到的近似解的误差比较如图 5.59(b)所示，其最大绝对误差为 $1.2742\times10^{-7}$，均方误差为 $1.0124\times10^{-14}$。从结果可以看出：Legendre 神经网络模型对于经典风险模型的数值计算问题具有较高的准确性。

其次，选取区间[0,10]上的 20 个等间隔的点测试基于 Legendre 多项式和极限学习机的神经网络模型的效果。精确解、Legendre 神经网络的近似解和三角基函数神经网络的近似解三者的比较如表 5.30 所示。Legendre 神经网络模型的精度是 $O(10^{-7})$，均方误差是 $9.6441\times10^{-15}$；文献[191]中的三角基函数神经网络算法的精度为 $O(10^{-4})$。对于经典风险模型的破产概率的数值计算，Legendre 神经网络算法的结果优于三角基函数神经网络算法的结果。

**表 5.30　经典风险模型中理赔额服从指数分布时破产概率精确解、LNN 解和 TNN 解的测试结果比较**

| $x$ | 精确解 | 近似解 | LNN 绝对误差 | TNN 绝对误差 |
|---|---|---|---|---|
| 0.25 | 0.564321149927076 | 0.564321116980736 | $3.2946\times10^{-8}$ | $4.2156\times10^{-5}$ |
| 0.75 | 0.404353773141756 | 0.404353707001421 | $6.6140\times10^{-8}$ | $7.9549\times10^{-5}$ |
| 1.25 | 0.289732139004719 | 0.289732073028397 | $6.5976\times10^{-8}$ | $9.5476\times10^{-5}$ |
| 1.75 | 0.207602149276398 | 0.207602061699845 | $8.7577\times10^{-8}$ | $1.0853\times10^{-4}$ |
| 2.25 | 0.148753440098953 | 0.148753341527069 | $9.8572\times10^{-8}$ | $1.1750\times10^{-4}$ |
| 2.75 | 0.106586497386463 | 0.106586405561040 | $9.1825\times10^{-8}$ | $1.2404\times10^{-4}$ |

续表

| $x$ | 精确解 | 近似解 | LNN 绝对误差 | TNN 绝对误差 |
| --- | --- | --- | --- | --- |
| 3.25 | 0.076372562661792 | 0.076372472694338 | $8.9967\times10^{-8}$ | $1.2869\times10^{-4}$ |
| 3.75 | 0.054723332415933 | 0.054723230772668 | $1.0164\times10^{-7}$ | $1.3204\times10^{-4}$ |
| 4.25 | 0.039210981094953 | 0.039210868407261 | $1.1269\times10^{-7}$ | $1.3442\times10^{-4}$ |
| 4.75 | 0.028095895672851 | 0.028095785491201 | $1.1018\times10^{-7}$ | $1.3614\times10^{-4}$ |
| 5.25 | 0.020131588948212 | 0.020131488971983 | $9.9976\times10^{-8}$ | $1.3737\times10^{-4}$ |
| 5.75 | 0.014424913812995 | 0.014424816201655 | $9.7611\times10^{-8}$ | $1.3825\times10^{-4}$ |
| 6.25 | 0.010335902399340 | 0.010335795183119 | $1.0722\times10^{-7}$ | $1.3888\times10^{-4}$ |
| 6.75 | 0.007405997692162 | 0.007405881979284 | $1.1571\times10^{-7}$ | $1.3933\times10^{-4}$ |
| 7.25 | 0.005306629232471 | 0.005306518374873 | $1.1086\times10^{-7}$ | $1.3966\times10^{-4}$ |
| 7.75 | 0.003802365998672 | 0.003802265192021 | $1.0081\times10^{-7}$ | $1.3989\times10^{-4}$ |
| 8.25 | 0.002724514292309 | 0.002724410250230 | $1.0404\times10^{-7}$ | $1.4007\times10^{-4}$ |
| 8.75 | 0.001952199796545 | 0.001952085282708 | $1.1451\times10^{-7}$ | $1.4012\times10^{-4}$ |
| 9.25 | 0.001398812278721 | 0.001398706780231 | $1.0550\times10^{-7}$ | $1.4059\times10^{-4}$ |
| 9.75 | 0.001002292795318 | 0.001002182975266 | $1.0982\times10^{-7}$ | $1.3753\times10^{-4}$ |

最后，取不同数量的训练点的均方误差比较如表 5.31 所示。取区间[0,10]上的 31 个等间隔的训练点的 MSE 为$1.3778\times10^{-15}$。取区间[0,10]上的 51 个等间隔的训练点的 MSE 为$4.0020\times10^{-16}$。取区间[0,10]上的 101 个等间隔的训练点的

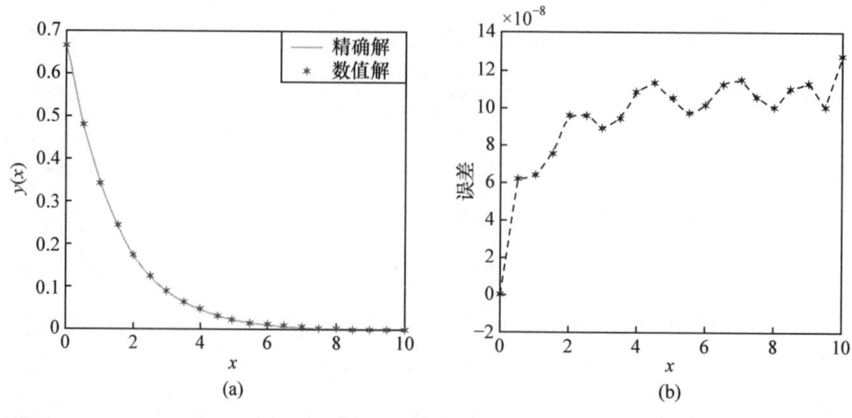


图 5.59　在区间[0,10]上经典风险模型破产概率的精确解、近似解和误差的训练结果比较

MSE 为$1.7732\times10^{-16}$。从表中可以看出：取不同数量的训练点，Legendre 神经网络模型都具有较高的精度。

**表 5.31 例 5.1 情况下经典风险模型中取不同数量训练点的破产概率的 MSE 比较**

| $x$ | MSE |
|---|---|
| 20 | $9.6441\times10^{-15}$ |
| 30 | $1.3778\times10^{-15}$ |
| 50 | $4.0020\times10^{-16}$ |
| 100 | $1.7732\times10^{-16}$ |

**例 5.45** 假定 Erlang(2)风险模型中的理赔额的分布服从均值为 $\mu=1/\alpha$ 的指数分布，即

$$F(x)=1-\mathrm{e}^{-\alpha x},\quad f(x)=F'(x)=\alpha\mathrm{e}^{-\alpha x},\quad x>0 \tag{5.203}$$

其破产概率的精确解为

$$\psi(u)=\frac{2\eta^2\mathrm{e}^{\frac{2\eta-c\alpha-\sqrt{(2\eta-c\alpha)^2+8\eta c\alpha-4\eta^2}}{2c}u}}{c^2\alpha^2+2\eta c\alpha+c\alpha\sqrt{(2\eta-c\alpha)^2+8\eta c\alpha-4\eta^2}} \tag{5.204}$$

选取区间[0,10]上的 21 个等间隔的点训练改进的基于 Legendre 多项式和极限学习机的神经网络模型$(c=3,\ \alpha=1,\ \eta=5,\ b=10,\ N=8,\ M=20)$。精确解和 Legendre 神经网络模型的近似解的比较如图 5.60(a)所示，精确解和改进的神经网络模型得到的近似解的误差比较如图 5.60(b)所示，其最大绝对误差为$2.1860\times10^{-7}$，均方误差为$2.6253\times10^{-15}$。对于 Erlang(2)风险模型的数值计算问题，Legendre 神经网络模型具有较高的准确性。

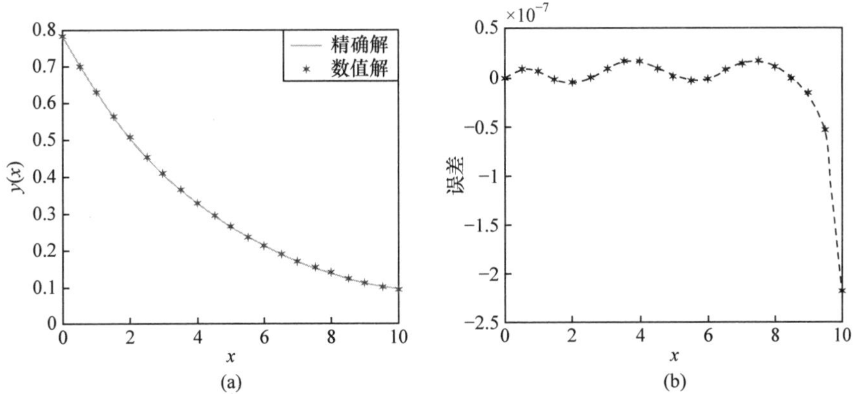


图 5.60 在区间[0,10]上 Erlang(2)风险模型破产概率的精确解、近似解和误差的训练结果比较

其次，随机选取区间[0,10]的 11 个点测试基于 Legendre 多项式和极限学习机的神经网络模型的效果。精确解、Legendre 神经网络模型的近似解和三角基函数神经网络的近似解的三者的比较如表 5.32 所示。从表中可以看出：基于 Legendre 多项式和极限学习机的神经网络模型的最大绝对误差是$1.9157\times10^{-7}$，均方误差是$3.4283\times10^{-15}$。在文献[191]中的三角基函数神经网络算法的精度为$O\left(10^{-4}\right)$。对于 Erlang(2)风险模型的破产概率的数值计算，Legendre 神经网络算法的结果优于三角基函数神经网络算法的结果。

最后，取不同数量的训练点的均方误差比较如表 5.33 所示。取区间[0,10]上的 31 个等间隔的训练点的 MSE 为$4.1211\times10^{-15}$。取区间[0,10]上的 51 个等间隔的训练点的 MSE 为$4.7944\times10^{-15}$。取区间[0,10]上的 101 个等间隔的训练点的 MSE 为$5.4393\times10^{-15}$。从表中可以看出：取不同数量的训练点，Legendre 神经网络模型都具有较高的精度。

**表 5.32　当 Erlang(2)风险模型中理赔额服从指数分布时破产概率精确解、LNN 解和 TNN 解的测试结果比较**

| $x$ | 精确解 | 近似解 | LNN 绝对误差 | TNN 绝对误差 |
| --- | --- | --- | --- | --- |
| 0.1355 | 0.759484618471456 | 0.759484615537213 | $2.9342\times10^{-9}$ | $1.4335\times10^{-4}$ |
| 1.1172 | 0.613302926304615 | 0.613302921092096 | $5.2125\times10^{-9}$ | $2.3074\times10^{-4}$ |
| 2.0989 | 0.495257534208957 | 0.495257538351441 | $4.1425\times10^{-9}$ | $3.0116\times10^{-4}$ |
| 3.0805 | 0.399932911895011 | 0.399932899597166 | $1.2298\times10^{-9}$ | $3.5810\times10^{-4}$ |
| 4.0622 | 0.322955882483029 | 0.322955866185620 | $1.6297\times10^{-9}$ | $4.0404\times10^{-4}$ |
| 5.0439 | 0.260794995681108 | 0.260794995183795 | $4.9731\times10^{-9}$ | $4.4108\times10^{-4}$ |
| 6.0256 | 0.210598516581852 | 0.210598517095242 | $5.1339\times10^{-9}$ | $4.7110\times10^{-4}$ |
| 7.0073 | 0.170063597541989 | 0.170063582028656 | $1.5513\times10^{-9}$ | $4.9495\times10^{-4}$ |
| 7.9889 | 0.137330631185538 | 0.137330620196680 | $1.0989\times10^{-9}$ | $5.1114\times10^{-4}$ |
| 8.9706 | 0.110897937797427 | 0.110897951166978 | $1.3370\times10^{-9}$ | $4.8611\times10^{-4}$ |
| 9.9523 | 0.089552873248697 | 0.089553064822163 | $1.9157\times10^{-7}$ | $1.0571\times10^{-6}$ |

**表 5.33　例 5.2 情况下 Erlang(2)风险模型中取不同数量训练点的破产概率的 MSE 比较**

| $x$ | $\text{MSE}_{\text{test}}$ |
| --- | --- |
| 20 | $3.4283\times10^{-15}$ |
| 30 | $4.1211\times10^{-15}$ |
| 50 | $4.7944\times10^{-15}$ |
| 100 | $5.4393\times10^{-15}$ |

**例 5.46**　在经典风险模型中当理赔额服从 Pareto 分布时，则有

$$F(x)=1-\left(\frac{\gamma}{x+\gamma}\right)^{\alpha},\quad f(x)=F'(x)=\frac{\alpha}{\gamma}\left(\frac{\gamma}{x+\gamma}\right)^{\alpha+1},\quad x>0 \tag{5.205}$$

此时很难找到精确解。

我们将基于 Legendre 多项式和极限学习机的神经网络模型的结果和三角基函数神经网络模型的结果进行比较。取 $c=600$, $\lambda=1$, $\alpha=3$, $\theta=0.2$, $b=10000$, $\gamma=1000$, $N=20$, $M=50$，选取区间 [0,10000] 上 51 个等间隔的点分别用 Legendre 神经网络算法和三角基函数神经网络算法进行训练。Legendre 神经网络算法的近似解与三角基函数神经网络算法的近似解的比较如图 5.61(a)所示，Legendre 神经网络算法的近似解与三角基函数神经网络算法的近似解的误差比较如图 5.61(b)所示，训练点的均方误差为 $8.2133\times10^{-10}$。

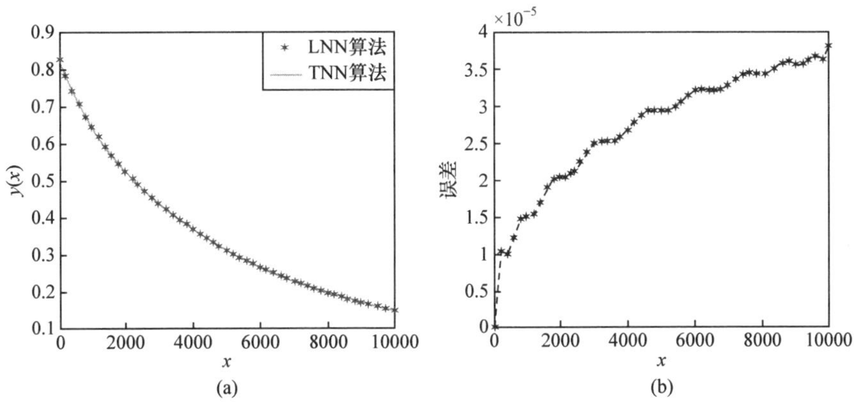


图 5.61　在区间 [0,10000] 上经典风险模型破产概率的近似解和误差的训练结果比较

最后，选取区间 [0,10000] 上的 11 个等间距的点分别用 Legendre 神经网络算法和三角基函数神经网络算法进行测试，结果如表 5.34 所示，MSE 为 $7.9516\times10^{-10}$。从而，Legendre 神经网络算法能够准确地计算任意时刻的破产概率。

**表 5.34　当经典风险模型中理赔额服从 Pareto 分布时破产概率 LNN 解和 TNN 解的测试结果比较**

| $x$ | LNN 解 | TNN 解 | TNN 绝对误差 |
|---|---|---|---|
| 230 | 0.7771671970 | 0.7771777988 | $1.0602\times10^{-5}$ |
| 1162 | 0.6232251565 | 0.6232402343 | $1.5078\times10^{-5}$ |
| 2094 | 0.5177563416 | 0.5177766681 | $2.0326\times10^{-5}$ |
| 3026 | 0.4367394038 | 0.4367641968 | $2.4793\times10^{-5}$ |

续表

| $x$ | LNN 解 | TNN 解 | TNN 绝对误差 |
| --- | --- | --- | --- |
| 3958 | 0.3719008948 | 0.3719273648 | $2.6470\times10^{-5}$ |
| 4890 | 0.3188620668 | 0.3188912932 | $2.9226\times10^{-5}$ |
| 5822 | 0.2748686660 | 0.2749001534 | $3.1487\times10^{-5}$ |
| 6754 | 0.2380170417 | 0.2380492734 | $3.2232\times10^{-5}$ |
| 7686 | 0.2069120931 | 0.2069464744 | $3.4381\times10^{-5}$ |
| 8618 | 0.1805008795 | 0.1805365523 | $3.5673\times10^{-5}$ |
| 9550 | 0.1579619738 | 0.1579985711 | $3.6597\times10^{-5}$ |

### 5.7.4　小结

5.7 节将基于 Legendre 多项式和极限学习机的神经网络算法应用于求解经典风险模型和 Erlang(2)风险模型中的破产概率。并对经典风险模型和 Erlang(2)风险模型中理赔额服从指数分布和 Pareto 分布的情况做了数值实验，检验了用基于 Legendre 多项式和极限学习机的神经网络算法计算破产概率的可行性和准确性。结果表明：虽然我们仅选择了一小部分训练点，但是得到的破产概率的近似解具有较高的精度。基于 Legendre 多项式和极限学习机的 Legendre 神经网络算法是求解破产概率的很好的工具。

## 5.8　基于 Bernstein 神经网络求解微分方程

本节主要介绍一种基于 Bernstein 神经网络(Bernstein neural network，BeNN)模型的新方法来求解微分方程。在所提出的方法中，开发了一种以 Bernstein 基函数作为扩展输入模式的单层神经网络来消除隐含层，从而使得计算更简单。接下来采用 ELM 的方法求解出网络的参数，并给出了收敛性证明。最后，利用 MATLAB 进行了多组数值仿真来说明该方法的可行性和优越性。ANN 应用最广泛的训练算法是 BP 算法，但其计算速度较慢，其原因可以归结为以下两点：①梯度下降算法耗时长，当学习速率过小时，学习算法收敛速度较慢。然而，当学习速率过大时，算法变得不稳定和发散。②使用这种学习算法对网络的所有参数进行迭代调整，为了获得更好的学习性能，可能需要许多迭代学习步骤[195]。在本节利用极限学习机来训练神经网络，最后将 BeNN 模型简化为线性系统，通过简单的广义逆矩阵求出权值，大大提高了计算速度。

### 5.8.1 Bernstein 神经网络

Pao 等[196]在 1996 年引入了单层功能链接人工神经网络(functional-link artificial neural network，FLANN)模型，基于正交多项式的功能链接人工神经网络已广泛应用于函数近似、数字通信、信道均衡、非线性动态系统识别等。

本节提出一种新形式的神经网络——Bernstein 神经网络。图 5.62 描绘了 Bernstein 单层神经网络的结构，其由输入向量 $\boldsymbol{x}=(x_1,x_2,\cdots,x_m)$ 、一个输出层和基于 Bernstein 基函数的功能扩展块组成。事实上，我们通过使用 Bernstein 将输入模式转换为更高的维度空间来消除隐含层。其中第 $n$ 阶 Bernstein 基函数由 $B_n(x)$ 表示，在这里我们将 $m$ 维输入向量扩展为 $n$ 维 $(n>m)$， $0<x<1$ 是多项式的参数， $n=0,1,2$ 。

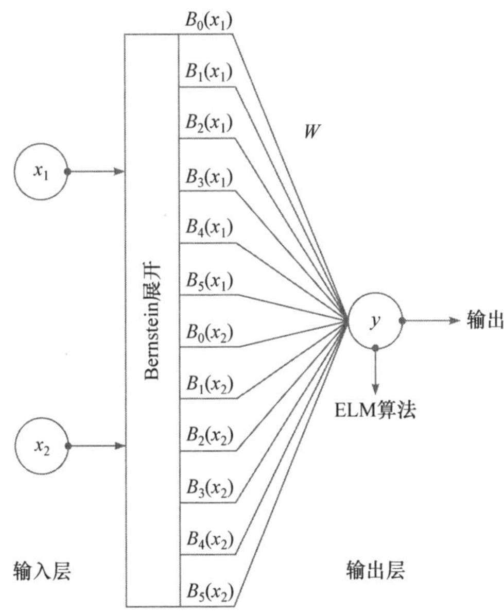


图 5.62　Bernstein 单层神经网络结构图

Bernstein 基函数的一般形式如下：

$$B_{j,n}(x)=C_n^j x^j(1-x)^{n-j},\quad j=0,1,\cdots,n \tag{5.206}$$

Bernstein 基函数具有对称性和递推性，即

$$B_{j,n}(x)=B_{n-j,n}(1-x) \tag{5.207}$$

$$B_{j,n}(x)=(1-x)B_{j,n-1}(x)+xB_{j-1,n-1}(x) \tag{5.208}$$

考虑一个 $m$ 维输入 $\boldsymbol{x}=(x_1,x_2,x_3,\cdots,x_m)$，使用 Bernstein 基函数将 $\boldsymbol{x}$ 的每个元素扩展成若干项，即

$$\left[B_0(x_1),B_1(x_1),\cdots,B_n(x_1);B_0(x_2),B_1(x_2),\cdots,B_n(x_2);\cdots;B_0(x_m),B_1(x_m),\cdots,B_n(x_m)\right]$$

### 5.8.2　神经网络模型求解微分方程

本节主要阐述基于 ANN 求解几类微分方程时其试验解的构造形式。不失一般性，考虑微分方程：

$$G\left(x,y(x),\nabla y(x),\nabla^2 y(x),\cdots,\nabla^k y(x)\right)=0,\quad x\in D\subseteq \mathbf{R}^n \tag{5.209}$$

其在一定的初始或者边界条件下成立，其中 $y(x)$ 表示问题(5.209)的解，$\nabla$ 是微分算子，$G$ 是定义微分方程的不同结构的函数，$D$ 表示 $\mathbf{R}^n$ 中有限点集上的离散域。

用 $y_t(x,w)$ 表示具有参数 $w$ 的试验方程，利用神经网络模型可以巧妙地把求解式(5.209)转化为求解以下问题：

$$\min_p \sum_{x_n\in D}\left(G\left(x_n,y_t(x_n,w),\nabla y_t(x_n,w),\nabla^2 y_t(x_n,w),\cdots,\nabla^k y_t(x_n,w)\right)\right)^2 \tag{5.210}$$

其中，试验解 $y_t(p)$ 满足初始条件或边界条件，可以写成两项的和：

$$y_t(x,w)=A(x)+F\left(x,N(x,w)\right) \tag{5.211}$$

其中，$A(x)$ 满足初始条件或边界条件，并且不包含参数 $w$；$N(x,w)$ 是具有参数 $w$ 和输入 $x$ 的前馈神经网络的输出，第二项 $F\left(x,N(x,w)\right)$ 对初始或边界条件没有贡献。

1. 一阶常微分方程

给定如下一阶的含有初始条件的问题：

$$\begin{cases}\dfrac{\mathrm{d}y}{\mathrm{d}x}=f(x,y),\ \ x\in[a,b]\\ y(a)=A\end{cases} \tag{5.212}$$

我们可以构造出满足条件的试验解：

$$y_t(x,p)=A+(x-a)N(x,p) \tag{5.213}$$

2. 二阶常微分方程

考虑如下二阶的含有边界条件的情形：

$$\begin{cases}\dfrac{\mathrm{d}^2 y(x)}{\mathrm{d}x^2}=f\left(x,y,\dfrac{\mathrm{d}y}{\mathrm{d}x}\right),\ \ x\in[a,b]\\ y(a)=A,\ \ y(b)=B\end{cases} \tag{5.214}$$

上述边界值问题相应的 BeNN 试验解可写为如下形式：

$$y_t(x,p)=\frac{bA-aB}{b-a}+\frac{B-A}{b-a}x+(x-a)(x-b)N(x,p) \tag{5.215}$$

同样地，如果我们把式(5.214)中的边界条件换为 $y(a)=A$，$y'(a)=A'$，此时试验解可以表达为

$$y_t(x,p)=A-A'a+A'x+(x-a)^2N(x,p) \tag{5.216}$$

3. 带有初始条件的常微分方程组

给定如下带有初始条件的常微分方程组：

$$\begin{cases}\dfrac{\mathrm{d}y_i(x)}{\mathrm{d}x}=f_i\left[x,y_1(x),\cdots,y_m(x)\right],\ x\in[x_0,x_{\max}]\\ y_i(x_0)=A_i,\ \ i=1,2,\cdots,m\end{cases} \tag{5.217}$$

其相对应的试验解可以表达为

$$y_t(x,p_i)=A_i+(x-x_0)N_i(x,p_i),\ \ i=1,2,\cdots,m \tag{5.218}$$

4. 偏微分方程(Dirichlet 边界条件)

考虑如下的 Poisson 方程：

$$\frac{\partial^2y(x_1,x_2)}{\partial x_1{}^2}+\frac{\partial^2y(x_1,x_2)}{\partial x_2{}^2}=f(x_1,x_2),\ \ x_1\in[0,1],\ \ x_2\in[0,1] \tag{5.219}$$

满足 Dirichlet 边界条件：

$$\begin{cases}y(0,x_2)=f_0(x_2),\ \ y(1,x_2)=f_1(x_2)\\ y(x_1,0)=g_0(x_1),\ \ y(x_1,1)=g_1(x_1)\end{cases} \tag{5.220}$$

其试验解可以表示为

$$y_t(x_1,x_2,p)=A(x_1,x_2)+x_1(1-x_1)x_2(1-x_2)N(x_1,x_2,p) \tag{5.221}$$

其中，$A(x_1,x_2)$ 满足边界条件且可以表示为

$$\begin{aligned}A(x_1,x_2)=&(1-x_1)f_0(x_2)+x_1f_1(x_2)+(1-x_2)\left[g_0(x_1)-(1-x_1)g_0(0)+x_1g_0(1)\right]\\&+x_2\left[g_1(x_1)-(1-x_1)g_1(0)+x_1g_1(1)\right]\end{aligned} \tag{5.222}$$

5. 偏微分方程(混合边界条件)

考虑如下的偏微分方程：

$$\begin{cases} \nabla^4 y(x_1,x_2) = \left( \dfrac{\partial^4}{\partial x_1^4} + 2\dfrac{\partial^4}{\partial x_1^2 \partial x_2^2} + \dfrac{\partial^4}{\partial x_2^4} \right) y(x_1,x_2) \\ \qquad\qquad\quad = f(x_1,x_2), \ (x_1,x_2) \in \Omega \\ y(x_1,x_2) = B_1(x_1,x_2), \ (x_1,x_2) \in \partial\Omega \\ \dfrac{\partial y}{\partial n}(x_1,x_2) = B_2(x_1,x_2), \ (x_1,x_2) \in \partial\Omega \\ \Omega = [a_1,b_1] \times [a_2,b_2] \end{cases} \tag{5.223}$$

其构造的试验解如下：

$$y_t(x_1,x_2,p) = \varphi(x_1,x_2) + \psi\left[x_1,x_2,N(x_1,x_2,p)\right] \tag{5.224}$$

其中

$$\varphi(x_1,x_2) = \left(a{x_1}^4 + b{x_1}^3 + c{x_1}^2 + dx_1\right) + \left(a'{x_2}^4 + b'{x_2}^3 + c'{x_2}^2 + d'x_2\right) \tag{5.225}$$

$$\psi\left[x_1,x_2,N(x_1,x_2,p)\right] = (x_1-a_1)^2(x_1-b_1)^2(x_2-a_2)^2(x_2-b_2)^2 N(x_1,x_2,p) \tag{5.226}$$

### 5.8.3 基于 Bernstein 神经网络和 ELM 求解微分方程的算法

下面给出基于 BeNN 和 ELM 求解微分方程的算法。

**步骤 1**　初始化向量 $\boldsymbol{x} = [x_1, x_2, \cdots, x_m]$；

**步骤 2**　利用 Bernstein 基函数扩展模块为

$$\left[B_0(x_1),B_1(x_1),\cdots,B_n(x_1);B_0(x_2),B_1(x_2),\cdots,B_n(x_2);\cdots;B_0(x_m),B_1(x_m),\cdots,B_n(x_m)\right]$$

**步骤 3**　利用 Bernstein 神经网络计算输出 $y_i$ 如下：

$$N(x,p) = \sum_{j=1}^{n} W_{ij} B_{j-1}(x), \quad i=1,2,\cdots,m, \quad y_t = A(x) + F\big(x, N(x,p)\big)$$

**步骤 4**　把 $x_i \in [a,b]$ 离散，得到 $a = x_{i1} < x_{i2} < \cdots < x_{iM} = b$，$i=1,2,\cdots,m$，计算

$$\nabla y_t(x_{ik}), \nabla^2 y_t(x_{ik}), \cdots, \nabla^k y_t(x_{ik}), \quad i=1,2,\cdots,m, \quad k=1,2,\cdots,M$$

**步骤 5**　把步骤 4 得到的 $y_t, \nabla y_t(x), \nabla^2 y_t(x), \cdots, \nabla^k y_t(x)$ 代入 $G(x, y(x), \nabla y(x), \nabla^2 y(x), \cdots, \nabla^k y(x)) = 0$，然后写成矩阵形式 $\boldsymbol{H\beta} = \boldsymbol{T}$，其中

$$\boldsymbol{\beta} = \left[W_{1_j}, W_{2_j}, \cdots, W_{i_j}, \cdots, W_{m_j}\right]^{\mathrm{T}}, \quad \boldsymbol{W}_{ij} = \left[W_{i_1}, W_{i_2}, \cdots, W_{i_n}\right]^{\mathrm{T}}, \quad i=1,2,\cdots,m$$

**步骤 6**　利用 ELM 训练神经网络，得到 $\boldsymbol{\beta}=\boldsymbol{H}^{\dagger}\boldsymbol{T}$;

**步骤 7**　得到 Bernstein 神经网络的输出。

下面给出收敛性分析。

**定理 5.15**　给定任意一个单层神经网络，假定一维的输入向量 $\boldsymbol{x}$ 被 Bernstein 基函数扩展为 $N$ 维，对于 $N$ 个任意独立的 $(x_i,t_i)$，$i=1,2,\cdots,N$，$x_i\in\mathbf{R},t_i\in\mathbf{R}$，在 $\mathbf{R}$ 的任意一个区间中取一个 $b_i$，则 Bernstein 扩展层的输出矩阵是可逆的，且

$$\|\boldsymbol{H}\boldsymbol{\beta}-\boldsymbol{T}\|=0$$

**证明**　考虑一个向量 $\boldsymbol{c}(b_i)=\left[B_i(x_1+b_i),B_i(x_2+b_i),\cdots,B_i(x_N+b_i)\right]^{\mathrm{T}}$，其中 $b_i\in(a,b),(a,b)$ 是 $\mathbf{R}$ 的任意一个区间，$\boldsymbol{H}$ 的第 $i$ 列属于 $\mathbf{R}^N$。

显然可知 $c\notin s$，其中 $s$ 表示任意的维数低于 $N$ 维的子空间。

因为 $x_i\neq x_j,i\neq j$，我们假设 $\boldsymbol{c}$ 属于 $N-1$ 维的子空间，则存在一个向量 $\boldsymbol{\alpha}$ 与这个子空间正交，如下式所示：

$$(\boldsymbol{\alpha},\boldsymbol{c}(b_i)-\boldsymbol{c}(a))=\alpha_1B_i(b_i+x_1)+\alpha_2B_i(b_i+x_2)+\cdots+\alpha_NB_i(b_i+x_N)-\boldsymbol{\alpha c}(a)=0$$

假定 $\alpha_N\neq0$，则有 $B_i(b_i+x_N)=-\sum\limits_{p=1}^{N-1}\gamma_pB_i(b_i+x_p)+z/\alpha_N$，其中 $z=\boldsymbol{\alpha c}(a)$，$\gamma_p=\alpha_P/\alpha_N$。

因为 $B_i(x)$ 在任意区间是无限可微的，则有

$$B_i^{(l)}(b_i+x_N)=-\sum_{p=1}^{N-1}\gamma_pB_i^{(l)}(b_i+x_p),\quad l=1,2,\cdots,N,N+1,\cdots$$

其中，$B_i^{(l)}$ 是关于 $b_i$ 的 $l$ 阶微分，但仅仅只有 $N-1$ 个自由系数 $\gamma_1,\gamma_2,\cdots,\gamma_{N-1}$，求导得到多于 $N-1$ 个方程组，这是矛盾的。因此向量 $\boldsymbol{c}$ 不属于任何小于 $N$ 维的子空间。换言之，对于从 $\mathbf{R}$ 任意区间中选择的任意一个 $b_i$，根据任意连续的概率分布，$\boldsymbol{H}$ 的列向量可以成为满秩的。因为 $b_i\in\mathbf{R}$ 是任意的，令 $b_i=0$，$i=1,2,\cdots,N$，则矩阵 $\boldsymbol{H}$ 仍为满秩。显然，对于给定的任意小的 $\varepsilon>0$，当一维输入向量被 Bernstein 神经网络扩展到 $\bar{N}<N$ 维时，对于任意的 $N$ 个样本 $(x_i,t_i),i=1,2,\cdots,N$，矩阵 $\boldsymbol{H}$ 满足

$$\left\|\boldsymbol{H}_{N\times\bar{N}}\boldsymbol{\beta}_{\bar{N}\times m}-\boldsymbol{T}_{N\times m}\right\|<\varepsilon$$

同样地，当输入向量是 $M$ 维时，定理 5.15 仍然成立。

### 5.8.4　数值实验与对比验证

本节利用 MATLAB 进行一系列的数值实验，主要通过对一阶常微分方程、二阶常微分方程、常微分方程组以及偏微分方程进行数值实验来证明所提

出的方法的有效性和强大性，并通过与精确解和传统的数值解作比较证明所提方法的高精度。在下面的部分中，误差定义为：BeNN 误差=|精确解–BeNN 数值解|。

**例 5.47**　考虑如下一阶常微分方程：

$$\begin{cases}\dfrac{\mathrm{d}y}{\mathrm{d}x}=y-x^2+1, & x\in[0,2]\\ y(0)=0.5\end{cases}$$

根据式(5.212)、式(5.213)可知，试验解为 $y_t(x)=0.5+xN(x,p)$。

在区间 $[0,2]$ 内取等距的 10 个点作为训练样本点，并且采用 Bernstein 基函数的前 6 项。表 5.35 和图 5.63 中展示了 BeNN 得到的数值解与原问题精确解的对比。我们所提出的方法和多层感知(multi-layer perceptron，MLP)[58]方法所得的误差如图 5.64 所示。MLP 方法的最大绝对误差为 $1.9\times10^{-2}$，而 BeNN 的最大绝对误差为 $2.7\times10^{-3}$，由此充分证明了该方法的优越性。

**表 5.35　例 5.47 情况下精确解与 BeNN 数值解的比较**

| $x$ | 精确解 | BeNN 数值解 | BeNN 误差 | MLP 误差 |
|---|---|---|---|---|
| 0 | 0.500000000000000 | 0.500000000000000 | 0 | 0 |
| 0.2 | 0.829298620919915 | 0.829298545243513 | $7.7\times10^{-8}$ | $7.0\times10^{-4}$ |
| 0.4 | 1.214087651179365 | 1.214087632466867 | $1.7\times10^{-8}$ | $4.0\times10^{-4}$ |
| 0.6 | 1.648940599804746 | 1.648940492519046 | $1.7\times10^{-7}$ | $2.3\times10^{-3}$ |
| 0.8 | 2.127229535753767 | 2.127229479459782 | $5.3\times10^{-8}$ | $1.5\times10^{-3}$ |
| 1.0 | 2.640859085770477 | 2.640858940680662 | $1.5\times10^{-7}$ | $1.8\times10^{-3}$ |
| 1.2 | 3.179941538631726 | 3.179944740068502 | $3.0\times10^{-6}$ | $4.4\times10^{-3}$ |
| 1.4 | 3.732400016577662 | 3.732440434210966 | $4.4\times10^{-5}$ | $3.5\times10^{-3}$ |
| 1.6 | 4.283483787802443 | 4.283710101644466 | $2.6\times10^{-4}$ | $5.5\times10^{-3}$ |
| 1.8 | 4.815176267793527 | 4.816047825144281 | $8.2\times10^{-4}$ | $4.3\times10^{-3}$ |
| 2.0 | 5.305471950534675 | 5.308143827056824 | $2.7\times10^{-3}$ | $1.9\times10^{-2}$ |

**例 5.48**　考虑如下带有边界条件的问题：

$$\begin{cases}\dfrac{\mathrm{d}^2}{\mathrm{d}x^2}y(x)+y(x)=2, & x\in[0,1]\\ y(0)=1, \quad y(1)=0\end{cases}$$

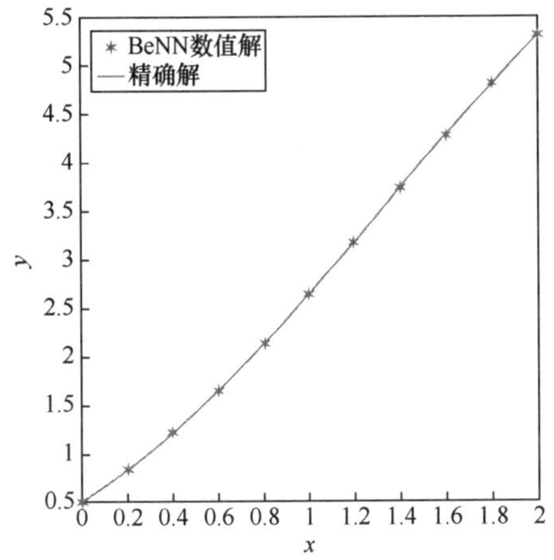


图 5.63　例 5.47 情况下 BeNN 数值解

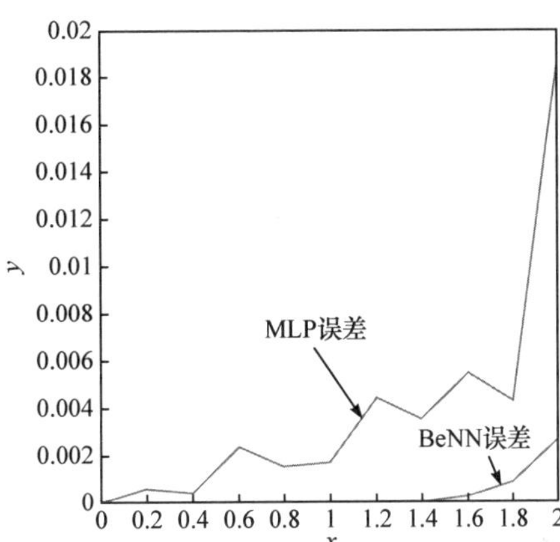


图 5.64　例 5.47 情况下 BeNN 与 MLP 的误差

根据式(5.214)、式(5.215)可知，试验解为 $y_t(x)=1-x+x(1-x)N(x,p)$。

选取[0,1]中的 10 个等距点，并将所得的结果与 BeNN 精确解进行比较，结果分别显示在表 5.36 和图 5.65 中。所获得的绝对误差记录在表 5.36 中，结果证明了所提出的方法更优。值得注意的是，在文献[59]中选取了 50 个训练点来训练，最大绝对误差为 $5\times10^{-1}$，但用本节提出的方法得到的最大绝对误差是 $7.3\times10^{-9}$，尽管使用了较少的训练点，但显然所提出的方法得到的数值解比文献[59]中的解具有更高的精度。

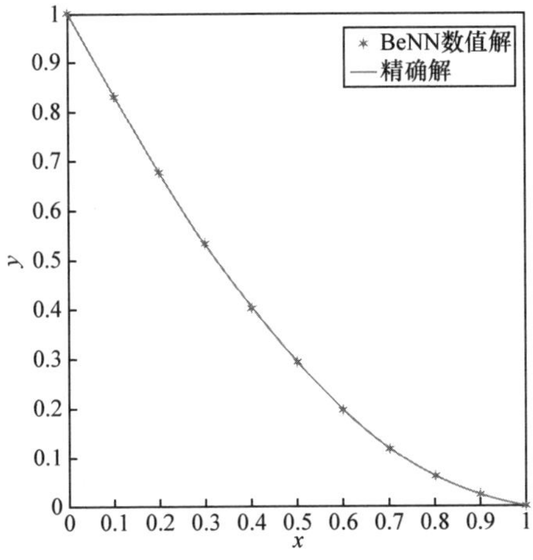


图 5.65　例 5.48 情况下 BeNN 数值解

**表 5.36　例 5.48 情况下精确解与 BeNN 数值解的比较**

| $x$ | 精确解 | BeNN 数值解 | BeNN 误差 |
|---|---|---|---|
| 0 | 1.000000000000000 | 1.000000000000000 | 0 |
| 0.1 | 0.831815046902001 | 0.831815050021417 | $3.1\times10^{-9}$ |
| 0.2 | 0.675302211704751 | 0.675302208312442 | $3.4\times10^{-9}$ |
| 0.3 | 0.532025318921278 | 0.532025314579426 | $4.3\times10^{-9}$ |
| 0.4 | 0.403415943903228 | 0.403415946636496 | $2.7\times10^{-9}$ |
| 0.5 | 0.290759109013176 | 0.290759116358856 | $7.3\times10^{-9}$ |
| 0.6 | 0.195180444105945 | 0.195180447030709 | $2.9\times10^{-9}$ |
| 0.7 | 0.117634939607180 | 0.117634935314112 | $4.3\times10^{-9}$ |
| 0.8 | 0.058897404564699 | 0.058897401065029 | $3.5\times10^{-9}$ |
| 0.9 | 0.019554725012598 | 0.019554728222903 | $3.2\times10^{-9}$ |
| 1 | 0 | 0 | 0 |

**例 5.49**　考虑如下微分方程组：

$$\begin{cases} \dfrac{\mathrm{d}y_1}{\mathrm{d}x}=\cos(x), \quad y_1(0)=0 \\ \dfrac{\mathrm{d}y_2}{\mathrm{d}x}=-y_1, \quad y_2(0)=1 \\ \dfrac{\mathrm{d}y_3}{\mathrm{d}x}=y_2, \quad y_3(0)=0 \qquad x\in[0,1] \\ \dfrac{\mathrm{d}y_4}{\mathrm{d}x}=-y_3, \quad y_4(0)=1 \\ \dfrac{\mathrm{d}y_5}{\mathrm{d}x}=y_4, \quad y_5(0)=0 \end{cases} \tag{5.227}$$

相应的试验解可以表示为

$$y_i(x,p)=xN(x,p), \quad i=1,3,5 \tag{5.228}$$

$$y_j(x,p)=1+xN(x,p), \quad j=2,4 \tag{5.229}$$

训练过程采用给定区间内的 10 个等距点，所得结果如图 5.66 所示。与文献[60]中的方法相比，BeNN 方法在精度上具有更好的性能，所得到的最大绝对误差为 $6.8\times10^{-8}$，远远小于文献[60]中方法的误差 $2.1\times10^{-5}$。

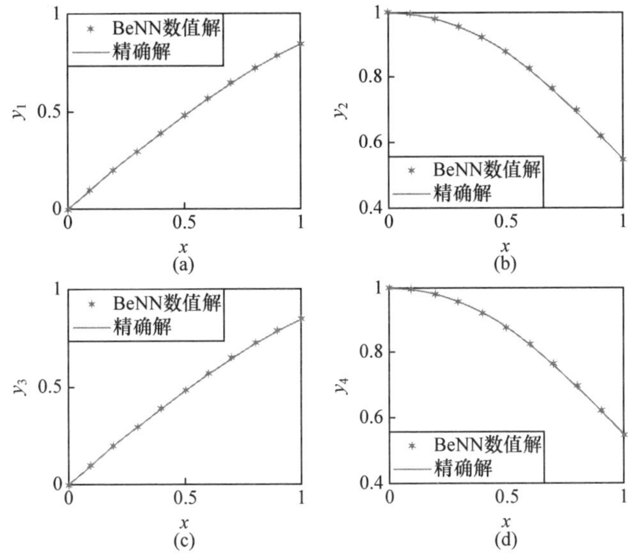


图 5.66　例 5.49 情况下 BeNN 数值解

**例 5.50**　考虑如下具有 Dirichlet 边界条件的问题：

$$\begin{cases} \dfrac{\partial^2 y}{\partial {x_1}^2}+\dfrac{\partial^2 y}{\partial {x_2}^2}=\sin(\pi x_1)\sin(\pi x_2) \\ y(0,x_2)=0,\quad y(1,x_2)=0 \qquad\qquad x_1,x_2\in[0,1] \\ y(x_1,0)=0,\quad y(x_1,1)=0 \end{cases} \tag{5.230}$$

按照前面的步骤，得到 BeNN 的试验解为

$$y_t(x_1,x_2,p)=x_1(1-x_1)x_2(1-x_2)N(x,p) \tag{5.231}$$

为了与文献[84]中的结果进行公平比较，我们使用前 6 个 Bernstein 基函数。

我们选取定义域中的 100 个等距点作为训练点。精确解和 BeNN 解分别展示在图 5.67 和图 5.68 中，精确解和 BeNN 解之间的误差如图 5.69 所示。表 5.37 包含了一些测试点的相应结果，该测试验证了 BeNN 可以直接准确地给出未在训练过程中出现的点的结果。我们选择了与 Chebyshev 算法[85]相同的测试点，Chebyshev 算法最大绝对误差为 $7\times10^{-4}$，在我们提出的方法的最大绝对误差为 $7.6\times10^{-5}$，证明了我们提出的方法的有效性。另外，我们提出的方法在计算速度方面也优于 Chebyshev 算法。Chebyshev 算法的时间成本为 3.49s，而我们所提的方法所用时间仅为 0.38s，证明了该方法计算的简单性。

**表 5.37　例 5.50 情况下精确解与 BeNN 数值解的比较**

| $x_1$ | $x_2$ | 精确解 | BeNN 数值解 | BeNN 误差 | Chebyshev 误差 |
|---|---|---|---|---|---|
| 0 | 0.8910 | 0 | 0 | 0 | 0 |
| 0.1710 | 0.0770 | −0.006210390112558 | −0.006147679107526 | $6.3\times10^{-5}$ | $1.0\times10^{-4}$ |

续表

| $x_1$ | $x_2$ | 精确解 | BeNN 数值解 | BeNN 误差 | Chebyshev 误差 |
|---|---|---|---|---|---|
| 0.3900 | 0.1940 | −0.027285307324177 | −0.027315231616783 | $3.0\times10^{-5}$ | 0 |
| 0.4700 | 0.2840 | −0.039262336504184 | −0.039259973225224 | $2.4\times10^{-6}$ | $2.0\times10^{-4}$ |
| 0.8250 | 0.5390 | −0.026271654853940 | −0.026323476610311 | $5.2\times10^{-5}$ | $7.0\times10^{-4}$ |
| 0.3400 | 0.6820 | −0.037333074613064 | −0.037321217215945 | $1.2\times10^{-5}$ | $1.0\times10^{-4}$ |
| 0.7410 | 0.5680 | −0.035983843931486 | −0.035994576102912 | $1.1\times10^{-5}$ | $1.0\times10^{-4}$ |
| 0.9500 | 0.3940 | −0.007489684013004 | −0.007518922022177 | $2.9\times10^{-5}$ | $4.0\times10^{-4}$ |
| 0.1530 | 0.8820 | −0.008485874395444 | −0.008410353206707 | $7.6\times10^{-5}$ | $1.0\times10^{-4}$ |
| 0.9370 | 0.4720 | −0.004275437645072 | −0.004302227392013 | $2.7\times10^{-5}$ | $1.0\times10^{-4}$ |

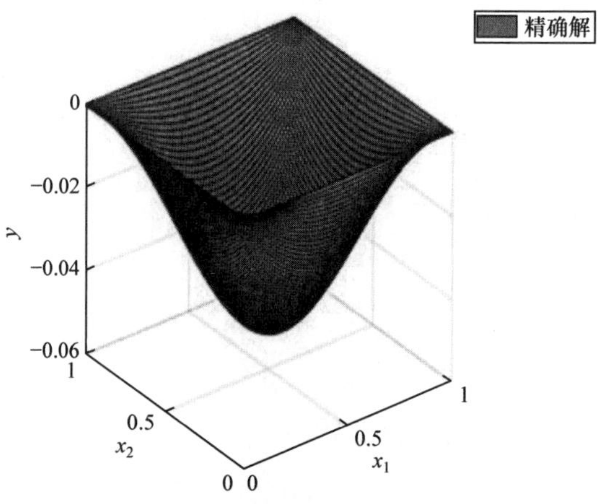


图 5.67　例 5.50 情况下精确解

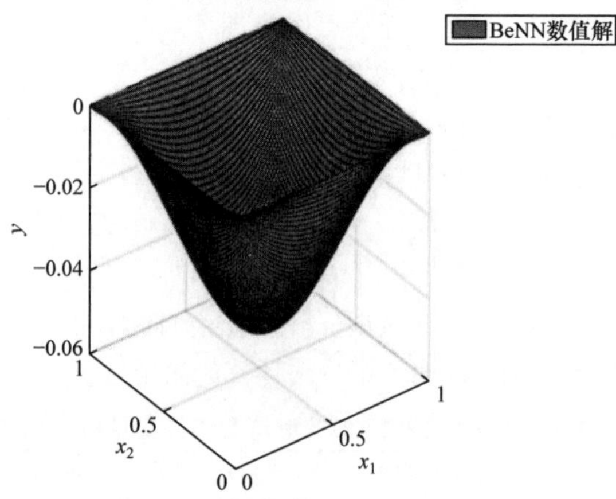


图 5.68　例 5.50 情况下 BeNN 数值解

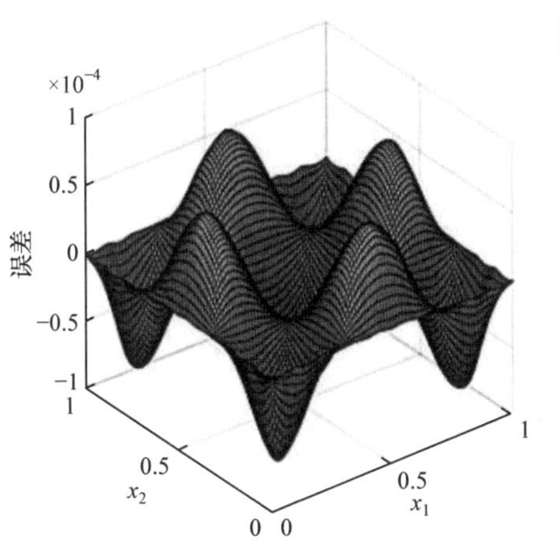


图 5.69 例 5.50 情况下的误差

**例 5.51** 考虑如下具有 Dirichlet 边界条件的问题:

$$\begin{cases} \dfrac{\partial^2 y}{\partial x_1^{\,2}} + \dfrac{\partial^2 y}{\partial x_2^{\,2}} = \mathrm{e}^{-x_1}\left(x_1 - 2 + x_2^{\,3} + 6x_2\right) \\ y(0,x_2) = x_2^{\,3},\quad y(1,x_2) = \left(1 + x_2^{\,3}\right)\mathrm{e}^{-1} \qquad x_1, x_2 \in [0,1] \\ y(x_1,0) = x_1\mathrm{e}^{-x_1},\quad y(x_1,1) = (x_1+1)\mathrm{e}^{-x_1} \end{cases} \tag{5.232}$$

根据前面的理论可得 BeNN 的试验解为

$$y_t(x_1,x_2,p) = A(x_1,x_2) + x_1(1-x_1)x_2(1-x_2)N(x_1,x_2,p) \tag{5.233}$$

其中

$$\begin{aligned} A(x_1,x_2) = {} & (1-x_1)x_2^{\,3} + x_1\left(1+x_2^{\,3}\right)\mathrm{e}^{-1} + (1-x_2)x_1\left(\mathrm{e}^{-x_1} - \mathrm{e}^{-1}\right) \\ & + x_2\left[(1+x_1)\mathrm{e}^{-x_1} - \left(1 - x_1 - 2x_1\mathrm{e}^{-1}\right)\right] \end{aligned} \tag{5.234}$$

我们在[0,1]区间内选取 100 个等距点作为训练点，精确解和 BeNN 的数值解如图 5.70 和图 5.71 所示。图 5.72 显示了 BeNN 数值解与选择用于训练的 100 个点的精确解之间的误差。从得到的结果可以清楚地看出，我们的方法在精度方面优于 Chebyshev 算法(参见图 5.69)，误差精度在 Chebyshev 算法中为 $O\left(10^{-3}\right)$，我们所提的方法得到的误差精度达到 $O\left(10^{-4}\right)$。表 5.38 通过使用收敛权重直接显示出相应测试点的 BeNN 解，并且测试点中得到的最大绝对误差为 $2.4\times10^{-4}$，表明误差在测试点处仍保持较低。在计算速度方面，Chebyshev 算法的计算时间消耗为 2.10s，我们提出的方法用时仅为 0.12s。因此，无论在计算精度还是计算速度方面，我们提出的方法都比 Chebyshev 算法更强大。

表 5.38　例 5.51 情况下测试点处的误差对比

| $x_1$ | $x_2$ | 精确解 | BeNN 数值解 | BeNN 误差 | Chebyshev 误差 |
|---|---|---|---|---|---|
| 0 | 0.2318 | 0.012454901432000 | 0.012454901432000 | 0 | 0 |
| 0.2174 | 0.7490 | 0.513009852104651 | 0.512773580821592 | $2.4\times10^{-4}$ | $1.3\times10^{-2}$ |
| 0.5870 | 0.3285 | 0.346077236496052 | 0.345983957233659 | $9.3\times10^{-5}$ | $3.2\times10^{-2}$ |
| 0.3971 | 0.6481 | 0.449964154569349 | 0.449888592973102 | $7.6\times10^{-5}$ | $2.6\times10^{-3}$ |
| 0.7193 | 0.2871 | 0.361892942424939 | 0.361693139135802 | $1.1\times10^{-4}$ | $2.6\times10^{-2}$ |
| 0.8752 | 0.5380 | 0.429665815073745 | 0.429703532019806 | $3.8\times10^{-5}$ | $1.6\times10^{-3}$ |
| 0.9471 | 0.4691 | 0.407384517762609 | 0.407368099922590 | $1.6\times10^{-5}$ | $7.6\times10^{-3}$ |
| 0.4521 | 0.8241 | 0.643786002811775 | 0.643744179557902 | $4.2\times10^{-5}$ | $1.5\times10^{-2}$ |
| 0.2980 | 0.9153 | 0.790413322406531 | 0.790275502139587 | $1.4\times10^{-4}$ | $5.5\times10^{-3}$ |
| 0.6320 | 0.1834 | 0.339204362555939 | 0.339044986521569 | $1.6\times10^{-4}$ | $2.3\times10^{-2}$ |

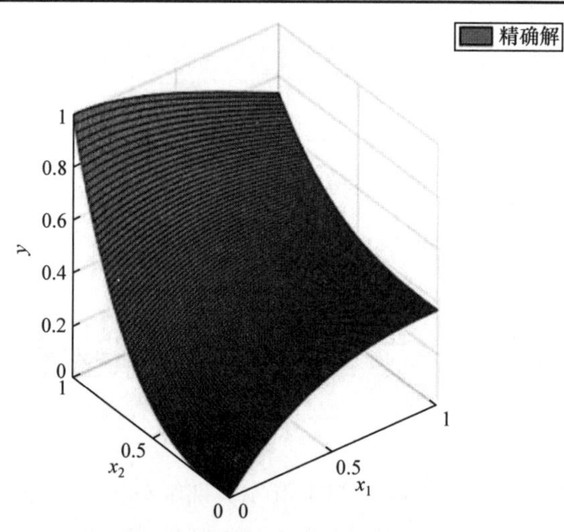


图 5.70　例 5.51 情况下精确解

**例 5.52**　考虑如下带有混合边界条件的问题：

$$\begin{cases}\nabla^4 y(x_1,x_2)=24\left(x_1^{\ 4}+x_2^{\ 4}\right)-144\left(x_1^{\ 2}+x_2^{\ 2}\right)+288x_1^{\ 2}x_2^{\ 2}+80\\ y(x_1,x_2)=0,\ \ (x_1,x_2)\in\partial([-1,1]^2)\\ \dfrac{\partial y}{\partial n}(x_1,x_2)=0,\ \ (x_1,x_2)\in\partial([-1,1]^2)\\ (x_1,x_2)\in[-1,1]^2\end{cases}\tag{5.235}$$

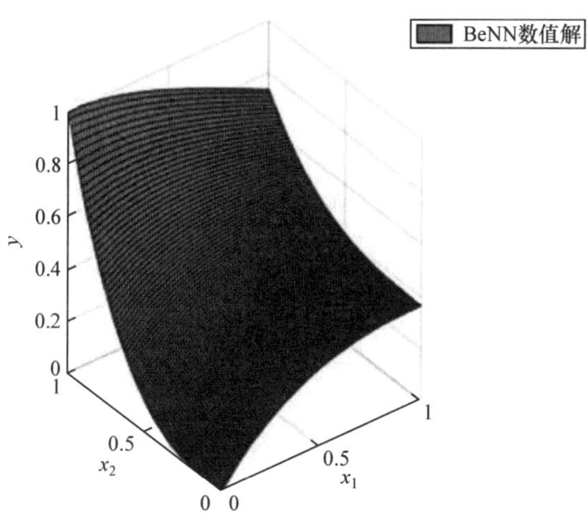


图 5.71　例 5.51 情况下 BeNN 数值解

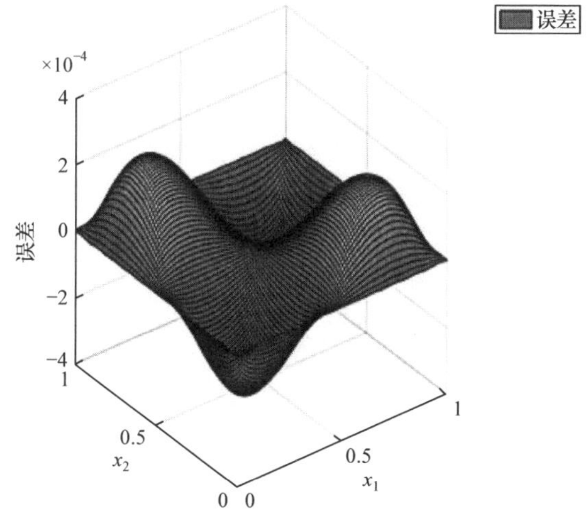


图 5.72　例 5.51 情况下的误差

根据式(5.221)～式(5.224)可以得到试验解为

$$y_t\left(x_1,x_2,p\right)=(x_1^{\,2}-1)^2(x_2^{\,2}-1)^2N\left(x_1,x_2,p\right) \tag{5.236}$$

为了与 MLP 方法所得的结果进行公平比较，选取同样的 121 个等距点进行训练。同先前情况一样，图 5.73 和图 5.74 中展示出 BeNN 数值解以及与原方程精确解的对比，误差函数曲线如图 5.75 所示。从表 5.39 得到的结果可以看出，我们的方法在精度方面优于 MLP 方法，MLP 方法的误差的精度是$O\left(10^{-5}\right)$，用我们的方法得到的误差精度是$O\left(10^{-14}\right)$。测试点处最大绝对误差在 MLP 方法下为$5.7\times10^{-6}$，在 BeNN 方法下为$2.5\times10^{-14}$。显然，如表 5.39 所示，我们所提出的方法在测试点之间的误差仍然保持很低。

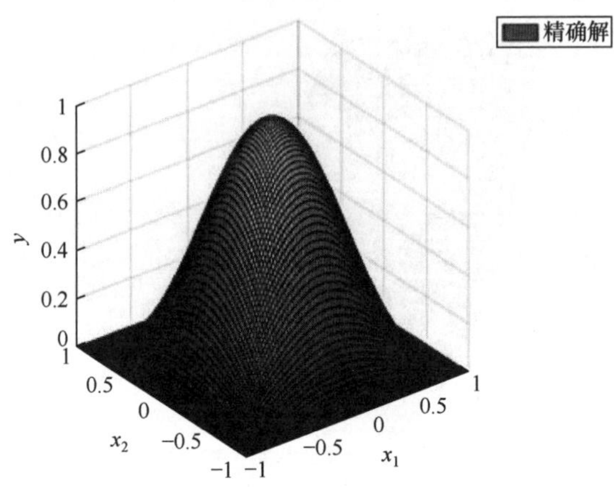


图 5.73　例 5.52 情况下精确解

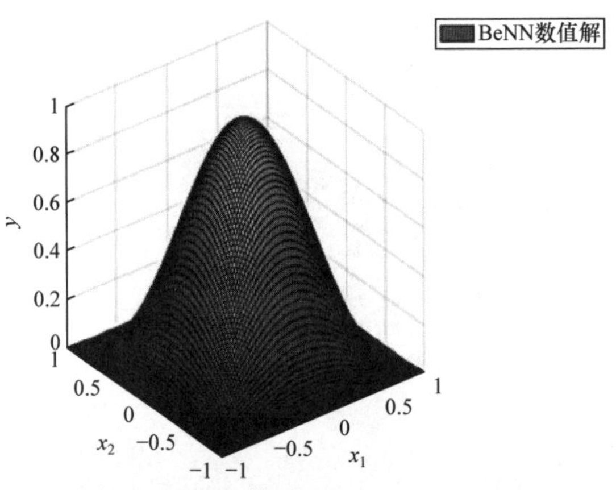


图 5.74　例 5.52 情况下 BeNN 数值解

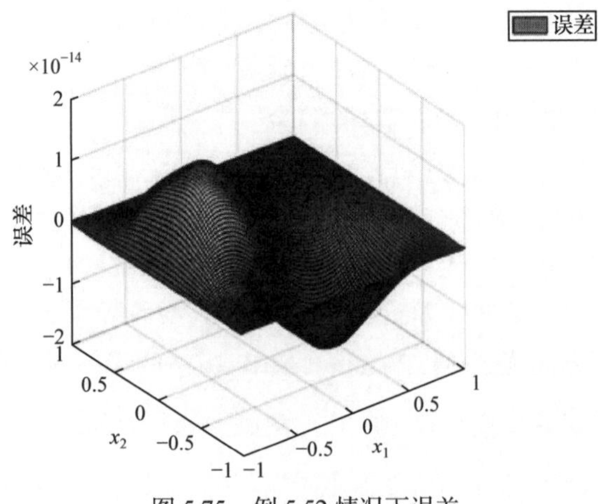


图 5.75　例 5.52 情况下误差

**表 5.39　例 5.52 情况下测试点处的误差对比**

| $x_1$ | $x_2$ | 精确解 | BeNN 解 | BeNN 误差 | MLP 误差 |
|---|---|---|---|---|---|
| –0.74 | –1.2 | 0.039623291136000 | 0.039623291135997 | $3\times10^{-15}$ | $2.0\times10^{-6}$ |
| –0.46 | 0.0 | 0.621574560000000 | 0.621574560000025 | $2.5\times10^{-14}$ | $1.6\times10^{-6}$ |
| –0.3 | 1.2 | 0.160320160000000 | 0.160320160000004 | $4\times10^{-15}$ | $3.0\times10^{-6}$ |
| 0.4 | 0.0 | 0.705600000000000 | 0.705600000000000 | 0 | $7.0\times10^{-7}$ |
| 0.78 | 0.98 | 0.000240478214170 | 0.000240478214170 | 0 | 0 |
| 0.92 | –0.35 | 0.018166726656000 | 0.018166726656000 | 0 | 0 |
| 1.2 | –1.2 | 0.037480960000000 | 0.037480959999993 | $7\times10^{-15}$ | $5.7\times10^{-6}$ |
| 1.2 | 0.0 | 0.193600000000000 | 0.193600000000000 | 0 | $1.1\times10^{-7}$ |

### 5.8.5　小结

5.8 节提出了一种求解偏微分方程数值解的新的 ANN 模型——BeNN 模型。这里我们使用单层功能链接人工神经网络结构，隐含层被用于扩展输入模式的功能扩展块代替，并且使用 Bernstein 基函数来扩展输入数据的维数。结合极限学习机算法确定网络参数，使得 Bernstein 神经网络模型的计算复杂度小于其他传统的数值方法。通过对不同种类的微分方程做数值实验，数值结果证明了该方法的强大。

# 第 6 章　LS-SVM 算法在数值求解复杂系统中的应用

SVM 算法是一种被广泛应用的小样本机器学习算法，本章主要介绍 LS-SVM 机器学习算法在数值求解复杂系统中的应用。

## 6.1　LS-SVM 在一类高阶非线性微分方程的初边值问题中的应用

### 6.1.1　引言

数学、物理、化学、工程、经济学、生物学等学科的很多问题都要用高阶常微分方程建模[197-199]。常用的求解高阶 ODE 的方法是将其转换为一阶微分方程组，这会导致计算量大幅度增加。研究者们提出了许多不需降阶而直接求解高阶 ODE 的数值方法，如分步法[200-203]、Runge-Kutta 法[204, 205]、小波法(Haar 小波法[206]、B 样条小波法[207])、有限差分法[208]、谱方法[209, 210]等。然而，这些方法得到的解大多是离散的或者有限可微的。

近年来，学者们试图研究一些得到连续可微解的直接求解高阶常微分方程的数值方法。神经网络是其中的一种求解高阶常微分方程的有效算法。Malek 等[211]提出了基于人工神经网络和优化技术的混合数值方法求解高阶常微分方程。Yazdi 等[59]提出了一种无监督核最小均方算法求解高阶常微分方程。Chakraverty 等[212]提出了基于回归的人工神经网络模型求解高阶常微分方程。Mall 等[83]和 Chakraverty 等[213]提出了单隐含层 Legendre 神经网络和单隐含层 Chebyshev 神经网络求解 Lane-Emden 方程。然而，传统的神经网络方法易导致维数灾难、隐含层神经元选择困难、局部最优解和训练时间长等问题。

最小二乘支持向量机采用结构风险最小化原理，具有较好的泛化能力而且可以实现全局最优，可以克服传统神经网络的缺点。LS-SVM 算法在模式识别[214]、故障诊断[215, 216]和时间序列预测[217, 218]等方面都有广泛的应用。此外，Mehrkanoon 等[219]提出了基于最小二乘支持向量机模型的线性常微分方程初边值问题的数值解法。对于带有初始条件的一阶线性常微分方程：

$$\begin{cases}\dfrac{\mathrm{d}y}{\mathrm{d}x}=a(x)y(x)+r(x), & x\in[a,c]\\ y(a)=A\end{cases}\tag{6.1}$$

假定方程(6.1)的近似解为 $y(x)=\boldsymbol{\omega}^{\mathrm{T}}\boldsymbol{\varphi}(\boldsymbol{x})+b$，其中 $\boldsymbol{\omega}$ 和 $b$ 为待确定的模型参数。用配置法把区间 $[a,c]$ 离散成一系列的配置点，通过解一个带约束的优化问题可以求解参数 $\boldsymbol{\omega}$ 和 $b$ 的值。根据拉格朗日乘数法，带约束的优化问题转换成一个由最小二乘支持向量机的损失函数、近似解 $y(x)=\boldsymbol{\omega}^{\mathrm{T}}\boldsymbol{\varphi}(\boldsymbol{x})+b$ 在配置点处满足给定的一阶线性常微分方程以及初始条件三部分构成的拉格朗日函数。这个方法还适用于求解其他类型的微分方程，包括偏微分方程和广义系统。本章在文献和研究工作的基础上，提出了基于最小二乘支持向量机的高阶非线性方程初边值问题的数值解法。

### 6.1.2　最小二乘支持向量机在二阶非线性常微分方程的初边值问题中的应用

本节我们改进最小二乘支持向量机，用于求解二阶非线性常微分方程的初值问题和边值问题。

1. 二阶非线性常微分方程的初值问题

考虑如下形式的二阶非线性常微分方程：

$$\frac{\mathrm{d}^2y}{\mathrm{d}x^2}=f(x,y),\quad x\in[a,c]\tag{6.2}$$

其初始条件为 $y(a)=p_0, y'(a)=p_1$。

假定方程(6.2)的近似解为 $y=\boldsymbol{\omega}^{\mathrm{T}}\boldsymbol{\varphi}(\boldsymbol{x})+b$，其中 $\boldsymbol{\omega}$ 和 $b$ 为待确定的模型参数，为了获得 $\boldsymbol{\omega}$ 和 $b$ 的最优值，首先用配置法将区间离散化为 $\Omega=\{a=x_1<x_2<\cdots<x_N=c\}$，然后求解带有约束条件的目标优化问题。优化问题描述为

$$\min_{\boldsymbol{\omega},b,\boldsymbol{e}_i,\boldsymbol{\xi}} J(\boldsymbol{\omega},\boldsymbol{e},\boldsymbol{\xi})=\frac{1}{2}\boldsymbol{\omega}^{\mathrm{T}}\boldsymbol{\omega}+\frac{1}{2}\gamma\boldsymbol{e}^{\mathrm{T}}\boldsymbol{e}+\frac{1}{2}\gamma\boldsymbol{\xi}^{\mathrm{T}}\boldsymbol{\xi}\tag{6.3}$$

约束条件为

$$\begin{cases}\boldsymbol{\omega}^{\mathrm{T}}\boldsymbol{\varphi}''(x_i)=f(x_i,y_i)+e_i, & i=2,3,\cdots,N\\ \boldsymbol{\omega}^{\mathrm{T}}\boldsymbol{\varphi}(x_1)+b=p_0\\ \boldsymbol{\omega}^{\mathrm{T}}\boldsymbol{\varphi}'(x_1)=q_0\\ y_i=\boldsymbol{\omega}^{\mathrm{T}}\boldsymbol{\varphi}(x_i)+b+\xi_i, & i=2,3,\cdots,N\end{cases}$$

**定理 6.1**　给定一个正则化参数$\gamma \in \mathbf{R}^{+}$和一个正定核函数$K:\mathbf{R}\times\mathbf{R}\to\mathbf{R}$，方程(6.3)的解可以通过下面的方程组(6.4)求得：

$$\begin{bmatrix} [\tilde{\Theta}_{2,2}]_{N-1} & [\tilde{\Theta}_{0,2}]_{N-2}^{\mathrm{T}} & [\Pi_{0,2}^{1}]_{N-1}^{\mathrm{T}} & [\Pi_{1,2}^{1}]_{N-1}^{\mathrm{T}} & \mathbf{0}_{1,N-1}^{\mathrm{T}} & \mathbf{0}_{N-1} \\ [\tilde{\Theta}_{0,2}]_{N-1} & [\tilde{\Theta}_{0,0}]_{N-2} & [\Pi_{0,1}^{1}]_{N-1}^{\mathrm{T}} & [\Pi_{0,1}^{1}]_{N-1}^{\mathrm{T}} & \boldsymbol{I}_{1,N-1}^{\mathrm{T}} & -\boldsymbol{E}_{N-1} \\ [\Pi_{0,2}^{1}]_{N-1} & [\Pi_{0,0}^{1}]_{N-1} & [\Theta_{0,0}]_{1,1} & [\Theta_{0,1}]_{1,1}^{\mathrm{T}} & 1 & \mathbf{0}_{1,N-1} \\ [\Pi_{1,2}^{1}]_{N-1} & [\Pi_{0,1}^{1}]_{N-1} & [\Theta_{0,1}]_{1,1} & [\Theta_{1,1}]_{1,1} & 1 & \mathbf{0}_{1,N-1} \\ \mathbf{0}_{1,N-1} & \boldsymbol{I}_{1,N-1} & 1 & 1 & 0 & \mathbf{0}_{1,N-1} \\ \boldsymbol{D}_{N-1}(\boldsymbol{y}) & \boldsymbol{E}_{N-1} & \mathbf{0}_{1,N-1}^{\mathrm{T}} & \mathbf{0}_{1,N-1}^{\mathrm{T}} & \mathbf{0}_{1,N-1}^{\mathrm{T}} & \mathbf{0}_{N-1} \end{bmatrix} \begin{bmatrix} \alpha_{N-1} \\ \eta_{N-1} \\ \beta_0 \\ \beta_1 \\ b \\ \boldsymbol{y}_{N-1}^{\mathrm{T}} \end{bmatrix} = \begin{bmatrix} \boldsymbol{f}_{N-1}(\boldsymbol{x},\boldsymbol{y}) \\ \mathbf{0}_{1,N-1}^{\mathrm{T}} \\ p_0 \\ p_1 \\ 0 \\ \mathbf{0}_{1,N-1}^{\mathrm{T}} \end{bmatrix} \tag{6.4}$$

$$\boldsymbol{\alpha}=[\alpha_2,\alpha_3,\cdots,\alpha_N]^{\mathrm{T}},\ \boldsymbol{f}_{N-1}(\boldsymbol{x},\boldsymbol{y})=\left[f(x_2,y_2),f(x_3,y_3),\cdots,f(x_N,y_N)\right]^{\mathrm{T}}$$

$$\frac{\partial \boldsymbol{f}(\boldsymbol{x},\boldsymbol{y})}{\partial \boldsymbol{y}}=\left[\left.\frac{\partial f(x,y)}{\partial y}\right|_{x=x_2,y=y_2},\left.\frac{\partial f(x,y)}{\partial y}\right|_{x=x_3,y=y_3},\cdots,\left.\frac{\partial f(x,y)}{\partial y}\right|_{x=x_N,y=y_N}\right]$$

$$\boldsymbol{y}=[y_2,y_3,\cdots,y_N]$$

$$\boldsymbol{D}_{N-1}(\boldsymbol{y})=\mathrm{diag}\left(\frac{\partial f(x,y)}{\partial y}\right),\boldsymbol{\eta}=[\eta_2,\eta_3,\cdots,\eta_N]^{\mathrm{T}},\mathbf{0}_{1,N-1}=[0,0,\cdots,0]$$

$$\boldsymbol{I}_{1,N-1}=[1,1,\cdots,1]\left[\tilde{\Theta}_{2,2}\right]_{N-1}=\left[\Theta_{2,2}\right]_{2:N,2:N}+\gamma^{-1}\boldsymbol{E}$$

$$\left[\tilde{\Theta}_{0,0}\right]_{N-1}=\left[\Theta_{0,0}\right]_{2:N,2:N}+\gamma^{-1}\boldsymbol{E},\left[\tilde{\Theta}_{0,2}\right]_{N-1}=\left[\Theta_{0,2}\right]_{2:N,2:N}$$

$$\left[\Pi_{0,2}^{1}\right]_{N-1}=\left[\Theta_{0,2}\right]_{1,2:N}=\left(\left[\Theta_{0,2}\right]_{1,2},\left[\Theta_{0,2}\right]_{1,3},\cdots,\left[\Theta_{0,2}\right]_{1,N}\right)$$

$$\left[\Pi_{1,2}^{1}\right]_{N-1}=\left[\Theta_{1,2}\right]_{1,2:N}=\left(\left[\Theta_{1,2}\right]_{1,2},\left[\Theta_{1,2}\right]_{1,3},\cdots,\left[\Theta_{1,2}\right]_{1,N}\right)$$

$$\left[\Pi_{0,0}^{1}\right]_{N-1}=\left[\Theta_{0,0}\right]_{1,2:N}=\left(\left[\Theta_{0,0}\right]_{1,2},\left[\Theta_{0,0}\right]_{1,3},\cdots,\left[\Theta_{0,0}\right]_{1,N}\right)$$

$$\left[\Pi_{0,1}^{1}\right]_{N-1}=\left[\Theta_{0,1}\right]_{1,2:N}=\left(\left[\Theta_{0,1}\right]_{1,2},\left[\Theta_{0,1}\right]_{1,3},\cdots,\left[\Theta_{0,1}\right]_{1,N}\right)$$

**证明**　根据拉格朗日乘数法，把带约束的优化问题(6.3)转换成拉格朗日函数

$$\begin{aligned} L(\boldsymbol{\omega},y_i,\alpha_i,\eta_i,\beta_0,\beta_1,b,e_i,\xi_i)=&\frac{1}{2}\boldsymbol{\omega}^{\mathrm{T}}\boldsymbol{\omega}+\frac{1}{2}\gamma\boldsymbol{e}^{\mathrm{T}}\boldsymbol{e}+\frac{1}{2}\gamma\boldsymbol{\xi}^{\mathrm{T}}\boldsymbol{\xi}-\sum_{i=2}^{N}\alpha_i\left[\boldsymbol{\omega}^{\mathrm{T}}\boldsymbol{\varphi}''(x_i)-f(x_i,y_i)-e_i\right] \\ &-\sum_{i=2}^{N}\eta_i\left[\boldsymbol{\omega}^{\mathrm{T}}\boldsymbol{\varphi}(x_i)+b+\xi_i-y_i\right]-\beta_0\left(\boldsymbol{\omega}^{\mathrm{T}}\boldsymbol{\varphi}(x_1)+b-p_0\right)-\beta_1\left(\boldsymbol{\omega}^{\mathrm{T}}\boldsymbol{\varphi}'(x_1)-p_1\right) \end{aligned} \tag{6.5}$$

根据 KKT 最优解条件，令拉格朗日函数的各个偏导数为 0，可以得到

$$
\begin{cases}
\dfrac{\partial L}{\partial \boldsymbol{\omega}}=\boldsymbol{\omega}-\sum\limits_{i=2}^{N}\alpha_i\boldsymbol{\varphi}''(x_i)-\sum\limits_{i=2}^{N}\eta_i\boldsymbol{\varphi}(x_i)-\beta_0\boldsymbol{\varphi}(x_1)-\beta_1\boldsymbol{\varphi}'(x_1)=0\\
\dfrac{\partial L}{\partial b}=-\sum\limits_{i=1}^{N}\eta_i-\beta_0=0\\
\dfrac{\partial L}{\partial e_i}=\alpha_i+\gamma e_i=0,\quad i=2,3,\cdots,N\\
\dfrac{\partial L}{\partial \xi_i}=-\eta_i+\gamma\xi_i=0,\quad i=2,3,\cdots,N\\
\dfrac{\partial L}{\partial y_i}=\eta_i+\alpha_i\dfrac{\partial f(x_i,y_i)}{\partial y_i}=0,\quad i=2,3,\cdots,N\\
\dfrac{\partial L}{\partial \alpha_i}=\boldsymbol{\omega}^{\mathrm{T}}\boldsymbol{\varphi}''(x_i)-f(x_i,y_i)-e_i=0,\quad i=2,3,\cdots,N\\
\dfrac{\partial L}{\partial \eta_i}=\boldsymbol{\omega}^{\mathrm{T}}\boldsymbol{\varphi}(x_i)+b-y_i+\xi_i=0,\quad i=2,3,\cdots,N\\
\dfrac{\partial L}{\partial \beta_0}=\boldsymbol{\omega}^{\mathrm{T}}\boldsymbol{\varphi}(x_1)+b-p_0=0\\
\dfrac{\partial L}{\partial \beta_1}=\boldsymbol{\omega}^{\mathrm{T}}\boldsymbol{\varphi}'(x_1)-p_1=0
\end{cases}
\tag{6.6}
$$

消除参数 $\boldsymbol{\omega}$、$e_i$、$\xi_i$，将方程组(6.6)写成矩阵的形式得到式(6.4)。

根据牛顿法求得非线性方程组(6.4)的未知量 $(\boldsymbol{\alpha},\boldsymbol{\eta},\beta_0,\beta_1,b,\boldsymbol{y})$，则 LS-SVM 模型的对偶形式为

$$
\begin{aligned}
\hat{y}(x)=&\sum_{i=2}^{N}\alpha_i\nabla_{2,0}\left(K(x_i,x)\right)+\sum_{i=2}^{N}\eta_i\nabla_{0,0}\left(K(x_i,x)\right)+\beta_0\nabla_{0,0}\left(K(x_1,x)\right)\\
&+\beta_1\nabla_{1,0}\left(K(x_1,x)\right)+b
\end{aligned}
$$

2. 二阶非线性常微分方程的边值问题

考虑如下形式的二阶非线性常微分方程：

$$
\frac{\mathrm{d}^2y}{\mathrm{d}x^2}=f(x,y),\quad x\in[a,c] \tag{6.7}
$$

其边界条件为 $y(a)=p_0,y(b)=q_0$。

假定方程(6.7)的近似解为 $y=\boldsymbol{\omega}^{\mathrm{T}}\boldsymbol{\varphi}(\boldsymbol{x})+b$，其中 $\boldsymbol{\omega}$ 和 $b$ 为待确定的模型参数，为了获得 $\boldsymbol{\omega}$ 和 $b$ 的最优值，首先用配置法将区间离散化为 $\Omega=\{a=x_1<x_2$

$<\cdots<x_N=c\}$，然后求解带有约束条件的目标优化问题。优化问题描述为

$$\min_{\boldsymbol{\omega},b,e_i,\xi} J(\boldsymbol{\omega},\boldsymbol{e},\boldsymbol{\xi})=\frac{1}{2}\boldsymbol{\omega}^{\mathrm{T}}\boldsymbol{\omega}+\frac{1}{2}\gamma\boldsymbol{e}^{\mathrm{T}}\boldsymbol{e}+\frac{1}{2}\gamma\boldsymbol{\xi}^{\mathrm{T}}\boldsymbol{\xi} \tag{6.8}$$

约束条件为

$$\begin{cases}\boldsymbol{\omega}^{\mathrm{T}}\boldsymbol{\varphi}''(x_i)=f(x_i,y_i)+e_i, & i=2,3,\cdots,N-1\\ \boldsymbol{\omega}^{\mathrm{T}}\boldsymbol{\varphi}(x_1)+b=p_0\\ \boldsymbol{\omega}^{\mathrm{T}}\boldsymbol{\varphi}(x_N)+b=q_0\\ y_i=\boldsymbol{\omega}^{\mathrm{T}}\boldsymbol{\varphi}(x_i)+b+\xi_i, & i=2,3,\cdots,N-1\end{cases}$$

**定理 6.2**　给定一个正则化参数$\gamma\in\mathbf{R}^+$和一个正定核函数$K:\mathbf{R}\times\mathbf{R}\to\mathbf{R}$，方程(6.8)的解可以通过下面的方程组(6.9)而求得：

$$\begin{bmatrix}[\tilde{\Theta}_{2,2}]_{N-2} & [\tilde{\Theta}_{0,2}]_{N-2}^{\mathrm{T}} & [\varPi_{0,2}^{1}]_{N-2}^{\mathrm{T}} & [\varPi_{1,2}^{1}]_{N-2}^{\mathrm{T}} & \mathbf{0}_{1,N-2}^{\mathrm{T}} & \mathbf{0}_{N-2}\\ [\tilde{\Theta}_{0,2}]_{N-2} & [\tilde{\Theta}_{0,0}]_{N-2} & [\varPi_{0,1}^{1}]_{N-2}^{\mathrm{T}} & [\varPi_{0,1}^{1}]_{N-2}^{\mathrm{T}} & \boldsymbol{I}_{1,N-2}^{\mathrm{T}} & -\boldsymbol{E}_{N-2}\\ [\varPi_{0,2}^{1}]_{N-2} & [\varPi_{0,0}^{1}]_{N-2} & [\Theta_{0,0}]_{1,1} & [\Theta_{0,0}]_{1,N}^{\mathrm{T}} & 1 & \mathbf{0}_{1,N-2}\\ [\varPi_{0,2}^{N}]_{N-2} & [\varPi_{0,0}^{N}]_{N-2} & [\Theta_{0,0}]_{1,N} & [\Theta_{0,0}]_{N,N} & 1 & \mathbf{0}_{1,N-2}\\ \mathbf{0}_{1,N-2} & \boldsymbol{I}_{1,N-2} & 1 & 1 & 0 & \mathbf{0}_{1,N-2}\\ \boldsymbol{D}_{N-2}(\boldsymbol{y}) & \boldsymbol{E}_{N-2} & \mathbf{0}_{1,N-2}^{\mathrm{T}} & \mathbf{0}_{1,N-2}^{\mathrm{T}} & \mathbf{0}_{1,N-2}^{\mathrm{T}} & \mathbf{0}_{N-2}\end{bmatrix}\begin{bmatrix}\alpha_{N-2}\\ \eta_{N-2}\\ \beta_0\\ \lambda_0\\ b\\ \boldsymbol{y}_{N-2}^{\mathrm{T}}\end{bmatrix}=\begin{bmatrix}\boldsymbol{f}_{N-2}(\boldsymbol{x},\boldsymbol{y})\\ \mathbf{0}_{1,N-2}^{\mathrm{T}}\\ p_0\\ q_0\\ 0\\ \mathbf{0}_{1,N-2}^{\mathrm{T}}\end{bmatrix} \tag{6.9}$$

$$\boldsymbol{\alpha}=[\alpha_2,\alpha_3,\cdots,\alpha_{N-1}]^{\mathrm{T}},\boldsymbol{f}_{N-2}(\boldsymbol{x},\boldsymbol{y})=[f(x_2,y_2),f(x_3,y_3),\cdots,f(x_{N-1},y_{N-1})]^{\mathrm{T}}$$

$$\frac{\partial\boldsymbol{f}(\boldsymbol{x},\boldsymbol{y})}{\partial\boldsymbol{y}}=\left[\left.\frac{\partial f(x,y)}{\partial y}\right|_{x=x_2,y=y_2},\left.\frac{\partial f(x,y)}{\partial y}\right|_{x=x_3,y=y_3},\cdots,\left.\frac{\partial f(x,y)}{\partial y}\right|_{x=x_{N-1},y=y_{N-1}}\right]$$

$$\boldsymbol{y}=[y_2,y_3,\cdots,y_{N-1}]$$

$$\boldsymbol{D}_{N-2}(\boldsymbol{y})=\mathrm{diag}\left(\frac{\partial f(x,y)}{\partial y}\right),\boldsymbol{\eta}=[\eta_2,\eta_3,\cdots,\eta_{N-1}]^{\mathrm{T}},\mathbf{0}_{1,N-2}=[0,0,\cdots,0],\boldsymbol{I}_{1,N-2}=[1,1,\cdots,1]$$

$$\left[\tilde{\Theta}_{2,2}\right]_{N-2}=\left[\Theta_{2,2}\right]_{2:N-1,2:N-1}+\gamma^{-1}\boldsymbol{E},\left[\tilde{\Theta}_{0,0}\right]_{N-2}=\left[\Theta_{0,0}\right]_{2:N-1,2:N-1}+\gamma^{-1}\boldsymbol{E}$$

$$\left[\tilde{\Theta}_{0,2}\right]_{N-2}=\left[\Theta_{0,2}\right]_{2:N-1,2:N-1}\left[\varPi_{0,0}^{1}\right]_{N-2}=\left[\Theta_{0,0}\right]_{1,2:N-1}=\left(\left[\Theta_{0,0}\right]_{1,2},\left[\Theta_{0,0}\right]_{1,3},\cdots,\left[\Theta_{0,0}\right]_{1,N-1}\right)$$

$$\left[\varPi_{0,0}^{N}\right]_{N-2}=\left[\Theta_{0,0}\right]_{N,2:N-1}=\left(\left[\Theta_{0,0}\right]_{N,2},\left[\Theta_{0,0}\right]_{N,3},\cdots,\left[\Theta_{0,0}\right]_{N,N-1}\right)$$

$$\left[\varPi_{0,2}^{1}\right]_{N-2}=\left[\Theta_{0,2}\right]_{1,2:N-1}=\left(\left[\Theta_{0,2}\right]_{1,2},\left[\Theta_{0,2}\right]_{1,3},\cdots,\left[\Theta_{0,2}\right]_{1,N-1}\right)$$

$$\left[\Pi_{0,2}^{N}\right]_{N-2}=\left[\Theta_{0,2}\right]_{N,2:N-1}=\left(\left[\Theta_{0,2}\right]_{N,2},\left[\Theta_{0,2}\right]_{N,3},\cdots,\left[\Theta_{0,2}\right]_{N,N-1}\right)$$

**证明**　根据拉格朗日乘数法，把带约束的优化问题(6.8)转换成拉格朗日函数

$$\begin{aligned}L(\boldsymbol{\omega},y_i,\alpha_i,\eta_i,\beta_0,\lambda_0,b,e_i,\xi_i)={}&\frac{1}{2}\boldsymbol{\omega}^{\mathrm{T}}\boldsymbol{\omega}+\frac{1}{2}\gamma\boldsymbol{e}^{\mathrm{T}}\boldsymbol{e}+\frac{1}{2}\gamma\boldsymbol{\xi}^{\mathrm{T}}\boldsymbol{\xi}-\sum_{i=2}^{N-1}\alpha_i\left[\boldsymbol{\omega}^{\mathrm{T}}\boldsymbol{\varphi}''(x_i)-f(x_i,y_i)-e_i\right]\\&-\sum_{i=2}^{N-1}\eta_i\left[\boldsymbol{\omega}^{\mathrm{T}}\boldsymbol{\varphi}(x_i)+b+\xi_i-y_i\right]-\beta_0\left(\boldsymbol{\omega}^{\mathrm{T}}\boldsymbol{\varphi}(x_1)+b-p_0\right)-\lambda_0\left(\boldsymbol{\omega}^{\mathrm{T}}\boldsymbol{\varphi}(x_N)+b-q_0\right)\end{aligned}\tag{6.10}$$

根据 KKT 最优解条件，令拉格朗日函数的各个偏导数为 0，可以得到

$$\begin{cases}\dfrac{\partial L}{\partial\boldsymbol{\omega}}=\boldsymbol{\omega}-\sum\limits_{i=2}^{N-1}\alpha_i\boldsymbol{\varphi}''(x_i)-\sum\limits_{i=2}^{N-1}\eta_i\boldsymbol{\varphi}(x_i)-\beta_0\boldsymbol{\varphi}(x_1)-\lambda_0\boldsymbol{\varphi}(x_N)=0\\ \dfrac{\partial L}{\partial b}=-\sum\limits_{i=2}^{N-1}\eta_i-\beta_0-\lambda_0=0\\ \dfrac{\partial L}{\partial e_i}=\alpha_i+\gamma e_i=0,\quad i=2,3,\cdots,N-1\\ \dfrac{\partial L}{\partial \xi_i}=-\eta_i+\gamma\xi_i=0,\quad i=2,3,\cdots,N-1\\ \dfrac{\partial L}{\partial y_i}=\eta_i+\alpha_i\dfrac{\partial f(x_i,y_i)}{\partial y_i}=0,\quad i=2,3,\cdots,N-1\\ \dfrac{\partial L}{\partial \alpha_i}=0\Rightarrow\boldsymbol{\omega}^{\mathrm{T}}\boldsymbol{\varphi}''(x_i)-f(x_i,y_i)-e_i=0,\quad i=2,3,\cdots,N-1\\ \dfrac{\partial L}{\partial \eta_i}=0\Rightarrow\boldsymbol{\omega}^{\mathrm{T}}\boldsymbol{\varphi}(x_i)+b-y_i+\xi_i=0,\quad i=2,3,\cdots,N-1\\ \dfrac{\partial L}{\partial \beta_0}=0\Rightarrow\boldsymbol{\omega}^{\mathrm{T}}\boldsymbol{\varphi}(x_1)+b-p_0=0\\ \dfrac{\partial L}{\partial \lambda_0}=0\Rightarrow\boldsymbol{\omega}^{\mathrm{T}}\boldsymbol{\varphi}(x_N)+b-q_0=0\end{cases}\tag{6.11}$$

消除参数 $\boldsymbol{\omega}$、$e_i$、$\xi_i$，将方程组(6.11)写成矩阵的形式得到式(6.9)。

根据牛顿法求得非线性方程组(6.9)的未知量 $(\boldsymbol{\alpha},\boldsymbol{\eta},\beta_0,\lambda_0,b,\boldsymbol{y})$，则 LS-SVM 模型的对偶形式为

$$\begin{aligned}\hat{y}(x)={}&\sum_{i=2}^{N-1}\alpha_i\nabla_{2,0}\left(K(x_i,x)\right)+\sum_{i=2}^{N-1}\eta_i\nabla_{0,0}\left(K(x_i,x)\right)+\beta_0\nabla_{0,0}\left(K(x_1,x)\right)\\&+\lambda_0\nabla_{0,0}\left(K(x_N,x)\right)+b\end{aligned}\tag{6.12}$$

### 6.1.3 最小二乘支持向量机在 $M$ 阶非线性常微分方程的初值问题中的应用

本节我们改进最小二乘支持向量机用于求解 $M$ 阶非线性常微分方程的初值问题。

考虑如下形式的 $M$ 阶非线性常微分方程：

$$\frac{\mathrm{d}^M y}{\mathrm{d}x^M} = f(x,y), \quad x \in [a,c] \tag{6.13}$$

其初始条件为 $y^{(j)}(a) = p_j, j = 0,1,\cdots,M-1$。

假定方程(6.13)的近似解为 $y = \boldsymbol{\omega}^{\mathrm{T}}\boldsymbol{\varphi}(\boldsymbol{x}) + b$，其中 $\boldsymbol{\omega}$ 和 $b$ 为待确定的模型参数，为了获得 $\boldsymbol{\omega}$ 和 $b$ 的最优值，首先用配置法将区间离散化为 $\Omega = \{a = x_1 < x_2 < \cdots < x_N = c\}$，然后求解带有约束条件的目标优化问题，优化问题描述为

$$\min_{\boldsymbol{\omega},b,\boldsymbol{e}_i,\xi} J(\boldsymbol{\omega},\boldsymbol{e},\xi) = \frac{1}{2}\boldsymbol{\omega}^{\mathrm{T}}\boldsymbol{\omega} + \frac{1}{2}\gamma\boldsymbol{e}^{\mathrm{T}}\boldsymbol{e} + \frac{1}{2}\gamma\xi^{\mathrm{T}}\xi \tag{6.14}$$

约束条件为

$$\begin{cases} \boldsymbol{\omega}^{\mathrm{T}}\boldsymbol{\varphi}''(x_i) = f(x_i,y_i) + e_i, \quad i = 2,3,\cdots,N \\ \boldsymbol{\omega}^{\mathrm{T}}\boldsymbol{\varphi}(x_1) + b = p_0 \\ \boldsymbol{\omega}^{\mathrm{T}}\boldsymbol{\varphi}^{(j)}(x_1) = p_j, \quad j = 1,2,\cdots,M-1 \\ y_i = \boldsymbol{\omega}^{\mathrm{T}}\boldsymbol{\varphi}(x_i) + b + \xi_i, \quad i = 2,3,\cdots,N \end{cases}$$

**定理 6.3** 给定一个正则化参数 $\gamma \in \mathbf{R}^+$ 和一个正定核函数 $K:\mathbf{R}\times\mathbf{R}\to\mathbf{R}$，方程(6.14)的解可以通过式(6.15)求得：

$$\begin{bmatrix} [\tilde{\Theta}_{M,M}]_{N-1} & [\tilde{\Theta}_{0,M}]_{N-1}^{\mathrm{T}} & [\Pi_{0,M}^1]_{N-1}^{\mathrm{T}} & [\tilde{\Theta}_{j,M}^1]_{N-1}^{\mathrm{T}} & \mathbf{0}_{1,N-1}^{\mathrm{T}} & \mathbf{0}_{N-1} \\ [\tilde{\Theta}_{0,M}]_{N-1} & [\tilde{\Theta}_{0,0}]_{N-1} & [\Pi_{0,0}^1]_{N-1}^{\mathrm{T}} & [\tilde{\Theta}_{0,j}^1]_{N-1}^{\mathrm{T}} & \boldsymbol{I}_{1,N-1}^{\mathrm{T}} & -\boldsymbol{E}_{N-1} \\ [\Pi_{0,M}^1]_{N-1} & [\Pi_{0,0}^1]_{N-1} & [\Theta_{0,0}]_{1,1} & [\Pi_{0,j}^1]_1 & 1 & \mathbf{0}_{1,N-1} \\ [\tilde{\Theta}_{j,M}^1]_{N-1} & [\tilde{\Theta}_{0,j}^1]_{N-1} & [\Pi_{0,j}^1]_1^{\mathrm{T}} & [\tilde{\Theta}_{j,k}]_{1,1} & \mathbf{0}_{1,N-1}^{\mathrm{T}} & \mathbf{0}_{N-1} \\ \mathbf{0}_{1,N-1} & \boldsymbol{I}_{1,N-1} & 1 & 1 & 0 & \mathbf{0}_{1,N-1} \\ \boldsymbol{D}_{N-1}(\boldsymbol{y}) & \boldsymbol{E}_{N-1} & \mathbf{0}_{1,N-1}^{T} & \mathbf{0}_{N-1}^{\mathrm{T}} & \mathbf{0}_{1,N-1}^{\mathrm{T}} & \mathbf{0}_{N-1} \end{bmatrix} \begin{bmatrix} \alpha_{N-1} \\ \eta_{N-1} \\ \beta_0 \\ \beta_{M-1} \\ b \\ \boldsymbol{y}_{N-1}^{\mathrm{T}} \end{bmatrix} = \begin{bmatrix} \boldsymbol{f}_{N-1}(\boldsymbol{x},\boldsymbol{y}) \\ \mathbf{0}_{1,N-1}^{\mathrm{T}} \\ p_0 \\ p \\ 0 \\ \mathbf{0}_{1,N-1}^{\mathrm{T}} \end{bmatrix} \tag{6.15}$$

$$\boldsymbol{\alpha} = [\alpha_2,\alpha_3,\cdots,\alpha_N]^{\mathrm{T}}, \boldsymbol{f}_{N-1}(\boldsymbol{x},\boldsymbol{y}) = [f(x_2,y_2), f(x_3,y_3),\cdots,f(x_N,y_N)]^{\mathrm{T}}$$

$$\frac{\partial \boldsymbol{f}(\boldsymbol{x},\boldsymbol{y})}{\partial \boldsymbol{y}} = \left[ \left.\frac{\partial f(x,y)}{\partial y}\right|_{x=x_2,y=y_2}, \left.\frac{\partial f(x,y)}{\partial y}\right|_{x=x_3,y=y_3}, \cdots, \left.\frac{\partial f(x,y)}{\partial y}\right|_{x=x_N,y=y_N} \right]$$

$$\boldsymbol{D}_{N-1}(\boldsymbol{y})=\operatorname{diag}\left(\frac{\partial f(x,y)}{\partial y}\right),\boldsymbol{\eta}=[\eta_2,\eta_3,\cdots,\eta_N]^{\mathrm{T}},\boldsymbol{0}_{1,N-1}=[0,0,\cdots,0],\boldsymbol{I}_{1,N-1}=[1,1,\cdots,1]$$

$$\boldsymbol{y}=[y_2,y_3,\cdots,y_N]^{\mathrm{T}},\boldsymbol{p}=[p_1,p_2,\cdots,p_{M-1}]^{\mathrm{T}},\boldsymbol{\beta}=[\beta_1,\beta_2,\cdots,\beta_{M-1}]^{\mathrm{T}}$$

$$\left[\tilde{\Theta}_{M,M}\right]_{N-1}=\left[\Theta_{M,M}\right]_{2:N,2:N}+\gamma^{-1}\boldsymbol{E},\left[\tilde{\Theta}_{0,0}\right]_{N-1}=\left[\Theta_{0,0}\right]_{2:N,2:N}+\gamma^{-1}\boldsymbol{E}$$

$$\left[\tilde{\Theta}_{0,M}^{1}\right]_{N-1}=\left[\Theta_{0,M}\right]_{2:N,2:N},\left[\tilde{\Theta}_{j,M}^{1}\right]_{N-1}=\left[\Theta_{1:M-1,M}\right]_{1,2:N},\left[\tilde{\Theta}_{0,j}^{1}\right]_{N-1}=\left[\Theta_{0,1:M-1}\right]_{2:N,1}$$

$$\left[\tilde{\Theta}_{j,k}\right]_{1,1}=\left[\Theta_{1:M-1,1:M-1}\right]_{1,1},\left[\Pi_{0,j}^{1}\right]_{1}=\left[\Theta_{0,1:M-1}\right]_{1,1},\left[\tilde{\Theta}_{0,M}\right]_{N-1}=\left[\Theta_{0,M}\right]_{2:N,2:N}$$

$$\left[\Pi_{0,M}^{1}\right]_{N-1}=\left[\Theta_{0,M}\right]_{1,2:N-1}=\left(\left[\Theta_{0,M}\right]_{1,2},\left[\Theta_{0,M}\right]_{1,3},\cdots,\left[\Theta_{0,M}\right]_{1,N}\right)$$

$$\left[\Pi_{0,0}^{1}\right]_{N-1}=\left[\Theta_{0,0}\right]_{1,2:N-1}=\left(\left[\Theta_{0,0}\right]_{1,2},\left[\Theta_{0,0}\right]_{1,3},\cdots,\left[\Theta_{0,0}\right]_{1,N}\right)$$

**证明**　根据拉格朗日乘数法，把带约束的优化问题(6.14)转换成拉格朗日函数

$$\begin{aligned}&L\left(\boldsymbol{\omega},y_i,\alpha_i,\eta_i,\beta_0,\beta_j,b,e_i,\xi_i\right)\\&=\frac{1}{2}\boldsymbol{\omega}^{\mathrm{T}}\boldsymbol{\omega}+\frac{1}{2}\gamma\boldsymbol{e}^{\mathrm{T}}\boldsymbol{e}+\frac{1}{2}\gamma\boldsymbol{\xi}^{\mathrm{T}}\boldsymbol{\xi}-\sum_{i=2}^{N}\alpha_i\left[\boldsymbol{\omega}^{\mathrm{T}}\boldsymbol{\varphi}''(x_i)\right.\\&\left.-f(x_i,y_i)-e_i\right]-\sum_{i=2}^{N}\eta_i\left[\boldsymbol{\omega}^{\mathrm{T}}\boldsymbol{\varphi}(x_i)+b+\xi_i-y_i\right]-\beta_0\left(\boldsymbol{\omega}^{\mathrm{T}}\boldsymbol{\varphi}(x_1)+b-p_0\right)-\\&\sum_{j=1}^{M-1}\beta_j\left(\boldsymbol{\omega}^{\mathrm{T}}\boldsymbol{\varphi}^{(j)}(x_1)-p_j\right)\end{aligned}\tag{6.16}$$

根据 KKT 最优解条件，令拉格朗日函数的各个偏导数为 0，可以得到

$$\begin{cases}\dfrac{\partial L}{\partial\boldsymbol{\omega}}=\boldsymbol{\omega}-\sum\limits_{i=2}^{N}\alpha_i\boldsymbol{\varphi}''(x_i)-\sum\limits_{i=2}^{N}\eta_i\boldsymbol{\varphi}(x_i)-\beta_0\boldsymbol{\varphi}(x_1)-\sum\limits_{j=1}^{M-1}\beta_j\boldsymbol{\varphi}^{(j)}(x_1)=0\\\dfrac{\partial L}{\partial b}=-\sum\limits_{i=2}^{N}\eta_i-\beta_0=0\\\dfrac{\partial L}{\partial e_i}=\alpha_i+\gamma e_i=0,\quad i=2,3,\cdots,N\\\dfrac{\partial L}{\partial\xi_i}=-\eta_i+\gamma\xi_i=0,\quad i=2,3,\cdots,N\\\dfrac{\partial L}{\partial y_i}=\eta_i+\alpha_i\dfrac{\partial f(x_i,y_i)}{\partial y_i}=0,\quad i=2,3,\cdots,N\\\dfrac{\partial L}{\partial\alpha_i}=0\Rightarrow\boldsymbol{\omega}^{\mathrm{T}}\boldsymbol{\varphi}''(x_i)-f(x_i,y_i)-e_i=0,\quad i=2,3,\cdots,N\\\dfrac{\partial L}{\partial\eta_i}=0\Rightarrow\boldsymbol{\omega}^{\mathrm{T}}\boldsymbol{\varphi}(x_i)+b-y_i+\xi_i=0,\quad i=2,3,\cdots,N\end{cases}\tag{6.17}$$

$$\begin{cases}\dfrac{\partial L}{\partial \beta_0}=0 \Rightarrow \boldsymbol{\omega}^{\mathrm{T}}\boldsymbol{\varphi}(x_1)+b-p_0=0\\ \dfrac{\partial L}{\partial \beta_j}=0 \Rightarrow \boldsymbol{\omega}^{\mathrm{T}}\boldsymbol{\varphi}^{(j)}(x_1)-p_j=0, \quad j=1,2,\cdots,M-1\end{cases}$$

消除参数$\boldsymbol{\omega}$、$e_i$、$\xi_i$，将方程组(6.17)写成矩阵的形式得到式(6.15)。

根据牛顿法求得非线性方程组(6.15)的未知量$(\boldsymbol{\alpha},\boldsymbol{\eta},\beta_0,\beta_1,b,\boldsymbol{y})$，则 LS-SVM 模型的对偶形式为

$$\begin{aligned}\hat{y}(x)=&\sum_{i=2}^{N}\alpha_i\nabla_{M,0}\left(K(x_i,x)\right)+\sum_{i=2}^{N}\eta_i\nabla_{0,0}\left(K(x_i,x)\right)+\beta_0\nabla_{0,0}\left(K(x_1,x)\right)\\&+\sum_{j=1}^{M-1}\beta_j\nabla_{j,0}\left(K(x_1,x)\right)+b\end{aligned} \tag{6.18}$$

### 6.1.4　数值模拟

为了验证改进的最小二乘支持向量机模型的有效性，本节对四个高阶非线性常微分方程的初值问题和边值问题做了数值实验，并将我们提出的最小二乘支持向量机模型得到的近似解和精确解或 bvp4c 解作比较。

在实验中，正则化参数$\gamma$和核参数$\sigma$的取值直接决定最小二乘支持向量机模型的好坏。正则化参数$\gamma$越大，误差$e_i$越小。但是当$\gamma$过大时，方程组会出现病态而不是准确性提高，因此，在大部分实验中，我们取$\gamma=10^{10}$。验证集中的点取训练点$\{x_i\}_{i=1}^{N}$的中点，即$T=\left\{t_i=(x_i+x_{i+1})/2, i=1,2,\cdots,N-1\right\}$。$\sigma$的最优值根据验证集中点的最小均方误差来确定，其定义为

$$\mathrm{MSE}=\frac{1}{M}\sum_{i=1}^{M}[y(t_i)-\hat{y}(t_i)]^2 \tag{6.19}$$

**例 6.1**　考虑二阶非线性常微分方程

$$\frac{\mathrm{d}^2 y}{\mathrm{d}x^2}=\frac{y^3-2y^2}{2x^3}, \quad x\in[1,2] \tag{6.20}$$

其边界条件为$y(1)=1$，$y(2)=4/3$。此方程的精确解为$y=2x/(x+1)$。

选取区间[1,2]上的 11 个等间隔点、21 个等间隔点和 11 个不等间隔的点分别对带有边界条件的二阶非线性常微分方程用改进的最小二乘支持向量机模型进行训练。精确解和改进的最小二乘支持向量机模型得到的近似解的比较如图 6.1(a)～(c)所示。精确解和改进的最小二乘支持向量机模型得到的近似解的误差比较如图 6.1(d)～(f)所示。图 6.1(d)中当 11 个等间隔的点作为训练点时，最大绝对误差为$2.6750\times10^{-7}$。图 6.1(e)中当 21 个等间隔的点作为训练点时，最大绝对误差为

$1.0483 \times 10^{-8}$。随着训练点个数的增加，误差逐渐变小。图 6.1(f)中当 11 个不等间隔的点作为训练点时，最大绝对误差为$1.8675 \times 10^{-7}$。虽然仅用了区间[1,2]上的一小部分点作为训练点，但是近似解与精确解之间的误差较小。

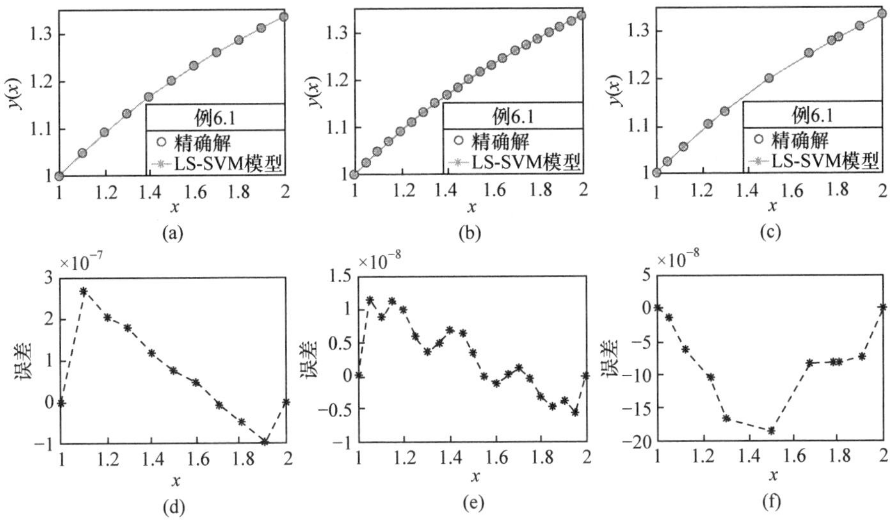


图 6.1　例 6.1 情况下二阶非线性常微分方程的边值问题

其次，表 6.1 中列出了在区间[1,2]上取 21 个等间隔的点作为训练点的 LS-SVM 近似解和精确解的比较。在区间[1,2]上取 20 个等间隔的点作为测试点的 LS-SVM 近似解和精确解的比较如表 6.2 所示，均方误差大约是$2.9546 \times 10^{-17}$。改进的 LS-SVM 模型具有较高的准确性。

**表 6.1　例 6.1 情况下训练点的 LS-SVM 近似解和精确解作比较**

| 训练点 | 精确解 | LS-SVM 解 |
| --- | --- | --- |
| 1.000 | 1.000000000 | 1.000000000 |
| 1.050 | 1.024390244 | 1.024390233 |
| 1.100 | 1.047619048 | 1.047619039 |
| 1.150 | 1.069767442 | 1.069767431 |
| 1.200 | 1.090909091 | 1.090909081 |
| 1.250 | 1.111111111 | 1.111111105 |
| 1.300 | 1.130434783 | 1.130434779 |
| 1.350 | 1.148936170 | 1.148936165 |
| 1.400 | 1.166666667 | 1.166666660 |
| 1.450 | 1.183673469 | 1.183673463 |
| 1.500 | 1.200000000 | 1.199999997 |

续表

| 训练点 | 精确解 | LS-SVM 解 |
|---|---|---|
| 1.550 | 1.215686275 | 1.215686275 |
| 1.600 | 1.230769231 | 1.230769232 |
| 1.650 | 1.245283019 | 1.245283019 |
| 1.700 | 1.259259259 | 1.259259258 |
| 1.750 | 1.272727273 | 1.272727273 |
| 1.800 | 1.285714286 | 1.285714289 |
| 1.850 | 1.298245614 | 1.298245619 |
| 1.900 | 1.310344828 | 1.310344831 |
| 1.950 | 1.322033898 | 1.322033904 |
| 2.000 | 1.333333333 | 1.333333333 |

**表 6.2　例 6.1 情况下测试点的 LS-SVM 近似解和精确解作比较**

| 测试点 | 精确解 | LS-SVM 解 |
|---|---|---|
| 1.1230 | 1.057936882 | 1.057936872 |
| 1.1680 | 1.077490775 | 1.077490764 |
| 1.2130 | 1.096249435 | 1.096249426 |
| 1.2580 | 1.114260407 | 1.114260402 |
| 1.3030 | 1.131567521 | 1.131567517 |
| 1.3480 | 1.148211244 | 1.148211239 |
| 1.3930 | 1.164229001 | 1.164228995 |
| 1.4380 | 1.179655455 | 1.179655449 |
| 1.4830 | 1.194522755 | 1.194522750 |
| 1.5280 | 1.208860759 | 1.208860758 |
| 1.5730 | 1.222697241 | 1.222697242 |
| 1.6180 | 1.236058060 | 1.236058061 |
| 1.6630 | 1.248967330 | 1.248967330 |
| 1.7080 | 1.261447563 | 1.261447562 |
| 1.7530 | 1.273519797 | 1.273519797 |
| 1.7980 | 1.285203717 | 1.285203720 |
| 1.8430 | 1.296517763 | 1.296517768 |
| 1.8880 | 1.307479224 | 1.307479228 |
| 1.9330 | 1.318104330 | 1.318104335 |
| 1.9780 | 1.328408328 | 1.328408334 |

最后，取不同数量训练点的均方误差比较如表 6.3 所示。取 11 个等间隔的训

练点的 MSE 大约为$1.7802\times10^{-14}$，取 41 个等间隔的训练点的 MSE 大约为$1.0098\times10^{-19}$。图 6.2 表明了取不同数量的训练点的核参数$\sigma$和 MSE 之间的对数关系。图中画圈处为核参数$\sigma$的最优值的选取位置。

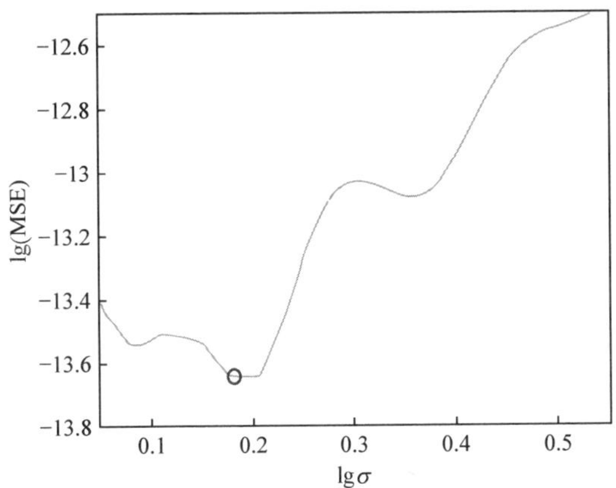


图 6.2　例 6.1 情况下标准差$\sigma$和均方误差 MSE 的对数关系

**表 6.3　例 6.1 情况下取不同数量训练点的 MSE 比较**

| $N$ | $\sigma$ | MSE |
|---|---|---|
| 11 | 1.50 | $1.7802\times10^{-14}$ |
| 21 | 0.90 | $2.9546\times10^{-17}$ |
| 41 | 0.60 | $1.0098\times10^{-19}$ |

**例 6.2**　考虑二阶非线性常微分方程

$$\frac{\mathrm{d}^2 y}{\mathrm{d}x^2}=2y^3,\quad x\in[0,0.5]$$

其初始条件为$y(0)=1, y'(0)=-1$。此方程的精确解为$y=1/(1+x)$。

选取区间[0,0.5]上的 11 个等间隔点、21 个等间隔点和 11 个不等间隔的点分别对带有初始条件的二阶非线性常微分方程用改进的最小二乘支持向量机模型进行训练。改进的最小二乘支持向量机模型得到的近似解与精确解的比较如图 6.3(a)～(c)所示。改进的最小二乘支持向量机模型得到的近似解与精确解的误差比较如图 6.3(d)～(f)所示。图 6.3(d)中当 11 个等间隔的点作为训练点时，最大绝对误差为$9.6416\times10^{-4}$。图 6.3(e)中当 21 个等间隔的点作为训练点时，最大绝对误差为$5.5017\times10^{-4}$。图 6.3(f)中当 11 个不等间隔的点作为训练点时，最大绝对误差为$6.7304\times10^{-4}$。虽然仅用了区间[0,0.5]上的一小部分点作为训练点，但是近似解与精确解之间的误差较小。

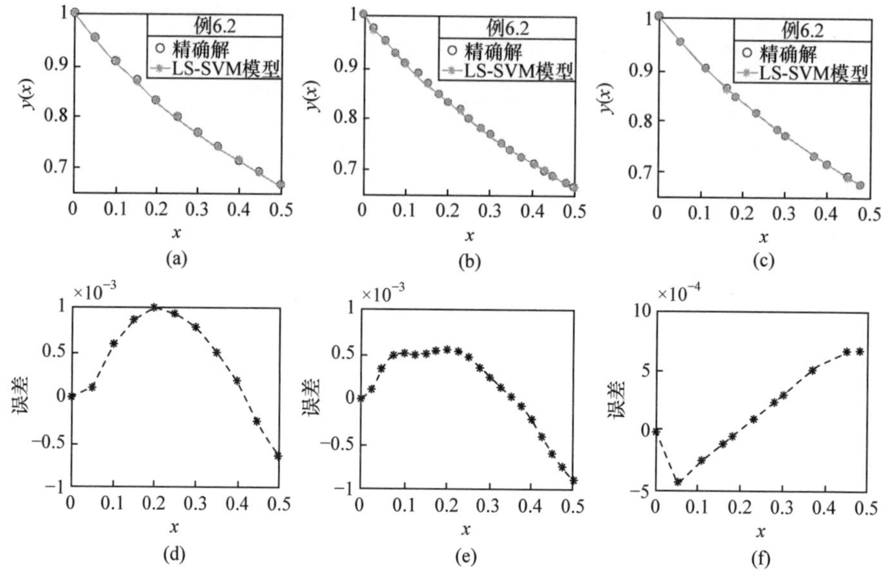


图 6.3　例 6.2 情况下二阶非线性常微分方程的初值问题

其次，在区间[0,0.5]上取 21 个等间隔的点作为训练点的 LS-SVM 近似解和精确解的比较如表 6.4 所示。在区间[0,0.5]上取 20 个等间隔的点作为测试点的 LS-SVM 近似解和精确解的比较如表 6.5 所示，均方误差大约为 $2.1182\times10^{-7}$。

**表 6.4　例 6.2 情况下训练点的 LS-SVM 近似解和精确解作比较**

| 训练点 | 精确解 | LS-SVM 解 |
|---|---|---|
| 0.0250 | 0.975609756 | 0.975507638 |
| 0.0500 | 0.952380952 | 0.952038212 |
| 0.0750 | 0.930232558 | 0.929751041 |
| 0.1000 | 0.909090909 | 0.908583285 |
| 0.1250 | 0.888888889 | 0.888395226 |
| 0.1500 | 0.869565217 | 0.869067566 |
| 0.1750 | 0.851063830 | 0.850537044 |
| 0.2000 | 0.833333333 | 0.832783164 |
| 0.2250 | 0.816326531 | 0.815793928 |
| 0.2500 | 0.800000000 | 0.799538249 |
| 0.3000 | 0.769230769 | 0.768994225 |
| 0.3250 | 0.754716981 | 0.754586586 |

续表

| 训练点 | 精确解 | LS-SVM 解 |
|---|---|---|
| 0.3500 | 0.740740741 | 0.740709174 |
| 0.3750 | 0.727272727 | 0.727354567 |
| 0.4000 | 0.714285714 | 0.714516534 |
| 0.4250 | 0.701754386 | 0.702168828 |
| 0.4500 | 0.689655172 | 0.690259179 |
| 0.4750 | 0.677966102 | 0.678730163 |
| 0.5000 | 0.666666667 | 0.667567043 |

**表 6.5　例 6.2 情况下测试点的 LS-SVM 近似解和精确解作比较**

| 测试点 | 精确解 | LS-SVM 解 |
|---|---|---|
| 0.0168 | 0.983477577 | 0.983445495 |
| 0.0421 | 0.959600806 | 0.959328418 |
| 0.0674 | 0.936855912 | 0.936402359 |
| 0.0927 | 0.915164272 | 0.914656564 |
| 0.1180 | 0.894454383 | 0.893956988 |
| 0.1433 | 0.874661069 | 0.874167574 |
| 0.1686 | 0.855724799 | 0.855206512 |
| 0.1939 | 0.837591088 | 0.837043951 |
| 0.2192 | 0.820209974 | 0.819668501 |
| 0.2445 | 0.803535556 | 0.803054100 |
| 0.2698 | 0.787525595 | 0.787147940 |
| 0.2951 | 0.772141147 | 0.771882213 |
| 0.3204 | 0.757346259 | 0.757197310 |
| 0.3457 | 0.743107676 | 0.743058801 |
| 0.3710 | 0.729394602 | 0.729456280 |
| 0.3963 | 0.716178472 | 0.716384699 |
| 0.4216 | 0.703432752 | 0.703821007 |
| 0.4469 | 0.691132767 | 0.691714304 |
| 0.4722 | 0.67925554 | 0.680003623 |
| 0.4975 | 0.667779633 | 0.668665430 |

最后，取不同数量的测试点的均方误差比较如表 6.6 所示。取 11 个等间隔的训练点的 MSE 大约为 $4.1547\times10^{-7}$，取 41 个等间隔的训练点的 MSE 大约为 $1.9251\times10^{-7}$。

**表 6.6　例 6.2 情况下取不同数量训练点的 MSE 比较**

| $N$ | $\sigma$ | MSE |
|---|---|---|
| 11 | 0.1625 | $4.1547\times10^{-7}$ |
| 21 | 0.2235 | $2.1182\times10^{-7}$ |
| 41 | 0.4085 | $1.9251\times10^{-7}$ |

**例 6.3**　考虑三阶非线性常微分方程

$$\frac{\mathrm{d}^3 y}{\mathrm{d}x^3}=-y^2-\cos x+\sin^2 x,\quad x\in[0,0.5]$$

其初始条件为 $y(0)=0, y'(0)=1, y''(0)=0$。此方程的精确解为 $y=\sin x$。

选取区间 $[0,0.5]$ 上的 11 个等间隔点、21 个等间隔点和 11 个不等间隔的点分别对带有初始条件的三阶非线性常微分方程用改进的最小二乘支持向量机模型进行训练。改进的最小二乘支持向量机模型得到的近似解与精确解的比较如图 6.4(a)～(c)所示。改进的最小二乘支持向量机模型得到的近似解与精确解的误差比较如图 6.4(d)～(f)所示。图 6.4(d)中当 11 个等间隔的点作为训练点时，最大绝对误差为 $7.2523\times10^{-5}$。图 6.4(e)中当 21 个等间隔的点作为训练点时，最大绝对误差为 $2.8212\times10^{-5}$。图 6.4(f)中当 11 个不等间隔的点作为训练点时，其最大绝对误差为 $6.0233\times10^{-5}$。

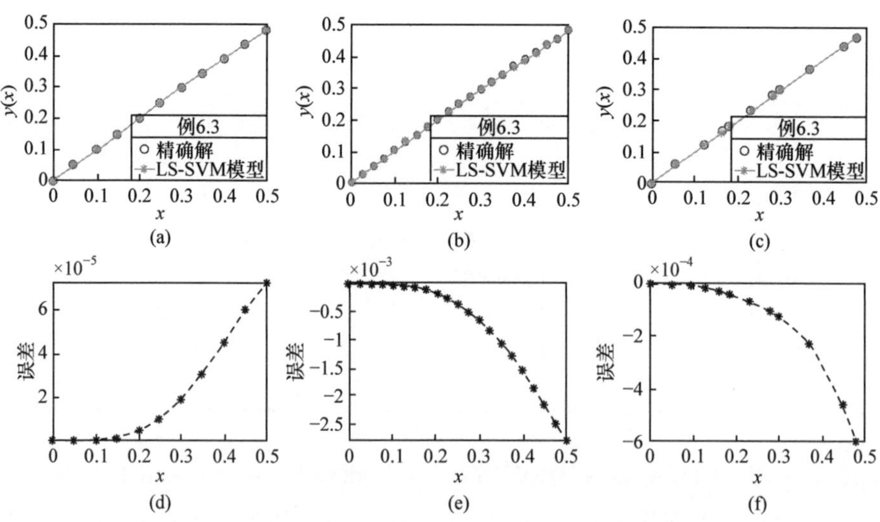


图 6.4　例 6.3 情况下三阶非线性常微分方程的初值问题

其次，在区间 $[0,0.5]$ 上取 11 个等间隔的训练点的 LS-SVM 近似解和精确解的比较如表 6.7 所示。在区间[0,0.5]上取 10 个等间隔的测试点的 LS-SVM 近似解和精确解的比较如表 6.8 所示，均方误差大约为$1.1696\times10^{-9}$。虽然选择较少的测试点，但是改进的 LS-SVM 算法具有较高的准确性。

**表 6.7　例 6.3 情况下训练点的 LS-SVM 近似解和精确解作比较**

| 训练点 | 精确解 | LS-SVM 解 |
|---|---|---|
| 0.000 | 0.00000000000 | 0.00000000000 |
| 0.050 | 0.04997916927 | 0.04997915236 |
| 0.100 | 0.09983341665 | 0.09983310498 |
| 0.150 | 0.14943813247 | 0.14943658985 |
| 0.200 | 0.19866933080 | 0.19866476297 |
| 0.250 | 0.24740395925 | 0.24739375649 |
| 0.300 | 0.29552020666 | 0.29550123081 |
| 0.350 | 0.34289780746 | 0.34286692221 |
| 0.400 | 0.38941834231 | 0.38937318159 |
| 0.450 | 0.43496553411 | 0.43490549976 |
| 0.500 | 0.47942553860 | 0.47935301511 |

**表 6.8　例 6.3 情况下测试点的 LS-SVM 近似解和精确解作比较**

| 测试点 | 精确解 | LS-SVM 解 |
|---|---|---|
| 0.0265 | 0.02649689851 | 0.02649689773 |
| 0.0789 | 0.07881816397 | 0.07881804561 |
| 0.1313 | 0.13092306318 | 0.13092214337 |
| 0.1837 | 0.18266856133 | 0.18266523035 |
| 0.2361 | 0.23391261020 | 0.23390427403 |
| 0.2885 | 0.28451453813 | 0.28449786854 |
| 0.3409 | 0.33433543616 | 0.33430692914 |
| 0.3933 | 0.38323853936 | 0.38319537654 |
| 0.4457 | 0.43108960225 | 0.43103080485 |
| 0.4981 | 0.47775726738 | 0.47768512705 |

最后，取不同数量测试点的均方误差比较如表 6.9 所示。在区间[0,0.5]上取 11 个等间隔的训练点的 MSE 为$1.1696\times10^{-9}$。在区间[0,0.5]上取 21 个等间隔的训练点的 MSE 为$1.5855\times10^{-10}$。在区间[0,0.5]上取 41 个等间隔的训练点的 MSE 为$3.0506\times10^{-13}$。我们提出的 LS-SVM 算法具有较高的准确性。

**表 6.9　例 6.3 情况下取不同数量训练点的 MSE 比较**

| $N$ | $\sigma$ | MSE |
| --- | --- | --- |
| 11 | 2.1200 | $1.1696\times10^{-9}$ |
| 21 | 4.3750 | $1.5855\times10^{-10}$ |
| 41 | 4.4595 | $3.0506\times10^{-13}$ |

**例 6.4**　考虑二阶非线性常微分方程

$$\frac{\mathrm{d}^2y}{\mathrm{d}x^2}=2y^3,\quad x\in[0,0.5]$$

其边界条件为 $y(0)=0$ ， $y(1)=1$ 。此方程没有精确解。

选取区间[0,1]上的 11 个等间隔的点对带有边界条件的二阶非线性常微分方程用改进的最小二乘支持向量机模型进行训练。改进的最小二乘支持向量机模型的近似解和 MATLAB 内置的 bvp4c 解比较如图 6.5(a)所示。改进的最小二乘支持向量机模型的近似解和 MATLAB 内置的 bvp4c 解的误差比较如图 6.5(b)所示，均方误差为 $8.6917\times10^{-5}$ 。

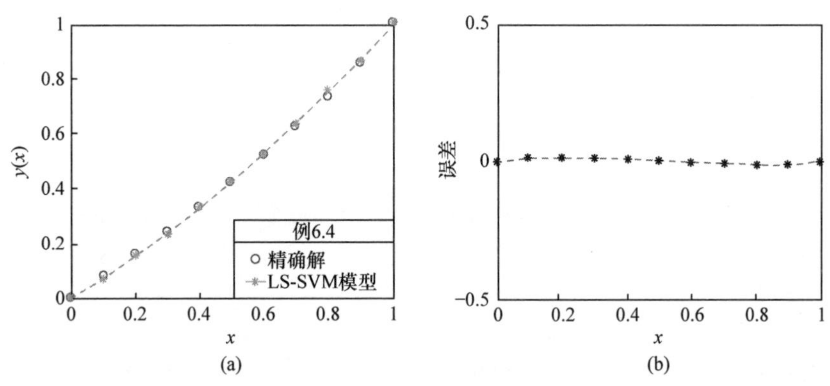


图 6.5　例 6.4 情况下二阶非线性常微分方程的边值问题

其次，在区间[0,1]上等间隔地取 11 个训练点的 LS-SVM 近似解和 bvp4c 解的比较如表 6.10 所示。在区间[0,1]上随机地取 10 个测试点得到的 LS-SVM 近似解和 bvp4c 解的比较如表 6.11 所示，测试点的均方误差大约为 $7.6538\times10^{-5}$ 。虽然选择较少的测试点，但是 LS-SVM 算法具有较高的准确性。注意：MATLAB R2016b 的子程序 Dsolve 无法找到上述二阶非线性 ODE 的精确解。

**表 6.10　例 6.4 情况下训练点的 LS-SVM 近似解和 bvp4c 解作比较**

| 训练点 | 精确解 | LS-SVM 解 |
|---|---|---|
| 0.000 | 0.0000000000 | 0.0000000000 |
| 0.100 | 0.0820896171 | 0.0726977763 |
| 0.200 | 0.1650090915 | 0.1515100899 |
| 0.300 | 0.2496306254 | 0.2364231203 |
| 0.400 | 0.3369152451 | 0.3274207852 |
| 0.500 | 0.4279680674 | 0.4244847457 |
| 0.600 | 0.5241085281 | 0.5275944118 |
| 0.700 | 0.6269646868 | 0.6367269503 |
| 0.800 | 0.7386059642 | 0.7518572928 |
| 0.900 | 0.8617379685 | 0.8729581456 |
| 1.000 | 1.0000000000 | 1.0000019074 |

**表 6.11　例 6.4 情况下测试点的 LS-SVM 近似解和 bvp4c 解作比较**

| 测试点 | 精确解 | LS-SVM 解 |
|---|---|---|
| 0.0679 | 0.0556886347 | 0.0486948307 |
| 0.3846 | 0.3232575839 | 0.3130114886 |
| 0.5195 | 0.4462699308 | 0.4441173005 |
| 0.6079 | 0.5319658619 | 0.5359970872 |
| 0.6790 | 0.6047127551 | 0.6133107273 |
| 0.8148 | 0.7560287545 | 0.7694044775 |
| 0.8612 | 0.8123887017 | 0.8252639816 |
| 0.9012 | 0.8632989654 | 0.8744474908 |
| 0.9523 | 0.9318779324 | 0.9386619383 |
| 0.9923 | 0.9887116995 | 0.9900073696 |

### 6.1.5　小结

6.1 节研究了一种基于最小二乘支持向量机的高阶非线性微分方程的初边值问题的数值解法，并对带有初始条件的二阶非线性常微分方程、带有边界条件的二阶非线性常微分方程以及带有初始条件的高阶非线性常微分方程做了数值实验。这为高阶微分方程的求解问题提供了一种直接的方法，而且得到的解是连续且可微的闭式近似解。

## 6.2　LS-SVM 在高阶常微分方程的两点和多点边值问题中的应用

### 6.2.1　引言

带有两点边界和多点边界条件的高阶常微分方程在生物学、经济学和工程等诸多领域都有广泛的应用。由于高阶常微分方程两点和多点边值问题的重要性，研究者们做了大量的研究工作。Chawla 等[220]提出了有限差分法用于求解高阶线性和非线性常微分方程的两点边值问题。Mohyud-Din 等[221]和 Noor 等[222]提出了同伦摄动法用于求解四阶和六阶常微分方程的两点边值问题。Ali 等[223]提出了最优同伦摄动法用于求解高阶常微分方程的多点边值问题。Tatari 等[89, 224-228]和 Wazwaz[89, 225-228]提出了 Adomian 分解法用于求解高阶常微分方程的两点边值问题。Haar 小波法[229]和 Shannon 小波法[230]被用于求解高阶常微分方程的两点边值问题。Doha 等[231]提出了基于 Jacobi 多项式的谱 Galerkin 法求解三阶和五阶常微分方程的两点边值问题。Doha 等[232]提出了用第三类和第四类 Chebyshev 多项式的谱 Galerkin 法用于求解偶数阶高阶微分方程的两点边值问题。Doha 等[209]提出了移位 Jacobi 配点法用于求解非线性高阶微分方程的多点边值问题。Saadatmandi 等[233]提出了正弦配置法用于求解高阶微分方程的多点边值问题。变分迭代法[234-236]也被用于求解高阶线性和非线性常微分方程的两点边值问题。虽然这些数值方法的计算精度较高，但近似解的导数是不连续的，严重影响了解的稳定性。

支持向量机[237]是一种基于统计学习理论的机器学习算法。SVM 利用特征映射将输入数据映射到高维特征空间，通过求解凸二次规划问题达到全局最优。同时，SVM 采用了结构风险最小化原则，具有较好的泛化性能。SVM 已广泛应用于非线性时间序列预测、DNA 序列预测和蛋白质结构预测等领域[238-240]。1999 年，Suykens 和 Vandewalle 将不等式约束条件改为等式约束条件且把经验风险所带来的偏差从一次方改成二次方，提出了最小二乘支持向量机[241]。LS-SVM 在训练过程中只需要两个模型参数，比 SVM 所用的参数要少。而且 LS-SVM 计算复杂度大大降低，比 SVM 运算速度快。2012 年，Mehrkanoon 等[219]将 LS-SVM 方法成功应用于求解常微分方程的初边值问题。与此同时，Mehrkanoon 等[242]将 LS-SVM 方法应用于求解线性系统。2012 年，Guo 等[243]将 LS-SVM 方法应用于求解 Volterra 积分方程。2014 年，Zhang 等[38]将 LS-SVM 方法应用于求解非线性系统。2015 年，Mehrkanoon 等[244]将 LS-SVM 方法应用于求解偏微分方程。据我们所知，LS-SVM 在求解高阶线性和非线性常微分方程两点边值和多点边值问题方面的研究工作并不太多。文献[219]将改进的 LS-SVM 方法应用于求解二阶线性常微分方程的两点初值问题。

### 6.2.2　最小二乘支持向量机在高阶微分方程的两点边值问题中的应用

本节我们改进最小二乘支持向量机，用于求解高阶线性和非线性常微分方程的两点边值问题。

1. 高阶非线性常微分方程的两点边值问题

考虑如下形式的高阶非线性常微分方程：

$$\frac{\mathrm{d}^M y}{\mathrm{d}x^M}+a_{M-1}(x)\frac{\mathrm{d}^{M-1} y}{\mathrm{d}x^{M-1}}+\cdots+a_1(x)\frac{\mathrm{d}y}{\mathrm{d}x}=f(x,y),\quad x\in[a,c] \tag{6.21}$$

其边界条件为 $y^{(s)}(a)=p_s,y^{(r)}(c)=q_r,0\leqslant s\leqslant S,0\leqslant r\leqslant R,R=M-2-S$。

假定方程(6.21)的近似解为 $y=\boldsymbol{\omega}^{\mathrm{T}}\boldsymbol{\varphi}(\boldsymbol{x})+b$，其中 $\boldsymbol{\omega}$ 和 $b$ 为待确定的模型参数，为了获得 $\boldsymbol{\omega}$ 和 $b$ 的最优值，首先用配置法将区间离散化为 $\Omega=\{a=x_1<x_2<\cdots<x_N=c\}$，然后求解带有约束条件的目标优化问题。优化问题描述为

$$\min_{\omega,b,e_i,\xi} J(\boldsymbol{\omega},\boldsymbol{e},\boldsymbol{\xi})=\frac{1}{2}\boldsymbol{\omega}^{\mathrm{T}}\boldsymbol{\omega}+\frac{1}{2}\gamma\boldsymbol{e}^{\mathrm{T}}\boldsymbol{e}+\frac{1}{2}\gamma\xi^{\mathrm{T}}\boldsymbol{\xi} \tag{6.22}$$

约束条件为

$$\begin{cases}\boldsymbol{\omega}^{\mathrm{T}}\boldsymbol{\varphi}^{(M)}(x_i)+\sum\limits_{i=1}^{M-1}\boldsymbol{\omega}^{\mathrm{T}}\boldsymbol{a}_l(x_i)\varphi^l(x_i)=f(x_i,y_i)+e_i,\quad i=2,3,\cdots,N-1\\ y_i=\boldsymbol{\omega}^{\mathrm{T}}\boldsymbol{\varphi}(x_i)+b+\xi_i,\quad i=2,3,\cdots,N-1\\ \boldsymbol{\omega}^{\mathrm{T}}\boldsymbol{\varphi}(x_1)+b=p_0\\ \boldsymbol{\omega}^{\mathrm{T}}\boldsymbol{\varphi}(x_N)+b=q_0\\ \boldsymbol{\omega}^{\mathrm{T}}\boldsymbol{\varphi}^{(s)}(x_1)=p_s,\quad s=1,2,\cdots,S\\ \boldsymbol{\omega}^{\mathrm{T}}\boldsymbol{\varphi}^{(r)}(x_N)=q_r,\quad r=1,2,\cdots,R\end{cases}$$

**定理 6.4**　给定一个正则化参数 $\gamma\in\mathbf{R}^+$ 和一个正定核函数 $K:\mathbf{R}\times\mathbf{R}\to\mathbf{R}$，方程(6.22)的解可以通过式(6.23)求得：

$$\begin{bmatrix}[\hat{\Theta}_{l,l'}]_{N-2} & [\hat{\Theta}_{0,l'}]_{N-2}^{\mathrm{T}} & [\hat{\Theta}_{s,l'}^{1}]_{N-2}^{\mathrm{T}} & [\hat{\Theta}_{r,l'}^{N}]_{N-2}^{\mathrm{T}} & \mathbf{0}_{1,N-2}^{\mathrm{T}} & \mathbf{0}_{N-2}\\ [\hat{\Theta}_{0,l'}]_{N-2} & [\tilde{\Theta}_{0,0}]_{N-2} & [\bar{\Theta}_{s,0}^{1}]_{N-2}^{\mathrm{T}} & [\bar{\Theta}_{r,0}^{N}]_{N-2}^{\mathrm{T}} & \boldsymbol{I}_{1,N-2}^{\mathrm{T}} & -\boldsymbol{E}_{N-2}\\ [\hat{\Theta}_{s,l'}^{1}]_{N-2} & [\bar{\Theta}_{s,0}^{1}]_{N-2} & [\tilde{\Theta}_{s,s'}]_{1,1} & [\tilde{\Theta}_{r,s'}]_{N,1}^{\mathrm{T}} & \mathbf{1}_s & \mathbf{0}_{1,N-2}\\ [\hat{\Theta}_{r,l'}^{N}]_{N-2} & [\bar{\Theta}_{r,0}^{N}]_{N-2} & [\tilde{\Theta}_{r,s'}]_{N,1} & [\tilde{\Theta}_{r,r'}]_{N,N} & \mathbf{1}_r & \mathbf{0}_{1,N-2}\\ \mathbf{0}_{1,N-2} & \boldsymbol{I}_{1,N-2} & \mathbf{1}_s^{\mathrm{T}} & \mathbf{1}_r^{\mathrm{T}} & 0 & \mathbf{0}_{1,N-2}\\ \boldsymbol{D}_{N-2}(\boldsymbol{y}) & \boldsymbol{E}_{N-2} & \mathbf{0}_{s,N-2}^{\mathrm{T}} & \mathbf{0}_{r,N-2}^{\mathrm{T}} & \mathbf{0}_{1,N-2}^{\mathrm{T}} & \mathbf{0}_{N-2}\end{bmatrix}\begin{bmatrix}\alpha_{N-2}\\ \eta_{N-2}\\ \beta\\ \lambda\\ b\\ \boldsymbol{y}_{N-2}^{\mathrm{T}}\end{bmatrix}=\begin{bmatrix}\boldsymbol{f}_{N-2}(\boldsymbol{x},\boldsymbol{y})\\ \mathbf{0}_{1,N-2}^{\mathrm{T}}\\ p_0\\ q_0\\ 0\\ \mathbf{0}_{1,N-2}^{\mathrm{T}}\end{bmatrix} \tag{6.23}$$

其中

$$\left[\hat{\Theta}_{l,l'}\right]_{N-2}=\left[\tilde{\Theta}_{M,M}\right]_{N-2}+\bar{D}_{a_l}\left[\bar{\Theta}_{l,M}\right]_{N-2}+\left[\bar{\Theta}_{M,l'}\right]_{N-2}\bar{\boldsymbol{D}}_{a_{l'}}^{\mathrm{T}}+\bar{\boldsymbol{D}}_{a_l}\left[\bar{\Theta}_{l,l'}\right]_{N-2}\bar{\boldsymbol{D}}_{a_{l'}}^{\mathrm{T}}+\gamma^{-1}\boldsymbol{E}$$

$$\left[\bar{\Theta}_{M,l'}\right]_{N-2}=\left[\left[\tilde{\Theta}_{M,0}\right]_{N-2},\left[\tilde{\Theta}_{M,1}\right]_{N-2},\cdots,\left[\tilde{\Theta}_{M,M-1}\right]_{N-2}\right],\bar{\boldsymbol{D}}_{a_l}=\left[D_{a_1},D_{a_2},\cdots,D_{a_{M-1}}\right]$$

$$\left[\bar{\Theta}_{l,M}\right]_{N-2}=\left[\left[\tilde{\Theta}_{0,M}\right]_{N-2},\left[\tilde{\Theta}_{1,M}\right]_{N-2},\cdots,\left[\tilde{\Theta}_{M-1,M}\right]_{N-2}\right],\bar{\boldsymbol{D}}_{a_{l'}}=\left[D_{a_1},D_{a_2},\cdots,D_{a_{M-1}}\right]$$

$$\left[\bar{\Theta}_{l,l'}\right]_{N-2}=\left[\tilde{\Theta}_{0:M-1,0:M-1}\right]_{N-2},\left[\tilde{\Theta}_{0,0}\right]_{N-2}=\left[\tilde{\Theta}_{0,0}\right]_{2:N-1;2:N-1}+\gamma^{-1}\boldsymbol{E},$$

$$l,l'=0,1,2,\cdots,M-1$$

$$\boldsymbol{D}_{a_{l'}}=\operatorname{diag}\left(a_{l'}(t_2),a_{l'}(t_3),\cdots,a_{l'}(t_{N-1})\right),\boldsymbol{D}_{a_l}=\operatorname{diag}\left(a_l(t_2),a_l(t_3),\cdots,a_l(t_{N-1})\right)$$

$$\left[\hat{\Theta}_{0,l'}\right]_{N-2}=\left[\tilde{\Theta}_{0,M}\right]_{N-2}+\left[\bar{\Theta}_{0,l'}\right]_{N-2}\bar{\boldsymbol{D}}_{a_{l'}}^{\mathrm{T}},\boldsymbol{I}_{1,N-2}=[1,1,\cdots,1],\boldsymbol{\beta}=[\beta_0,\beta_1,\cdots,\beta_s]^{\mathrm{T}}$$

$$\left[\hat{\Theta}_{0,l'}\right]_{N-2}=\left[\left[\hat{\Theta}_{0,1}\right]_{N-2},\left[\hat{\Theta}_{0,2}\right]_{N-2},\cdots,\left[\hat{\Theta}_{0,M-1}\right]_{N-2}\right],\boldsymbol{\eta}=[\eta_2,\eta_3,\cdots,\eta_{N-1}]$$

$$\left[\hat{\Theta}_{0,l'}\right]_{N-2}=\left[\left[\hat{\Theta}_{0,1}\right]_{N-2},\left[\hat{\Theta}_{0,2}\right]_{N-2},\cdots,\left[\hat{\Theta}_{0,M-1}\right]_{N-2}\right],\boldsymbol{\lambda}=[\lambda_2,\lambda_3,\cdots,\lambda_{N-1}]$$

$$\left[\hat{\Theta}_{s,l'}\right]_{N-2}=\left[\hat{\Theta}_{0:s,M}^{1}\right]_{N-2}+\left[\hat{\Theta}_{0:s,l'}^{1}\right]_{N-2}\bar{\boldsymbol{D}}_{a_{l'}}^{\mathrm{T}},\boldsymbol{p}=[p_0,p_1,\cdots,p_s]^{\mathrm{T}},0_{s,N-2}=0_{s+1,N-2}$$

$$\left[\hat{\Theta}_{r,l'}^{N}\right]_{N-2}=\left[\hat{\Theta}_{0:R,M}^{N}\right]_{N-2}+\left[\hat{\Theta}_{0:R,l'}^{N}\right]_{N-2}\bar{\boldsymbol{D}}_{a_{l'}}^{\mathrm{T}},\boldsymbol{q}=[q_0,q_1,\cdots,q_R]^{\mathrm{T}},0_{r,N-2}=0_{R+1,N-2}$$

$$\left[\hat{\Theta}_{0:S,l'}^{1}\right]_{N-2}=\left[\left[\hat{\Theta}_{0:S,1}^{1}\right]_{N-2},\left[\hat{\Theta}_{0:s,2'}^{1}\right]_{N-2},\cdots,\left[\hat{\Theta}_{0:S,M-1}^{1}\right]_{N-2}\right],\left[\hat{\Theta}_{S,0}^{1}\right]_{N-2}=\left[\hat{\Theta}_{0:S,0}^{1}\right]_{N-2}$$

$$\left[\hat{\Theta}_{0:R,l'}^{N}\right]_{N-2}=\left[\left[\hat{\Theta}_{0:R,1}^{N}\right]_{N-2},\left[\hat{\Theta}_{0:R,2}^{N}\right]_{N-2},\cdots,\left[\hat{\Theta}_{0:R,M-1}^{N}\right]_{N-2}\right],\left[\hat{\Theta}_{r,0}^{N}\right]_{N-2}=\left[\hat{\Theta}_{0:R,0}^{N}\right]_{N-2}$$

$$\left[\hat{\Theta}_{s,s'}\right]_{1,1}=\left[\Theta_{0:s,0:s}\right]_{1,1},\left[\hat{\Theta}_{r,s'}\right]_{N,1}=\left[\Theta_{0:R,0:S}\right]_{N,1},\left[\hat{\Theta}_{r,r'}\right]_{N,N}=\left[\Theta_{0:R,0:R}\right]_{N,N}$$

$$\boldsymbol{\alpha}=[\alpha_2,\alpha_3,\cdots,\alpha_{N-1}]^{\mathrm{T}},\boldsymbol{f}_{N-2}(\boldsymbol{x},\boldsymbol{y})=\left[f(x_2,y_2),f(x_3,y_3),\cdots,f(x_{N-1},y_{N-1})\right]^{\mathrm{T}}$$

$$\frac{\partial\boldsymbol{f}(\boldsymbol{x},\boldsymbol{y})}{\partial\boldsymbol{y}}=\left[\left.\frac{\partial f(x,y)}{\partial y}\right|_{x=x_2,y=y_2},\left.\frac{\partial f(x,y)}{\partial y}\right|_{x=x_3,y=y_3},\cdots,\left.\frac{\partial f(x,y)}{\partial y}\right|_{x=x_{N-1},y=y_{N-1}}\right]$$

$$\boldsymbol{D}_{N-2}(\boldsymbol{y})=\operatorname{diag}\left(\frac{\partial f(x,y)}{\partial y}\right),\boldsymbol{1}_r=[1,0,\cdots,0]_{1,R+1},\boldsymbol{1}_s=[1,0,\cdots,0]_{1,S+1}$$

$$\left[\tilde{\Theta}_{m,n}\right]_{N-2}=\left[\Theta_{m,n}\right]_{2:N-1;2:N-1},\left[\tilde{\Theta}_{0:S,n}^{1}\right]_{N-2}=\left[\left[\Theta_{0:S,n}\right]_{1,2},\left[\tilde{\Theta}_{0:S,n}\right]_{1,3},\cdots,\left[\tilde{\Theta}_{0:S,n}\right]_{1,\ N-1}\right]$$

$$\left[\tilde{\Theta}_{0:R,n}^{1}\right]_{N-2}=\left[\left[\Theta_{0:R,n}\right]_{N,2},\left[\tilde{\Theta}_{0:R,n}\right]_{N,3},\cdots,\left[\tilde{\Theta}_{0:R,n}\right]_{N,N-1}\right],\quad m,n=0,1,\cdots,M$$

**证明**　将带约束条件的优化问题(6.22)转换成拉格朗日函数

$$
\begin{aligned}
&L(\boldsymbol{\omega}, y_i, \alpha_i, \eta_i, \beta_0, \lambda_0, \lambda_r, b, e_i, \xi_i) = \frac{1}{2}\boldsymbol{\omega}^{\mathrm{T}}\boldsymbol{\omega} + \frac{1}{2}\gamma \boldsymbol{e}^{\mathrm{T}}\boldsymbol{e} + \frac{1}{2}\gamma \boldsymbol{\xi}^{\mathrm{T}}\boldsymbol{\xi} \\
&-\sum_{i=2}^{N-1}\alpha_i\left[\boldsymbol{\omega}^{\mathrm{T}}\boldsymbol{\varphi}^{(M)}(x_i) + \boldsymbol{\omega}^{\mathrm{T}} a_l(x_i)\boldsymbol{\varphi}^{(l)}(x_i) - f(x_i, y_i) - e_i\right] \\
&-\sum_{i=2}^{N-1}\eta_i\left[\boldsymbol{\omega}^{\mathrm{T}}\boldsymbol{\varphi}(x_i) + b + \xi_i - y_i\right] - \beta_0\left(\boldsymbol{\omega}^{\mathrm{T}}\boldsymbol{\varphi}(x_i) + b - p_0\right) \\
&-\sum_{s=1}^{S}\beta_s\left[\boldsymbol{\omega}^{\mathrm{T}}\boldsymbol{\varphi}^{(s)}(x_i) - p_s\right] - \lambda_0\left(\boldsymbol{\omega}^{\mathrm{T}}\boldsymbol{\varphi}(x_N) + b - q_0\right) \\
&-\sum_{r=1}^{M-2-S}\lambda_r\left[\boldsymbol{\omega}^{\mathrm{T}}\boldsymbol{\varphi}^{(r)}(x_N) - q_r\right]
\end{aligned}
\tag{6.24}
$$

根据 KKT 条件，令拉格朗日函数的各个偏导数为 0，可以得到

$$
\begin{cases}
\dfrac{\partial L}{\partial \boldsymbol{\omega}} = \boldsymbol{\omega} - \displaystyle\sum_{i=2}^{N-1}\alpha_i\left[\boldsymbol{\varphi}^{(M)}(x_i) + \sum_{i=1}^{N-1} a_l(x_i)\boldsymbol{\varphi}^{(l)}(x_i)\right] - \sum_{i=2}^{N-1}\eta_i\boldsymbol{\varphi}(x_i) - \beta_0\boldsymbol{\varphi}(x_1) \\
\qquad -\displaystyle\sum_{s=1}^{S}\beta_s\boldsymbol{\varphi}^{(s)}(x_1) - \lambda_0\boldsymbol{\varphi}(x_N) - \sum_{r=1}^{M-2-S}\lambda_r\boldsymbol{\varphi}^{(r)}(x_N) = 0 \\
\dfrac{\partial L}{\partial \alpha_i} = \boldsymbol{\omega}^{\mathrm{T}}\left[\boldsymbol{\varphi}^{(M)}(x_i) + \displaystyle\sum_{i=1}^{M-1} a_l(x_i)\boldsymbol{\varphi}^{(l)}(x_i)\right] - f(x_i, y_i) - e_i = 0, \quad i = 2, 3, \cdots, N-1 \\
\dfrac{\partial L}{\partial \eta_i} = 0 \Rightarrow \boldsymbol{\omega}^{\mathrm{T}}\boldsymbol{\varphi}(x_i) + b - y_i + \xi_i = 0, \quad i = 2, 3, \cdots, N-1 \\
\dfrac{\partial L}{\partial \beta_0} = 0 \Rightarrow \boldsymbol{\omega}^{\mathrm{T}}\boldsymbol{\varphi}(x_1) + b - p_0 = 0 \\
\dfrac{\partial L}{\partial \beta_s} = \boldsymbol{\omega}^{\mathrm{T}}\boldsymbol{\varphi}^{(s)}(x_1) - p_s = 0, \quad s = 1, 2, \cdots, S \\
\dfrac{\partial L}{\partial \lambda_0} = \boldsymbol{\omega}^{\mathrm{T}}\boldsymbol{\varphi}(x_N) + b - q_0 = 0 \\
\dfrac{\partial L}{\partial \lambda_r} = \boldsymbol{\omega}^{\mathrm{T}}\boldsymbol{\varphi}^{(r)}(x_N) - q_r = 0, \quad r = 1, 2, \cdots, M-2-S \\
\dfrac{\partial L}{\partial b} = -\displaystyle\sum_{i=1}^{N-1}\eta_i - \beta_0 - \lambda_0 = 0 \\
\dfrac{\partial L}{\partial y_i} = \eta_i + \alpha_i\dfrac{\partial f(x_i, y_i)}{\partial y_i} = 0, \quad i = 2, 3, \cdots, N-1 \\
\dfrac{\partial L}{\partial e_i} = \alpha_i + \gamma e_i = 0, \quad i = 2, 3, \cdots, N-1 \\
\dfrac{\partial L}{\partial \xi_i} = -\eta_i + \gamma\xi_i, \quad i = 2, 3, \cdots, N-1
\end{cases}
\tag{6.25}
$$

消除参数$\boldsymbol{\omega}$、$e_i$、$\xi_i$，将方程组(6.25)写成矩阵的形式得到式(6.24)。

根据牛顿法求得非线性方程组(6.23)的未知量$\left(\boldsymbol{\alpha},\boldsymbol{\eta},\beta_0,\beta_1,b,\boldsymbol{y}\right)$，则 LS-SVM 模型的对偶形式为

$$\begin{aligned}\hat{y}(x)=&\sum_{i=2}^{N-1}\alpha_i\left[\nabla_{M,0}\left(K\left(x_i,x\right)\right)\right]+\sum_{i=1}^{M-1}a_l\left(x_i\right)\left[\nabla_{l,0}\left(K\left(x_i,x\right)\right)\right]\\&+\sum_{i=2}^{N-1}\eta_i\nabla_{0,0}\left(K\left(x_i,x\right)\right)+\beta_0\nabla_{0,0}(K\left(x_1,x\right)+\sum_{s=0}^{S}\beta_s\nabla_{s,0}\left(K\left(x_1,x\right)\right)\\&+\lambda_0\nabla_{0,0}\left(K\left(x_N,x\right)\right)+\sum_{r=0}^{M-2-S}\lambda_r\nabla_{r,0}\left(K\left(x_N,x\right)\right)+b\end{aligned}\tag{6.26}$$

2. 高阶线性常微分方程的两点边值问题

考虑如下形式的高阶线性常微分方程:

$$\frac{\mathrm{d}^M y}{\mathrm{d}x^M}+a_{M-1}\left(x\right)\frac{\mathrm{d}^{M-1}y}{\mathrm{d}x^{M-1}}+\cdots+a_1\left(x\right)\frac{\mathrm{d}y}{\mathrm{d}x}+a_0\left(x\right)y=r\left(x\right),\quad x\in[a,c]\tag{6.27}$$

其边界条件为$y^{(s)}\left(a\right)=p_s,y^{(r)}\left(c\right)=q_r,0\leqslant s\leqslant S,0\leqslant r\leqslant R,R=M-2-S$。

假定方程(6.27)的近似解为$y=\boldsymbol{\omega}^{\mathrm{T}}\boldsymbol{\varphi}\left(\boldsymbol{x}\right)+b$，其中$\omega$和$b$为待确定的模型参数，为了获得$\omega$和$b$的最优值，首先用配置法将区间离散化为$\varOmega=\{a=x_1<x_2<\cdots<x_N=c\}$，然后求解带有约束条件的目标优化问题，优化问题描述为

$$\min_{\boldsymbol{\omega},e_i,\xi}J\left(\boldsymbol{\omega},\boldsymbol{e},\boldsymbol{\xi}\right)=\frac{1}{2}\boldsymbol{\omega}^{\mathrm{T}}\boldsymbol{\omega}+\frac{1}{2}\gamma\boldsymbol{e}^{\mathrm{T}}\boldsymbol{e}+\frac{1}{2}\gamma\boldsymbol{\xi}^{\mathrm{T}}\boldsymbol{\xi}\tag{6.28}$$

约束条件为

$$\begin{cases}\boldsymbol{\omega}^{\mathrm{T}}\boldsymbol{\varphi}^{(M)}\left(x_i\right)+\sum\limits_{i=1}^{M-1}\boldsymbol{\omega}^{\mathrm{T}}a_l\left(x_i\right)\boldsymbol{\varphi}^{(l)}\left(x_i\right)+a_0\left(x_i\right)b=r\left(x_i\right)+e_i,\quad i=2,3,\cdots,N-1\\\boldsymbol{\omega}^{\mathrm{T}}\boldsymbol{\varphi}\left(x_1\right)+b=p_0\\\boldsymbol{\omega}^{\mathrm{T}}\boldsymbol{\varphi}\left(x_N\right)+b=q_0\\\boldsymbol{\omega}^{\mathrm{T}}\boldsymbol{\varphi}^{(s)}\left(x_1\right)=p_s,\quad s=1,2,\cdots,S\\\boldsymbol{\omega}^{\mathrm{T}}\boldsymbol{\varphi}^{(r)}\left(x_N\right)=q_r,\quad r=1,2,\cdots,R\end{cases}$$

**定理 6.5**　给定一个正则化参数$\gamma\in\mathbf{R}^+$和一个正定核函数$K:\mathbf{R}\times\mathbf{R}\to\mathbf{R}$，方程(6.28)的解可以通过下面的方程组而求得:

$$
\begin{bmatrix}
[\hat{\Theta}_{l,l'}]_{N-2} & [\hat{\Theta}^1_{s,l'}]^{\mathrm{T}}_{N-2} & [\hat{\Theta}^N_{r,l'}]^{\mathrm{T}}_{N-2} & \boldsymbol{A}^{\mathrm{T}} \\
[\hat{\Theta}^1_{s,l'}]_{N-2} & [\tilde{\Theta}_{s,s'}]_{1,1} & [\tilde{\Theta}_{r,s'}]^{\mathrm{T}}_{N,1} & \mathbf{1}_s \\
[\hat{\Theta}^N_{r,l'}]_{N-2} & [\tilde{\Theta}_{r,s'}]_{N,1} & [\tilde{\Theta}_{r,r'}]^{\mathrm{T}}_{N,N} & \mathbf{1}_r \\
\boldsymbol{A} & \mathbf{1}^{\mathrm{T}}_s & \mathbf{1}^{\mathrm{T}}_r & 0
\end{bmatrix}
\begin{bmatrix} \boldsymbol{\alpha} \\ \boldsymbol{\beta} \\ \boldsymbol{\lambda} \\ b \end{bmatrix}
=
\begin{bmatrix} \boldsymbol{r}(\boldsymbol{x}) \\ \boldsymbol{p} \\ \boldsymbol{q} \\ 0 \end{bmatrix}
\tag{6.29}
$$

其中,

$$\left[\hat{\Theta}_{l,l'}\right]_{N-2} = \left[\tilde{\Theta}_{M,M}\right]_{N-2} + \bar{\boldsymbol{D}}_{a_l}\left[\bar{\Theta}_{l,M}\right]_{N-2} + \left[\bar{\Theta}_{M,l'}\right]_{N-2}\bar{\boldsymbol{D}}^{\mathrm{T}}_{a_{l'}} + \bar{\boldsymbol{D}}_{a_l}[\bar{\Theta}_{l,l'}]_{N-2}\bar{\boldsymbol{D}}^{\mathrm{T}}_{a_{l'}} + \gamma^{-1}\boldsymbol{E}$$

$$\left[\bar{\Theta}_{M,l'}\right]_{N-2} = \left[\left[\tilde{\Theta}_{M,0}\right]_{N-2}, \left[\tilde{\Theta}_{M,1}\right]_{N-2}, \cdots, \left[\tilde{\Theta}_{M,M-1}\right]_{N-2}\right], \bar{\boldsymbol{D}}_{a_l} = \left[D_{a_1}, D_{a_2}, \cdots, D_{a_{M-1}}\right]$$

$$\left[\bar{\Theta}_{l,M}\right]_{N-2} = \left[\left[\tilde{\Theta}_{0,M}\right]_{N-2}, \left[\tilde{\Theta}_{1,M}\right]_{N-2}, \cdots, \left[\tilde{\Theta}_{M-1,M}\right]_{N-2}\right], \bar{\boldsymbol{D}}_{a_{l'}} = \left[D_{a_1}, D_{a_2}, \cdots, D_{a_{M-1}}\right]$$

$$\left[\bar{\Theta}_{l,l'}\right]_{N-2} = \left[\tilde{\Theta}_{0:M-1,0:M-1}\right]_{N-2}, \left[\tilde{\Theta}_{0,0}\right]_{N-2} = \left[\tilde{\Theta}_{0,0}\right]_{2:N-1;2:N-1} + \gamma^{-1}\boldsymbol{E}, l, l' = 0,1,2,\cdots,M-1$$

$$\boldsymbol{D}_{a_{l'}} = \operatorname{diag}\left(a_{l'}(t_2), a_{l'}(t_3), \cdots, a_{l'}(t_{N-1})\right), \boldsymbol{D}_{a_l} = \operatorname{diag}\left(a_l(t_2), a_l(t_3), \cdots, a_l(t_{N-1})\right)$$

$$\left[\hat{\Theta}^1_{s,l'}\right]_{N-2} = \left[\hat{\Theta}^1_{0:s,M}\right]_{N-2} + \left[\bar{\Theta}^1_{0:s,l'}\right]_{N-2}\bar{\boldsymbol{D}}^{\mathrm{T}}_{a_{l'}}, \boldsymbol{p} = [p_0, p_1, \cdots, p_s]^{\mathrm{T}}$$

$$\left[\hat{\Theta}^N_{r,l'}\right]_{N-2} = \left[\hat{\Theta}^N_{0:R,M}\right]_{N-2} + \left[\bar{\Theta}^N_{0:R,l'}\right]_{N-2}\bar{\boldsymbol{D}}^{\mathrm{T}}_{a_{l'}}, \boldsymbol{q} = [q_0, q_1, \cdots, q_R]^{\mathrm{T}}$$

$$\left[\hat{\Theta}^1_{0:S,l'}\right]_{N-2} = \left[\left[\hat{\Theta}^1_{0:S,0}\right]_{N-2}, \left[\hat{\Theta}^1_{0:s,1'}\right]_{N-2}, \cdots, \left[\hat{\Theta}^1_{0:S,M-1}\right]_{N-2}\right]$$

$$\left[\hat{\Theta}^N_{0:R,l'}\right]_{N-2} = \left[\left[\hat{\Theta}^N_{0:R,0}\right]_{N-2}, \left[\hat{\Theta}^N_{0:R,1}\right]_{N-2}, \cdots, \left[\hat{\Theta}^N_{0:R,M-1}\right]_{N-2}\right]$$

$$\left[\hat{\Theta}_{s,s'}\right]_{1,1} = \left[\Theta_{0:s,0:s}\right]_{1,1}, \left[\hat{\Theta}_{r,s'}\right]_{N,1} = \left[\Theta_{0:R,0:S}\right]_{N,1}, [\hat{\Theta}_{r,r'}]_{N,N} = \left[\Theta_{0:R,0:R}\right]_{N,N}$$

$$\left[\hat{\Theta}_{0,l'}\right]_{N-2} = \left[\hat{\Theta}_{0,M}\right]_{N-2} + \left[\bar{\Theta}_{0,l'}\right]_{N-2}\bar{\boldsymbol{D}}^{\mathrm{T}}_{a_{l'}}, \boldsymbol{I}_{1,N-2} = [1,1,\cdots,1], \boldsymbol{\beta} = [\beta_0, \beta_1, \cdots, \beta_s]^{\mathrm{T}}$$

$$\boldsymbol{\eta} = [\eta_2, \eta_3, \cdots, \eta_{N-1}], \boldsymbol{\lambda} = [\lambda_0, \lambda_1, \cdots, \lambda_R]^{\mathrm{T}}, \boldsymbol{\alpha} = [\alpha_2, \alpha_3, \cdots, \alpha_{N-1}]^{\mathrm{T}}$$

$$\mathbf{1}_r = [1,0,\cdots,0]_{1,R+1}, \boldsymbol{A}(\boldsymbol{x}) = \left[a_0(x_2), a_0(x_3), \cdots, a_0(x_{N-1})\right]$$

$$\boldsymbol{r}(\boldsymbol{x}) = \left[r(x_2), r(x_3), \cdots, r(x_{N-1})\right]$$

**证明**　将带约束条件的优化问题(6.28)转换成拉格朗日函数

$$L(\boldsymbol{\omega}, y_i, \alpha_i, \eta_i, \beta_0, \lambda_0, \lambda_r, b, e_i, \xi_i) = \frac{1}{2}\boldsymbol{\omega}^{\mathrm{T}}\boldsymbol{\omega} + \frac{1}{2}\gamma\boldsymbol{e}^{\mathrm{T}}\boldsymbol{e} + \frac{1}{2}\gamma\boldsymbol{\xi}^{\mathrm{T}}\boldsymbol{\xi} - \sum_{i=2}^{N-1}\alpha_i\left[\boldsymbol{\omega}^{\mathrm{T}}\boldsymbol{\varphi}^{(M)}(x_i)\right.$$

$$\left. + \sum_{i=1}^{N-1}\boldsymbol{\omega}^{\mathrm{T}}a_l(x_i)\boldsymbol{\varphi}^{(l)}(x_i) - f(x_i, y_i) - e_i\right] - \sum_{i=2}^{N-1}\eta_i\left[\boldsymbol{\omega}^{\mathrm{T}}\boldsymbol{\varphi}(x_i) + b + \xi_i - y_i\right]$$

$$-\beta_0\left(\boldsymbol{\omega}^{\mathrm{T}}\boldsymbol{\varphi}(x_i) + b - p_0\right) - \sum_{s=1}^{S}\beta_s\left[\boldsymbol{\omega}^{\mathrm{T}}\boldsymbol{\varphi}^{(s)}(x_i) - p_s\right] - \lambda_0\left(\boldsymbol{\omega}^{\mathrm{T}}\boldsymbol{\varphi}(x_N) + b - q_0\right)$$

$$-\sum_{r=1}^{M-2-S}\lambda_r\left[\boldsymbol{\omega}^{\mathrm{T}}\boldsymbol{\varphi}^{(r)}(x_N) - q_r\right]$$

根据 KKT 条件，令拉格朗日函数的各个偏导数为 0，可以得到

$$
\left\{
\begin{aligned}
&\frac{\partial L}{\partial \boldsymbol{\omega}}=\boldsymbol{\omega}-\sum_{i=2}^{N-1}\alpha_i\left[\boldsymbol{\varphi}^{(M)}(x_i)+\sum_{l=1}^{M-1}a_l(x_i)\boldsymbol{\varphi}^{(l)}(x_i)\right]-\beta_0\boldsymbol{\varphi}(x_1)-\sum_{s=1}^{S}\beta_s\boldsymbol{\varphi}^{(s)}(x_1)\\
&\qquad -\lambda_0\boldsymbol{\varphi}(x_N)-\sum_{r=1}^{M-2-S}\lambda_r\boldsymbol{\varphi}^{(r)}(x_N)=0\\
&\frac{\partial L}{\partial \alpha_i}=\boldsymbol{\omega}^{\mathrm{T}}\left[\boldsymbol{\varphi}^{(M)}(x_i)+\sum_{l=1}^{M-1}a_l(x_i)\boldsymbol{\varphi}^{(l)}(x_i)\right]+a_0(x_i)b-r(x_i)-e_i=0,\quad i=2,3,\cdots,N-1\\
&\frac{\partial L}{\partial \beta_0}=0\Rightarrow\boldsymbol{\omega}^{\mathrm{T}}\boldsymbol{\varphi}(x_1)+b-p_0=0\\
&\frac{\partial L}{\partial \beta_s}=\boldsymbol{\omega}^{\mathrm{T}}\boldsymbol{\varphi}^{(s)}(x_1)-p_s=0,\quad s=1,2,\cdots,S\\
&\frac{\partial L}{\partial \lambda_0}=\boldsymbol{\omega}^{\mathrm{T}}\boldsymbol{\varphi}(x_N)+b-q_0=0\\
&\frac{\partial L}{\partial \lambda_r}=\boldsymbol{\omega}^{\mathrm{T}}\boldsymbol{\varphi}^{(r)}(x_N)-q_r=0,\quad r=1,2,\cdots,\ M-2-S\\
&\frac{\partial L}{\partial b}=-\sum_{i=1}^{N-1}a_0(x_i)\alpha_i-\beta_0-\lambda_0=0\\
&\frac{\partial L}{\partial e_i}=\alpha_i+\gamma e_i=0,\quad i=2,3,\cdots,\ N-1
\end{aligned}
\right.
\tag{6.30}
$$

消除参数 $\boldsymbol{\omega}$ 、$e_i$ 、$\xi_i$ ，将方程组(6.30)写成矩阵的形式得到式(6.28)。

根据牛顿法求得非线性方程组(6.30)的未知量 $(\boldsymbol{\alpha},\boldsymbol{\eta},\beta_0,\beta_1,b,\boldsymbol{y})$ ，则 LS-SVM 模型的对偶形式为

$$
\begin{aligned}
\hat{y}(x)=&\sum_{i=2}^{N-1}\alpha_i\left[\nabla_{M,0}\left(K(x_i,x)\right)+\sum_{l=1}^{M-1}a_l(x_i)\nabla_{l,0}\left(K(x_i,x)\right)\right]\\
&+\beta_0\nabla_{0,0}\left(K(x_1,x)\right)+\sum_{s=0}^{S}\beta_s\nabla_{s,0}\left(K(x_1,x)\right)+\lambda_0\nabla_{0,0}\left(K(x_N,x)\right)\\
&+\sum_{r=0}^{M-2-S}\lambda_r\nabla_{r,0}\left(K(x_N,x)\right)+b
\end{aligned}
\tag{6.31}
$$

### 6.2.3 最小二乘支持向量机在高阶微分方程的多点边值问题中的应用

本节我们改进最小二乘支持向量机，用于求解高阶线性和非线性常微分方程的多点边值问题。

1. 高阶非线性常微分方程的多点边值问题

考虑如下形式的高阶非线性常微分方程：

$$\frac{\mathrm{d}^M y}{\mathrm{d}x^M}+a_{M-1}(x)\frac{\mathrm{d}^{M-1}}{\mathrm{d}x^{M-1}}+\cdots+a_1(x)\frac{\mathrm{d}y}{\mathrm{d}x}=f(x,y),\quad x\in[a,c] \tag{6.32}$$

其边界条件为

$$y^{(q_0)}(a)=s_0,\quad y^{(q_j)}\left(x_{p_j}\right)=s_j,\quad y^{(q_{M-1})}(c)=s_{M-1},\quad x_{p_j}\in[a,c],$$
$$p_j\in Z,\quad j=1,2,\cdots,M-2-S,\quad 0\leqslant q_0,q_1,\cdots,q_{m-1}\leqslant M-1$$

假定方程(6.32)的近似解为 $y=\boldsymbol{\omega}^{\mathrm{T}}\boldsymbol{\varphi}(\boldsymbol{x})+b$ ，其中 $\boldsymbol{\omega}$ 和 $b$ 为待确定的模型参数，为了获得 $\boldsymbol{\omega}$ 和 $b$ 的最优值，首先用配置法将区间离散化为

$$\Omega=\{a=x_{p_0}=x_1<x_2<\cdots<x_{p_1}<\cdots<x_{p_2}<\cdots<x_{p_{M-2}}<\cdots<x_{p_{M-1}}=x_N=c\}$$

然后求解带有约束条件的目标优化问题。优化问题描述为

$$\min_{\omega,e_i,\xi} J(\boldsymbol{\omega},\boldsymbol{e},\boldsymbol{\xi})=\frac{1}{2}\boldsymbol{\omega}^{\mathrm{T}}\boldsymbol{\omega}+\frac{1}{2}\gamma\boldsymbol{e}^{\mathrm{T}}\boldsymbol{e}+\frac{1}{2}\gamma\boldsymbol{\xi}^{\mathrm{T}}\boldsymbol{\xi} \tag{6.33}$$

约束条件为

$$\begin{cases}\boldsymbol{\omega}^{\mathrm{T}}\boldsymbol{\varphi}^{(M)}(x_i)+\sum\limits_{l=1}^{N-1}\boldsymbol{\omega}^{\mathrm{T}}a_l(x_i)\boldsymbol{\varphi}^{(l)}(x_i)=f(x_i,y_i)+e_i,\quad i=1,2,\cdots,N-M\\ y_i=\boldsymbol{\omega}^{\mathrm{T}}\boldsymbol{\varphi}(x_i)+b+\xi_i,\quad i=1,2,\cdots,N-M\\ \boldsymbol{\omega}^{\mathrm{T}}\boldsymbol{\varphi}^{(q_0)}(x_i)+b^{(q_0)}=s_0\\ \boldsymbol{\omega}^{\mathrm{T}}\boldsymbol{\varphi}^{(q_j)}\left(x_{P_j}\right)+b^{(q_j)}=s_j,\quad j=1,2,\cdots,M-2\\ \boldsymbol{\omega}^{\mathrm{T}}\boldsymbol{\varphi}^{(q_{M-1})}(x_N)+b^{(q_{M-1})}=s_{M-1}\end{cases}$$

**定理 6.6**　给定一个正则化参数 $\gamma\in\mathbf{R}^+$ 和一个正定核函数 $K:\mathbf{R}\times\mathbf{R}\to\mathbf{R}$ ，方程(6.33)的解可以通过式(6.34)求得：

$$\begin{bmatrix}[\hat{\Theta}_{l,l'}]_{N-M} & [\hat{\Theta}_{0,l'}]_{N-M}^{\mathrm{T}} & [\hat{\Theta}_{q_j,l'}^{1}]_{M,N-M}^{\mathrm{T}} & \mathbf{0}_{1,N-M}^{\mathrm{T}} & \mathbf{0}_{N-M}\\ [\hat{\Theta}_{0,l'}]_{N-M} & [\tilde{\Theta}_{0,0}]_{N-M} & [\tilde{\Theta}_{q_j,0}]_{M,N-M}^{\mathrm{T}} & \boldsymbol{I}_{1,N-M}^{\mathrm{T}} & -\boldsymbol{E}_{N-M}\\ [\hat{\Theta}_{q_j,l'}]_{M,N-M} & [\hat{\Theta}_{q_j,0}]_{M,N-M} & [\tilde{\Theta}_{q_j,q_j'}]_{p_j,p_j'} & \boldsymbol{B}^{\mathrm{T}} & \mathbf{0}_{M,N-M}\\ \mathbf{0}_{1,N-M} & \boldsymbol{I}_{1,N-M} & \boldsymbol{B} & 0 & \mathbf{0}_{1,N-M}\\ \boldsymbol{D}_{N-M}(\boldsymbol{y}) & \boldsymbol{E}_{N-M} & \mathbf{0}_{M,N-M}^{\mathrm{T}} & \mathbf{0}_{1,N-M}^{\mathrm{T}} & \mathbf{0}_{N-M}\end{bmatrix}\begin{bmatrix}\boldsymbol{\alpha}\\ \boldsymbol{\eta}\\ \boldsymbol{\beta}\\ b\\ \boldsymbol{y}\end{bmatrix}=\begin{bmatrix}\boldsymbol{f}_{N-M}(\boldsymbol{x},\boldsymbol{y})\\ \mathbf{0}_{1,N-M}^{\mathrm{T}}\\ s\\ 0\\ \mathbf{0}_{1,N-M}^{\mathrm{T}}\end{bmatrix} \tag{6.34}$$

其中

$$\left[\hat{\Theta}_{l,l'}\right]_{N-M}=\left[\tilde{\Theta}_{M,M}\right]_{N-M}+\bar{\boldsymbol{D}}_{a_l}\left[\bar{\Theta}_{l,M}\right]_{N-M}+\left[\bar{\Theta}_{M,l'}\right]_{N-M}\bar{\boldsymbol{D}}_{a_{l'}}^{\mathrm{T}}+\bar{\boldsymbol{D}}_{a_l}[\bar{\Theta}_{l,l'}]_{N-M}\bar{\boldsymbol{D}}_{a_{l'}}^{\mathrm{T}}+\gamma^{-1}\boldsymbol{E}$$

$$\left[\bar{\Theta}_{M,l'}\right]_{N-M}=\left[\left[\tilde{\Theta}_{M,1}\right]_{N-M},\left[\tilde{\Theta}_{M,2}\right]_{N-M},\cdots,\left[\tilde{\Theta}_{M,M-1}\right]_{N-M}\right],\quad \bar{\boldsymbol{D}}_{a_l}=\left[D_{a_1},D_{a_2},\cdots,D_{a_{M-1}}\right]$$

$$\left[\bar{\Theta}_{l,M'}\right]_{N-M}=\left[\left[\tilde{\Theta}_{1,M}\right]_{N-M},\left[\tilde{\Theta}_{2,M}\right]_{N-M},\cdots,\left[\tilde{\Theta}_{M-1,M}\right]_{N-M}\right],\quad \bar{\boldsymbol{D}}_{a_{l'}}=\left[D_{a_1},D_{a_2},\cdots,D_{a_{M-1}}\right]$$

$$\left[\bar{\Theta}_{l,l'}\right]_{N-M}=\left[\tilde{\Theta}_{1:M-1,1:M-1}\right]_{N-M},\left[\tilde{\Theta}_{0,0}\right]_{N-M}=\left[\Theta_{0,0}\right]_{1:N-M;1:N-M}+\gamma^{-1}\boldsymbol{E},l,l'=1,2,\cdots,M-1$$

$$\boldsymbol{\alpha}=\left[\alpha_2,\cdots,\alpha_{P_1-1},\alpha_{P_1+1},\cdots,\alpha_{N-1}\right]^{\mathrm{T}}$$

$$\boldsymbol{D}_{a_{l'}}=\mathrm{diag}\left(a_{l'}(x_2),\cdots,a_{l'}\left(x_{p_1-1}\right),a_{l'}\left(x_{p_1+1}\right),\cdots,a_{l'}\left(x_{N-1}\right)\right)$$

$$\boldsymbol{D}_{a_l}=\mathrm{diag}\left(a_l(x_2),\cdots,a_l\left(x_{p_1-1}\right),a_l\left(x_{p_1+1}\right),\cdots,a_l\left(x_{N-1}\right)\right),\boldsymbol{s}=[s_0,s_1,\cdots,s_{M-1}]^{\mathrm{T}}$$

$$\left[\hat{\Theta}_{0,l}\right]_{N-M}=\left[\tilde{\Theta}_{0,M}\right]_{N-M}+\left[\bar{\Theta}_{0,l}\right]_{N-M}\bar{\boldsymbol{D}}_{a_l}^{\mathrm{T}},\boldsymbol{I}_{1,N-2}=[1,1,\cdots,1],\boldsymbol{\beta}=[\beta_0,\beta_1,\cdots,\beta_{M-1}]^{\mathrm{T}}$$

$$\left[\bar{\Theta}_{0,l}\right]_{N-M}=\left[\left[\tilde{\Theta}_{0,1}\right]_{N-M},\left[\tilde{\Theta}_{0,2}\right]_{N-M},\cdots,\left[\tilde{\Theta}_{0,M-1}\right]_{N-M}\right],\boldsymbol{B}=\left[\chi_{b_0},\chi_{b_1},\cdots,\chi_{b_{M-1}}\right]$$

$$\left[\hat{\Theta}_{q_{j'},l'}\right]_{N-M}=\left[\tilde{\Theta}_{q_0:q_{M-1'},M}\right]_{M,N-M}+\left[\bar{\Theta}_{q_0:q_{M-1'},l'}\right]_{N-M}\bar{\boldsymbol{D}}_{a_l}^{\mathrm{T}}$$

$$\left[\bar{\Theta}_{q_0:q_{M-1},l}\right]_{M,N-M}=\left[\left[\tilde{\Theta}_{q_0q_{M-1},1}\right]_{M,N-M},\left[\tilde{\Theta}_{q_0q_{M-1},2}\right]_{M,N-M},\cdots,\left[\tilde{\Theta}_{q_0q_{M-1},M-1}\right]_{M,N-M}\right]$$

$$\left[\tilde{\Theta}_{q_j,0}\right]_{M,N-M}=\left[\Theta_{q_0q_{M-1},0}\right]_{M,N-M},\left[\tilde{\Theta}_{q_j,q_j'}\right]_{M,N-M}=\left[\Theta_{q_0q_{M-1},0}\right]_{M,N-M}$$

$$\left[\tilde{\Theta}_{q_j,q_j}\right]_{p_j,p_j'}=\left[\Theta_{q_0q_{M-1},q_0q_{M-1}}\right]_{p_0,p_{M-1},p_0p_{M-1}}$$

$$\boldsymbol{\eta}=\left[\eta_2,\cdots,\eta_{p_1-1},\eta_{p_1+1},\cdots,\eta_{N-1}\right]^{\mathrm{T}},\boldsymbol{y}=\left[y_2,\cdots,y_{p_1-1},y_{p_1+1},\cdots,y_{N-1}\right]^{\mathrm{T}}$$

$$\boldsymbol{f}_{N-2}(\boldsymbol{x},\boldsymbol{y})=[f(x_2,y_2),\cdots,f\left(x_{p_1-1},y_{p_1-1}\right),f\left(x_{p_1+1},y_{p_1+1}\right),\cdots,f\left(x_{N-1},y_{N-1}\right)]^{\mathrm{T}}$$

$$\frac{\partial\boldsymbol{f}(\boldsymbol{x},\boldsymbol{y})}{\partial\boldsymbol{y}}=\left[\left.\frac{\partial f(x,y)}{\partial y}\right|_{x=x_2,y=y_2},\cdots,\left.\frac{\partial f(x,y)}{\partial y}\right|_{x=x_{p_1-1},y=y_{p_1-1}},\left.\frac{\partial f(x,y)}{\partial y}\right|_{x=x_{p_1+1},y=y_{p_1+1}},\cdots,\right.$$

$$\left.\left.\frac{\partial f(x,y)}{\partial y}\right|_{x=x_{N-1},y=y_{N-1}}\right]$$

$$\boldsymbol{D}_{N-2}(\boldsymbol{y})=\mathrm{diag}\left(\frac{\partial\boldsymbol{f}(\boldsymbol{x},\boldsymbol{y})}{\partial\boldsymbol{y}}\right),\boldsymbol{\alpha}=[\alpha_2,\cdots,\alpha_{p_1-1},\alpha_{p_1+1},\cdots,\alpha_{N-1}]^{\mathrm{T}}$$

$$\left[\tilde{\Theta}_{m,n}\right]_{N-M}=\left[\Theta_{m,n}\right]_{1:N-M;1:N-M};\left[\tilde{\Theta}_{q_0:q_{M-1},m}\right]_{M,N-M}=\left[\Theta_{q_0:q_{M-1},m}\right]_{p_0:p_{M-1};1:N-M},m,n=0,1,\cdots,M \tag{6.35}$$

**证明**　将带约束条件的优化问题(6.33)转换成拉格朗日函数

$$L\left(\boldsymbol{\omega},y_i,\alpha_i,\eta_i,\beta_j,b,e_i,\xi_i\right)=\frac{1}{2}\boldsymbol{\omega}^{\mathrm{T}}\boldsymbol{\omega}+\frac{1}{2}\gamma\boldsymbol{e}^{\mathrm{T}}\boldsymbol{e}+\frac{1}{2}\gamma\boldsymbol{\zeta}^{\mathrm{T}}\boldsymbol{\zeta}-\sum_{i=2}^{N-M}\alpha_i\left[\boldsymbol{\omega}^{\mathrm{T}}\boldsymbol{\varphi}^{(M)}\left(x_i\right)\right.$$
$$\left.+\sum_{l=1}^{M-1}\boldsymbol{\omega}^{\mathrm{T}}a_l\left(x_i\right)\boldsymbol{\varphi}^{(l)}\left(x_i\right)-f\left(x_i,y_i\right)-e_i\right]-\sum_{i=2}^{N-M}\eta_i\left[\boldsymbol{\omega}^{\mathrm{T}}\boldsymbol{\varphi}\left(x_i\right)+b+\xi_i-y_i\right]$$
$$-\sum_{i=1}^{M-1}\beta_j\left[\boldsymbol{\omega}^{\mathrm{T}}\boldsymbol{\varphi}^{\left(q_j\right)}\left(x_p\right)+b^{\left(q_i\right)}-s_j\right]$$

根据 KKT 条件，令拉格朗日函数的各个偏导数为 0，可以得到

$$\begin{cases}\dfrac{\partial L}{\partial\boldsymbol{\omega}}=\boldsymbol{\omega}-\displaystyle\sum_{i=2}^{N-M}\alpha_i\left[\boldsymbol{\varphi}^{(M)}\left(x_i\right)+\sum_{l=1}^{M-1}a_l\left(x_i\right)\boldsymbol{\varphi}^{(l)}\left(x_i\right)\right]-\sum_{i=1}^{N-M}\eta_i\boldsymbol{\varphi}\left(x_1\right)-\sum_{j=1}^{M-1}\beta_j\boldsymbol{\varphi}^{\left(q_j\right)}\left(x_{p_j}\right)=0\\ \dfrac{\partial L}{\partial\alpha_i}=\boldsymbol{\omega}^{\mathrm{T}}\left[\boldsymbol{\varphi}^{(M)}\left(x_i\right)+\displaystyle\sum_{l=1}^{M-1}a_l\left(x_i\right)\boldsymbol{\varphi}^{(l)}\left(x_i\right)\right]-f\left(x_i,y_i\right)-e_i=0,\quad i=1,2,\cdots,N-M\\ \dfrac{\partial L}{\partial\eta_i}=0\Rightarrow\boldsymbol{\omega}^{\mathrm{T}}\boldsymbol{\varphi}\left(x_i\right)+b-y_i+\xi_i=0,\quad i=1,2,\cdots,N-M\\ \dfrac{\partial L}{\partial e_i}=\alpha_i+\gamma e_i=0,\quad i=1,2,\cdots,N-M\\ \dfrac{\partial L}{\partial\xi_i}=-\eta_i+\gamma\xi_i=0,\quad i=1,2,\cdots,N-M\\ \dfrac{\partial L}{\partial\beta_j}=0\Rightarrow\boldsymbol{\omega}^{\mathrm{T}}\boldsymbol{\varphi}^{\left(q_j\right)}\left(x_{p_j}\right)+b^{\left(q_j\right)}-s_j=0,\quad j=0,1,\cdots,M-1\\ \dfrac{\partial L}{\partial b}=-\displaystyle\sum_{i=1}^{N-M}\eta_i-\sum_{i=1}^{M-1}\beta_j\chi_{b_j}=0;\quad\chi_{b_j}=\begin{cases}1, & q_j=0\\0, & q_j=1,2,\cdots,M-1\end{cases}\\ \dfrac{\partial L}{\partial y_i}=\eta_i+\alpha_i\dfrac{\partial f\left(x_i,y_i\right)}{\partial y_i}=0,\quad i=1,2,\cdots,N-M\end{cases}\tag{6.36}$$

消除参数 $\boldsymbol{\omega}$、$e_i$、$\xi_i$，将方程组(6.36)写成矩阵的形式得到式(6.34)。

根据牛顿法求得非线性方程组(6.36)的未知量$\left(\boldsymbol{\alpha},\boldsymbol{\eta},\beta_0,\beta_1,b,\boldsymbol{y}\right)$，则 LS-SVM 模型的对偶形式为

$$\hat{y}\left(x\right)=\sum_{i=2}^{N-M}\alpha_i\left[\nabla_{M,0}\left(K\left(x_i,x\right)\right)+\sum_{l=1}^{M-1}a_l\left(x_i\right)\nabla_{l,0}\left(K\left(x_i,x\right)\right)\right]+\sum_{i=2}^{N-M}\eta_i\nabla_{0,0}\left(K\left(x_i,x\right)\right)$$
$$+\sum_{j=0}^{M-1}\beta_j\nabla_{q_j,0}\left(K\left(x_{p_j},x\right)\right)+b\tag{6.37}$$

2. 高阶线性常微分方程的多点边值问题

考虑如下形式的高阶线性常微分方程：

$$\frac{\mathrm{d}^M y}{\mathrm{d}x^M}+a_{M-1}(x)\frac{\mathrm{d}^{M-1}y}{\mathrm{d}x^{M-1}}+\cdots+a_1(x)\frac{\mathrm{d}y}{\mathrm{d}x}+a_0(x)y=r(x),\quad x\in[a,c] \tag{6.38}$$

其边界条件为

$$y^{(q_0)}(a)=s_0,\quad y^{(q_j)}\left(x_{p_j}\right)=s_j,\quad y^{(q_{M-1})}(c)=s_{M-1},\quad x_{p_j}\in[a,c],\quad p_j\in Z,$$
$$j=1,2,\cdots,M-2-S,\quad 0\leqslant q_0,q_1,\cdots,q_{M-1}\leqslant M-1$$

假定方程(6.38)的近似解为 $y=\boldsymbol{\omega}^{\mathrm{T}}\boldsymbol{\varphi}(\boldsymbol{x})+b$，其中 $\boldsymbol{\omega}$ 和 $b$ 为待确定的模型参数，为了获得 $\boldsymbol{\omega}$ 和 $b$ 的最优值，首先用配置法将区间离散化为 $\Omega=\{a=x_{p_0}=x_1<x_2<\cdots<x_{p_1}<\cdots<x_{p_2}<\cdots<x_{p_{M-2}}<\cdots<x_{p_{M-1}}=x_N=c\}$，然后求解带有约束条件的目标优化问题。优化问题描述为

$$\min_{\boldsymbol{\omega},b,e_i} J(\boldsymbol{\omega},\boldsymbol{e},\boldsymbol{\xi})=\frac{1}{2}\boldsymbol{\omega}^{\mathrm{T}}\boldsymbol{\omega}+\frac{1}{2}\gamma\boldsymbol{e}^{\mathrm{T}}\boldsymbol{e} \tag{6.39}$$

约束条件为

$$\begin{cases}\boldsymbol{\omega}^{\mathrm{T}}\boldsymbol{\varphi}^{(M)}(x_i)+\sum\limits_{i=1}^{M-1}\boldsymbol{\omega}^{\mathrm{T}}a_l(x_i)\boldsymbol{\varphi}^{(l)}(x_i)+a_0(x_i)b=r(x_i)+e_i,\quad i=1,2,\cdots,N-M\\ \boldsymbol{\omega}^{\mathrm{T}}\boldsymbol{\varphi}^{(q_0)}(x_1)+b^{(q_0)}=s_0\\ \boldsymbol{\omega}^{\mathrm{T}}\boldsymbol{\varphi}^{(q_j)}\left(x_{p_j}\right)+b^{(q_j)}=s_j,\quad j=1,2,\cdots,M-2\\ \boldsymbol{\omega}^{\mathrm{T}}\boldsymbol{\varphi}^{(q_{M-1})}(x_N)+b^{(q_{M-1})}=s_{M-1}\end{cases}$$

**定理 6.7** 给定一个正则化参数 $\gamma\in\mathbf{R}^+$ 和一个正定核函数 $K:\mathbf{R}\times\mathbf{R}\to\mathbf{R}$，方程(6.39)的解可以通过式(6.40)求得：

$$\begin{bmatrix}[\hat{\Theta}_{l,l'}]_{N-M} & [\hat{\Theta}_{q_j,l'}]^{\mathrm{T}}_{M,N-M} & \boldsymbol{A}^{\mathrm{T}}\\ [\hat{\Theta}_{q_j,l'}]_{M,N-M} & [\tilde{\Theta}_{q_j,q_j'}]_{p_j,p_j'} & \boldsymbol{B}^{\mathrm{T}}\\ \boldsymbol{A} & \boldsymbol{B} & 0\end{bmatrix}\begin{bmatrix}\boldsymbol{\alpha}\\ \boldsymbol{\beta}\\ b\end{bmatrix}=\begin{bmatrix}\boldsymbol{r}(\boldsymbol{x})\\ \boldsymbol{s}\\ 0\end{bmatrix} \tag{6.40}$$

其中

$$\left[\hat{\Theta}_{l,l'}\right]_{N-M}=\left[\tilde{\Theta}_{M,M}\right]_{N-M}+\bar{\boldsymbol{D}}_{a_l}\left[\bar{\Theta}_{l,M}\right]_{N-M}+\left[\bar{\Theta}_{M,l'}\right]_{N-M}\bar{\boldsymbol{D}}_{a_{l'}}^{\mathrm{T}}+\bar{\boldsymbol{D}}_{a_l}\left[\bar{\Theta}_{l,l'}\right]_{N-M}\bar{\boldsymbol{D}}_{a_{l'}}^{\mathrm{T}}+\gamma^{-1}\boldsymbol{E}$$

$$\left[\bar{\Theta}_{M,l'}\right]_{N-M}=\left[\left[\tilde{\Theta}_{M,1}\right]_{N-M},\left[\tilde{\Theta}_{M,2}\right]_{N-M},\cdots,\left[\tilde{\Theta}_{M,M-1}\right]_{N-M}\right],\bar{\boldsymbol{D}}_{a_l}=\left[D_{a_1},D_{a_2},\cdots,D_{a_{M-1}}\right]$$

$$\left[\bar{\Theta}_{l,M}\right]_{N-M}=\left[\left[\tilde{\Theta}_{1,M}\right]_{N-M},\left[\tilde{\Theta}_{2,M}\right]_{N-M},\left[\tilde{\Theta}_{M-1,M}\right]_{N-M}\right],\bar{\boldsymbol{D}}_{a_{l'}}=\left[D_{a_1},D_{a_2},\cdots,D_{a_{M-1}}\right]$$

$$\left[\bar{\Theta}_{l,l'}\right]_{N-M}=\left[\tilde{\Theta}_{0:M-1,0:M-1}\right]_{N-M},\quad l,l'=1,2,\cdots,M-1$$

$$\boldsymbol{\alpha}=\left[\alpha_2,\cdots,\alpha_{p_1-1},\alpha_{p_1+1},\cdots,\alpha_{N-1}\right]^{\mathrm{T}}$$

$$\boldsymbol{D}_{a_l}=\operatorname{diag}\left(a_{l'}(x_2),\cdots,a_{l'}\left(x_{p_1-1}\right),a_{l'}\left(x_{p_1+1}\right),\cdots,a_{l'}(x_{N-1})\right)$$

$$\boldsymbol{D}_{a_l}=\operatorname{diag}\left(a_l(x_2),\cdots,a_l\left(x_{p_1-1}\right),a_l\left(x_{p_1+1}\right),\cdots,a_l(x_{N-1})\right),\boldsymbol{s}=[s_0,s_1,\cdots,s_{M-1}]^{\mathrm{T}}$$

$$\left[\hat{\Theta}_{q_j,l}\right]_{N-M}=\left[\tilde{\Theta}_{q_0\cdot q_{M-1},M}\right]_{M,N-M}+\left[\bar{\Theta}_{q_0:q_{M-1},l}\right]_{N-M}\bar{\boldsymbol{D}}_{a_l}^{\mathrm{T}}$$

$$\left[\bar{\Theta}_{q_j,l}\right]_{M,N-M}=\left[\left[\tilde{\Theta}_{q_{j,0}}\right]_{M,N-M},\left[\tilde{\Theta}_{q_{j,1},}\right]_{M,N-M},\cdots,\left[\tilde{\Theta}_{q_{j,M-1}}\right]_{M,N-M}\right]$$

$$\left[\tilde{\Theta}_{q_j,l}\right]_{M,N-M}=\left[\tilde{\Theta}_{q_j,l}\right]_{p_0p_{M-1},1\cdot N-M},\left[\tilde{\Theta}_{q_j,q_j'}\right]_{p_j,p_j'}=\left[\Theta_{q_0q_{M-1},q_0q_{M-1}}\right]_{p_0p_{M-1},p_0p_{M-1}}$$

$$\boldsymbol{\alpha}=\left[\alpha_2,\cdots,\alpha_{p_1-1},\alpha_{p_1+1},\cdots,\alpha_{N-1}\right]^{\mathrm{T}},\boldsymbol{B}=\left[\chi_{b_0},\chi_{b_1},\cdots,\chi_{b_{M-1}}\right]$$

$$\boldsymbol{A}=\left[a_l(x_2),\cdots,a_l\left(x_{p_1-1}\right),a_l\left(x_{p_1+1}\right),\cdots,a_l(x_{N-1})\right]^{\mathrm{T}}$$

$$\boldsymbol{r}(\boldsymbol{x})=\left[r(x_2),\cdots,r\left(x_{p_1-1}\right),r\left(x_{p_1+1}\right),\cdots,r(x_{N-1})\right]^{\mathrm{T}}$$

**证明**　将带约束条件的优化问题(6.40)转换成拉格朗日函数

$$\begin{aligned}L\left(\boldsymbol{\omega},y_i,\alpha_i,\eta_i,\beta_j,b,e_i,\xi_i\right)&=\frac{1}{2}\boldsymbol{\omega}^{\mathrm{T}}\boldsymbol{\omega}+\frac{1}{2}\gamma\boldsymbol{e}^{\mathrm{T}}\boldsymbol{e}+\frac{1}{2}\gamma\boldsymbol{\xi}^{\mathrm{T}}\boldsymbol{\xi}-\sum_{i=2}^{N-M}\alpha_i\left[\boldsymbol{\omega}^{\mathrm{T}}\boldsymbol{\varphi}^{(M)}(x_i)\right.\\&\left.+\sum_{l=1}^{M-1}\boldsymbol{\omega}^{\mathrm{T}}a_l(x_i)\boldsymbol{\varphi}^{(l)}(x_i)-a_0(x_i)b-r(x_i)-e_i\right]-\sum_{j=1}^{M-1}\beta_j\left[\boldsymbol{\omega}^{\mathrm{T}}\boldsymbol{\varphi}^{(q_j)}\left(x_{p_j}\right)+b^{(q_j)}-s_j\right]\end{aligned}\tag{6.41}$$

根据 KKT 条件，令拉格朗日函数的各个偏导数为 0，可以得到

$$\begin{cases}\dfrac{\partial L}{\partial\boldsymbol{\omega}}=\boldsymbol{\omega}-\displaystyle\sum_{i=2}^{N-M}\alpha_i\left[\boldsymbol{\varphi}^{(M)}(x_i)+\sum_{l=1}^{M-1}a_l(x_i)\boldsymbol{\varphi}^{(l)}(x_i)\right]-\sum_{j=1}^{M-1}\beta_j\boldsymbol{\varphi}^{(q_j)}(x_{p_j})=0\\\dfrac{\partial L}{\partial\alpha_i}=\boldsymbol{\omega}^{\mathrm{T}}\left[\boldsymbol{\varphi}^{(M)}(x_i)+\displaystyle\sum_{l=1}^{M-1}a_l(x_i)\boldsymbol{\varphi}^{(l)}(x_i)\right]+a_0(x_i)b-r(x_i)-e_i=0,\quad i=1,2,\cdots,N-M\\\dfrac{\partial L}{\partial e_i}=\alpha_i+\gamma e_i=0,\quad i=1,2,\cdots,N-M\\\dfrac{\partial L}{\partial\beta_j}=0\Rightarrow\boldsymbol{\omega}^{\mathrm{T}}\boldsymbol{\varphi}^{(q_j)}\left(x_{p_j}\right)+b^{(q_j)}-s_j=0,\quad j=0,1,\cdots,M-1\\\dfrac{\partial L}{\partial b}=-\displaystyle\sum_{i=1}^{N-M}a_0(x_i)\alpha_i-\sum_{i=1}^{M-1}\beta_j\chi_{b_j}=0,\quad\chi_{b_j}=\begin{cases}1, & q_j=0\\0, & q_j=1,2,\cdots,M-1\end{cases}\end{cases}\tag{6.42}$$

消除参数 $\boldsymbol{\omega}$、$e_i$、$\xi_i$，将方程组(6.42)写成矩阵的形式得到式(6.41)。

根据牛顿法求得非线性方程组(6.41)的未知量$\left(\boldsymbol{\alpha},\boldsymbol{\eta},\beta_0,\beta_1,b,\boldsymbol{y}\right)$，则 LS-SVM 模型的对偶形式为

$$\begin{aligned}\hat{y}(x)=&\sum_{i=2}^{N-M}\alpha_i\left[\nabla_{M,0}\left(K\left(x_i,x\right)\right)+\sum_{l=1}^{M-1}a_l\left(x_i\right)\nabla_{l,0}\left(K\left(x_i,x\right)\right)\right]\\&+\sum_{j=0}^{M-1}\beta_j\nabla_{q_j,0}\left(K\left(x_{p_j},x\right)\right)+b\end{aligned}\tag{6.43}$$

### 6.2.4 数值模拟

为了验证改进的 LS-SVM 算法的有效性，本节对三阶、四阶线性和非线性常微分方程的两点边值问题和多点边值问题做了数值实验。在实验中，LS-SVM 算法的表现与正则化参数$\gamma$和核参数$\sigma$的取值直接决定最小二乘支持向量机模型的好坏。正则化参数$\gamma$越大，误差$e_i$越小。但是当$\gamma$过大时，方程组会出现病态，而不是准确性提高，因此，在大部分实验中，我们取$\gamma=10^{10}$。验证集中的点取训练点$\left\{x_i\right\}_{i=1}^{N}$的中点，即$Z=\left\{z_i=\dfrac{x_i+x_{i+1}}{2},i=1,2,\cdots,N-1\right\}$。$\sigma$的最优值根据验证集中点的均方根误差来确定，其定义为

$$\mathrm{RMSE}=\sqrt{\frac{1}{M}\sum_{i=1}^{M}\left[y\left(z_i\right)-\hat{y}\left(z_i\right)\right]^2}$$

**例 6.5**　考虑四阶非线性常微分方程

$$\frac{\mathrm{d}^4y}{\mathrm{d}x^4}=-\frac{x^2}{1+y^2}-72\left(1-5x+5x^2\right)+\frac{x^2}{1+\left(x-x^2\right)^6},\quad x\in[0,1]$$

其边界条件为$y(0)=0,y'(0)=0,y(1)=0,y'(1)=0$。此方程的精确解为$y=\dfrac{2x}{x+1}$。

在区间$[0,1]$等间隔地取 11 个点训练改进的 LS-SVM 模型。精确解和改进的 LS-SVM 算法的近似解的比较如图 6.6(a)所示。精确解和改进的 LS-SVM 算法的近似解的误差比较如图 6.6(b)所示，其均方误差为$6.5732\times10^{-15}$，最大绝对误差为$1.1063\times10^{-7}$。尽管选取较少的训练点，但是改进的 LS-SVM 算法具有较高的准确性。

其次，在区间$[0,1]$随机地取 11 个测试点的精确解，改进的 LS-SVM 算法的近似解以及绝对误差的结果如表 6.12 所示，最大绝对误差为$1.1218\times10^{-7}$。图 6.7 给出了例 6.5 中核参数$\sigma$和 RMSE 之间的对数关系。圆圈处是最优核参数$\sigma$选取的位置。

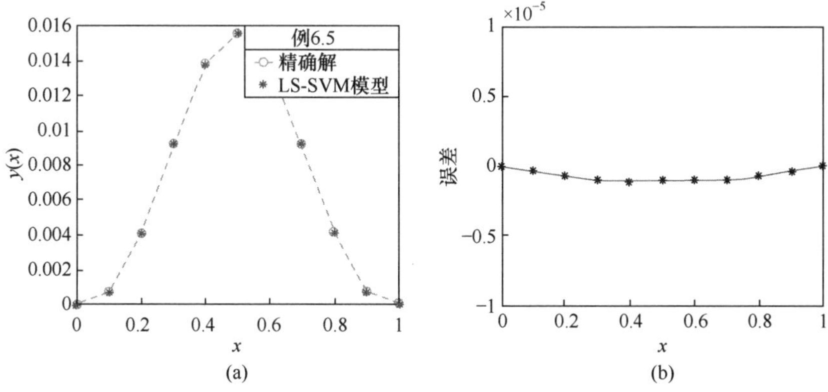


图 6.6　例 6.5 情况下四阶非线性 ODE 的两点边值问题

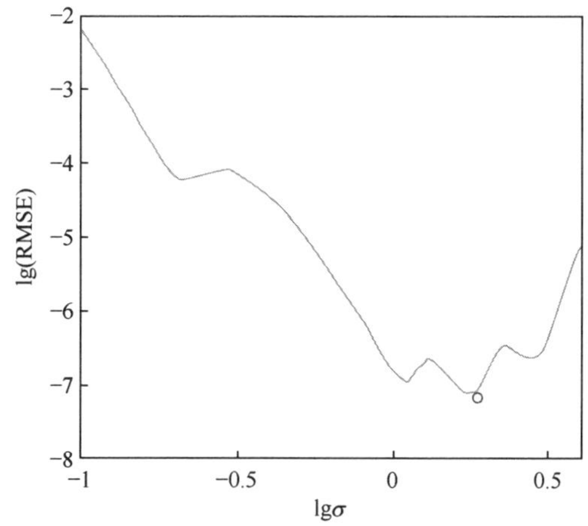


图 6.7　例 6.5 情况下标准差 $\sigma$ 和均方误差根 RMSE 的对数关系

**表 6.12　例 6.5 情况下精确解和改进的 LS-SVM 算法的近似解的比较**

| $x$ | 精确解 | LS-SVM 解 | 绝对误差 |
|---|---|---|---|
| 0.0518 | 0.000118492027908 | 0.000118515844406 | $2.3816\times10^{-8}$ |
| 0.0985 | 0.000700173846629 | 0.000700216544828 | $4.2698\times10^{-8}$ |
| 0.1543 | 0.002222013892751 | 0.002222070303333 | $5.6411\times10^{-8}$ |
| 0.2612 | 0.007186214531029 | 0.007186309046801 | $9.4516\times10^{-8}$ |
| 0.3597 | 0.012217203809926 | 0.012217313623296 | $1.0981\times10^{-7}$ |
| 0.4765 | 0.015521681691622 | 0.015521780601375 | $9.8910\times10^{-8}$ |
| 0.5845 | 0.014324076469967 | 0.014324188647606 | $1.1219\times10^{-7}$ |
| 0.6518 | 0.011690399931303 | 0.011690510775679 | $1.1084\times10^{-7}$ |

续表

| $x$ | 精确解 | LS-SVM 解 | 绝对误差 |
| --- | --- | --- | --- |
| 0.7463 | 0.006787373156772 | 0.006787465296384 | $9.2140\times10^{-8}$ |
| 0.8645 | 0.001607358971031 | 0.001607410759789 | $5.1789\times10^{-8}$ |
| 0.9913 | 0.000000641465164 | 0.000000640566668 | $8.9850\times10^{-10}$ |

**例 6.6** 考虑四阶线性常微分方程

$$\frac{\mathrm{d}^4y}{\mathrm{d}x^4}=120x,\quad x\in[-1,1]$$

其两点边界条件为 $y(-1)=1, y'(-1)=5, y(1)=3, y'(1)=5$ 。此方程的精确解为 $y=x^5+2$ 。

在区间 $[-1,1]$ 等间隔地取 11 个点训练改进的 LS-SVM 模型。精确解和改进的 LS-SVM 算法的近似解的比较如图 6.8(a)所示。精确解和改进的 LS-SVM 算法的近似解的误差比较如图 6.8(b)所示，均方误差为 $6.5835\times10^{-12}$，最大绝对误差为 $3.7390\times10^{-6}$。改进的 LS-SVM 算法对于求解四阶线性 ODE 的两点边值问题具有较高的准确性。

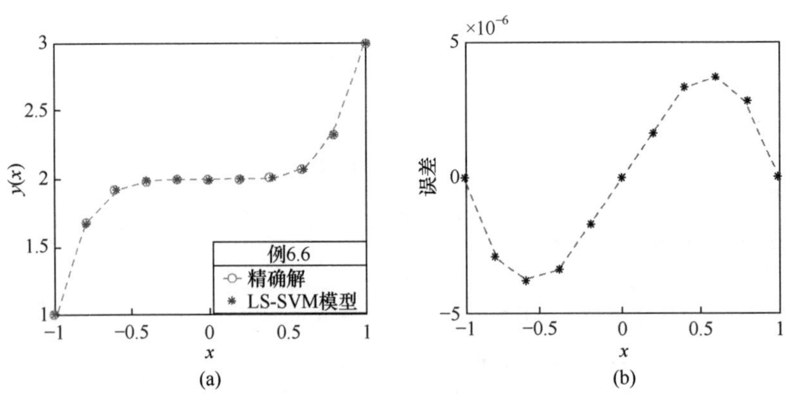


图 6.8 例 6.6 情况下四阶线性 ODE 的两点边值问题

其次，在区间 $[-1,1]$ 等间隔地取 11 个点测试改进的 LS-SVM 模型，结果如表 6.13 所示。从表中可以看出，最大绝对误差为 $3.7836\times10^{-6}$，改进的 LS-SVM 算法的误差精度达到 $O(10^{-6})$，具有较高的准确性。

**表 6.13　例 6.6 情况下精确解和改进的 LS-SVM 算法的近似解的比较**

| $x$ | 精确解 | LS-SVM 解 | 绝对误差 |
|---|---|---|---|
| −0.950 | 1.226219062500 | 1.226219642071 | $5.7957\times10^{-7}$ |
| −0.765 | 1.737996450022 | 1.737999572144 | $3.1221\times10^{-6}$ |
| −0.580 | 1.934364323200 | 1.934368090917 | $3.7677\times10^{-6}$ |
| −0.395 | 1.990384198753 | 1.990387517197 | $3.3184\times10^{-6}$ |
| −0.210 | 1.999591589900 | 1.999593353166 | $1.7633\times10^{-6}$ |
| −0.025 | 1.999999990234 | 2.000000186285 | $1.9605\times10^{-7}$ |
| 0.1600 | 2.000104857600 | 2.000103546086 | $1.3115\times10^{-6}$ |
| 0.3450 | 2.004887597966 | 2.004884633001 | $2.9650\times10^{-6}$ |
| 0.5300 | 2.041819549300 | 2.041815765670 | $3.7836\times10^{-6}$ |
| 0.7150 | 2.186865965447 | 2.186862587362 | $3.3781\times10^{-6}$ |
| 0.9000 | 2.590490000000 | 2.590488456148 | $1.5439\times10^{-6}$ |

**例 6.7**　考虑四阶线性常微分方程

$$\frac{\mathrm{d}^4 y}{\mathrm{d}x^4}+y(x)=\left(\left(\frac{\pi}{2}\right)^4+1\right)\cos\left(\frac{\pi}{2}x\right),\quad x\in[-1,1] \tag{6.44}$$

其两点边界条件为 $y(-1)=0, y^{(-1)}=\dfrac{\pi}{2}, y(1)=0, y'(1)=-\pi/2$。此方程的精确解为 $y=\cos\left(\dfrac{\pi}{2}x\right)$。

在区间 $[-1,1]$ 取 11 个等间隔的点训练改进的 LS-SVM 模型。精确解和改进的 LS-SVM 算法的近似解的比较如图 6.9(a)所示。精确解和改进的 LS-SVM 算法的近似解的误差比较如图 6.9(b)所示，均方误差为 $2.6426\times10^{-18}$，最大绝对误差为 $2.5670\times10^{-9}$。改进的 LS-SVM 算法的误差精度达到 $O(10^{-9})$。虽然我们仅选择了 11 个等间隔的点训练模型，但是具有较好的效果。

其次，表 6.14 中列出了在区间 $[-1,1]$ 等间隔地取 11 个测试点的精确解、改进的 LS-SVM 算法的近似解以及绝对误差。从表中可以看出，最大绝对误差大约为 $2.6267\times10^{-9}$。

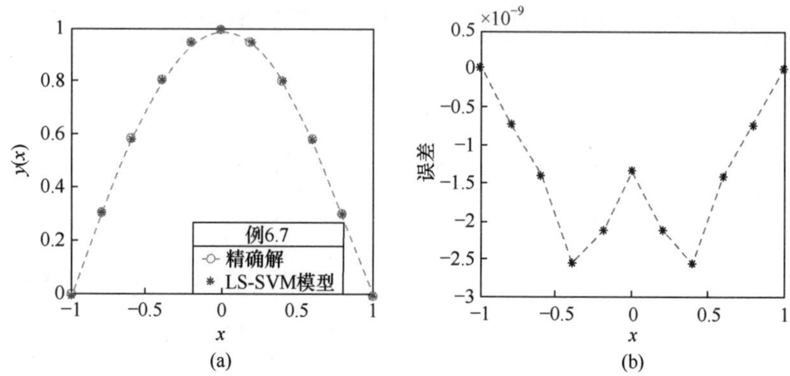


图 6.9　例 6.7 情况下四阶线性 ODE 的两点边值问题

**表 6.14　例 6.7 情况下精确解和改进的 LS-SVM 算法的近似解的比较**

| $x$ | 精确解 | LS-SVM 解 | 绝对误差 |
|---|---|---|---|
| −0.950 | 0.078459095727845 | 0.078459095899119 | $1.7127\times10^{-10}$ |
| −0.765 | 0.360810826487642 | 0.360810827287120 | $7.9948\times10^{-10}$ |
| −0.580 | 0.612907053652977 | 0.612907055168139 | $15152.\times10^{-9}$ |
| −0.395 | 0.813608449500787 | 0.813608452078889 | $2.5781.\times10^{-9}$ |
| −0.210 | 0.946085358827545 | 0.946085361021357 | $2.1938\times10^{-9}$ |
| −0.025 | 0.999229036240723 | 0.999229037579344 | $1.3386\times10^{-9}$ |
| 0.1600 | 0.968583161128631 | 0.968583162994998 | $1.8664\times10^{-9}$ |
| 0.3450 | 0.856717518865050 | 0.856717521492221 | $2.6272.\times10^{-9}$ |
| 0.5300 | 0.673012513509773 | 0.673012515389249 | $1.8795\times10^{-9}$ |
| 0.7150 | 0.432872581520414 | 0.432872582415096 | $8.9468\times10^{-10}$ |
| 0.9000 | 0.156434465040231 | 0.156434465486474 | $4.4624\times10^{-10}$ |

**例 6.8**　考虑三阶非线性常微分方程

$$\frac{\mathrm{d}^3 y}{\mathrm{d}x^3} = -y^2 - \cos x + \sin^2 x, \quad x \in [0,1] \tag{6.45}$$

其多点边界条件为 $y'(0)=1, y\left(\frac{1}{2}\right)=\sin\frac{1}{2}, y'(1)=\cos 1$。此方程精确解为 $y=\sin x$。

在区间 $[0,1]$ 取 11 个等间隔的点训练改进的 LS-SVM 模型。精确解和改进的 LS-SVM 算法得到的近似解的比较如图 6.10(a)所示。精确解和改进的 LS-SVM 算法的近似解的误差比较如图 6.10(b)所示，均方误差为$4.3564\times10^{-7}$。改进的 LS-SVM 算法对于带有两点边界条件的三阶非线性常微分方程可以达到令人满意的效果。

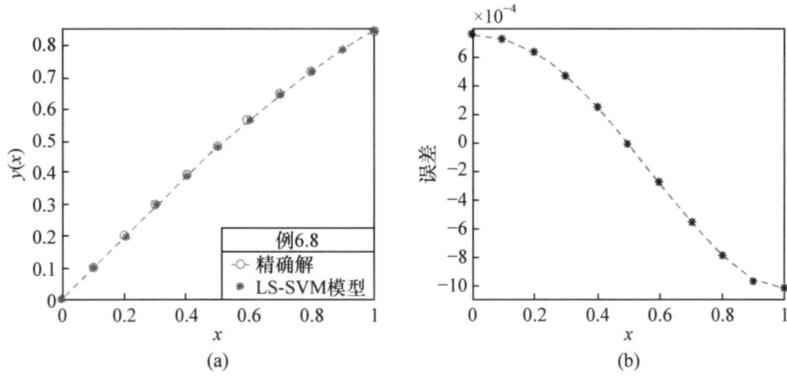


图 6.10 例 6.8 情况下三阶非线性 ODE 的多点边值问题

其次，表 6.15 中列出了在区间[0,1]随机地取 11 个测试点的精确解、改进的 LS-SVM 算法近似解和绝对误差的结果，其均方误差大约为$4.0303\times10^{-7}$。

**表 6.15 例 6.8 情况下精确解和改进的 LS-SVM 算法的近似解的比较**

| $x$ | 精确解 | LS-SVM 解 | 绝对误差 |
|---|---|---|---|
| 0.0518 | 0.051776837802 | 0.051019041685 | $7.5780\times10^{-4}$ |
| 0.0985 | 0.098340798646 | 0.097606191192 | $7.3461\times10^{-4}$ |
| 0.1543 | 0.153688453453 | 0.153000587968 | $6.8787\times10^{-4}$ |
| 0.2612 | 0.258240034490 | 0.257697799634 | $5.4223\times10^{-4}$ |
| 0.3597 | 0.351993448380 | 0.351644439660 | $3.4901\times10^{-4}$ |
| 0.4765 | 0.458671871256 | 0.458609017979 | $6.2853\times10^{-5}$ |
| 0.5845 | 0.551782457280 | 0.552015881139 | $2.3342\times10^{-4}$ |
| 0.6518 | 0.606618375398 | 0.607038611811 | $4.2024\times10^{-4}$ |
| 0.7463 | 0.678926851574 | 0.679593095981 | $6.6624\times10^{-4}$ |
| 0.8645 | 0.760770848450 | 0.761680047399 | $9.0920\times10^{-4}$ |
| 0.9013 | 0.784134340447 | 0.785096030721 | $9.6169\times10^{-4}$ |

**例 6.9**　考虑四阶线性常微分方程

$$\frac{d^4y}{dx^4}+\frac{dy}{dx}=4x^3+24,\quad x\in[0,1] \tag{6.46}$$

其多点边界条件为 $y(0)=0, y'''(0.25)=6, y''(0.5)=3, y(1)=1$。此方程的精确解为 $y=x^4$。

在区间 $[0,1]$ 取 21 个等间隔的点训练改进的 LS-SVM 模型。精确解和改进的 LS-SVM 算法得到的近似解的比较如图 6.11(a)所示。精确解和改进的 LS-SVM 算法的近似解的误差比较如图 6.11(b)所示，其均方误差为 $2.2915\times10^{-10}$。

其次，在区间 $[0,1]$ 等间隔地取 20 个点测试改进的 LS-SVM 模型。精确解和改进的 LS-SVM 算法近似解的结果如表 6.16 所示，其均方误差大约为 $2.3343\times10^{-10}$，最大绝对误差为 $2.8883\times10^{-5}$。改进的 LS-SVM 算法的误差精度达到 $O(10^{-5})$。改进的 LS-SVM 算法对于带有多点边界条件的四阶线性常微分方程具有较高的准确性。

**表 6.16　例 6.9 情况下精确解和改进的 LS-SVM 算法的近似解的比较**

| $x$ | 精确解 | LS-SVM 解 |
|---|---|---|
| 0.0125 | 0.0000000244 | 0.0000019073 |
| 0.0625 | 0.0000152588 | 0.0000257492 |
| 0.1125 | 0.0001601807 | 0.0001773834 |
| 0.1625 | 0.0006972900 | 0.0007209778 |
| 0.2125 | 0.0020390869 | 0.0020656586 |
| 0.2625 | 0.0047480713 | 0.0047769547 |
| 0.3125 | 0.0095367432 | 0.0095634460 |
| 0.3625 | 0.0172676025 | 0.0172910690 |
| 0.4125 | 0.0289531494 | 0.0289726257 |
| 0.4625 | 0.0457558838 | 0.0457696915 |
| 0.5125 | 0.0689883057 | 0.0689973831 |
| 0.5625 | 0.1001129150 | 0.1001157761 |
| 0.6125 | 0.1407422119 | 0.1407394409 |
| 0.6625 | 0.1926386963 | 0.1926307678 |
| 0.7125 | 0.2577148682 | 0.2577085495 |
| 0.7625 | 0.3380332275 | 0.3380250931 |
| 0.8125 | 0.4358062744 | 0.4358015060 |
| 0.8625 | 0.5533965088 | 0.5533952713 |
| 0.9125 | 0.6933164307 | 0.6933193208 |
| 0.9625 | 0.8582285400 | 0.8582334518 |

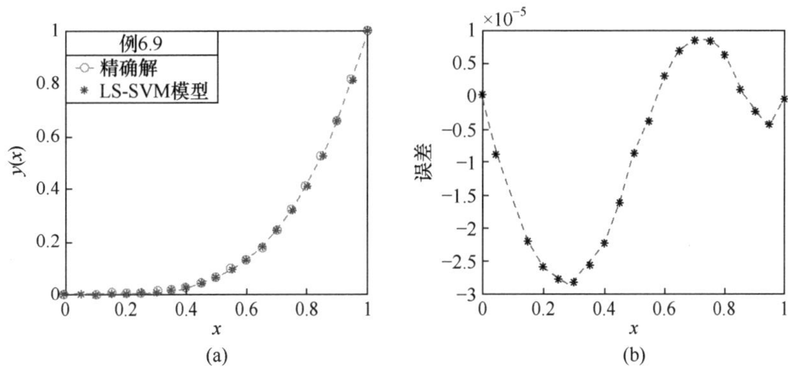


图 6.11　例 6.9 情况下四阶线性 ODE 的多点边值问题

### 6.2.5　小结

6.2 节提出了改进的 LS-SVM 算法用于求解高阶线性和非线性常微分方程的两点边值和多点边值问题，并对一个带有两点边界条件的四阶非线性常微分方程、两个带有两点边界条件的四阶线性常微分方程、一个带有多点边界条件的三阶非线性常微分方程和一个带有多点边界条件的四阶线性常微分方程做了数值实验。实验结果表明：我们提出的 LS-SVM 算法求解高阶线性和非线性常微分方程的两点边值和多点边值问题具有较高的精度，是一种求解常微分方程两点边值和多点边值问题有效直接的方法。

## 6.3　基于 LS-SVM 求解积分方程

### 6.3.1　积分方程的分类

和微分方程一样，积分方程在工程和科学领域中同样扮演着不可或缺的角色，大量的应用问题均可以简化抽象为一个积分方程，其应用极其广泛，因此对积分方程的研究也是极具吸引力和有重要意义的。尽管在许多实际应用中需要寻找多维积分方程的解，但对于一维积分方程的求解方法和思路可以拓展到多维积分方程中去。本节主要讨论一维积分方程。一般情况下，积分方程可以分为线性和非线性两种情形，本节主要研究线性时的情形。其中又可以根据积分限进行分类，分为线性 Fredholm 方程和线性 Volterra 方程，同时还可以根据具体形式分为如下几类积分方程。

第一类 Fredholm 方程

$$\lambda\int_{a}^{c}k(x,s)\phi(s)\mathrm{d}s+f(x)=0 \tag{6.47}$$

第一类 Volterra 方程

$$\lambda\int_{a}^{x}k(x,s)\phi(s)\mathrm{d}s+f(x)=0 \tag{6.48}$$

第二类 Fredholm 方程

$$\lambda\int_{a}^{c}k(x,s)\phi(s)\mathrm{d}s+f(x)=\phi(x) \tag{6.49}$$

第二类 Volterra 方程

$$\lambda\int_{a}^{x}k(x,s)\phi(s)\mathrm{d}s+f(x)=\phi(x) \tag{6.50}$$

第三类 Fredholm 方程

$$\lambda\int_{a}^{c}k(x,s)\phi(s)\mathrm{d}s+f(x)=a(x)\phi(x) \tag{6.51}$$

其中，$a(x)$在区间$[a,c]$上至少有一个零点。

第三类 Volterra 方程

$$\lambda\int_{a}^{x}k(x,s)\phi(s)\mathrm{d}s+f(x)=a(x)\phi(x) \tag{6.52}$$

其中，$a(x)$在区间$[a,c]$上至少有一个零点。

若 $k(x,s)$ 是关于 $x,s$ 连续或 $\left(\int|k(x,s)|^2\,\mathrm{d}\mu\right)^{\frac{1}{2}}<+\infty$，换句话说就是 $k(x,s)\in L_2$，这种情形下把$k(x,s)$叫做 Fredholm 核，以此$k(x,s)$为核的 Fredholm 积分方程称为 Fredholm 核积分方程。当$k(x,s)=\dfrac{k_0(x,s)}{|x-s|^{\alpha}},0<\alpha<1$，其中$k_0(x,s)$有界，此时$k(x,s)$被称为弱奇异性核，这时积分方程称为弱奇异性核积分方程。当$k(x,s)$出现一阶或高于一阶奇异性时，称为奇异核。本节主要讨论非奇异时的情形。

### 6.3.2　线性积分方程数值解的 LS-SVM 模型

1. 第一类线性 Fredholm 积分方程

考虑具有如下形式的线性 Fredholm 积分方程:

$$\int_{a}^{c}k(x,t)y(t)\mathrm{d}t=f(x) \tag{6.53}$$

考虑线性 Fredholm 积分方程(6.53)的一般近似解为$\hat{y}(x_i)=\boldsymbol{\omega}^{\mathrm{T}}\boldsymbol{\varphi}(x_i)+b$，其中$\boldsymbol{\omega}$、$b$是未知的，$i=1,\cdots,N$。为了计算得到$\boldsymbol{\omega}$、$b$的值，我们把区间$[a,b]$离散为一组点：$S=\{a=x_1<x_2<\cdots<x_N=c\}$，利用最小二乘法可以求得$\boldsymbol{\omega}$、$b$的值。

在 LS-SVM 的框架下，积分方程(6.53)的数值解可以通过求解以下的优化问题得到:

$$\min_{\boldsymbol{\omega},C,e_i} \frac{1}{2}\|\boldsymbol{\omega}\|^2 + \sum_{i=1}^{N} e_i^2$$

$$\text{s.t.} \quad \int_a^c k(x_i,t)\left(\boldsymbol{\omega}^{\mathrm{T}}\boldsymbol{\varphi}(\boldsymbol{t})+b\right)\mathrm{d}t = f(x_i)+e_i \tag{6.54}$$

其中，$i=1,2,\cdots,N$。

**定理 6.8** 给定一个正定核函数 $K:\mathbf{R}\times\mathbf{R}\to\mathbf{R}$ 且 $K(x,y)=\boldsymbol{\varphi}(\boldsymbol{x})^{\mathrm{T}}\boldsymbol{\varphi}(\boldsymbol{y})$，以及一个正则化系数 $C\in\mathbf{R}^+$，式(6.54)的解可通过求解下面的对偶问题得到：

$$\begin{bmatrix} \boldsymbol{\Omega}+\dfrac{\boldsymbol{I}_N}{C} & \boldsymbol{Z} \\ \boldsymbol{Z}^{\mathrm{T}} & 0 \end{bmatrix}\begin{bmatrix} \boldsymbol{\alpha} \\ b \end{bmatrix} = \begin{bmatrix} \boldsymbol{f} \\ 0 \end{bmatrix} \tag{6.55}$$

其中

$$\Omega_{i,j}=\int_a^c\int_a^c k(x_i,t)k(x_j,u)K(u,t)\mathrm{d}u\mathrm{d}t\,,\quad \boldsymbol{f}=[f(x_1),f_1(x_2),\cdots,f_1(x_N)]^{\mathrm{T}}\in\mathbf{R}^N$$

$$Z_{i,1}=\int_a^c k(x_i,t)\mathrm{d}t\,,\quad \boldsymbol{\alpha}=[\alpha_1,\cdots,\alpha_N]^{\mathrm{T}}\,,\quad \boldsymbol{I}_N=\begin{bmatrix} 1 & 0 & \cdots & 0 \\ 0 & 1 & \ddots & \vdots \\ \vdots & \ddots & \ddots & 0 \\ 0 & \cdots & 0 & 1 \end{bmatrix}$$

**证明** 建立如下的拉格朗日函数：

$$L(\boldsymbol{\omega},b,e_i,\alpha_i)=\frac{1}{2}\boldsymbol{\omega}^{\mathrm{T}}\boldsymbol{\omega}+\sum_{i=1}^{N}\frac{C}{2}e_i^2-\sum_{i=1}^{N}\alpha_i\left(\int_a^c k(x_i,t)\left(\boldsymbol{\omega}^{\mathrm{T}}\boldsymbol{\varphi}(\boldsymbol{t})+b\right)\mathrm{d}t-f(x_i)-e_i\right)$$

根据 KKT 条件可得

$$\begin{cases} \dfrac{\partial L}{\partial \boldsymbol{\omega}}=\boldsymbol{\omega}-\sum\limits_{i=1}^{N}\alpha_i\int_a^c k(x_i,t)\varphi(t)\mathrm{d}t=0 \\ \dfrac{\partial L}{\partial b}=\sum\limits_{i=1}^{N}\alpha_i\int_a^c k(x_i,t)\mathrm{d}t=0 \\ \dfrac{\partial L}{\partial e_i}=Ce_i+\alpha_i=0 \\ \dfrac{\partial L}{\partial \alpha_i}=\int_a^c k(x_i,t)\left(\boldsymbol{\omega}^{\mathrm{T}}\boldsymbol{\varphi}(\boldsymbol{t})+b\right)\mathrm{d}t-f(x_i)-e_i=0 \end{cases}$$

消去 $\boldsymbol{\omega}$ 和 $e_i$ 可得

$$\sum_{i=1}^{N}\alpha_i\int_a^c k(x_i,t)\mathrm{d}t=0$$

$$\sum_{j=1}^{N}\alpha_j\int_a^c\int_a^c k(x_i,t)k(x_j,u)K(u,t)\mathrm{d}u\mathrm{d}t+b\int_a^c k(x_i,t)\mathrm{d}t+\frac{\alpha_i}{C}=f(x_i),\quad i=1,2,\cdots,N$$

整理成方程组可得式(6.55)。通过求解式(6.55)可以得到式(6.53)的数值解，其形式如下：

$$\hat{y}(x_i)=\sum_{j=1}^{N}\alpha_j\int_a^c k(x_j,u)K(x_i,u)\mathrm{d}u+b \tag{6.56}$$

2. 第二类线性 Fredholm 积分方程

给定如下问题：

$$y(x)=\int_a^c k(x,t)y(t)\mathrm{d}t+f(x) \tag{6.57}$$

为了能够在 LS-SVM 框架下求出离散点 $y(x_i)$ 的值，首先设该积分方程的近似解形式为：$\hat{y}(x_i)=\boldsymbol{\omega}^{\mathrm{T}}\boldsymbol{\varphi}(\boldsymbol{x}_i)+b$，其中 $\boldsymbol{\omega}$、$b$ 是未知的，$i=1,2,\cdots,N$。为了得到 $\boldsymbol{w}$、$b$ 的值，可以把原问题转为如下的优化问题：

$$\min_{\boldsymbol{\omega},b,C,e_i}\frac{1}{2}\boldsymbol{\omega}^{\mathrm{T}}\boldsymbol{\omega}+\sum_{i=1}^{N}e_i^2$$

$$\text{s.t.}\quad \boldsymbol{\omega}^{\mathrm{T}}\boldsymbol{\varphi}(\boldsymbol{x})=\int_a^b k(x_i,t)\left(\boldsymbol{\omega}^{\mathrm{T}}\boldsymbol{\varphi}(\boldsymbol{t})+b\right)\mathrm{d}t+f(x_i)+e_i \tag{6.58}$$

其中，$i=1,2,\cdots,N$。

**定理 6.9** 给定一个正定核函数 $K:\mathbf{R}\times\mathbf{R}\to\mathbf{R}$ 且 $K(x,y)=\boldsymbol{\varphi}(\boldsymbol{x})^{\mathrm{T}}\boldsymbol{\varphi}(\boldsymbol{y})$，以及一个正则化系数 $C\in\mathbf{R}^+$，式(6.58)的解可通过求解下面的对偶问题得到：

$$\begin{bmatrix}\boldsymbol{\Omega}+\dfrac{\boldsymbol{I}_N}{C} & \boldsymbol{Z}\\ -\boldsymbol{Z}^{\mathrm{T}} & 0\end{bmatrix}\begin{bmatrix}\boldsymbol{\alpha}\\ b\end{bmatrix}=\begin{bmatrix}\boldsymbol{f}\\ 0\end{bmatrix} \tag{6.59}$$

其中

$$\boldsymbol{f}=[f(x_1),f(x_2),\cdots,f(x_N)]^{\mathrm{T}}\in\mathbf{R}^N,\quad Z_{i,1}=1-\int_a^c k(x_i,t)\mathrm{d}t,\quad \boldsymbol{\alpha}=[\alpha_1,\cdots,\alpha_N]^{\mathrm{T}}$$

$$\Omega_{i,j}=K(x_i,x_j)-\int_a^c k(x_j,t)K(x_j,t)\mathrm{d}t-\int_a^c k(x_i,t)K(x_j,t)\mathrm{d}t$$
$$+\int_a^c\int_a^c k(x_i,t)k(x_j,u)K(u,t)\mathrm{d}u\mathrm{d}t$$
$$i,j=1,2,\cdots,N$$

$$\boldsymbol{I}_N=\begin{bmatrix}1 & 0 & \cdots & 0\\ 0 & 1 & \ddots & \vdots\\ \vdots & \ddots & \ddots & 0\\ 0 & \cdots & 0 & 1\end{bmatrix}$$

**证明** 利用 Lagrange 乘数法可以得到以下函数：

$$L(\boldsymbol{\omega},b,\alpha_i,e_i)=\frac{1}{2}\boldsymbol{\omega}^{\mathrm{T}}\boldsymbol{\omega}+\sum_{i=1}^{N}\frac{C}{2}e_i^2-\sum_{i=1}^{N}\alpha_i\left(\boldsymbol{\omega}^{\mathrm{T}}\boldsymbol{\varphi}(x_i)+b-\int_a^c k(x_i,t)\left(\boldsymbol{\omega}^{\mathrm{T}}\boldsymbol{\varphi}(\boldsymbol{t})+b\right)\mathrm{d}t-f(x_i)-e_i\right)$$

应用 KKT 条件可以得到

$$\begin{cases}\dfrac{\partial L}{\partial \boldsymbol{\omega}}=\boldsymbol{\omega}-\sum\limits_{i=1}^{N}\alpha_i\boldsymbol{\varphi}(x_i)+\sum\limits_{i=1}^{N}\alpha_i\int_a^c k(x_i,t)\boldsymbol{\varphi}(\boldsymbol{t})\mathrm{d}t=0\\ \dfrac{\partial L}{\partial b}=-\sum\limits_{i=1}^{N}\alpha_i+\sum\limits_{i=1}^{N}\alpha_i\int_a^c k(x_i,t)\mathrm{d}t=0\\ \dfrac{\partial L}{\partial e_i}=Ce_i+\alpha_i=0\\ \dfrac{\partial L}{\partial \alpha_i}=\boldsymbol{\omega}^{\mathrm{T}}\boldsymbol{\varphi}(x_i)+b-\int_a^c k(x_i,t)\left(\boldsymbol{\omega}^{\mathrm{T}}\boldsymbol{\varphi}(\boldsymbol{t})+b\right)\mathrm{d}t-f(x_i)-e_i=0\end{cases}$$

由 KKT 条件消除 $\boldsymbol{\omega}$ 、 $e_i$ 后可以得到

$$\sum_{i=1}^{N}\alpha_j(K(x_i,x_j)-\int_a^c k(x_j,t)K(x_j,t)\mathrm{d}t-\int_a^c k(x_i,t)K(x_j,t)\mathrm{d}t$$
$$+\int_a^c\int_a^c k(x_i,t)k(x_j,u)K(u,t)\mathrm{d}u\mathrm{d}t)+\frac{\alpha_i}{C}+b\left(1-\int_a^c k(x_i,t)\mathrm{d}t\right)=f(x_i),\quad i=1,2,\cdots,N$$
$$\sum_{i=1}^{N}\alpha_i\left(-1+\int_a^c k(x_i,t)\mathrm{d}t\right)=0$$

最终整理成线性方程组(6.59)。通过求解式(6.59)得到 $\boldsymbol{\omega}$、$b$ 的值，最终积分方程(6.57)的近似解为

$$\hat{y}(x_i)=\sum_{j=1}^{N}\alpha_j(K(x_i,x_j)-\int_a^c k(x_j,t)K(x_i,t)\mathrm{d}t)+b \tag{6.60}$$

### 3. 第一类线性 Volterra 积分方程

考虑如下形式的第一类 Volterra 积分方程：

$$\int_a^x k(x,t)y(t)\mathrm{d}t=f(x),\quad x\in[a,c] \tag{6.61}$$

为了能够在 LS-SVM 框架下求出离散点 $y(x_i)$ 的值，首先设该积分方程的近似解形式为：$\hat{y}(x_i)=\boldsymbol{\omega}^{\mathrm{T}}\boldsymbol{\varphi}(x_i)+b$，其中 $\boldsymbol{\omega}$、$b$ 是未知的，$i=1,2,\cdots,N$。为了得到 $\boldsymbol{\omega}$、$b$ 的值，可以把原问题转为如下的优化问题：

$$\min_{\boldsymbol{\omega},b,C,e_i}\frac{1}{2}\boldsymbol{\omega}^{\mathrm{T}}\boldsymbol{\omega}+\sum_{i=1}^{N}e_i^2$$
$$\text{s.t.}\quad \int_a^x k(x_i,t)\left(\boldsymbol{\omega}^{\mathrm{T}}\boldsymbol{\varphi}(\boldsymbol{t})+b\right)\mathrm{d}t=f(x_i)+e_i \tag{6.62}$$

其中，$i=1,2,\cdots,N$ 。

**定理 6.10**　给定一个正定核函数 $K:\mathbf{R}\times\mathbf{R}\to\mathbf{R}$ 且 $K(x,y)=\boldsymbol{\varphi}(\boldsymbol{x})^{\mathrm{T}}\boldsymbol{\varphi}(\boldsymbol{y})$ ，以及一个正则化系数 $C\in\mathbf{R}^{+}$ ，式(6.62)的解可通过求解下面的对偶问题得到：

$$\begin{bmatrix}\boldsymbol{\Omega}+\dfrac{\boldsymbol{I}_N}{C} & \boldsymbol{Z}\\ -\boldsymbol{Z}^{\mathrm{T}} & 0\end{bmatrix}\begin{bmatrix}\boldsymbol{\alpha}\\ b\end{bmatrix}=\begin{bmatrix}\boldsymbol{f}\\ 0\end{bmatrix}\tag{6.63}$$

其中

$$\boldsymbol{f}=[f(x_1),f_1(x_2),\cdots,f_1(x_N)]^{\mathrm{T}}\in\mathbf{R}^N,\quad Z_{i,1}=\int_a^{x_i}k(x_i,t)\mathrm{d}t,\quad \boldsymbol{\alpha}=[\alpha_1,\cdots,\alpha_N]^{\mathrm{T}}$$

$$\Omega_{i,j}=\int_a^{x_i}\int_a^{x_j}k(x_i,t)k(x_j,u)K(u,t)\mathrm{d}u\mathrm{d}t,\quad i,j=1,2,\cdots,N$$

$$\boldsymbol{I}_N=\begin{bmatrix}1 & 0 & \cdots & 0\\ 0 & 1 & \ddots & \vdots\\ \vdots & \ddots & \ddots & 0\\ 0 & \cdots & 0 & 1\end{bmatrix}$$

**证明**　建立如下的拉格朗日函数：

$$L(\boldsymbol{\omega},b,\alpha_i,e_i)=\frac{1}{2}\boldsymbol{\omega}^{\mathrm{T}}\boldsymbol{\omega}+\sum_{i=1}^{N}\frac{C}{2}e_i^{\,2}-\sum_{i=1}^{N}\alpha_i\left(\int_a^{x_i}k(x_i,t)\left(\boldsymbol{\omega}^{\mathrm{T}}\boldsymbol{\varphi}(\boldsymbol{t})+b\right)\mathrm{d}t-f(x_i)-e_i\right)$$

分别对函数中的未知变量求导，利用 KKT 条件可以得到

$$\begin{cases}\dfrac{\partial L}{\partial\boldsymbol{\omega}}=\boldsymbol{\omega}-\displaystyle\sum_{i=1}^{N}\alpha_i\int_a^{x_i}k(x_i,t)\boldsymbol{\varphi}(\boldsymbol{t})\mathrm{d}t=0\\ \dfrac{\partial L}{\partial b}=\displaystyle\sum_{i=1}^{N}\alpha_i\int_a^{x_i}k(x_i,t)\mathrm{d}t=0\\ \dfrac{\partial L}{\partial e_i}=Ce_i+\alpha_i=0\\ \dfrac{\partial L}{\partial\alpha_i}=\displaystyle\int_a^{x_i}k(x_i,t)\left(\boldsymbol{\omega}^{\mathrm{T}}\boldsymbol{\varphi}(\boldsymbol{t})+b\right)\mathrm{d}t-f(x_i)-e_i=0\end{cases}$$

消除 $\boldsymbol{\omega}$、$e_i$ 得到如下的方程组：

$$\sum_{i=1}^{N}\alpha_j\left(\int_a^{x_i}\int_a^{x_j}k(x_i,t)k(x_j,u)K(u,t)\mathrm{d}u\mathrm{d}t\right)+\frac{\alpha_i}{C}+b\int_a^{x_i}k(x_i,t)\mathrm{d}t=f(x_i),\quad i=1,2,\cdots,N$$

$$\sum_{i=1}^{N}\alpha_i\int_a^{x_i}k(x_i,t)\mathrm{d}t=0$$

整理得到线性方程组(6.63)。通过求解式(6.63)得到 $\boldsymbol{\omega}$、$b$ 的值，最终可得近似

解为

$$\hat{y}(x_i)=\sum_{j=1}^{N}\alpha_j\int_a^{x_j}k(x_j,t)K(x_i,t)\mathrm{d}t+b \tag{6.64}$$

4. 第二类线性 Volterra 积分方程

考虑如下形式的第二类 Volterra 积分方程：

$$y(x)=\int_a^x k(x,t)y(t)\mathrm{d}t+f(x),\quad x\in[a,c] \tag{6.65}$$

为了能够在 LS-SVM 框架下求出离散点 $y(x_i)$ 的值，首先设该积分方程的近似解形式为：$\hat{y}(x_i)=\boldsymbol{\omega}^{\mathrm{T}}\boldsymbol{\varphi}(x_i)+b$，其中 $\boldsymbol{\omega}$、$b$ 是未知的，$i=1,2,\cdots,N$。为了得到 $\boldsymbol{\omega}$、$b$ 的值，可以把原问题转为如下的优化问题：

$$\min_{\boldsymbol{\omega},b,C,e_i}\frac{1}{2}\boldsymbol{\omega}^{\mathrm{T}}\boldsymbol{\omega}+\sum_{i=1}^{N}e_i^2$$

$$\text{s.t.}\quad \boldsymbol{\omega}^{\mathrm{T}}\boldsymbol{\varphi}(\boldsymbol{x})=\int_a^c k(x_i,t)\left(\boldsymbol{\omega}^{\mathrm{T}}\boldsymbol{\varphi}(\boldsymbol{t})+b\right)\mathrm{d}t+f(x_i)+e_i \tag{6.66}$$

其中，$i=1,2,\cdots,N$。

**定理 6.11**　给定一个正定核函数 $K:\mathbf{R}\times\mathbf{R}\to\mathbf{R}$ 且 $K(x,y)=\boldsymbol{\varphi}(\boldsymbol{x})^{\mathrm{T}}\boldsymbol{\varphi}(\boldsymbol{y})$，以及一个正则化系数 $C\in\mathbf{R}^+$，对式(6.62)的解是通过求解下面的对偶问题给出的：

$$\begin{bmatrix}\boldsymbol{\Omega}+\dfrac{\boldsymbol{I}_N}{C} & \boldsymbol{Z}\\ -\boldsymbol{Z}^{\mathrm{T}} & 0\end{bmatrix}\begin{bmatrix}\boldsymbol{\alpha}\\ b\end{bmatrix}=\begin{bmatrix}\boldsymbol{f}\\ 0\end{bmatrix} \tag{6.67}$$

其中

$$\boldsymbol{f}=[f(x_1),f_1(x_2),\cdots,f_1(x_N)]^{\mathrm{T}}\in\mathbf{R}^N,\quad Z_{i,1}=\int_a^{x_i}k(x_i,t)\mathrm{d}t,\quad \boldsymbol{\alpha}=[\alpha_1,\cdots,\alpha_N]^{\mathrm{T}}$$

$$\begin{aligned}\Omega_{i,j}=&K(x_i,x_j)-\int_a^{x_j}k(x_j,t)K(x_i,t)\mathrm{d}t-\int_a^{x_i}k(x_i,t)K(x_j,t)\mathrm{d}t\\&+\int_a^{x_i}\int_a^{x_j}k(x_i,t)k(x_j,u)K(u,t)\mathrm{d}u\mathrm{d}t\,(i,j=1,2,\cdots,N)\end{aligned}$$

$$\boldsymbol{I}_N=\begin{bmatrix}1&0&\cdots&0\\0&1&\ddots&\vdots\\\vdots&\ddots&\ddots&0\\0&\cdots&0&1\end{bmatrix}$$

**证明**　问题(6.66)的拉格朗日函数如下：

$$L(\boldsymbol{\omega},b,\alpha_i,e_i)=\frac{1}{2}\boldsymbol{\omega}^{\mathrm{T}}\boldsymbol{\omega}+\sum_{i=1}^{N}\frac{C}{2}e_i^2-\sum_{i=1}^{N}\alpha_i\left(\boldsymbol{\omega}^{\mathrm{T}}\boldsymbol{\varphi}(x_i)+b-\int_a^{x_i}k(x_i,t)\left(\boldsymbol{\omega}^{\mathrm{T}}\boldsymbol{\varphi}(\boldsymbol{t})+b\right)\mathrm{d}t-f(x_i)-e_i\right)$$

分别对函数中的未知变量求导，利用 KKT 条件可以得到

$$\begin{cases}\dfrac{\partial L}{\partial \boldsymbol{\omega}}=\boldsymbol{\omega}-\sum\limits_{i=1}^{N}\alpha_i\boldsymbol{\varphi}(x_i)+\sum\limits_{i=1}^{N}\alpha_i\int_a^{x_i}k(x_i,t)\boldsymbol{\varphi}(\boldsymbol{t})\mathrm{d}t=0\\ \dfrac{\partial L}{\partial b}=-\sum\limits_{i=1}^{N}\alpha_i+\sum\limits_{i=1}^{N}\alpha_i\int_a^{x_i}k(x_i,t)\mathrm{d}t=0\\ \dfrac{\partial L}{\partial e_i}=Ce_i+\alpha_i=0\\ \dfrac{\partial L}{\partial \alpha_i}=\boldsymbol{\omega}^{\mathrm{T}}\boldsymbol{\varphi}(x_i)+b-\int_a^{x_i}k(x_i,t)\left(\boldsymbol{\omega}^{\mathrm{T}}\boldsymbol{\varphi}(\boldsymbol{t})+b\right)\mathrm{d}t-f(x_i)-e_i=0\end{cases}$$

消除 $\boldsymbol{\omega}$、$e_i$ 后可以得到

$$\sum_{i=1}^{N}\alpha_j(K(x_i,x_j)-\int_a^{x_j}k(x_j,t)K(x_i,t)\mathrm{d}t-\int_a^{x_i}k(x_i,t)K(x_j,t)\mathrm{d}t$$

$$+\int_a^{x_i}\int_a^{x_j}k(x_i,t)k(x_j,u)K(u,t)\mathrm{d}u\mathrm{d}t)+\frac{\alpha_i}{C}+b\left(1-\int_a^{x_i}k(x_i,t)\mathrm{d}t\right)=f(x_i),\quad i=1,2,\cdots,N$$

$$\sum_{i=1}^{N}\alpha_i\left(-1+\int_a^{c}k(x_i,t)\mathrm{d}t\right)=0$$

整理得到线性方程组(6.67)。通过求解式(6.67)获得 $\boldsymbol{\omega}$、$b$ 的值，最终可得近似解为

$$\hat{y}(x_i)=\sum_{j=1}^{N}\alpha_j(K(x_i,x_j)-\int_a^{x_j}k(x_j,t)K(x_i,t)\mathrm{d}t)+b \tag{6.68}$$

### 6.3.3 数值实验与对比验证

本节我们用一些例子说明由 LS-SVM 获得的解的高精度，然后在每个例子中对比 LS-SVM 方法和传统方法得到的数值结果。本节皆选用核函数 $K(x,y)=(xy+1)^n$，其中所需调节的参数为 $n$。本节中出现的误差以及 $E_2$、$E_\infty$ 范数定义如下：

$$\begin{cases}e_n=\left|y(x_n)-\tilde{y}(x_n)\right|,\quad n=1,2,\cdots,N\\ E_2=\left(\int_a^b|y(x)-\tilde{y}(x)|^2\,\mathrm{d}x\right)^{1/2}\\ E_\infty=\max|y(x_n)-\tilde{y}(x_n)|,\quad n=1,2,\cdots,N\end{cases}$$

其中，$\tilde{y}(x)$ 为由 LS-SVM 方法得到的近似解，$y(x)$ 为精确解。

**例 6.10**　考虑如下的 Fredholm 积分方程：

$$\int_0^1 \left(t\mathrm{e}^x + 1\right) y(t)\,\mathrm{d}t = \frac{1}{3}\mathrm{e}^x + \frac{1}{2} \tag{6.69}$$

其精确解为 $y(x)=x$。我们在训练过程中使用区间[0,1]中的 10 个等距点，根据 6.3.2 节的内容，我们得到了方程的数值解。图 6.12 展示了用所提出的方法得到的数值解，图 6.13 给出了利用所提出的方法得到的数值解在各个点处的误差，最大误差为$1.2\times10^{-12}$，$E_2$为$6.62\times10^{-13}$，这也证明了 LS-SVM 方法的优越性。

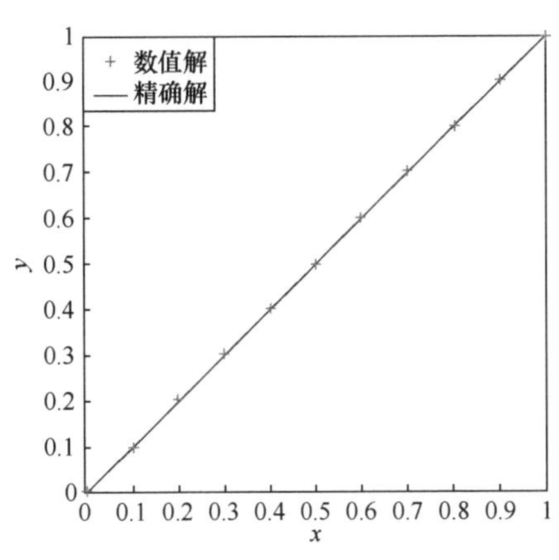

图 6.12　例 6.10 情况下 LS-SVM 数值解

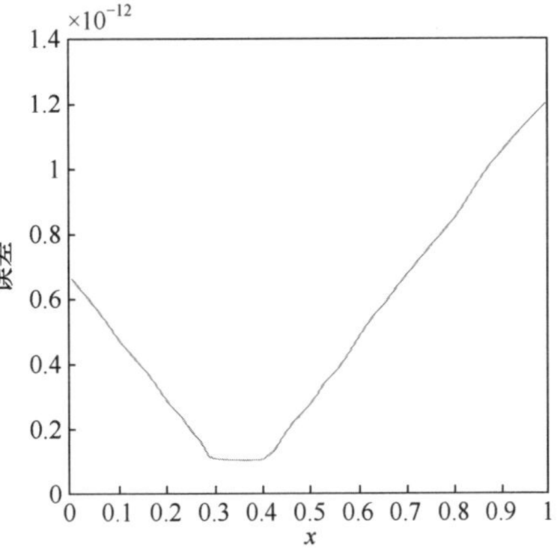

图 6.13　例 6.10 情况下的误差

**例 6.11**　考虑如下的第二类 Fredholm 积分方程：

$$y(x) = x^2 - 2\int_0^1 (1 + xt)\, y(t)\,\mathrm{d}t \tag{6.70}$$

其精确解为 $y(x)=x^2-\dfrac{5}{24}x-\dfrac{11}{72}$。我们在训练过程中使用区间[0,1]中的 10 个等距点，依据 6.3.2 节的内容，我们得到了方程的数值解。图 6.14 展示了 LS-SVM 方法得到的数值解，图 6.15 和表 6.17 比较了其与均值法[245]的误差，从中可以看出所提出的方法的优越性。在均值法[242, 244-246]中，最大误差为$6.23\times10^{-2}$，而由 LS-SVM 所得到的最大误差为$1.45\times10^{-6}$，这也证明了 LS-SVM 方法的有效性。

**例 6.12**　考虑如下的积分方程：

$$y(x) = x + \int_0^1 k(x,t)\, y(t)\,\mathrm{d}t$$

$$k(x,t) = \begin{cases} x, & x \leqslant t \\ t, & x > t \end{cases} \tag{6.71}$$

其精确解为 $y(x) = \sec 1 \sin x$ 。同样地，选取区间[0,1]内的 10 个等距点，并与三角正交函数(TF)法[247]的结果作了比较。表 6.18 给出了利用不同数值方法所得到的数值解，显然，由 LS-SVM 方法得到的误差更小。图 6.16 展示了 LS-SVM 数值解，与均值法得到的数值结果的误差对比图如图 6.17 所示。可以看出，LS-SVM 方法可以得到更高的精度。

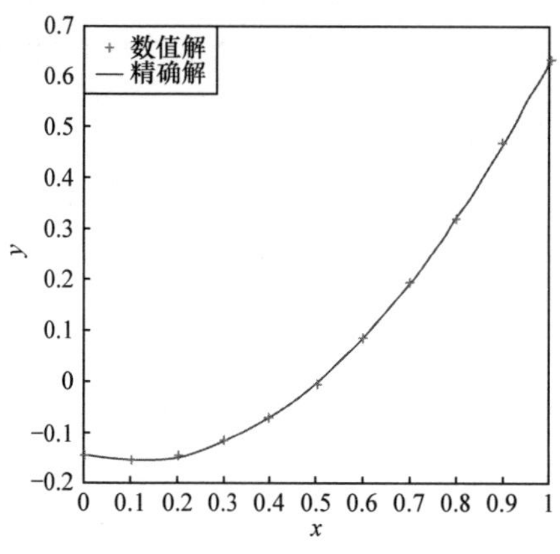


图 6.14 例 6.11 情况下 LS-SVM 数值解

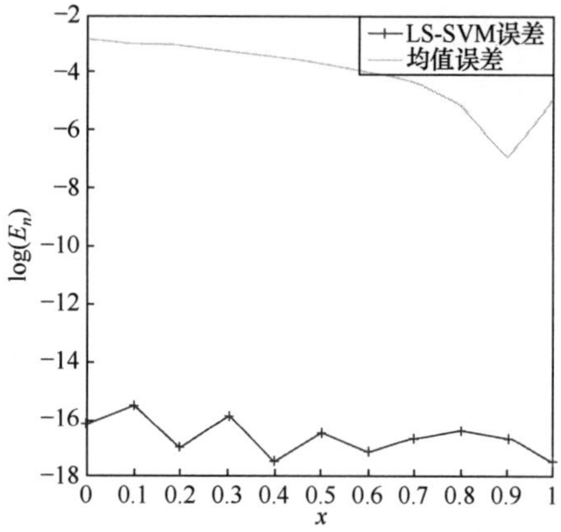

图 6.15 例 6.11 情况下的误差

**表 6.17 LS-SVM 与均值法的数值解的比较**

| $x$ | 精确解 | 均值法解 | LS-SVM 解 | 均值误差 | LS-SVM 误差 |
|---|---|---|---|---|---|
| 0 | −0.152777 | −0.215114 | −0.152778 | $6.23\times10^{-2}$ | $7.06\times10^{-7}$ |
| 0.1 | −0.163611 | −0.218907 | −0.163609 | $5.53\times10^{-2}$ | $1.45\times10^{-6}$ |
| 0.2 | −0.154444 | −0.202699 | −0.154445 | $4.82\times10^{-2}$ | $1.27\times10^{-6}$ |
| 0.3 | −0.125277 | −0.166492 | −0.125278 | $4.12\times10^{-2}$ | $4.63\times10^{-7}$ |
| 0.4 | −0.076111 | −0.110285 | −0.076110 | $3.42\times10^{-2}$ | $6.05\times10^{-7}$ |
| 0.5 | −0.006944 | −0.034077 | −0.006944 | $2.71\times10^{-2}$ | $1.29\times10^{-7}$ |
| 0.6 | 0.082222 | 0.062129 | 0.082221 | $2.01\times10^{-2}$ | $5.46\times10^{-7}$ |
| 0.7 | 0.191388 | 0.178336 | 0.191388 | $1.31\times10^{-2}$ | $1.60\times10^{-7}$ |
| 0.8 | 0.320555 | 0.314544 | 0.320555 | $6.01\times10^{-3}$ | $3.33\times10^{-7}$ |
| 0.9 | 0.469722 | 0.470751 | 0.469721 | $1.03\times10^{-3}$ | $2.28\times10^{-7}$ |
| 1 | 0.638888 | 0.646958 | 0.638888 | $8.07\times10^{-3}$ | $6.10\times10^{-8}$ |

**表 6.18　LS-SVM 与 TF 法的数值解的比较**

| $x$ | 精确解 | TF 解 | LS-SVM 解 | TF 误差 | LS-SVM 误差 |
|---|---|---|---|---|---|
| 0 | 0 | 0 | 0 | 0 | 0 |
| 0.1 | 0.184773 | 0.184746 | 0.184773 | $2.70\times10^{-5}$ | $8.25\times10^{-9}$ |
| 0.2 | 0.367700 | 0.367634 | 0.367700 | $6.60\times10^{-5}$ | $1.30\times10^{-8}$ |
| 0.3 | 0.546953 | 0.546856 | 0.546953 | $9.70\times10^{-5}$ | $1.57\times10^{-8}$ |
| 0.4 | 0.720741 | 0.720642 | 0.720741 | $9.90\times10^{-5}$ | $2.80\times10^{-8}$ |
| 0.5 | 0.887328 | 0.887275 | 0.887328 | $5.30\times10^{-5}$ | $3.03\times10^{-8}$ |
| 0.6 | 1.045049 | 1.044906 | 1.045049 | $1.43\times10^{-4}$ | $3.98\times10^{-8}$ |
| 0.7 | 1.192328 | 1.192121 | 1.192328 | $2.07\times10^{-4}$ | $4.36\times10^{-8}$ |
| 0.8 | 1.327693 | 1.327467 | 1.327693 | $2.26\times10^{-4}$ | $4.96\times10^{-8}$ |
| 0.9 | 1.449793 | 1.449606 | 1.449793 | $1.87\times10^{-4}$ | $6.49\times10^{-8}$ |
| 1 | 1.557407 | 1.557332 | 1.557407 | $7.50\times10^{-5}$ | $6.97\times10^{-8}$ |

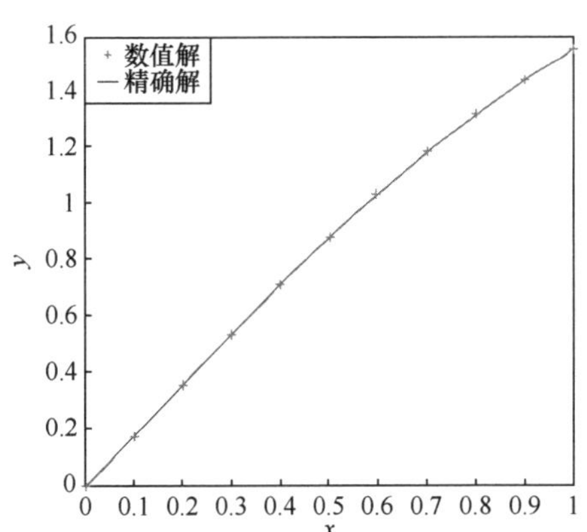


图 6.16　例 6.12 情况下 LS-SVM 数值解

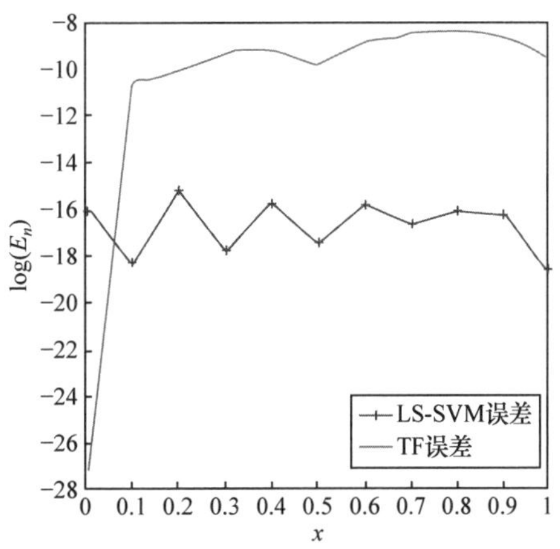


图 6.17　例 6.12 情况下的误差

**例 6.13**　考虑如下的积分方程:

$$y(x)=f(x)+\int_0^1 (x+h(t))\,y(h(t))\,\mathrm{d}t \tag{6.72}$$

分别取 $(h,f)=\left((x,\cos x-(1+x)\sin 1+1-\cos 1),\left(\frac{x}{2},\cos x-(1+2x)\sin\frac{1}{2}+2\left(1-\cos\frac{1}{2}\right)\right)\right.$ 和 $\left.(\sqrt{x},\cos x+2x(1-\sin 1-\cos 1)+2\sin 1-4\cos 1)\right)$，精确解均为 $y(x)=\cos x$。为了公平地比较，我们选取了与最小二乘近似法(LS)[248]、Taylor 多项式法[249]、Taylor 配点法[250]相同的 $n$ 值，并比较了不同 $(h,f)$ 下的 $E_2$，如表 6.19 所示。显然，LS-SVM 方法所得到的误差远远小于其他方法所得到的误差。图 6.18 和图 6.19 给出了 $n=6,h(x)=x$ 时的误差对比。图 6.20 和图 6.21 给出了 $n=6,h(x)=x/2$ 时的误差对比。图 6.22 和图 6.23 给出了 $n=6,h(x)=\sqrt{x}$ 时的误差对比。

**表 6.19　不同数值解法的数值解的 $E_2$ 的比较**

| $h(x)$ | $x$ | | |
|---|---|---|---|
| $n$ | Taylor 多项式法 | LS | LS-SVM |
| 2 | $1.33\times10^{-1}$ | $1.49\times10^{-3}$ | $2.05\times10^{-3}$ |
| 3 | $1.33\times10^{-1}$ | $1.72\times10^{-4}$ | $2.26\times10^{-4}$ |
| 4 | $3.30\times10^{-3}$ | $4.75\times10^{-6}$ | $5.42\times10^{-6}$ |
| 5 | $3.30\times10^{-3}$ | $3.64\times10^{-7}$ | $4.99\times10^{-7}$ |
| 6 | $4.69\times10^{-5}$ | $2.26\times10^{-7}$ | $9.41\times10^{-9}$ |

| $\frac{x}{2}$ | | | $\sqrt{x}$ | | |
|---|---|---|---|---|---|
| Taylor 多项式法 | LS | LS-SVM | Taylor 配点法 | LS | LS-SVM |
| $1.44\times10^{-2}$ | $1.91\times10^{-3}$ | $2.74\times10^{-3}$ | $5.96\times10^{-3}$ | $1.49\times10^{-3}$ | $7.01\times10^{-3}$ |
| $1.44\times10^{-2}$ | $1.73\times10^{-4}$ | $2.21\times10^{-4}$ | $4.19\times10^{-4}$ | $1.72\times10^{-4}$ | $8.10\times10^{-5}$ |
| $3.84\times10^{-4}$ | $5.30\times10^{-6}$ | $5.46\times10^{-6}$ | $1.37\times10^{-5}$ | $4.75\times10^{-6}$ | $7.52\times10^{-6}$ |
| $3.84\times10^{-4}$ | $3.63\times10^{-7}$ | $4.01\times10^{-7}$ | $8.72\times10^{-7}$ | $3.64\times10^{-7}$ | $2.25\times10^{-7}$ |
| $5.97\times10^{-6}$ | $1.43\times10^{-6}$ | $8.52\times10^{-9}$ | $3.33\times10^{-8}$ | $2.11\times10^{-7}$ | $2.28\times10^{-8}$ |

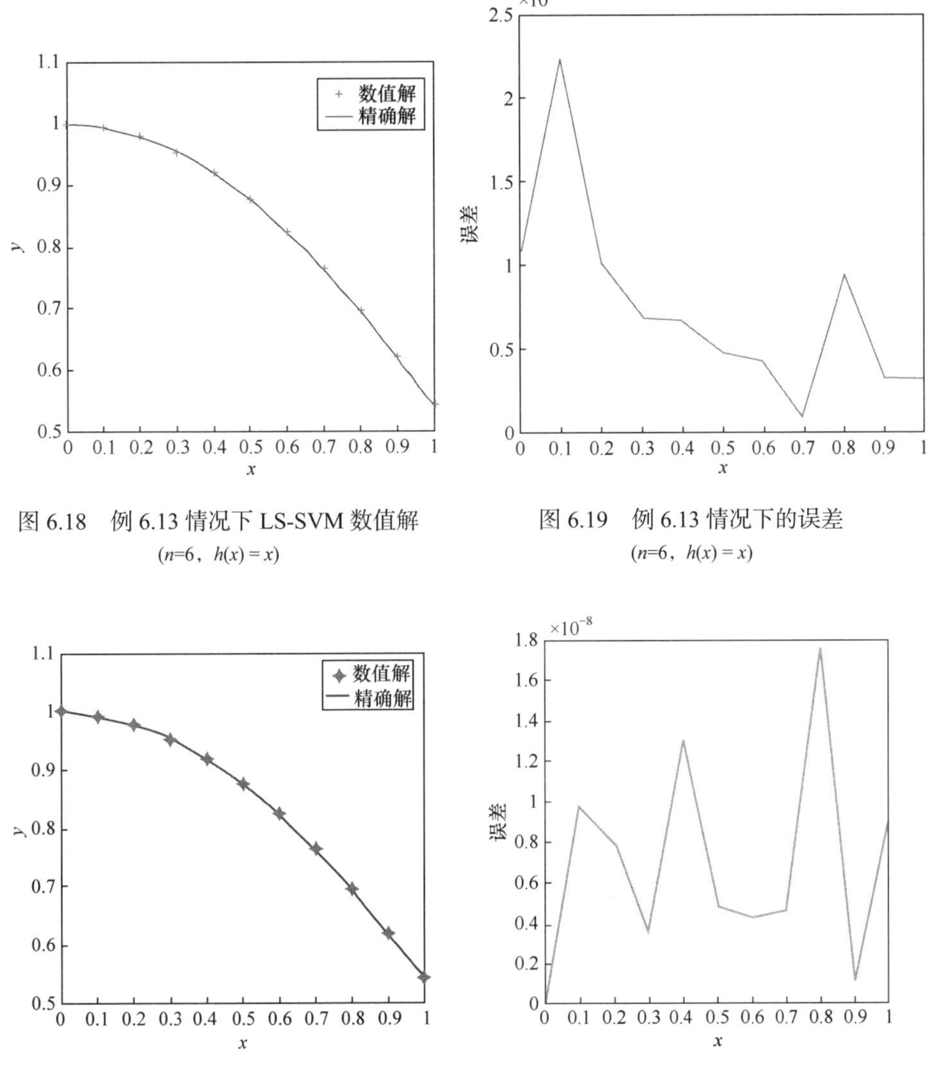


图 6.18　例 6.13 情况下 LS-SVM 数值解
($n$=6，$h(x)=x$)

图 6.19　例 6.13 情况下的误差
($n$=6，$h(x)=x$)

图 6.20　例 6.13 情况下 LS-SVM 数值解
($n$=6，$h(x)=x/2$)

图 6.21　例 6.13 情况下的误差
($n$=6，$h(x)=x/2$)

**例 6.14**　考虑如下的第二类 Fredholm 积分方程：

$$y(x)=\sin x+\frac{1}{6}\cos x(2-\sin 2)+\frac{1}{3}\int_{-1}^{1}\sin(x-t)y(t)\mathrm{d}t \tag{6.73}$$

其精确解为 $\sin x$。我们选取了 $[-1,1]$ 中 20 个等距点来训练最小二乘支持向量机，表 6.20 给出了利用 LS-SVM 算法得到的数值解与原积分方程精确解的比较，表明了 LS-SVM 方法得到的数值解与原积分方程的精确解的高度一致性。图 6.24

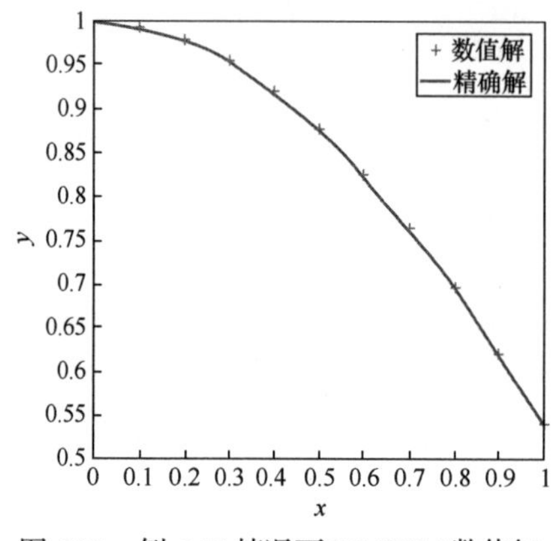


图 6.22 例 6.13 情况下 LS-SVM 数值解

($n$=6，$h(x)=\sqrt{x}$)

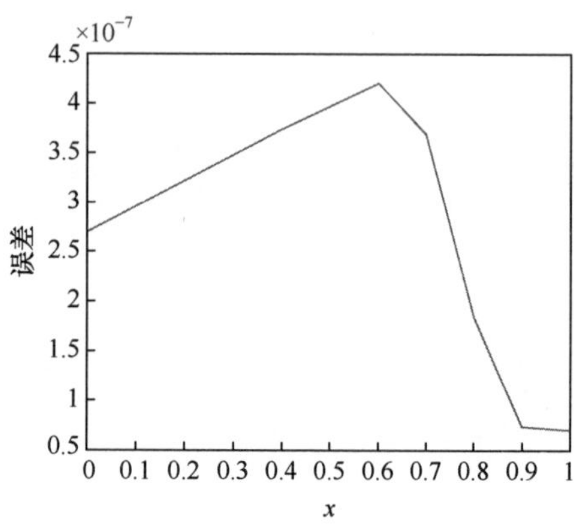


图 6.23 例 6.13 情况下的误差

($n$=6，$h(x)=\sqrt{x}$)

和图 6.25 展示了 LS-SVM 的误差。在均值法中[245]，最大误差 $E_\infty$ 为 0.34，而由 LS-SVM 方法得到的最大误差 $E_\infty$ 为$1.48\times10^{-8}$，表明 LS-SVM 方法要优于均值法[245]。

**表 6.20 例 6.14 情况下 LS-SVM 数值解与误差**

| $x$ | 精确解 | LS-SVM 解 | 误差 |
|---|---|---|---|
| −1 | 0.540302305868140 | 0.540302308387548 | $2.52\times10^{-9}$ |
| −0.9 | 0.621609968270664 | 0.621609975791462 | $7.52\times10^{-9}$ |
| −0.8 | 0.696706709347165 | 0.696706709186526 | $1.61\times10^{-10}$ |
| −0.7 | 0.764842187284489 | 0.764842183821304 | $3.46\times10^{-9}$ |
| −0.6 | 0.825335614909678 | 0.825335614534627 | $3.75\times10^{-10}$ |
| −0.5 | 0.877582561890373 | 0.877582566388647 | $4.49\times10^{-9}$ |
| −0.4 | 0.921060994002885 | 0.921061000272818 | $6.27\times10^{-9}$ |
| −0.3 | 0.955336489125606 | 0.955336492169471 | $3.04\times10^{-9}$ |
| −0.2 | 0.980066577841242 | 0.980066574203713 | $3.63\times10^{-9}$ |
| −0.1 | 0.995004165278026 | 0.995004155032730 | $1.02\times10^{-8}$ |
| 0 | 1.000000000000000 | 0.999999986561653 | $1.34\times10^{-8}$ |
| 0.1 | 0.995004165278026 | 0.995004153405452 | $1.19\times10^{-8}$ |
| 0.2 | 0.980066577841242 | 0.980066570948447 | $6.90\times10^{-9}$ |
| 0.3 | 0.955336489125606 | 0.955336487285294 | $1.84\times10^{-9}$ |
| 0.4 | 0.921060994002885 | 0.921060993759461 | $2.43\times10^{-10}$ |
| 0.5 | 0.877582561890373 | 0.877582558247447 | $3.64\times10^{-9}$ |
| 0.6 | 0.825335614909678 | 0.825335604769177 | $1.01\times10^{-8}$ |

续表

| $x$ | 精确解 | LS-SVM 解 | 误差 |
|---|---|---|---|
| 0.7 | 0.764842187284489 | 0.764842172437245 | $1.48\times10^{-8}$ |
| 0.8 | 0.696706709347165 | 0.696706696189806 | $1.32\times10^{-8}$ |
| 0.9 | 0.621609968270665 | 0.621609961184254 | $7.09\times10^{-9}$ |
| 1 | 0.540302305868140 | 0.540302292160884 | $1.37\times10^{-8}$ |

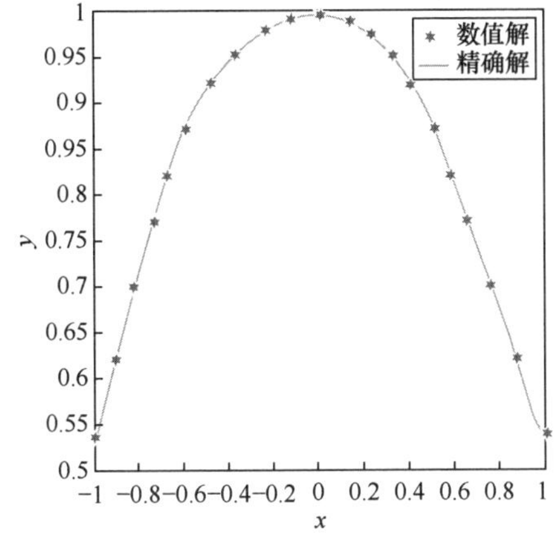


图 6.24　例 6.14 情况下 LS-SVM 数值解

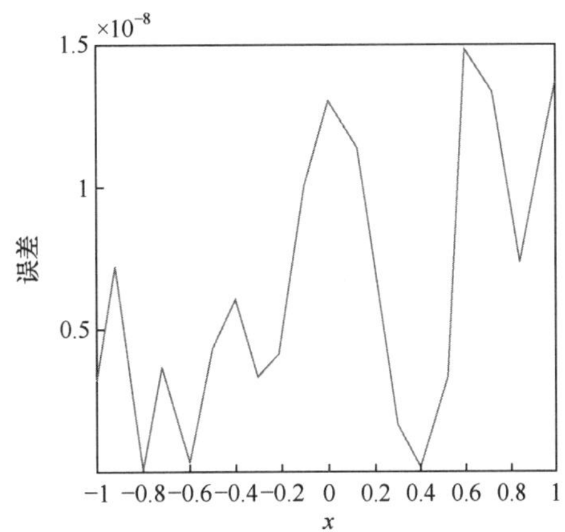


图 6.25　例 6.14 情况下的误差

**例 6.15**　给定如下的第一类 Volterra 积分方程：

$$\int_0^x e^{x-t} y(t)\mathrm{d}t = \sin x,\quad x \in [0,1] \tag{6.74}$$

其精确解为 $y(x)=\cos x-\sin x$。表 6.21 比较了在 $n$ 取不同值时 LS-SVM 和 Bernstein 近似法[140]的 $E_2$，在 $n=8$ 时 LS-SVM 的数值解及误差展示在表 6.22 中。图 6.26 和图 6.27 分别展示了在 $n=8$ 时的由所提出的方法得到的数值解与积分方程数值解对比及误差图。结果证明 LS-SVM 方法达到的精度比较高。

**例 6.16**　考虑如下的第二类 Volterra 积分方程：

$$y(x)=1-x-\frac{1}{2}x^2+\int_0^x (x-t)y(t)\mathrm{d}t,\quad x\in[0,1] \tag{6.75}$$

其精确解为 $y(x)=1-\sinh x$。为了与配点法的结果公平地比较，同样选取 $[0,1]$ 内 10 个等距点进行训练。表 6.23 给出了在各个点处 LS-SVM 得到的数值解与配点法[147]得到的数值解的对比，从而充分地说明了 LS-SVM 所得结果的高精度。图 6.28 和图 6.29 分别给出了由 LS-SVM 得到的数值解，以及 LS-SVM 方法与配点法所得到的误差对比。

**表 6.21　例 6.15 情况下 $n$ 取不同值时 LS-SVM 与 Bernstein 的 $E_2$ 比较**

| $n$ | Bernstein $E_2$ | LS-SVM $E_2$ |
|---|---|---|
| 2 | $5.06401\times10^{-2}$ | $3.08887\times10^{-3}$ |
| 3 | $2.07936\times10^{-3}$ | $5.78826\times10^{-5}$ |
| 4 | $6.14967\times10^{-4}$ | $1.05370\times10^{-5}$ |
| 5 | $1.42477\times10^{-4}$ | $5.15909\times10^{-7}$ |
| 6 | $5.41139\times10^{-5}$ | $1.58318\times10^{-7}$ |
| 7 | $1.42421\times10^{-5}$ | $7.17433\times10^{-8}$ |
| 8 | $5.90281\times10^{-6}$ | $1.50379\times10^{-8}$ |
| 9 | $1.89394\times10^{-6}$ | $5.77211\times10^{-8}$ |
| 10 | $8.09019\times10^{-7}$ | $7.37806\times10^{-8}$ |

**表 6.22　例 6.15 情况下 $n$ =8 时 LS-SVM 的数值解及误差对比**

| $x$ | 精确解 | LS-SVM 解 | 误差 |
|---|---|---|---|
| 0 | 1.000000000000000 | 1.000000763884838 | $1.23\times10^{-7}$ |
| 0.1 | 0.895170748631198 | 0.895170562073718 | $2.93\times10^{-8}$ |
| 0.2 | 0.781397247046180 | 0.781397301677346 | $1.07\times10^{-8}$ |
| 0.3 | 0.659816282464266 | 0.659816293300909 | $2.30\times10^{-9}$ |
| 0.4 | 0.531642651694235 | 0.531642614383615 | $1.35\times10^{-8}$ |
| 0.5 | 0.398157023286170 | 0.398157057727106 | $4.12\times10^{-9}$ |
| 0.6 | 0.260693141514643 | 0.260693191984424 | $1.41\times10^{-8}$ |
| 0.7 | 0.120624500046797 | 0.120624458577215 | $1.73\times10^{-8}$ |
| 0.8 | −0.020649381552357 | −0.020649430238514 | $2.22\times10^{-9}$ |
| 0.9 | −0.161716941356819 | −0.161716898102402 | $1.88\times10^{-8}$ |
| 1 | −0.301168678939757 | −0.301168874496092 | $7.42\times10^{-9}$ |

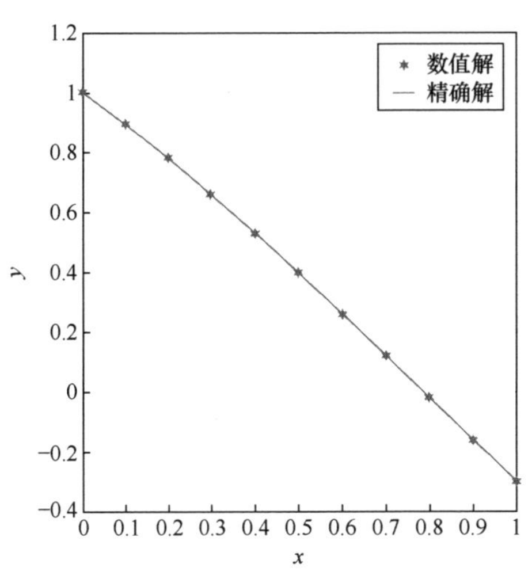


图 6.26　例 6.15 情况下 LS-SVM 数值解

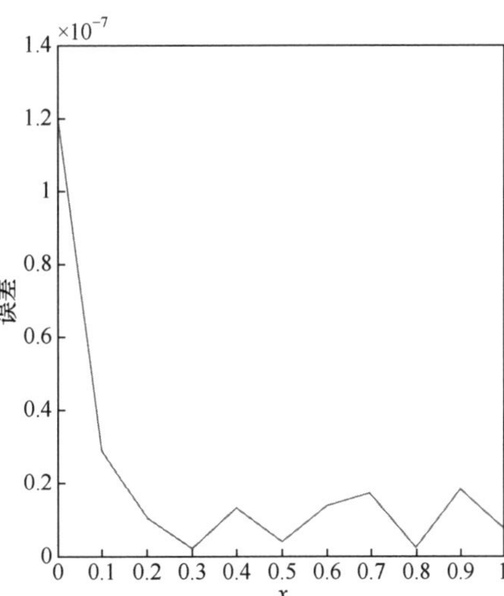


图 6.27　例 6.15 情况下的误差

**表 6.23　例 6.16 情况下不同方法得到的误差的比较**

| $x$ | 精确解 | LS-SVM 解 | 配点法误差 | LS-SVM 误差 |
|---|---|---|---|---|
| 0 | 1.000000000000000 | 0.999999999999851 | $1.11\times10^{-16}$ | $1.49\times10^{-13}$ |
| 0.1 | 0.899833249980156 | 0.899833250141871 | $5.25\times10^{-10}$ | $1.62\times10^{-10}$ |
| 0.2 | 0.798663997458906 | 0.798663997226164 | $9.45\times10^{-10}$ | $2.32\times10^{-10}$ |
| 0.3 | 0.695479706552857 | 0.695479706641635 | $9.96\times10^{-10}$ | $8.88\times10^{-11}$ |
| 0.4 | 0.589247674197184 | 0.589247674149663 | $1.03\times10^{-9}$ | $4.75\times10^{-11}$ |
| 0.5 | 0.478904694506253 | 0.478904694827520 | $1.29\times10^{-9}$ | $3.21\times10^{-10}$ |
| 0.6 | 0.363346417851759 | 0.363346418341500 | $1.81\times10^{-9}$ | $4.90\times10^{-10}$ |
| 0.7 | 0.241416298160467 | 0.241416298568518 | $1.65\times10^{-8}$ | $4.08\times10^{-10}$ |
| 0.8 | 0.111894017812377 | 0.111894009184738 | $3.94\times10^{-8}$ | $8.69\times10^{-9}$ |
| 0.9 | −0.026516725708175 | −0.026516689538582 | $1.87\times10^{-7}$ | $3.62\times10^{-8}$ |
| 1 | −0.175201193643801 | −0.175201192951675 | $6.33\times10^{-7}$ | $6.92\times10^{-10}$ |

**例 6.17**　考虑如下的第二类 Volterra 方程：

$$y(x)=\frac{1}{4}x\cos(2x)+\sin x-\frac{1}{4}x+\int_0^x x\cos t y(t)\mathrm{d}t,\quad x\in[0,1] \tag{6.76}$$

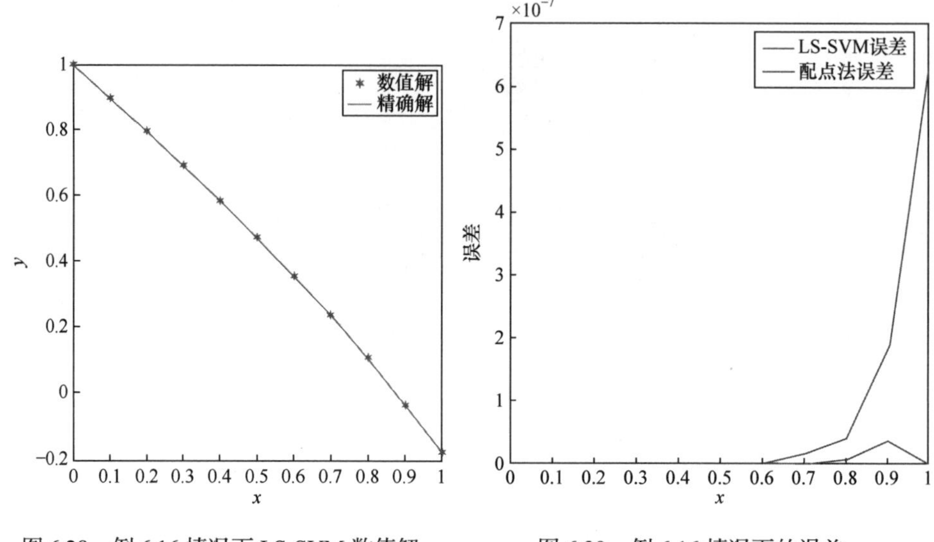


图 6.28　例 6.16 情况下 LS-SVM 数值解　　　图 6.29　例 6.16 情况下的误差

其精确解为 $y(x)=\sin x$ 。为了与 Bernoulli 矩阵算法的结果进行公平的比较，我们选取与 Bernoulli 矩阵算法同样的参数 $n$ 。表 6.24 给出了 LS-SVM 算法和 Bernoulli 矩阵算法取不同的参数 $n$ 时的最大误差 $E_\infty$ 的比较。图 6.30 给出了由 LS-SVM 算法得到的数值解( $n=8$ )，图 6.31 为 LS-SVM 算法不同点处的误差( $n=8$ )。可以看出，LS-SVM 方法得到的结果精度更高。

**表 6.24　例 6.17 情况下 Bernoulli 矩阵算法与 LS-SVM 算法 $E_\infty$ 的比较**

| $n$ | Bernoulli $E_\infty$ | LS-SVM $E_\infty$ |
|---|---|---|
| 1 | $3.349\times10^{-2}$ | $3.97\times10^{-2}$ |
| 2 | $1.849\times10^{-2}$ | $4.04\times10^{-3}$ |
| 3 | $7.851\times10^{-3}$ | $1.881\times10^{-4}$ |
| 4 | $2.364\times10^{-3}$ | $2.594\times10^{-5}$ |
| 5 | $1.277\times10^{-3}$ | $1.581\times10^{-6}$ |
| 6 | $2.925\times10^{-4}$ | $1.601\times10^{-7}$ |
| 7 | $1.742\times10^{-4}$ | $7.178\times10^{-9}$ |
| 8 | $3.982\times10^{-5}$ | $5.120\times10^{-9}$ |

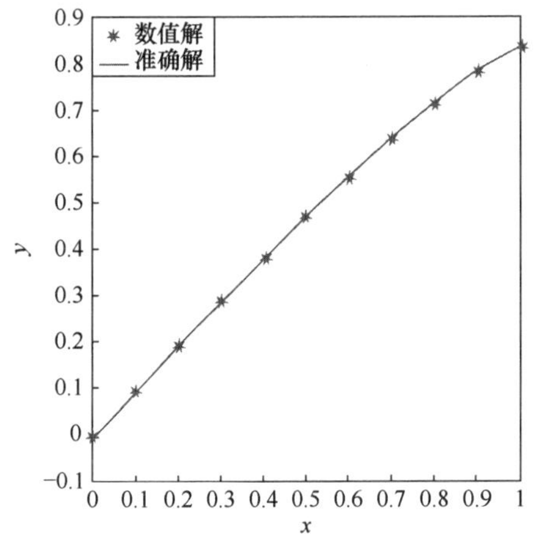


图 6.30　例 6.17 情况下 LS-SVM 数值解 ($n=8$)

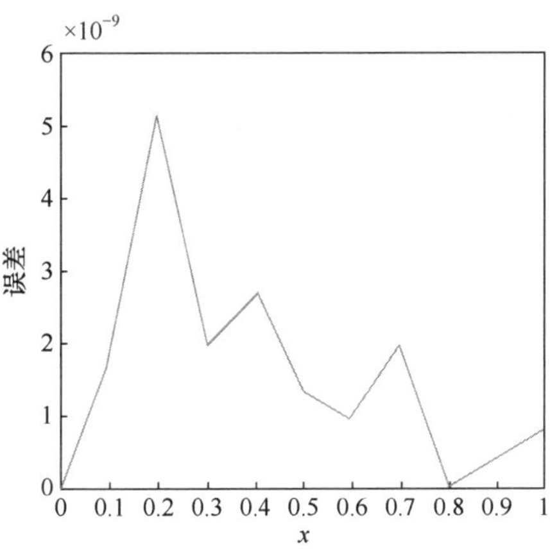


图 6.31　例 6.17 情况下 LS-SVM 误差 ($n=8$)

### 6.3.4　小结

6.3 节主要基于 LS-SVM 基本原理建立求解线性 Fredholm 和 Volterra 积分方程的数值模型，并给出了证明。通过引入 LS-SVM 算法，运用最小化误差把求解积分方程问题巧妙地转化为含有等式约束的优化问题。不同于传统方法的迭代，利用 KKT 条件把优化方案等价为求解相应的线性方程组，极大地简化了运算。最终，通过求解线性方程组，得到各个参数的值，进而解决了原问题。通过大量的数值实验案例，证明了 LS-SVM 方法的可靠性和高精度。

# 第 7 章　深度学习算法在数值求解复杂系统中的应用

深度学习算法作为求解深度神经网络最有效的算法，在现代人工智能领域得到了广泛的应用。本章主要介绍深度学习算法在数值求解复杂系统中的应用。

## 7.1　基于深度学习算法的带有任意矩形边界条件的偏微分方程求解

本节提出一种基于深度学习的偏微分方程(deep learning for partial differential equation，DL4PDE)求解方法。在提出的方法中，我们引入了一个使用密集连接网络的多层神经网络，其中隐含层为三个全连接层，每层具有 tanh 激活函数。偏微分方程的试验解可以表示为两项：一项满足初始或边界条件，另一项则采用深度学习算法进行求解。此外，我们还导出了二阶任意平方域偏微分方程初边值问题的正规形式 $A(x_1,x_2)$，并引入误差等值线图，使模型的效果更加直观，具有更多的可观测信息。在现有文献中，通过五个椭圆型偏微分方程对 DL4PDE 方法的数值效率和精度进行了验证。数值结果表明，该方法具有比现有方法更优越的性能。

### 7.1.1　引言

偏微分方程在实际中广泛应用于数学、工程、科学、物理、经济等领域的数学建模[251-254]。然而，偏微分方程的解析解在大多数情况下是很难得到的[255]。传统的方法，如 Runge-Kutta 法[256, 257]，包括单步和多步方法，用于求解常微分方程[258]。为了获得更高的精度，发展了一系列线性多步技术，如基于 Taylor 展开的构造研究[259]、预测校正法[260]、有限差分法[261, 262]、有限元法[263, 264]、B 样条函数[60, 265]，以及其他方法[266-275]。这些求解边界问题的数值算法具有优异的性能和强大的影响[213]。然而，这些方法有很多局限性：①它们可能对解决高维问题具有挑战性；②那些需要通过网格(网格划分)和连续迭代进行离散的方法，其中函数的计算成本很高；③偏微分方程的解可能不连续且不可微。因此，开发一种有效的求解偏微分方程的方法是十分必要的。

人们致力于开发新的智能算法，特别是求解偏微分方程的人工神经网络。与上述方法相比，神经网络算法得到的解是封闭的、连续可微的，且没有网格拓扑[276, 277]。Lagaris 等提出了求解常微分方程和偏微分方程的人工神经网络方法，并以较少的参数获得了与有限元法相同的精度[113]。Lee 等[278]使用 Hopfield 神经网络模型求解有限微分方程，得到了令人印象深刻的结果。随后，Lagaris 等[279]解决了边界不规则的边值问题，并首次提出了求解偏微分方程的径向基函数(radial basis function，RBF)神经网络算法[280]。Shirvany 等[281]使用无监督训练方法数值求解偏微分方程。Hoda 等[282]用神经网络算法考虑了混合边值问题的条件。2009 年，McFall 等[283]导出了一种人工神经网络，用于精确满足任意边界条件的边值问题的求解[283]。文献[59]采用无监督核最小均方算法求解常微分方程组。值得注意的是，Chakraverty 等[212]在神经网络中使用基于回归的权重生成算法实现了初值和边值问题的求解。同时，Sajavičius[284]在非局部边界条件下求解了一个多维线性椭圆型方程。Mall 等[85]将 Legendre 神经网络引入常微分方程，并在 2017 年开发了单层函数连接人工神经网络方法来求解偏微分方程，首次提出了 Chebyshev 神经网络模型来求解椭圆型偏微分方程。2018 年，Sun 等[61]提出了一种基于 Bernstein 神经网络模型和极限学习机算法求解微分方程的新方法，该方法优于已有的方法。

经典的机器学习算法在求解微分方程方面有着广泛的应用和强大的影响。这些方法已被证明优于传统方法。然而，深度学习算法凭借其良好的自主特征表达能力，在各个领域都取得了先进的表现水平。例如，回归预测、复杂系统与方程求解、模式识别、图像处理与识别、视频数据处理等，深度学习的概念来源于人工神经网络，它将低级特征结合起来，形成更抽象的高级属性类别或数据的特征表示。在以往使用传统神经网络的文献中，通常需要用多项式来扩展输入模式，如 Legendre 多项式、Chebyshev 多项式、Bernstein 多项式等。

本章提出一种求解具有初边值条件的偏微分方程的深度学习方法(DL4PDE)。我们的目标是构造一种不需要构造多项式的求解偏微分方程的模型，并将 Dirichlet 边界条件推广到任意矩形区域。据我们所知，本章可能是第一次用深度学习方法求解二阶任意矩形边界条件偏微分方程。为了验证所提出的 DL4PDE 方法的优越性，引入了五个不同的例子(包括四个不同的初始条件，以及 Dirichlet 边界域和非方边界域条件的问题)，并与现有文献进行了比较。本章的主要贡献如下。

(1) 使用简单的网络架构很容易实现。

(2) 推导了任意矩形域二阶偏微分方程初边值问题的正规形式 $A\left(x_1, x_2\right)$。

(3) 与传统的数学方法相比，偏微分方程的解是连续的、可微的，因此可以得到任意点的解。

(4) 与相关文献中的方法相比，我们提出的方法在精度上具有优势。

本章其余部分安排如下：7.1.2 节介绍求解偏微分方程的一般人工神经网

络；7.1.3 节介绍我们提出的算法 DL4PDE；7.1.4 节介绍数值结果与讨论；7.1.5 节介绍结论和未来的工作。

### 7.1.2 基于人工神经网络求解偏微分方程

这一部分介绍了用一般人工神经网络求解偏微分方程的结构和形式。考虑到偏微分方程的一般形式，我们可以将常微分方程或偏微分方程视为

$$G\left(x, y(x), \nabla y(x), \nabla^2 y(x), \cdots, \nabla^k y(x)\right)=0, \quad x \in D \subseteq \mathbf{R}^n \tag{7.1}$$

此函数受某些初始和边界条件的约束。其中 $G$ 表示微分方程的形式。微分方程的解和微分算子分别用 $y(x)$ 和 $\nabla$ 表示。$D$ 是有限点集上的离散区域。$y_t(x,p)$ 作为权重参数 $p$ 的试验解，上述问题可改为如下结构：

$$\min_p \sum_{x_n \in D}\left(G\left(x_n, y_t(x_n, p), \nabla^2 y_t(x_n, p), \cdots, \nabla^k y_t(x_n, p)\right)\right)^2 \tag{7.2}$$

带有输入向量 $\boldsymbol{x}=(x_1, x_2, \cdots, x_n)^{\mathrm{T}}$，且满足初始、边界条件的试验解 $y_t(x,p)$ 可以表示为如下两个部分：

$$y_t(x, p)=A(x)+F\left(\tilde{x}, N(x, p)\right) \tag{7.3}$$

第一部分 $A(x)$ 满足初始、边界条件，同时不包含参数 $p$；第二部分 $F\left(\tilde{x}, N(x,p)\right)$ 对初始和边界条件没有贡献，$N(x,p)$ 是神经网络的输出。

1. 带有 Dirichlet 边界条件的二阶偏微分方程问题

考虑 Poisson 问题：

$$\frac{\partial^2 y}{\partial x_1^2}+\frac{\partial^2 y}{\partial x_2^2}=f(x_1, x_2), \quad x_1 \in[0,1], \quad x_2 \in[0,1] \tag{7.4}$$

其 Dirichlet 边界条件为

$$\begin{cases} y(0, x_2)=f_0(x_2), \quad y(1, x_2)=f_1(x_2) \\ y(x_1, 0)=g_0(x_1), \quad u(x_1, 1)=g_1(x_1) \end{cases} \tag{7.5}$$

神经网络的试验解为

$$y_t(x, p)=A(x_1, x_2)+x_1(1-x_1) x_2(1-x_2) N(x, p) \tag{7.6}$$

其中，$A(x_1,x_2)$ 表示边界条件，可以表示为

$$\begin{aligned} A(x_1, x_2)= & (1-x_1) f_0(x_2)+x_1 f_1(x_2) \\ & +(1-x_2)\left[g_0(x_1)-\left\{(1-x_1) g_0(0)+x_1 g_0(1)\right\}\right] \\ & +x_2\left[g_1(x_1)-\left\{(1-x_1) g_1(0)+x_1 g_1(1)\right\}\right] \end{aligned} \tag{7.7}$$

2. 带有混合边界条件的二阶偏微分方程问题

考虑以下问题：

$$\frac{\partial^2 y}{\partial x_1^2}+\frac{\partial^2 y}{\partial x_2^2}=f\left(x_1,x_2\right),\quad x_1\in[0,1],\quad x_2\in[0,1] \tag{7.8}$$

其边界条件为

$$\begin{cases} y\left(0,x_2\right)=f_0\left(x_2\right),\quad y\left(1,x_2\right)=f_1\left(x_2\right) \\ y\left(x_1,0\right)=g_0\left(x_1\right),\quad \dfrac{\partial y\left(x_1,1\right)}{\partial x_2}=g_1\left(x_1\right) \end{cases} \tag{7.9}$$

其试验解可以表示为

$$y_t\left(x,p\right)=A\left(x_1,x_2\right)+x_1\left(1-x_1\right)x_2\left\{N\left(x_1,x_2,p\right)-N\left(x_1,1,p\right)-\frac{\partial N\left(x_1,1,p\right)}{\partial x_2}\right\} \tag{7.10}$$

第一部分 $A\left(x_1,x_2\right)$ 可以表示为

$$\begin{aligned} A\left(x_1,x_2\right)=&\left(1-x_1\right)f_0\left(x_2\right)+x_1f_1\left(x_2\right)+g_0\left(x_1\right) \\ &-\left\{\left(1-x_1\right)g_0\left(0\right)+x_1g_0\left(1\right)\right\} \\ &+x_2\left[g_1\left(x_1\right)-\left\{\left(1-x_1\right)g_1\left(0\right)+x_1g_1\left(1\right)\right\}\right] \end{aligned} \tag{7.11}$$

3. 带有任意矩形边界条件的二阶偏微分方程

由于一些边界、初始条件无法被上述两个公式获得。我们推导出在 $[-1,1]\times[-1,1]$ 边界上的表达式。进一步，我们能得到带有一般矩形边界条件的边界、初值表达式。

首先，我们考虑以下边界条件的偏微分方程：

$$\frac{\partial^2 y}{\partial x_1^2}+\frac{\partial^2 y}{\partial x_2^2}=f\left(x_1,x_2\right),\quad x\in[-1,1]^2 \tag{7.12}$$

其边界条件如下：

$$\begin{cases} y\left(-1,x_2\right)=f_{-1}\left(x_2\right),\quad y\left(1,x_2\right)=f_1\left(x_2\right) \\ y\left(x_1,-1\right)=g_{-1}\left(x_1\right),\quad y\left(x_1,1\right)=g_1\left(x_1\right) \end{cases} \tag{7.13}$$

神经网络的试验解可以写成以下形式：

$$y_t\left(x,p\right)=A\left(x_1,x_2\right)+\left(x_1+1\right)\left(1-x_1\right)\left(x_2+1\right)\left(1-x_2\right)N\left(x,p\right) \tag{7.14}$$

其中，$A\left(x_1,x_2\right)$ 满足边界条件，可以表示为

$$A(x_1,x_2)=\left(\frac{1-x_1}{2}\right)f_{-1}(x_2)+\frac{1+x_1}{2}f_1(x_2)$$
$$+(1-x_2)\left[g_{-1}(x_1)-\left\{\left(\frac{1-x_1}{2}\right)g_{-1}(-1)+\left(\frac{1+x_1}{2}\right)g_{-1}(1)\right\}\right]$$
$$+x_2\left[g_1(x_1)-\left\{\left(\frac{1-x_1}{2}\right)g_1(-1)+\frac{1+x_1}{2}g_1(1)\right\}\right] \tag{7.15}$$

进而，带有任意矩形边界条件的二阶偏微分方程问题可以写成以下形式：

$$\frac{\partial^2 y}{\partial x_1^2}+\frac{\partial^2 y}{\partial x_2^2}=f(x_1,x_2),\quad x\in[a,b]\times[c,d] \tag{7.16}$$

边界条件可以表示为

$$\begin{cases} y(a,x_2)=f_a(x_2),\quad y(b,x_2)=f_b(x_2) \\ y(x_1,c)=g_c(x_1),\quad y(x_1,d)=g_d(x_1) \end{cases} \tag{7.17}$$

神经网络的试验解可以写为

$$y_t(x,p)=A(x_1,x_2)+(x_1-a)(b-x_1)(x_2-c)(d-x_2)N(x,p) \tag{7.18}$$

其中，$A(x_1,x_2)$满足边界初值条件，可以表示为

$$A(x)=\left(\frac{b-x_1}{b-a}\right)f_a(x_2)+\frac{x_1-a}{b-a}f_b(x_2)$$
$$+(b-x_2)\left[g_c(x_1)-\left(\frac{b-x_1}{b-a}\right)g_c(a)+\left(\frac{x_1-a}{b-a}\right)g_c(b)\right]$$
$$+x_2\left[g_d(x_1)-\left\{\left(\frac{b-x_1}{b-a}\right)g_d(a)+\left(\frac{x_1-a}{b-a}\right)g_d(b)\right\}\right] \tag{7.19}$$

### 7.1.3 基于深度学习方法求解偏微分方程

#### 1. 单隐含层神经网络模型

神经网络是一种类似于人脑机制的机器学习模型，由于其在大量不同应用中的优异性能而受到了广泛关注[285]。神经网络的组成部分是被称为神经元的基本计算工具，它们相互连接。在结构上，该模型一般由三部分组成：输入层、隐含层和输出层。神经网络中每个神经元的输入是与其相连的所有神经元的加权和输出。近年来，越来越多的神经网络结构被提出。图 7.1 描述了一种简单而经典的单隐含层前馈神经网络结构。

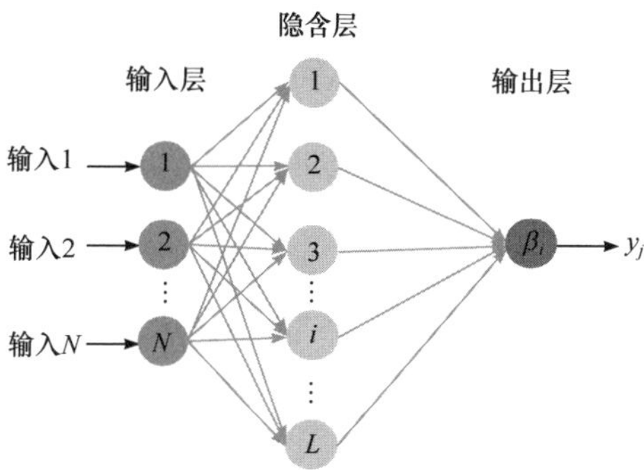


图 7.1 单隐含层前馈神经网络框架

假设有 $N$ 个训练样本 $(\boldsymbol{X}_i, y_i)$ ， $\boldsymbol{X}_i = [x_{i1}, x_{i2}, \cdots, x_{in}]^{\mathrm{T}} \in \mathbf{R}^m$ ， $\boldsymbol{t}_i = [t_{i1}, t_{i2}, \cdots, t_{im}]^{\mathrm{T}} \in \mathbf{R}^m$ 。带有 $L$ 个隐含层神经元的单隐含层神经网络，可以表示为

$$\sum_{i=1}^{L} \beta_i g\left(\boldsymbol{W}_i \boldsymbol{X}_j + \boldsymbol{b}_i\right) = y_j, \quad j = 1, 2, \cdots, N \tag{7.20}$$

其中， $g(\cdot)$ 表示激活函数，用以提高网络的非线性能力和表示能力。输入层权重和输出层权重分别用 $\boldsymbol{W}_i$ 和 $\beta_i$ 表示。单隐含层神经网络的学习目标是最小化输出误差，即存在参数 $\boldsymbol{W}_i$ 、 $\boldsymbol{b}_i$ 、 $\beta_i$ ，使得

$$\sum_{i=1}^{L} \beta_i g\left(\boldsymbol{W}_i \boldsymbol{X}_j + \boldsymbol{b}_i\right) = t_j, \quad j = 1, 2, \cdots, N \tag{7.21}$$

单隐含层神经网络的损失函数可以被定义如下：

$$E = \sum_{j=1}^{N} \left( \sum_{i=1}^{L} \beta_i g\left(\boldsymbol{W}_i \boldsymbol{X}_j + \boldsymbol{b}_i\right) - t_j \right)^2 \tag{7.22}$$

该算法由数据流的前向计算和误差信号的后向传播两部分组成。正向传播时，传播方向为输入层、隐含层和输出层。通过正演计算得到损耗，并根据损耗值进行反向推导。最后，通过这两个过程的交替，搜索一组权值向量，以最小化网络误差函数。

2. 基于我们提出的 DL4PDE 模型求解偏微分方程

我们提出的算法 DL4PDE 的架构如图 7.2 所示。该方法由两部分组成。左边的平行四边形表示偏微分方程的解空间。

第一部分根据 7.1.2 节的公式，为在图 7.2 中的初始和边界条件 $A(x_1, x_2)$ 。第二部分是采用密集连接网络求解 $N(x, p)$ 的三层隐含层多层神经网络。最后将初

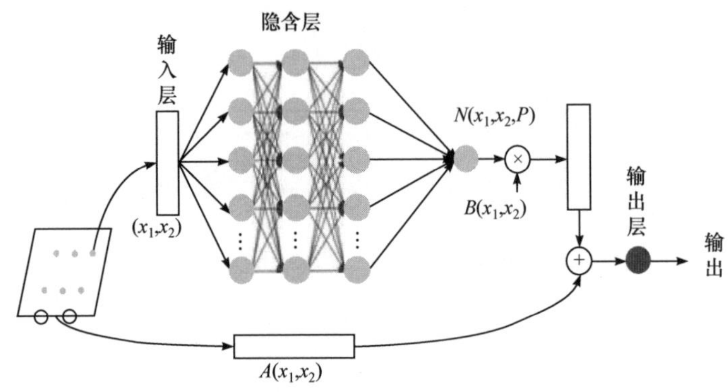


图 7.2　本章提出的模型框架

始/边界和域信息附加到网络中，得到 DL4PDE 模型的输出。接下来，我们将描述每个部分的细节。

初始条件或边界条件：根据偏微分方程不同的初边值条件，利用计算公式得到相应的表达式。例如，具有 Dirichlet 边界条件和混合边界条件的二维问题可以用 7.1.2 节中的公式计算。

求解 $N$ 的多层神经网络：这部分是我们提出的 DL4PDE 模型的核心部分。对于二维偏微分方程问题，将其视为神经网络的输入，使用一个单一的隐含层神经网络不具有足够的非线性逼近能力，同时，它还可能导致梯度色散问题，计算量大，并且很难收敛到太多的隐含层。这是我们建立具有三个隐含层神经结构的主要原因。

深度神经网络中激活函数的选择对训练性能有显著影响。它用于将神经元(单位)的激活转换为输出，以提高非线性逼近的能力。最近，整流线性单元(rectified linear unit，ReLU)已成为应用最广泛的激活函数，而具体的问题往往需要不同的激活函数。鉴于目前在利用深度学习方法求解二阶偏微分方程方面缺乏研究，我们介绍了四种不同的激活函数：Sigmoid、tanh、ReLU 和 Leaky ReLU。

表 7.1 显示了使用不同激活函数的性能。示例 7.1 用于样例，其他示例类似。我们通过在给定域$[0,1]\times[0,1]$中选择 100 个等距点来训练网络。隐含层的数目对应于 $L = 3$，并且每层中的单位数目被设置为 100。最大迭代次数被设置为 10000。表 7.1 中的训练时间和误差范围是每实验 100 次的平均值。从表 7.1 可以看出，tanh 函数在训练时间和误差方面优于其他激活函数。精确解与 DL4PDE 解的误差比较如图 7.3 所示。使用 ReLU 函数或 Leaky ReLU 函数的解可能出现数值振荡现象，因此，我们选择 tanh 函数作为 DL4PDE 方法中的激活函数。

**表 7.1　不同激活函数对比**

| 激活函数 | 训练时间/s | 误差范围 |
|---|---|---|
| Sigmoid | 555 | $-10^{-5}\sim1.5\times10^{-5}$ |
| ReLU | 526 | $-6\times10^{-6}\sim6\times10^{-6}$ |
| Leaky ReLU | 561 | $-4\times10^{-6}\sim4\times10^{-6}$ |
| tanh | 522 | $-3\times10^{-6}\sim3\times10^{-6}$ |

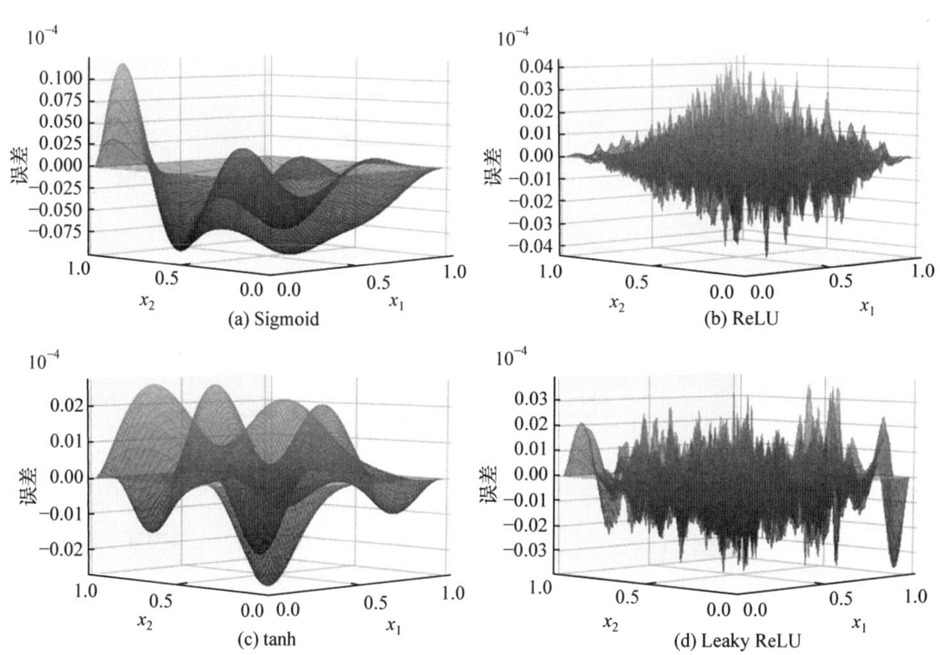


图 7.3　不同激活函数下精确解与 DL4PDE 解的误差

3. 激活函数

在训练阶段，通过正向传播计算预测值和实际值的损失。L2 损失函数在这一领域有着广泛的应用。因此，我们选择 L2 函数作为模型的损失函数，其理论是最小化每个训练点到最优拟合线的距离(平方和最小)。

$$L(y,y_t)=\frac{1}{n}\sum_{i}^{n}\left(y^{(i)}-y_t^{(i)}\right)^2 \tag{7.23}$$

其中，$y^{(i)}$ 和 $y_t^{(i)}$ 分别表示真实解和通过 DL4PDE 算法求得的试验解。

优化器的选择。我们提出的方法是使用自适应矩估计(adaptive moment estimation，Adm)训练的[286]，这是一种用于随机优化的自适应学习算法。相关参数设置如下：$\alpha = 0.001$，$\beta_1 = 0.9$，$\beta_2 = 0.999$ 且 $\varepsilon = 10^{-8}$。最后，通过以下公式将初始/边界和域的信息附加到网络中：

$$y_t(x,p) = A(x_1,x_2) + B \times N(x,p) \tag{7.24}$$

### 7.1.4　数值结果与讨论

本节我们考虑不同初始或边界条件的各种类型的微分方程，以展示所提出的算法 DL4PDE 的有效性。模型的验证准则(包括测试点)与对比文献一致，即本章提出的误差定义为 DL4PDE 解与精确解之间的绝对误差。

$$\text{DL4PDE误差} = \left|\text{精确解} - \text{DL4PD解}\right|$$

我们使用 Python 3.6.5，对 DL4PDE 的算法实现进行了评估，计算机的配置环境为 Intel E5-2630 2.20GHz CPU、GTX 1080 Ti GPU 和 64.0GB RAM。

**例 7.1**　尝试求解以下椭圆型偏微分方程：

$$\frac{\partial^2 y}{\partial x_1^2} + \frac{\partial^2 y}{\partial x_2^2} = \mathrm{e}^{-x_1}\left(x_1 - 2 + x_2^3 + 6x_2\right),\quad 0 \leqslant x_1 \leqslant 1,\quad 0 \leqslant x_2 \leqslant 1 \tag{7.25}$$

边界条件为 Dirichlet 边界条件：

$$\begin{cases} y(0,x_2) = x_2^3,\quad y(1,x_2) = \left(1 + x_2^3\right)\mathrm{e}^{-1} \\ y(x_1,0) = x_1\mathrm{e}^{-x_1},\quad y(x_1,1) = (x_1+1)\mathrm{e}^{-x_1} \end{cases} \tag{7.26}$$

精确解为 $y(x_1,x_2) = \mathrm{e}^{-x_1}\left(x_1 + x_2^3\right)$，根据式(7.18)，我们可以将 DL4PDE 的试验解表示为

$$y_t(x_1,x_2,p) = A(x_1,x_2) + x_1(1-x_1)x_2(1-x_2)N(x,p) \tag{7.27}$$

其中，$A(x_1,x_2)$ 可以表示为

$$A(x_1,x_2) = (1-x_1)x_2^3 + x_1\left(1+x_2^3\right)\mathrm{e}^{-1} + (1-x_2)x_1\left(\mathrm{e}^{-x_1} - \mathrm{e}^{-1}\right) + x_2\left[(1+x_1)\mathrm{e}^{-x_1} - \left(1 - x_1 + 2x_1\mathrm{e}^{-1}\right)\right] \tag{7.28}$$

在这里，我们训练给定域 $[0,1]\times[0,1]$ 中 10000 个等距点的 DL4PDE 方法。并将结果与精确解进行了比较。

图 7.4 给出了该模型的拟合效果和误差分布，绝对误差均控制在 $3\times10^{-6}$ 以内。此外，表 7.2 给出了 10 个测试点的 DL4PDE 解与精确解的比较，包括中 Bernstein 多项式的神经网络。结果表明，所提出的 DL4PDE 方法在精度方面取得了较好的效果。我们的方法中测试点的最大绝对误差为 $6.98\times10^{-6}$。DL4PDE 算法不需要用多项式展开输入模式的步骤，再次体现了 DL4PDE 方法的优越性。

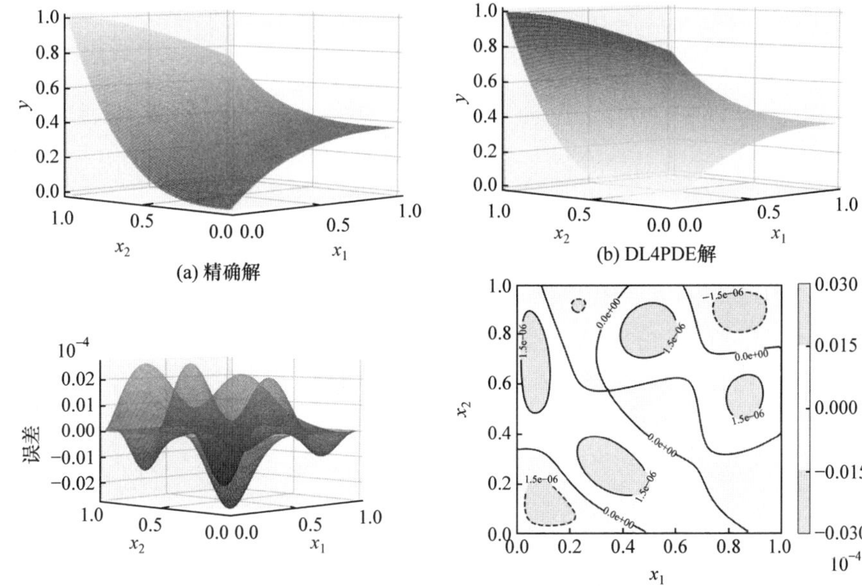


图 7.4　DL4PDE 模型在训练数据集上的拟合效果和误差分布(例 7.1)

**表 7.2　例 7.1 情况下精确解和 DL4PDE 解的对比**

| $x_1$ | $x_2$ | 精确解 | DL4PDE 解 | BeNN 误差 | DL4PDE 误差 |
|---|---|---|---|---|---|
| 0 | 0.2318 | 0.012454901432000 | 0.012454901432000 | 0 | 0 |
| 0.2174 | 0.749 | 0.513009852104650 | 0.513016832326886 | $2.40\times10^{-4}$ | $6.98\times10^{-6}$ |
| 0.587 | 0.3285 | 0.346077236496051 | 0.346077616403784 | $9.30\times10^{-5}$ | $3.80\times10^{-7}$ |
| 0.3971 | 0.6481 | 0.449964154569348 | 0.449962973617978 | $7.60\times10^{-5}$ | $1.18\times10^{-6}$ |
| 0.7193 | 0.2871 | 0.361892942424938 | 0.361890936435839 | $1.10\times10^{-4}$ | $2.01\times10^{-6}$ |
| 0.8752 | 0.538 | 0.429665815073745 | 0.429664941099198 | $3.80\times10^{-5}$ | $8.74\times10^{-7}$ |
| 0.9471 | 0.4691 | 0.407384517762609 | 0.40738591602259 | $1.60\times10^{-5}$ | $1.40\times10^{-6}$ |
| 0.4521 | 0.8241 | 0.643786002811774 | 0.643785937465438 | $4.20\times10^{-5}$ | $6.53\times10^{-8}$ |
| 0.298 | 0.9153 | 0.623489624731025 | 0.623494883925401 | $1.40\times10^{-4}$ | $5.26\times10^{-6}$ |
| 0.632 | 0.1834 | 0.339204362555939 | 0.33919994550786 | $1.60\times10^{-4}$ | $4.42\times10^{-6}$ |

**例 7.2**　给定以下二阶椭圆 PDE：

$$\frac{\partial^2 y}{\partial x_1^2}+\frac{\partial^2 y}{\partial x_2^2}=\sin(\pi x_1)\sin(\pi x_2),\quad 0\leqslant x_1\leqslant 1,\quad 0\leqslant x_2\leqslant 1 \tag{7.29}$$

考虑以下 Dirichlet 边界条件：

$$y(0,x_2)=0,\quad y(1,x_2)=0,\quad y(x_1,0)=0,\quad y(x_1,1)=0 \tag{7.30}$$

DL4PDE 的试验解可以表示为

$$y_t(x_1,x_2,p)=x_1(1-x_1)x_2(1-x_2)N(x,p) \tag{7.31}$$

精确解为 $y(x_1,x_2)=-\dfrac{1}{2\pi^2}\sin(\pi x_1)\sin(\pi x_2)$。

同样，我们在给定域[0,1]×[0,1]中训练 10000 个等距点的网络。精确解和 DL4PDE 解在图 7.5(a)和(b)中显示，其他解通过三维可视化和等值线图显示精确解和 DL4PDE 解之间的误差。误差范围为 $-9\times10^{-6}\sim9\times10^{6}$，证明了该方法的优越性。表 7.3 给出了 10 个测试点的 DL4PDE 解与精确解的比较。

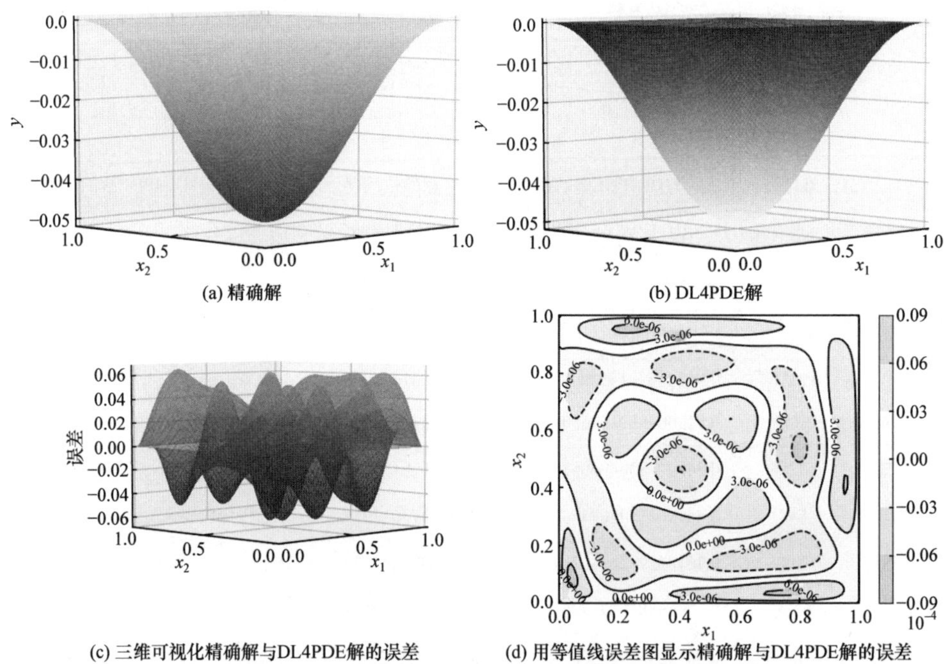


图 7.5　DL4PDE 模型在训练数据集上的拟合效果和误差分布(例 7.2)

**表 7.3　例 7.2 情况下精确解和 DL4PDE 解的对比**

| $x_1$ | $x_2$ | 精确解 | DL4PDE 解 | BeNN 误差 | DL4PDE 误差 |
|---|---|---|---|---|---|
| 0 | 0.891 | 0 | 0 | 0 | 0 |
| 0.171 | 0.077 | −0.0062103901125582 | −0.00621278373032248 | $6.3\times10^{-5}$ | $2.39\times10^{-6}$ |
| 0.39 | 0.194 | −0.0272853073241767 | −0.0272848391510394 | $3.0\times10^{-5}$ | $4.68\times10^{-7}$ |
| 0.47 | 0.284 | −0.0392623365041844 | −0.0392640209590631 | $2.4\times10^{-6}$ | $1.68\times10^{-6}$ |
| 0.825 | 0.539 | −0.0262716548539402 | −0.0262657228383294 | $5.2\times10^{-5}$ | $5.93\times10^{-6}$ |

续表

| $x_1$ | $x_2$ | 精确解 | DL4PDE 解 | BeNN 误差 | DL4PDE 误差 |
|---|---|---|---|---|---|
| 0.34 | 0.682 | −0.0373330746130637 | −0.0373383465329228 | $1.2\times10^{-5}$ | $5.27\times10^{-6}$ |
| 0.741 | 0.568 | −0.0359838439314855 | −0.0359822930564925 | $1.1\times10^{-5}$ | $1.55\times10^{-6}$ |
| 0.95 | 0.394 | −0.0074896840130043 | −0.00749450633566156 | $2.9\times10^{-5}$ | $4.82\times10^{-6}$ |
| 0.153 | 0.882 | −0.0084858743954441 | −0.00848491329426323 | $7.6\times10^{-5}$ | $9.61\times10^{-7}$ |
| 0.937 | 0.472 | −0.0099229125877616 | −0.00992740018120338 | $2.7\times10^{-5}$ | $4.49\times10^{-6}$ |

**例 7.3**　考虑一个具有混合边界条件的二阶椭圆型偏微分方程：

$$\frac{\partial^2 y}{\partial x_1^2}+\frac{\partial^2 y}{\partial x_2^2}=\left(2-\pi^2 x_2^2\right)\sin\left(\pi x_1\right),\quad 0\leqslant x_1\leqslant 1,\quad 0\leqslant x_2\leqslant 1 \tag{7.32}$$

带有混合边界条件

$$y\left(0,x_2\right)=0,\quad y\left(1,x_2\right)=0,\quad y\left(x_1,0\right)=0,\quad \frac{\partial y\left(x_1,1\right)}{\partial x_2}=2\sin\left(\pi x_1\right) \tag{7.33}$$

按照本方法的步骤，我们可以将 DL4PDE 试验解决方案编写为

$$y_t\left(x,p\right)=A\left(x_1,x_2\right)+x_1\left(1-x_1\right)x_2\left\{N\left(x,p\right)-N\left(x_1,1,p\right)-\frac{\partial N\left(x_1,1,p\right)}{\partial x_2}\right\} \tag{7.34}$$

$A\left(x_1,x_2\right)$ 可以写成

$$A\left(x_1,x_2\right)=2x_2\sin\left(\pi x_1\right) \tag{7.35}$$

精确解为 $y\left(x_1,x_2\right)={x_2}^2\sin(\pi x_1)$。

考虑给定域[0,1]×[0,1]中 100 个等距点( $x_1$ 和 $x_2$ 方向)。图 7.6 显示了精确解和DL4PDE解的良好拟合效果和误差。DL4PDE方法得到的误差精度为$O\left(10^{-4}\right)$。表 7.4 给出了 10 个测试点的 DL4PDE 解与精确解的比较。

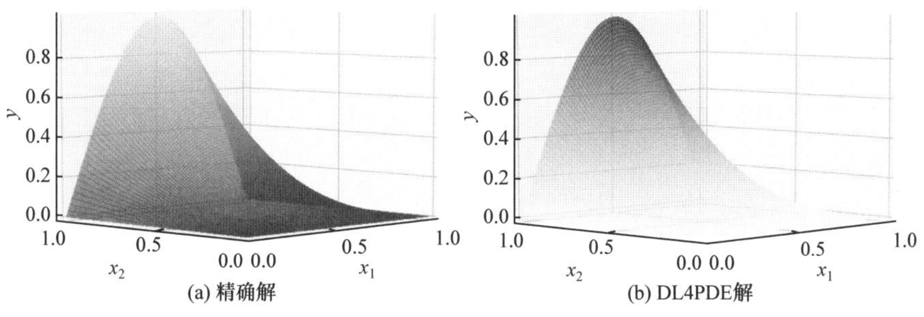

(a) 精确解　　(b) DL4PDE解

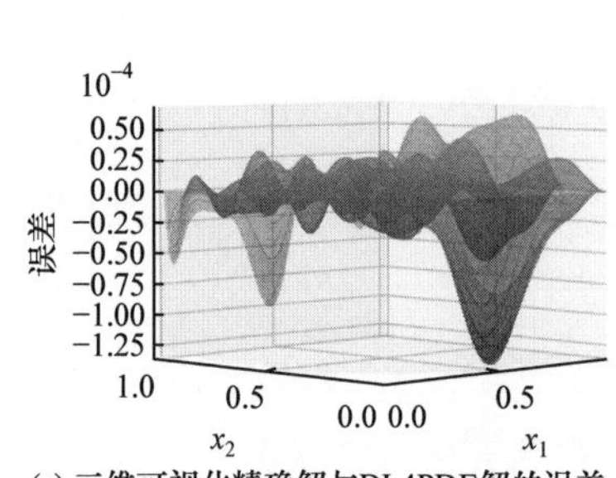

(c) 三维可视化精确解与DL4PDE解的误差

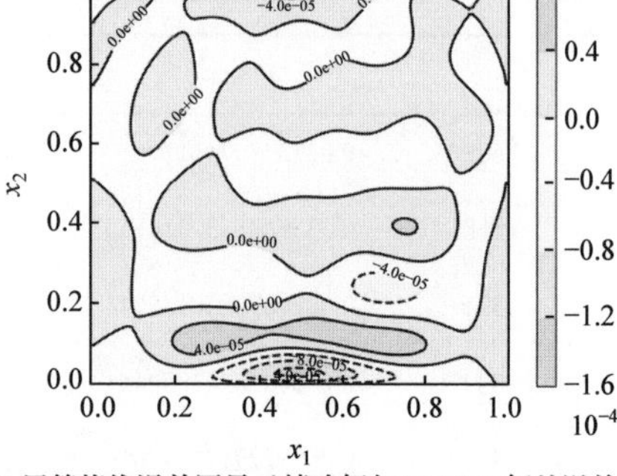

(d) 用等值线误差图显示精确解与DL4PDE解的误差

图 7.6　DL4PDE 模型在训练数据集上的拟合效果和误差分布(例 7.3)

**表 7.4　例 7.3 情况下精确解和 DL4PDE 解的对比**

| $x_1$ | $x_2$ | 精确解 | DL4PDE 解 | Chebyshev 误差 | DL4PDE 误差 |
|---|---|---|---|---|---|
| 0 | 0.2318 | 0 | 0 | 0 | 0 |
| 0.2174 | 0.749 | 0.354052855913929 | 0.354032861622736 | $1.00\times10^{-4}$ | $2.00\times10^{-5}$ |
| 0.587 | 0.3285 | 0.103906593310896 | 0.103895168207895 | $2.00\times10^{-4}$ | $1.14\times10^{-5}$ |
| 0.3971 | 0.6481 | 0.398276603665788 | 0.398273107121444 | $1.00\times10^{-4}$ | $3.50\times10^{-6}$ |
| 0.7193 | 0.2871 | 0.063626029544878 | 0.0636546423663756 | $2.00\times10^{-4}$ | $2.86\times10^{-5}$ |
| 0.8752 | 0.538 | 0.110597382014285 | 0.11059655826283 | $3.00\times10^{-4}$ | $8.24\times10^{-7}$ |
| 0.9471 | 0.4691 | 0.0364028530526811 | 0.0364138803818531 | $3.00\times10^{-4}$ | $1.10\times10^{-5}$ |
| 0.4521 | 0.8241 | 0.671465765482786 | 0.671495745659269 | $1.00\times10^{-4}$ | $3.00\times10^{-5}$ |
| 0.298 | 0.9153 | 0.674666081121459 | 0.674665847436888 | $1.00\times10^{-4}$ | $2.34\times10^{-7}$ |
| 0.632 | 0.1834 | 0.0307846493761612 | 0.0307856086843469 | $1.00\times10^{-4}$ | $9.59\times10^{-7}$ |

**例 7.4**　考虑一个二阶椭圆型偏微分方程

$$\nabla^4 y(x_1,x_2)=24\left(x_1^4+x_2^4\right)-144\left(x_1^2+x_2^2\right)+288x_1^2x_2^2+80,\quad (x_1,x_2)\in[-1,1]^2 \tag{7.36}$$

边界条件为

$$y(x_1,x_2)=0,\ \ (x_1,x_2)\in\partial\left([-1,1]^2\right)$$

$$\frac{\partial y}{\partial n}(x_1,x_2)=0,\ \ (x_1,x_2)\in\partial\left([-1,1]^2\right) \tag{7.37}$$

根据式(7.18)，DL4PDE 试验解可以写成

$$y_t\left(x_1,x_2,p\right)=\left(x_1^2-1\right)\left(x_2^2-1\right)N\left(x,p\right) \tag{7.38}$$

精确解为 $y\left(x_1,x_2\right)=\left(x_1^2-1\right)^2\left(x_2^2-1\right)^2$。

在这个例子中，给定域中的 10000 个等距点$[-1,1]\times[-1,1]$用来训练 DL4PDE 模型。精确解和 DL4PDE 解如图 7.7(a)和(b)所示。可知，DL4PDE 方法明显优于文献[69]中的 MLP 算法。表 7.5 给出了 10 个测试点的 DL4PDE 解与精确解的比较。

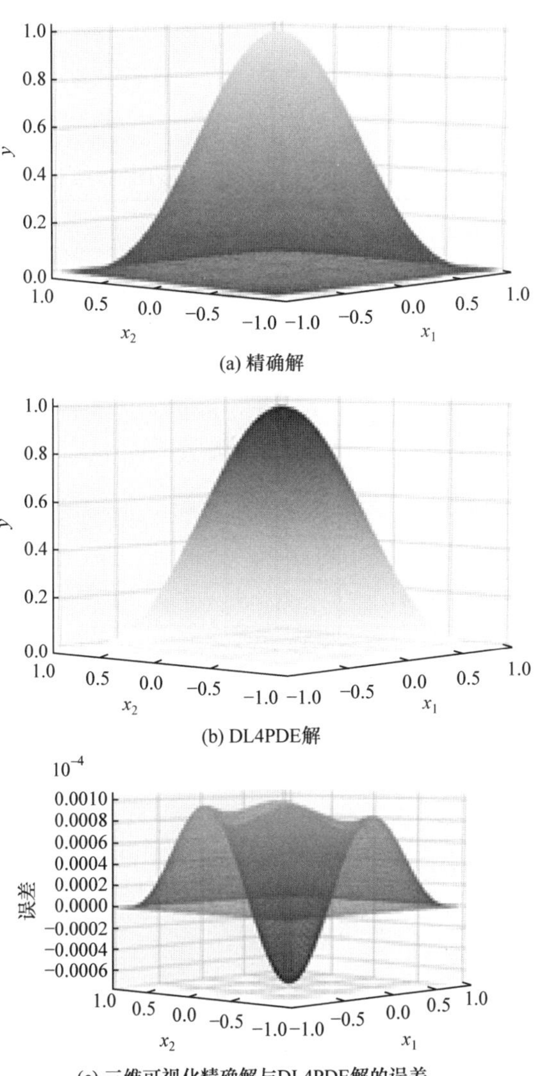


(a) 精确解

(b) DL4PDE解

(c) 三维可视化精确解与DL4PDE解的误差

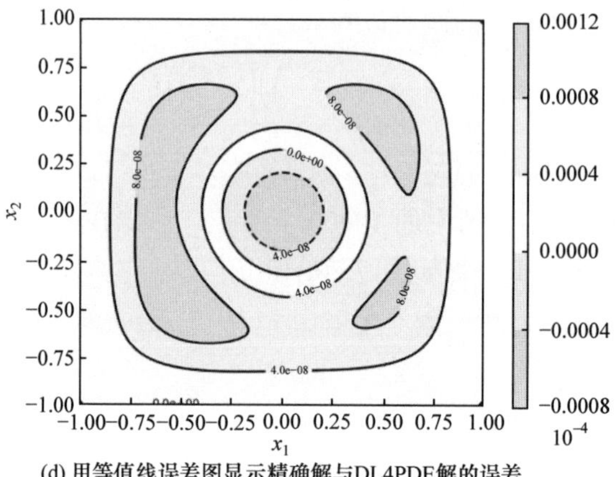


(d) 用等值线误差图显示精确解与DL4PDE解的误差

图 7.7　DL4PDE 模型在训练数据集上的拟合效果和误差分布(例 7.4)

**表 7.5　例 7.4 情况下精确解和 DL4PDE 解的对比**

| $x_1$ | $x_2$ | 精确解 | DL4PDE 解 | MLP 误差 | DL4PDE 误差 |
|---|---|---|---|---|---|
| –0.74 | –1.2 | 0.039623291136 | 0.0396231666584823 | $2.00\times10^{-6}$ | $1.24\times10^{-7}$ |
| –0.46 | 0.0 | 0.621574560 | 0.621574452164657 | $1.60\times10^{-6}$ | $1.08\times10^{-7}$ |
| –0.3 | 1.2 | 0.160320160 | 0.160320082517647 | $3.00\times10^{-6}$ | $7.75\times10^{-8}$ |
| 0.4 | 0.0 | 0.705599999999999 | 0.705600270731033 | $7.00\times10^{-7}$ | $2.71\times10^{-7}$ |
| 0.78 | 0.98 | 0.0002404782141696 | 0.000240477898230087 | $1.00\times10^{-8}$ | $3.16\times10^{-10}$ |
| 0.92 | –0.35 | 0.0181667266559999 | 0.0181667201059078 | $1.00\times10^{-8}$ | $6.55\times10^{-9}$ |
| 1.2 | –1.2 | 0.0374809599999999 | 0.0374808060678628 | $5.70\times10^{-6}$ | $1.54\times10^{-7}$ |
| 1.2 | 0.0 | 0.193599999999999 | 0.193599960071092 | $1.10\times10^{-7}$ | $3.99\times10^{-8}$ |

**例 7.5**　最后，我们考虑一个二阶椭圆型偏微分方程，其边界条件如下：

$$\frac{\partial^2 y}{\partial x_1^2}+\frac{\partial^2 y}{\partial x_2^2}=4,\quad 0\leqslant x_1\leqslant 1,\quad 0\leqslant x_2\leqslant 2 \tag{7.39}$$

边界条件为

$$y(0,x_2)=x_2^2,\quad y(1,x_2)=(x_2-1)^2,\quad y(x_1,0)=x_1^2,\quad y(x_1,2)=(x_1-2)^2 \tag{7.40}$$

根据式(7.18)，DL4PDE 的试验解可以写成

$$y_t(x,p)=A(x_1,x_2)+x_1(1-x_1)x_2(2-x_2)N(x,p) \tag{7.41}$$

其中，$A(x_1,x_2)$可以表示为

$$A(x_1,x_2)=x_1{}^2-x_1+(1-x_1)x_2^2+x_1(x_2-1)^2 \tag{7.42}$$

精确解为 $y(x_1,x_2)=(x_1-x_2)^2$。

在这里，我们选择 $[0,1]\times[0,2]$ 域中的 30 个等距点来训练 DL4PDE 神经网络，与 L-IELM 方法相同。我们提出的方法的拟合效果和误差分布如图 7.8 所示。误差范围为 $-6\times10^{-9}\sim4\times10^{-9}$，最大绝对误差为 $5.6854\times10^{-9}$。此外，测试数据集的结果如表 7.6 所示，误差用平均绝对误差来表示，即

$$\text{Error}=\text{mean}\left\{\left|y^*\left(x_{1i},x_{2j}\right)-y\left(x_{1i},x_{2j}\right)\right|:x_{1i}=a+\frac{b-a}{50}i,x_{2j}=c+\frac{d-c}{50}j\right\} \tag{7.43}$$

其中，$D=[a,b]\times[c,d]$。DL4PDE 模型的平均绝对误差为 $1.8818\times10^{-9}$，优于文献中用 L-IELM 方法得到的 $5.2460\times10^{-5}$。

**表 7.6　例 7.5 情况下真实值和 DL4PDE 的解的对比**

| 算法 | 平均绝对误差 |
| --- | --- |
| L-IELM(2019) | $5.2460\times10^{-5}$ |
| DL4PDE | $1.8818\times10^{-9}$ |

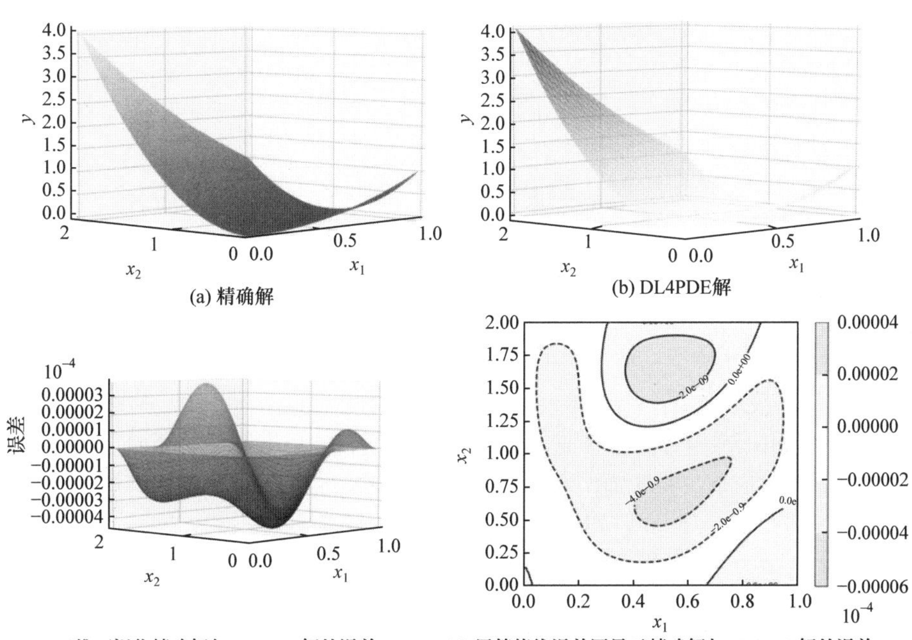


(a) 精确解　(b) DL4PDE解

(c) 三维可视化精确解与DL4PDE解的误差　(d) 用等值线误差图显示精确解与DL4PDE解的误差

图 7.8　DL4PDE 模型在训练数据集上的拟合效果及误差分布(例 7.5)

### 7.1.5 结论与未来的工作

7.1 节我们提出一种改进的方法，称为 DL4PDE 来求解不同初始或边界条件的偏微分方程并推导出了求解任意平方域二阶偏微分方程问题的一个标准形 $A(x_1,x_2)$。首先，偏微分方程的解可以表示为两部分：一部分满足初始或边界条件，另一部分采用三层全连通隐含层的多层神经网络进行训练。所提出的方法采用非线性逼近能力强的第二部分的端到端训练模型，不需要采用多项式或其他变换方式扩展输入模式的步骤。最后，用 Chebyshev、BeNN 和 MLP 方法对结果进行了比较，结果表明，我们提出的方法在精度上优于现有算法。此外，我们考虑了两个域为 $[-1,1]\times[-1,1]$ 和 $[0,2]\times[0,1]$ 的例子来验证任意平方域的二阶偏微分方程的形式。

## 7.2 应用深度学习求解 Lane-Emden 方程

### 7.2.1 引言

Lane-Emden (L-E)方程来自天文学和天体物理学。这些方程描述一个恒星的内部结构，满足静水平衡条件和多方关系，包括恒星的压力、密度和半径。L-E 方程的应用非常广泛。

过去，一些复杂的非线性微分方程可以通过替换非线性项来求解。如 L-E 方程可替换 Lagrangian 中的非线性项。然而，解决 L-E 方程的奇异初始值问题仍是一个巨大的挑战，一般的数值法很难产生令人满意的近似值。当然，这个问题已经得到了广泛的数值研究。例如，有限差分法将微分方程中独立变量的连续值近似为函数值和变量的离散值。Adomian 分解法首先由 Shawogfeh 提出用于求解 L-E 方程，后来该方法得到了进一步改进。此外，还有各种样条方法，包括样条有限差分法、立方样条法、B 样条法和四分 B 样条搭配法。近年来，有一些方法通过准线性化技术、移位 Gegenbauer 积分伪光谱法(shift Gegenbauer integral pseudo-spectral method，SGIPSM)和混合 MADM 配置法求解 L-E 方程。然而，这些传统的数值方法都有着不可避免的缺点。L-E 方程计算量大、推导过程烦琐，难以解决奇异初始值问题。此外，通过数值方法得到的解不是连续的。

20 世纪 80 年代以来，人工神经网络已成为人工智能领域的研究热点，通过模拟人脑神经网络来构建模型。近年来，随着人工神经网络研究的不断深入，解决了许多棘手的问题，人工神经网络也广泛用于求解方程。与传统数值方法相比，人工神经网络具有更为明显的优点。人工神经网络最突出的优势之一是通用近似能力，为 L-E 方程的求解奠定了基础。人工神经网络可以克服传统方法的弱点，成功应用 Chebyshev 神经网络模型解决了 Lane-Emden 型的二阶非线性普通微分方程问题。Mall 等[85]利用神经网络模型和随机优化技术，提出了 Lane-Emden 型微分方程的解法。

自 2006 年以来，深度学习已成为机器学习研究的新领域。在过去的十年中，深度学习算法在计算机视觉、语音识别、自然语言处理、搜索技术和数据挖掘等领域展示了其强大的功能特征。

本节介绍了一种基于深度学习的求解 Lane-Emden 型二阶非线性普通微分方程的新方法，有五个主要亮点。

(1) 在此之前没有对深度学习方法求解 L-E 方程的研究。

(2) 深度学习方法可以简单地解决奇异的初始值问题，而无需事先复杂的处理步骤。

(3) 深度学习方法得到的解是连续可导的。

(4) 该方法基于深度学习算法，具有较高的精度。

(5) 我们的结果在稳定性方面超过了现有的方法。

7.2.2 节描述使用人工神经网络求解 L-E 方程的一般公式，包括 L-E 方程的介绍，以及使用人工神经网络的试验解形式。7.2.3 节提出深度学习的体系结构和算法，是描述本章所用方法具体过程的一个非常重要的部分。7.2.4 节讨论数值结果，通过深度学习与过去人工神经网络方法的比较，证实了深度学习的优越性。

### 7.2.2 使用人工神经网络求解 Lane-Emden 方程

本节将介绍人工神经网络的微分方程解的形式，然后推导出 L-E 方程的解形式。在天体物理学中，L-E 方程是 Poisson 方程的无维形式，用于牛顿自引力、球形对称、多热带流体的引力势。它以天体物理学家霍纳森·荷马·莱恩和罗伯特·埃姆登命名。

在天体物理学中常见如下方程：

$$g=\frac{GM(r)}{r^2}=-\frac{\mathrm{d}\Phi}{\mathrm{d}r} \tag{7.44}$$

其中，$g$ 是重力加速度；$G$ 是引力常量；$M(r)$ 是半径为 $r$ 的球的质量；$\Phi$ 是气体的引力势。

以下三个假设是 $\Phi$ 和 $P$ 的前提条件：

$$\mathrm{d}P=-G\rho\mathrm{d}r=\rho\mathrm{d}\Phi \tag{7.45}$$

$$\nabla^2\Phi=\frac{\mathrm{d}^2\Phi}{\mathrm{d}r^2}+\frac{2}{r}\frac{\mathrm{d}\Phi}{\mathrm{d}r}=-4\pi G\rho \tag{7.46}$$

$$P = K\rho^{r} \tag{7.47}$$

从上述公式，并结合假设$\Phi = 0$，我们很容易发现

$$\rho = L\Phi^{n} \tag{7.48}$$

其中，$n = \dfrac{1}{r-1}$，$L = \left[(n+1)K\right]^{-n}$。将方程(7.48)的值引入方程(7.46)，我们获得

$$\nabla^{2}\Phi = -a^{2}\Phi^{n} \tag{7.49}$$

其中，$a^{2} = 4LG$。如果我们引入$\Phi = \Phi_{0}y$，则方程(7.49)将简化为 Lane-Emden 方程，为

$$\frac{\mathrm{d}^{2}y}{\mathrm{d}x^{2}} + \frac{2}{x}\frac{\mathrm{d}y}{\mathrm{d}x} + y^{m} = 0, \quad x \geqslant 0 \tag{7.50}$$

下面都以方程(7.50)的形式进行考虑。显然，L-E 方程属于奇异初始值问题，这就给方程的求解带来很大的困难。

### 7.2.3 深度学习算法

图 7.9 显示了我们目前方法的网络结构。让我们按照箭头的方向更好地了解此网络。输入神经网络后，$x$将通过相应的权重到达神经元的第一层，由每个神经元的激活功能处理后，通过相应的权重再次到达神经元的第二层，$x$ 根据这种方式，可以通过所有隐含层。每一层的神经元数量和隐含层的数量由我们决定，权重和阈值的参数由神经网络训练。这是图 7.9 中第一个虚线框中所示的正向传播过程。前向传播后，我们得到$y$的预置值。通过比较结果和确切的解决方案，当大于参数调整时设置的阈值时，我们的解决方案(深色线条)将逐渐接近真实值(浅色线条)。

为了使我们的网络更好地近似非线性函数，我们需要引入激活函数。我们尝试在我们的网络中使用三个激活函数 tanh、ReLU 和 Leaky ReLU 来求解 L-E 方程。作为表 7.7，我们使用三个激活函数的网络来计算 L-E 方程$(m=5)$，并分别得到这些结果的平均误差和精确解。在我们的实验中，使用 ReLU 函数和 Leaky ReLU 函数的错误率分别是 tanh 函数的 20 倍和 40 倍。最后，我们选择 tanh 函数来提高接近能力，即

$$f(z) = \tanh(z) = \frac{\mathrm{e}^{z} - \mathrm{e}^{-z}}{\mathrm{e}^{z} + \mathrm{e}^{-z}} \tag{7.51}$$

$\boldsymbol{x}$矩阵是我们的输入。在矩形框的神经网络中，圆圈表示神经元，不同颜色表示调整后的神经网络新形式。虚线箭头表示通过$L$反馈进行调优的过程。$\boldsymbol{y}$矩阵表示从相应神经网络派生的解，这些神经网络与精确的解$\boldsymbol{y}$一起形成线图，两

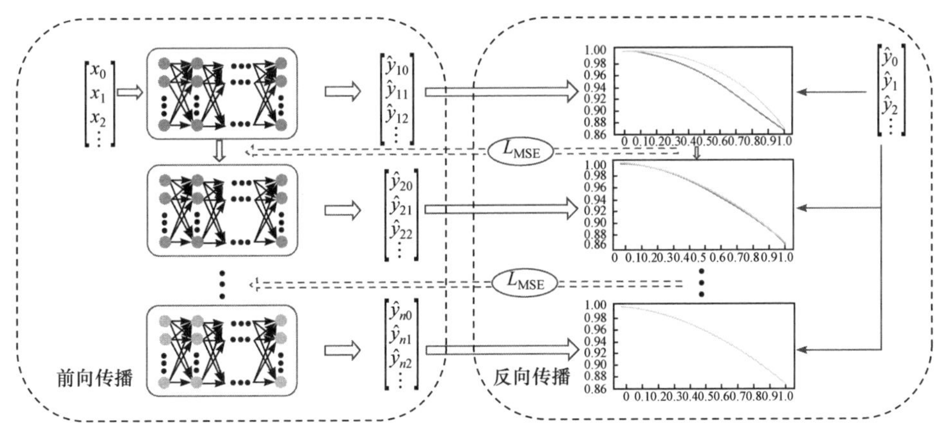


图 7.9　目前方法的网络结构

条线分别表示神经网络派生的解和精确解。

**表 7.7　不同激活函数的对比**

| 激活函数 | 平均误差 |
|---|---|
| ReLU | $1.97\times10^{-4}$ |
| Leaky ReLU | $1.45\times10^{-2}$ |
| tanh | $8.66\times10^{-6}$ |

### 7.2.4　实验

本节通过深度学习和一些其他当前方法，解出 L-E 方程不同 $m$ 值时的解，并将这些结果与精确解或解析解进行比较。以下一系列数字和表格可以帮助我们更直观地了解不同方法的优缺点。当 $m$ 取不同值时，不同方法的结果如下。

2014 年，Mall 等首先使用基于 Chebyshev 神经网络(ChNN)的模型求解 L-E 方程[83]。之后，Lu 等利用无监督神经网络模型和随机优化技术，提出了 L-E 方程解的混合计算方法[287]。在这篇文章中，作者尝试 5 个解释器，包括模式搜索(pattern search，PS)优化、遗传算法(genetic algorithm，GA)、顺序二次编程(sequential quadratic programming，SQP)、PS-SQP 和 GA-SQP，以求解当 $m=0$、1 和 5 时的 L-E 方程。

在球形对称情况下，L-E 方程仅在指数 $m=0$ 、1 和 5 的三个值时才可集成。因此，它仅仅在这三个值的情况下，就可以得到精确的解决方案。当将 $m$ 取其他值时，标准 L-E 方程可以仅得到数值解。为了更好地与现有的 ChNN 方法进行比较，我们将引入 HPM 方法计算的数值解，以替换精确解的方法。

同样，为了说明深度学习方法和其他两种方法对结果的区别，我们计算时 $x$

为 $0, 0.1, \cdots, 1$。

接下来，我们将介绍 DL 和其他两种方法在 $m$ 取不同值时的结果[83, 287]，并将这些结果与精确解或数值解进行比较。

**例 7.6** 当 $m=0$ 时，方程为

$$\frac{d^2y}{dx^2}+\frac{2}{x}\frac{dy}{dx}+1=0, \quad x\geqslant 0 \tag{7.52}$$

初始条件为 $y(0)=1, y'(0)=0$。

如 7.2.2 节所述，实验解为

$$y(x,p)=1+x^2N(x,p) \tag{7.53}$$

精确解为

$$y(x)=1-\frac{x^2}{6} \tag{7.54}$$

然后，我们可以通过深度学习方法获得具有训练权重的解决方案。用深度学习和其他方法得到的 11 个点的解如表 7.8 所示。

**表 7.8 取 $m=0$ 时应用不同方法得到的解**

| $x$ | ChNN | GA | PS-SQP | GA-SQP | 深度学习 |
|---|---|---|---|---|---|
| 0 | 1.0000 | 1.000037 | 1.000000 | 1.000000 | 1.000000000 |
| 0.1 | 0.9993 | 0.998451 | 0.998224 | 0.998339 | 0.998358886 |
| 0.2 | 0.9901 | 0.993512 | 0.993197 | 0.993341 | 0.993387076 |
| 0.3 | 0.9822 | 0.985151 | 0.984859 | 0.985006 | 0.985051627 |
| 0.4 | 0.9766 | 0.973433 | 0.973186 | 0.973341 | 0.973356646 |
| 0.5 | 0.9602 | 0.958420 | 0.958184 | 0.958341 | 0.958322739 |
| 0.6 | 0.9454 | 0.940122 | 0.939851 | 0.940007 | 0.939969994 |
| 0.7 | 0.9134 | 0.918511 | 0.918183 | 0.918340 | 0.918307393 |
| 0.8 | 0.8892 | 0.893543 | 0.893182 | 0.893340 | 0.893328877 |
| 0.9 | 0.8633 | 0.865192 | 0.864848 | 0.865007 | 0.865014431 |
| 1 | 0.8322 | 0.833480 | 0.833181 | 0.833340 | 0.833333846 |

**例 7.7** $m=1$ 时，方程为

$$\frac{d^2y}{dx^2}+\frac{2}{x}\frac{dy}{dx}+y=0, \quad x\geqslant 0 \tag{7.55}$$

初始条件为 $y(0)=1, y'(0)=0$。

实验解为

$$y(x,p)=1+x^2N(x,p) \tag{7.56}$$

精确解为

$$y(x)=\frac{\sin x}{x} \tag{7.57}$$

用不同方法得到的方程结果列于表 7.9 中。

**表 7.9　取 $m=1$ 时应用不同方法得到的解**

| $x$ | 精确解 | ChNN | GA | PS-SQP | GA-SQP | 深度学习 |
|---|---|---|---|---|---|---|
| 0 | 1.00000 | 1.00000 | 0.99999 | 1.00000 | 0.99999 | 1.000000000 |
| 0.1 | 0.99800 | 1.00180 | 0.99828 | 0.99833 | 0.99833 | 0.998397741 |
| 0.2 | 0.99300 | 0.99050 | 0.99346 | 0.99335 | 0.99336 | 0.993514482 |
| 0.3 | 0.98500 | 0.98390 | 0.98542 | 0.98513 | 0.98513 | 0.985288032 |
| 0.4 | 0.97300 | 0.97340 | 0.97418 | 0.97375 | 0.97375 | 0.973729788 |
| 0.5 | 0.95800 | 0.95980 | 0.95983 | 0.95935 | 0.95935 | 0.958919711 |
| 0.6 | 0.94100 | 0.94170 | 0.94255 | 0.94209 | 0.94209 | 0.940992977 |
| 0.7 | 0.91800 | 0.92100 | 0.92256 | 0.92217 | 0.92217 | 0.920122833 |
| 0.8 | 0.89300 | 0.89250 | 0.90019 | 0.89979 | 0.89979 | 0.896503772 |
| 0.9 | 0.86500 | 0.87000 | 0.87544 | 0.87521 | 0.87521 | 0.870337649 |
| 1 | 0.83300 | 0.84310 | 0.84868 | 0.84865 | 0.84865 | 0.841823702 |

**例 7.8**　$m=5$ 时，方程为

$$\frac{\mathrm{d}^2y}{\mathrm{d}x^2}+\frac{2}{x}\frac{\mathrm{d}y}{\mathrm{d}x}+y^5=0,\quad x\geqslant 0 \tag{7.58}$$

初始条件为 $y(0)=1, y'(0)=0$。

实验解为

$$y(x,p)=1+x^2N(x,p) \tag{7.59}$$

精确解为

$$y(x)=\left(1+\frac{x^3}{3}\right)^{-\frac{1}{2}} \tag{7.60}$$

用不同方法得到的方程结果列于表 7.10 中。接下来，考虑 $m=0.5$ 和 2.5 时方程的近似解。

**表 7.10　取 $m=2$ 时应用不同方法得到的解**

| $x$ | 精确解 | ChNN | GA | PS-SQP | GA-SQP | 深度学习 |
|---|---|---|---|---|---|---|
| 0 | 1.000 | 1.000 | 1.0003 | 1.000 | 1.000 | 1.000000000 |
| 0.1 | 0.998 | 0.998 | 0.9987 | 0.9983 | 0.99834 | 0.998353984 |

续表

| x | 精确解 | ChNN | GA | PS-SQP | GA-SQP | 深度学习 |
|---|---|---|---|---|---|---|
| 0.2 | 0.993 | 0.994 | 0.994 | 0.9935 | 0.99341 | 0.993445056 |
| 0.3 | 0.985 | 0.990 | 0.9861 | 0.9854 | 0.98534 | 0.985387784 |
| 0.4 | 0.973 | 0.971 | 0.9751 | 0.9744 | 0.97436 | 0.974396055 |
| 0.5 | 0.958 | 0.968 | 0.9615 | 0.9608 | 0.96077 | 0.960772043 |
| 0.6 | 0.940 | 0.941 | 0.9455 | 0.9449 | 0.94492 | 0.944878708 |
| 0.7 | 0.918 | 0.930 | 0.9276 | 0.9271 | 0.92715 | 0.927103791 |
| 0.8 | 0.893 | 0.908 | 0.9082 | 0.9078 | 0.90785 | 0.907823838 |
| 0.9 | 0.865 | 0.883 | 0.8876 | 0.8873 | 0.88736 | 0.887374594 |
| 1 | 0.833 | 0.865 | 0.8662 | 0.866 | 0.86603 | 0.866030889 |

**例 7.9**　当 $m=0.5$ 时，方程为

$$\frac{\mathrm{d}^2 y}{\mathrm{d}x^2}+\frac{2}{x}\frac{\mathrm{d}y}{\mathrm{d}x}+y^{0.5}=0,\quad x\geqslant 0 \tag{7.61}$$

初始条件为 $y(0)=1, y'(0)=0$。

实验解为

$$y(x,p)=1+x^2 N(x,p) \tag{7.62}$$

由于在 $m=0.5$ 时不能得到方程的精确解，HPM 方法可以得到方程的数值解，用以比较 DL 方法的有效性。

HPM 的解表示为

$$y(x)=1-\frac{1}{6}x^2+\frac{1}{240}x^4 \tag{7.63}$$

结果如表 7.11 所示。

**表 7.11　取 $m=0.5$ 时应用不同方法得到的解**

| x | HPM | ChNN | 深度学习 |
|---|---|---|---|
| 0 | 1.0000 | 1.0000 | 1.000000000 |
| 0.1 | 0.9968 | 0.9983 | 0.998424247 |
| 0.2 | 0.9903 | 0.9933 | 0.993577971 |
| 0.3 | 0.9855 | 0.9850 | 0.985345389 |
| 0.4 | 0.9745 | 0.9734 | 0.973698832 |
| 0.5 | 0.9598 | 0.9586 | 0.958690615 |
| 0.6 | 0.9505 | 0.9405 | 0.940433500 |
| 0.7 | 0.8940 | 0.9193 | 0.919076883 |

续表

| $x$ | HPM | ChNN | 深度学习 |
|---|---|---|---|
| 0.8 | 0.8813 | 0.8950 | 0.894784748 |
| 0.9 | 0.8597 | 0.8677 | 0.867718860 |
| 1 | 0.8406 | 0.8375 | 0.838028129 |

**例 7.10**　$m=2.5$ 时，方程为

$$\frac{\mathrm{d}^2y}{\mathrm{d}x^2}+\frac{2}{x}\frac{\mathrm{d}y}{\mathrm{d}x}+y^{2.5}=0,\quad x\geqslant 0 \tag{7.64}$$

初始条件为 $y(0)=1, y'(0)=0$。

实验解为

$$y(x,p)=1+x^2N(x,p) \tag{7.65}$$

通过 HPM 方法，在 $m=2.5$ 时，还可以得到数值解，即

$$y(x)=1-\frac{1}{6}x^2+\frac{1}{96}x^4 \tag{7.66}$$

再考虑 11 个点来训练网络，结果如表 7.12 所示。

**表 7.12　取 $m=2.5$ 时应用不同方法得到的解**

| $x$ | HPM | ChNN | 深度学习 |
|---|---|---|---|
| 0 | 1.0000 | 1.0000 | 1.000000000 |
| 0.1 | 0.9983 | 0.9964 | 0.998368868 |
| 0.2 | 0.9934 | 0.9930 | 0.993440714 |
| 0.3 | 0.9851 | 0.9828 | 0.985203292 |
| 0.4 | 0.9736 | 0.9727 | 0.973698932 |
| 0.5 | 0.9590 | 0.9506 | 0.959021745 |
| 0.6 | 0.9414 | 0.9318 | 0.941310540 |
| 0.7 | 0.9208 | 0.9064 | 0.920739175 |
| 0.8 | 0.8976 | 0.8823 | 0.897506143 |
| 0.9 | 0.8718 | 0.8697 | 0.871824882 |
| 1 | 0.8438 | 0.8342 | 0.843915741 |

### 7.2.5　总结

7.2 节介绍了一种基于深度学习算法求解 L-E 方程的新方法。我们的方法可以更好地执行特征学习，并且通过神经网络的多层处理来逼近我们想要的结果。

分数阶方程(如 L-E 方程)是当前研究的热点之一，未来的工作包括如何求解更广泛的分数阶方程。此外，求解高维方程也是值得我们研究的问题，我们将继续探究解决这些问题的方法。

## 7.3 基于深度学习的高维偏微分方程的数值解

### 7.3.1 引言

偏微分方程(PDE)特别是高维问题广泛应用于物理、经济学、管理科学和工程等不同领域。虽然开发算法以获取其数值解是一项长期而艰巨的任务，但存在被称为维数诅咒的难题：随着维数的增加，解决高维 PDE 的计算成本呈指数上升。传统的方法(如有限差分法)由于网格点数量激增和要求缩短时间步长大小而无法有效地应用于较高维度。另一些则无法摆脱维数问题的诅咒，如使用多项式、小波、Bernstein、Chebyshev 或其他基础函数构造函数。通常，它们会通过机器学习算法获得基础函数的权重，如支持向量机、径向基函数神经网络、极限学习机等。因此，这些方法仍然是多项式近似，很难发展成高维空间。

维度诅咒的另一个基本限制是机器学习等智能算法中非线性回归模型的复杂性。总之，如何在高维问题上尽可能地表示或近似非线性函数是我们面临的重大障碍。神经网络是一种经典算法，在 2012 年之后达到了前所未有的水平，当时 Alex 建议对 120 万张高分辨率图像进行分类，并取得比之前传统方法更好的性能。近年来，深度学习扭转了局面，并显著改善了各个领域的先进水平，如复杂系统和方程解、语音识别，涉及生物医学、物理学、图像处理、经济、工程等。由于其出色的非线性近似和学习表示能力，多年来一直被引入高维方程的求解。神经网络通过组合几个简单的函数来获得复杂问题的近似值，引入深度学习算法求解方程是一个自然的过程。

目前，关于利用深度学习方法解决高维 PDE 的研究还比较少。Raissi 等[288]开发了一个物理信息神经网络来解决非线性 PDE。同时，他介绍了连续时间和离散时间模型。Beck 等[289]提出了深度学习方法，以解决随机微分方程和科尔莫戈罗夫方程。Schwab 等[290]在 UQ 中采用深度学习方法进行广义的多项式混沌扩展。Han 等[291]提出了一种有效的深度学习算法，以极高的维度求解非线性 PDE。Raissi[292, 293]提出了基于深度学习求解高维偏微分方程的方法。但是，上述方法很难实现，计算量高且耗时。它们只能解决某些情况，低维和高维可能无法同时解决。此外，我们仍然没有一个理论框架。神经网络被视为“黑匣子”，可被视为“弱机制”。一个问题出现了：如何将强机制与偏微分方程解相结合，提高模型的可解释性？另一个问题是：如何设计一个合适的深度学习网络架构来解决高维偏微分方程？神经网络的可解释性一直是有趣和有用的。近年来，为了探索神经网络所学的内容，已经做了越来越多的工作，例如，Raissi 等[288]通过反卷积来可视化神经网络。我们认为，PDE 的试验解分为两部分：第一部分满足初始或边界条件；第二部分使用神经网络算法进行训练，以增加确定性信息并增强其“强有力的机制”。

深度学习的网络体系结构是模型的核心部分，直接影响着问题解决的准确性和复杂性。近年来，许多深度学习网络结构都基于 Alex Krizhevsky 在 2012 年提出的 AlexNet，如 VGGNet、GoogLeNet、ResNet 等。它们主要用于图像分析领域，而没有有效、通用的架构来解决偏微分方程，尤其是高维方程问题。在此基础上，利用具有残差学习能力的神经网络求解局部不同方程的方法被提出。PDE 的试验解可以分为两部分：第一部分满足初始/边界条件，无须训练；另一部分需要神经网络近似。四个隐藏完全连接的层被视为基本框架，并引入残差学习机制，以有效减少迭代次数。此外，我们还开发了一个空间点建议算法来生成更多的训练点。它类似于“数据增强”，可以提高我们模型的准确性。

7.3 节的主要贡献如下。

(1) 通过分解偏微分方程的试验解，将“强机制”与“弱机制”相结合。虽然二维偏微分方程问题在文献中得到了类似的处理，但 7.3 节首次将其应用于高维 PDE。

(2) 通过随机采样空间点作为定义域中的训练集，我们不需要复杂的网格生成过程。我们的方法无网格，这一点至关重要，因为网格在更高维度中变得不可行。

(3) 引入残差学习使我们的模型更易于优化，我们提出了一种空间点建议算法，进一步生成空间点进行训练，以改进模型。

(4) 在我们的专业方法中，不需要使用多项式或其他转换方式扩展输入模式。由于网络架构优雅，DL4PDE 方法具有较强的非线性近似能力，能够解决多维 PDE。

7.3.2 节介绍 PDE 的分解和深层残差学习。7.3.3 节介绍我们提出的模型。7.3.4 节使用多维(最多 $d$=4)的数值实验验证我们所提议模型的性能。7.3.5 节介绍结论和未来的工作。

### 7.3.2　材料和方法

#### 1. 偏微分方程的分解

本节介绍使用神经网络算法求解 PDE 的构造和形式。考虑到 PDE 的正常形式，我们可以将普通或偏微分方程表示为使用神经网络算法求解 PDE 的构造和形

式。考虑到 PED 的正常形式，我们可以将普通或偏微分方程表示为

$$G\left(x, y(x), \nabla y(x), \nabla^2 y(x), \cdots, \nabla^k y(x)\right)=0, \quad x \in D \subseteq \mathbf{R}^n \tag{7.67}$$

此函数受某些初始和边界条件的约束。其中 $G$ 表示微分方程的形式。微分方程的解和微分算子分别用 $y(x)$ 和 $\nabla$ 表示。$D$ 是有限点集 $\mathbf{R}^n$ 上的离散域。$y_t(\boldsymbol{x}, w)$ 作为权重参数 $w$ 的试验解，以上问题可以更改为以下结构：

$$\min_{w} \sum_{x_n \in D}\left(G\left(x_n, y_t(x_n, w), \nabla^2 y_t(x_n, w), \cdots, \nabla^k y_t(x_n, w)\right)\right)^2 \tag{7.68}$$

试验解 $y_t(\boldsymbol{x}, w)$ 满足初始或边界条件与输入向量 $\boldsymbol{x}=(x_1, x_2, \cdots, x_n)^{\mathrm{T}}$，权重参数 $w$ 可以写成如下两部分：

$$y_t(\boldsymbol{x}, w)=A(\boldsymbol{x})+F\left(x, N(\boldsymbol{x}, w)\right) \tag{7.69}$$

第一部分满足初始或边界条件，其中不包含参数 $w$；第二部分对初始和边界条件没有贡献，$N(\boldsymbol{x}, w)$ 和 $w$ 是神经网络的输出与输入向量 $\boldsymbol{x}$ 的权重参数。

让我们考虑 Poisson 方程，它可以表示为

$$\frac{\partial^2 y}{\partial x_1^2}+\frac{\partial^2 y}{\partial x_2^2}=f(x_1, x_2), \quad x_1 \in[0,1], \quad x_2 \in[0,1] \tag{7.70}$$

其边界条件的约束

$$\begin{cases} y(0, x_2)=f_0(x_2), & y(1, x_2)=f_1(x_2) \\ y(x_1, 0)=g_0(x_1), & u(x_1, 1)=g_1(x_1) \end{cases} \tag{7.71}$$

神经网络的试验解为

$$y_t(\boldsymbol{x}, w)=A(\boldsymbol{x})+x_1(1-x_1) x_2(1-x_2) N(\boldsymbol{x}, w) \tag{7.72}$$

其中，$A(\boldsymbol{x})$ 表示为

$$\begin{aligned} A(\boldsymbol{x})= & (1-x_1) f_0(x_2)+x_1 f_1(x_2) \\ & +(1-x_2)\left[g_0(x_1)-\left\{(1-x_1) g_0(0)+x_1 g_0(1)\right\}\right] \\ & +x_2\left[g_1(x_1)-\left\{(1-x_1) g_1(0)+x_1 g_1(1)\right\}\right] \end{aligned} \tag{7.73}$$

2. 残差学习

反向传播神经网络(back propagation neural network，BPNN)是一种经典的监督学习方法，可视为一种学习错误的方法。该算法广泛应用于各个领域，而 BPNN 模型的构造和参数设置，在训练阶段可以实现局部最优。有限训练集可能

无法确保未知模型的一致性概括性能。

因此，一些规范化方法需要保证概括性能，但缺乏正则化并不意味着基于理论推导和综合实验的概括性能较差，即意味着，正则化不是机器学习方法的概括性能的基本原因。此外，数据噪声还可能导致回归不确定性。在大多数情况下，很难对数据进行完全建模。这意味着，残差中存在的一些有益信息可能未被建模，充分利用这些有益信息是该领域的一个重要问题。

有学者提供了全面的经验证据，表明残差网络更易于优化，其核心是通过跳跃连接方式添加恒等映射以实现残差学习。

残差网络的关系表示为

$$\boldsymbol{y}=\left(\boldsymbol{x},\left\{W_i\right\}\right)+\boldsymbol{x} \tag{7.74}$$

其中，$\boldsymbol{x}$ 和 $\boldsymbol{y}$ 表示图层的输入和输出矢量。第一部分 $\left(\boldsymbol{x},\left\{W_i\right\}\right)$ 表示要学习的残差映射。图 7.10 是有两个图层的残差学习模块。操作是通过快捷方式连接实现的，图中的模块跨过两个权重层。

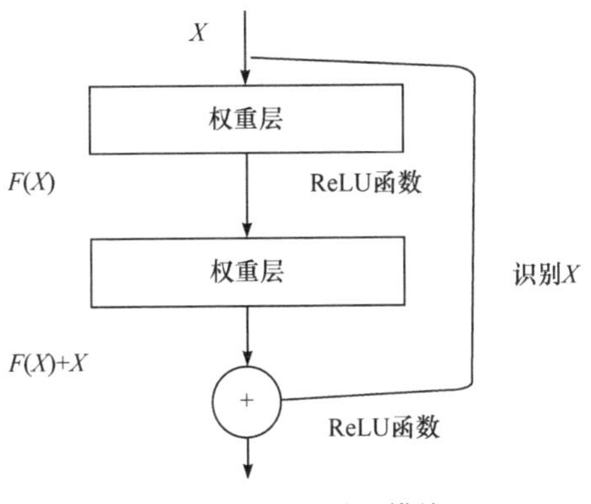


图 7.10　残差学习模块

值得注意的是，式(7.74)中的跳跃连接方式不会增加额外的计算复杂度和参数，在实际应用中十分广泛。为了使 $\boldsymbol{x}$ 和 $\boldsymbol{y}$ 的维数相同，我们可以运用线性映射 $W_s$ 使得它们的维度匹配一致，即

$$\boldsymbol{y}=\left(\boldsymbol{x},\left\{W_i\right\}\right)+W_s\boldsymbol{x} \tag{7.75}$$

### 7.3.3　模型的网络架构

本节将详细介绍我们提出的模型。此方法的体系结构如图 7.11 所示。为了便于可视化和解释，我们以二阶偏微分方程为例。左侧的平行四边形表示偏微分方程的解空间。

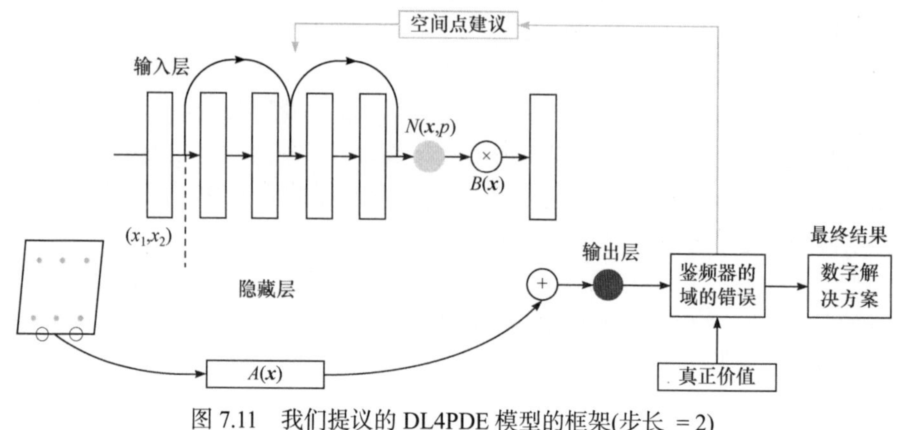


图 7.11　我们提议的 DL4PDE 模型的框架(步长 ＝2)

如上所述，我们将方程的解分解为两个部分，可以参考方程(7.69)。第一部分 $A(\boldsymbol{x})$ 即图中下方矩形框的初始或边界条件。$A(\boldsymbol{x})$ 可以看作是被替换到模型中的确定性信息。第二部分 $N(\boldsymbol{x},w)$ 采用深度学习法进行训练。图 7.11 表示具有两个步长连接(步长为 2)的神经网络，该神经网络具有四个完全连接的图层。网络输出是通过简单的函数操作 $A(\boldsymbol{x})$ 获得的，$B(\boldsymbol{x})$ 在图 7.11 中可以通过圆形标记看到。

神经网络算法获得的近似解和偏微分方程的真实解被视为区域误差鉴别器的输入。然后根据区域对误差进行划分和计算，并根据空间点生成规则对大误差子域中的空间点进行随机采样。选定的新空间点将用作神经网络模型训练的输入。当区域误差小于之前设置的阈值或达到迭代次数时，训练将停止，并获得最终数值解。

初始或边界条件的表示。根据偏微分方程不同的初边值条件，利用计算公式得到相应的表达式(见方程(7.73))。高维偏微分方程的初始或边界表示可以通过相似推理得到。

利用神经网络模型求解 $N(\boldsymbol{x},w)$，其对初值边界条件无关。$\boldsymbol{x}=[x_1,x_2,\cdots,x_d]$ 被认为是神经网络的输入，由一些完整的连接层组成。我们使用步长为 2 的残差学习，这意味着每两个权重层将连接一个快捷连接。步长的大小决定了网络将跨越多少个权值层，这意味着网络拓扑结构的不同。网络的“并行连接”将提高网络自身的学习能力和适应能力，但需要不断尝试和比较，这是一个需要试验的过程。

求解 $N(\boldsymbol{x},p)$ 的神经网络结构如图 7.12 所示。每个权重层都由一个 tanh 激活函数来增加非线性的能力，tanh 激活函数的表达式为

$$f(z)=\tanh(z)=\frac{e^{z}-e^{-z}}{e^{z}+e^{-z}} \tag{7.76}$$

在隐含层神经元中加入激活函数可以最大限度地提高网络的非线性逼近能力。tanh 激活函数的值在[−1,1] 区间内，通过迭代可以继续扩展特征。这是我们选择 tanh 作为激活函数的主要原因。

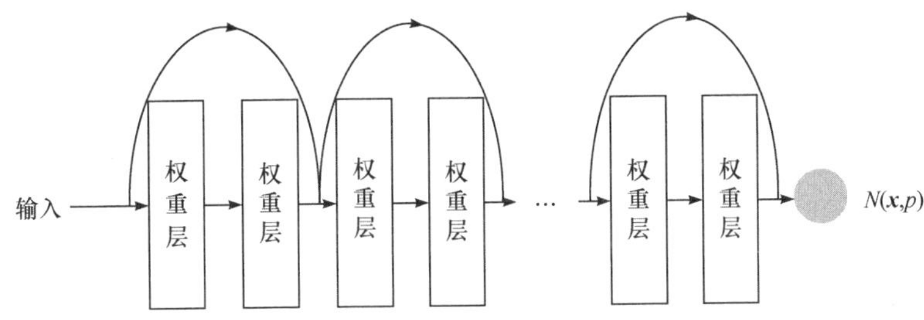


图 7.12　求解 $N(\boldsymbol{x},p)$的示例网络架构

区域误差判别与空间点建议。考虑二阶偏微分方程，并设为区域划分的层次。将每个维度划分为 $l$ 部分($l=2^{g}$)，然后计算其子区域在各个网格层次上的均方误差。

$$\mathrm{MSE}_{k}=\frac{1}{N}\sum_{h=1}^{N}\left(y_{h}-\hat{y}_{h}\right)^{2},\quad k=1,2,\cdots,l^{2} \tag{7.77}$$

其中，$N$ 是子区域点数，$y_{j}$ 和 $\hat{y}_{j}$ 分别给出真值和预测值。

设 $S_0$ 为初始区域随机采样的空间点个数$(g=0)$，$\text{rate}=r(0<r<1)$表示空间点在子域中的控制比例。

$$S_{g}=S_{g-1}\cdot r \tag{7.78}$$

重采样点的数目会随着 $g$ 级的增加而减少，我们将其设置为这种形式的主要原因是考虑了计算的复杂性。

如图 7.13 所示，当 $d=2$，水平 $i=0$ 时，在$[0,1]\times[0,1]$的范围内随机抽取 $S_0$ 个空间点作为训练点。在训练神经网络模型后，将区域划分为 $l^2$ 个等矩形区域，并计算其均方误差。对于误差大于预先设定的阈值的区域，通过式(7.78)得到 $S_g$。然后对子区域进一步随机抽取空间点，作为神经网络的输入进行训练，直到误差达到设定的阈值或迭代次数。

总之，我们可以通过以下算法来完成所提出的求解高维偏微分方程的深度学习方法。

初始化。

$g$：空间点建议的水平。

$N$：子域点数。

$S_g$： $g$ 水平上的子域重采样点数。

$A(\boldsymbol{x})$：初始或边界条件的表示。

$B(\boldsymbol{x})$：定义域信息。

随机抽取 $S_0$ 个空间点作为训练样本，然后用深度神经网络方法得到 $N(\boldsymbol{x},w)$ (见图 7.13)。

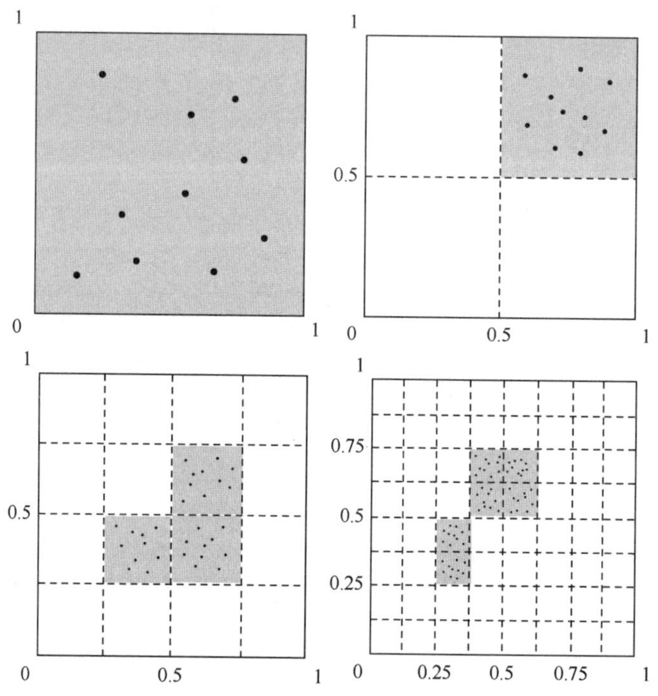


图 7.13　不同等级的区域划分，用深色标记的区域表示有较大错误的域

我们可以得到试验解 $y_t = A(\boldsymbol{x}) + B(\boldsymbol{x}) \times N(\boldsymbol{x},w)$。

当误差<阈值或迭代<最大迭代数时，

**步骤 1**　将定义域 $\Omega$ 分成 $l^2$ 部分。

**步骤 2**　通过式(7.77)获得误差 $\text{Error}_k, k=1,2,\cdots,l^2$。

**步骤 3**　在误差大于阈值的子域上随机抽取 $S_g$ 个空间点，进一步训练神经网络模型。

**步骤 4**　水平 $g=g+1$。

结束循环。

实施细节如下。在求解 $N(\boldsymbol{x},w)$ 阶段，我们采用了批大小为 100 的自适应矩估计优化算法。学习速率从 0.0001 开始，其他参数设置如下：$\alpha = 0.001$，$\beta_1 = 0.9$，$\beta_2 = 0.999$ 和 $\varepsilon = 10^{-8}$。训练模型的最大迭代次数为 $10 \times 10^4$。我们提出的模型中没有使用批处理规范化(batch normalization，BN)。

下面通过求解五个偏微分方程来描述我们提出的方法，并给出详细的说明。

### 7.3.4　数值实验

本节选取五个例子来验证我们提出的深度学习方法。以 Python 3.6.5 为例，在 64.0GB RAM 和 GTX 1080Ti GPU 的 Intel E5-2630 2.20GHz CPU 上对该方法的算法实现进行评估。以下是椭圆型偏微分方程实例。

**例 7.11**　在这个例子中，我们考虑以下 $\Omega = (0,1)^2$ 的二维问题：

$$\Delta u(x) = -\pi^2 \sin(\pi x_1 x_2)\left(x_1^2 + x_2^2\right), \quad x \in \Omega \tag{7.79}$$

边界条件表示为

$$\begin{cases} u(0, x_2) = 0, & u(1, x_2) = \sin(\pi x_2) \\ u(x_1, 0) = 0, & u(x_1, 1) = \sin(\pi x_1) \end{cases} \tag{7.80}$$

$A(x)$ 可以表示为

$$A = x_1 \sin(\pi x_2) + x_2 \sin(\pi x_1) \tag{7.81}$$

精确解为 $u(x) = \sin(\pi x_1 x_2)$。利用我们提出的模型求解算例，选择数据驱动的水平 $g = 3$，全连通网络的层数 $L = 4$。在该区域中随机抽取约 15000 个点，通过空间点建议训练模型，模型的最大绝对误差为 $2.35 \times 10^{-6}$。图 7.14 给出了例 7.11 的精确解与 DL4PDE 解的比较，显示了训练模型的良好拟合效果。

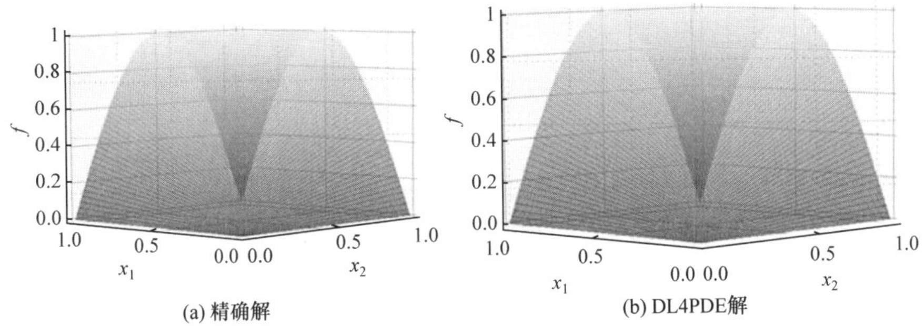


(a) 精确解　　(b) DL4PDE解

图 7.14　例 7.11 的精确解与 DL4PDE 解

**例 7.12**　在这个例子中，我们考虑 $\Omega = (0,1)^2$ 的方程

$$\Delta u(x) = -2\pi^2 \sin(\pi x_1)\cos(\pi x_2), \quad x \in \Omega \tag{7.82}$$

具有以下边界条件：

$$\begin{cases} u(0,x_2)=0, \ u(x_1,0)=\sin(\pi x_1) \\ u(1,x_2)=0, \ u(x_1,1)=-\sin(\pi x_1) \end{cases} \tag{7.83}$$

这里 $A(x)$ 可以表示为

$$A=(1-x_2)\sin(\pi x_1)-x_2\sin(\pi x_1) \tag{7.84}$$

通过设置数据驱动的水平 $g=4$，全连接网络的数量 $L=4$ 来训练我们的方法，随机抽取约 16000 点进行训练，模型的最大绝对误差为 $8.67\times10^{-8}$。我们方法的试验解与精确解的比较如图 7.15 所示。

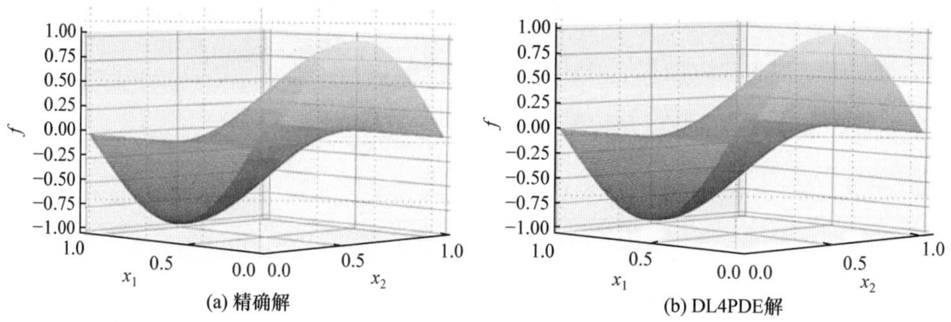


图 7.15　例 7.12 的精确解与 DL4PDE 解

**例 7.13**　在这个例子中，我们考虑以下 $\Omega=(0,1)^3$ 的三维方程：

$$\Delta u(x)=0, \quad x\in\Omega, \tag{7.85}$$

具有以下边界条件：

$$\begin{cases} u(0,x_2,x_3)=0, \ u(1,x_2,x_3)=0 \\ u(x_1,0,x_3)=0, \ u(x_1,1,x_3)=0 \\ u(x_1,x_2,0)=0, \ u(x_1,x_2,1)=\sin(\pi x_1)\sin(\pi x_2) \end{cases} \tag{7.86}$$

这里 $A(x)$ 可以表示为

$$A=x_3\sin(\pi x_1)\sin(\pi x_2) \tag{7.87}$$

真实解 $u(x)=\sin(\pi x_1)\sin(\pi x_2)\dfrac{\sinh(\sqrt{2}\pi x_3)}{\sinh(\sqrt{2}\pi)}$。如前所述，隐含网络层的数目 $L$=4，数据驱动的参数 $g$=4。我们的模型是使用约 16000 个空间点随机抽样在该领域进行训练，模型的最大绝对误差为 $5.13\times10^{-7}$，验证了该方法的有效性。我们对三维 $x_3=1$ 进行了正则化，并在图 7.16 中显示了我们的方法和精确解的比较结果。

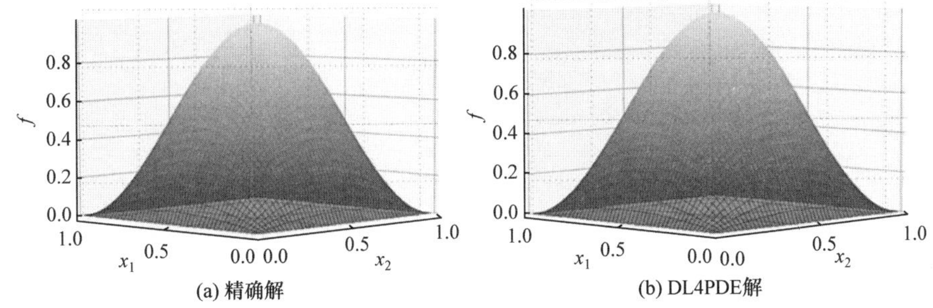


(a) 精确解　(b) DL4PDE解

图 7.16　例 7.13 的精确解与 DL4PDE 解 $(x_3 = 1)$

**例 7.14**　在这个例子中，我们考虑以下三维方程：

$$\Delta u(x) = -\pi^2 \sin\left(\pi \prod_{i=1}^{3} x_i\right)\left(\sum_{k=1}^{3} \prod_{j=1, j\neq k}^{3} x_j\right),\quad x \in \Omega \tag{7.88}$$

具有以下边界条件：

$$\begin{cases} u(0,x_2,x_3)=0, & u(1,x_2,x_3)=\sin(\pi x_2 x_3) \\ u(x_1,0,x_3)=0, & u(x_1,1,x_3)=\sin(\pi x_1 x_3) \\ u(x_1,x_2,0)=0, & u(x_1,x_2,1)=\sin(\pi x_1 x_2) \end{cases} \tag{7.89}$$

这里 $A(x)$ 可以表示为

$$\begin{aligned} A &= x_1 \sin(\pi x_2 x_3) + x_2 \sin(\pi x_1 x_3) + x_3 \sin(\pi x_1 x_2) \\ &\quad - \left[x_1 x_2 \sin(\pi x_3) + x_1 x_3 \sin(\pi x_2) + x_2 x_3 \sin(\pi x_1)\right] \end{aligned} \tag{7.90}$$

真实解是 $u(x) = \sin\left(\pi \prod_{i=1}^{3} x_i\right)$。训练数据通过空间点建议在区域内随机选择给出。在这里，$g$ 和 $L$ 都被设置为 4，并随机选择大约 16000 个点来训练我们的模型。数值解表明，DL4PDE 模型的最大绝对误差为 $6.31\times10^{-6}$，说明了该方法的有效性。为了直观地显示模型的拟合效果，我们将三维的值固定为 1，精确解与 DL4PDE 解的比较如图 7.17 所示。

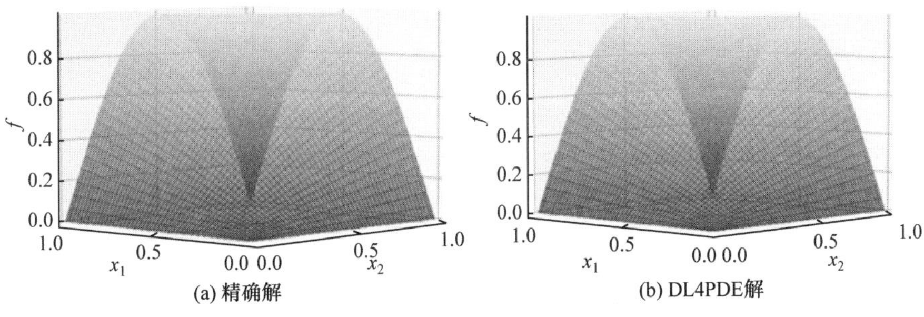


(a) 精确解　(b) DL4PDE解

图 7.17　例 7.14 的精确解与 DL4PDE 解 $(x_3 = 1)$

**例 7.15**　在这个例子中，我们考虑以下 $\Omega=(0,1)^4$ 的四维问题：

$$\Delta u(x)=0,\quad x\in\Omega \tag{7.91}$$

具有以下边界条件：

$$\begin{cases}u(0,x_2,x_3,x_4)=0, & u(1,x_2,x_3,x_4)=0\\ u(x_1,0,x_3,x_4)=0, & u(x_1,1,x_3,x_4)=0\\ u(x_1,x_2,0,x_4)=0, & u(x_1,x_2,1,x_4)=0\\ u(x_1,x_2,x_3,0)=0, & u(x_1,x_2,x_3,1)=\sin(\pi x_1)\sin(\pi x_2)\sin(\pi x_3)\end{cases} \tag{7.92}$$

这里 $A(x)$ 可以表示为

$$A=x_4\sin(\pi x_1)\sin(\pi x_2)\sin(\pi x_3) \tag{7.93}$$

真实解 $u(x)=\sin(\pi x_1)\sin(\pi x_2)\sin(\pi x_3)\dfrac{\sinh(\sqrt{3}\pi x_4)}{\sinh(\sqrt{3}\pi)}$。我们使用区域中约 16000 个空间点训练 DL4PDE 模型，$g$ 和 $L$ 的参数选择为 4。实验结果表明，DL4PDE 的最大绝对误差为 $1.18\times10^{-6}$，验证了模型的有效性。与前面的例子类似，我们将三维和四维的值固定为 1，以便可视化我们模型的拟合效果，精确解与 DL4PDE 解的比较如图 7.18 所示。

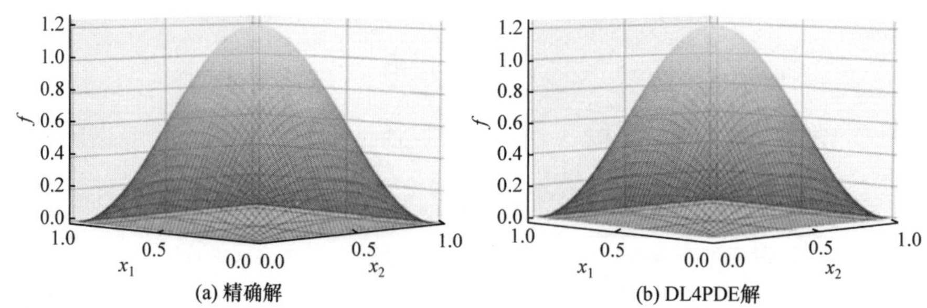


图 7.18　例 7.15 的精确解与 DL4PDE 解 $(x_3=1,x_4=1)$

利用 DL4PDE 方法，在不同驱动数据 $g$ 下求解上述偏微分方程，给出了在精度方面的性能，根据偏微分方程问题的特点，并参考相关文献，引入平均绝对误差作为评价指标。结果如表 7.13 所示，各表误差均为绝对平均误差

$$\text{Error}=\text{mean}\left\{\left|y\left(x_i^1,x_i^2,\cdots,x_i^d\right),-y^*\left(x_i^1,x_i^2,\cdots,x_i^d\right)\right|:x_i^t=a+\frac{b-a}{10},t=1,2,\cdots,d\right\} \tag{7.94}$$

其中，定义域 $\Omega=[0,1]^d$。我们在每个维度中选择 10 个等距点，然后用 10 个空间点作为测试集。

在网络层的选择上，单隐含层神经网络对复杂问题的非线性逼近能力不足。

但如果隐含层太多，则可能会导致计算开销过大。三层隐含层神经网络结构是一种经典的网络结构，而选择残差学习步长为 2，即每两个权值层连接一个快捷连接。因此，我们在接下来的工作中使用了一个具有四个完全连接的隐含层的神经网络架构。

在表 7.13 中，我们通过残差学习将网络的全连接隐含层设置为四层，以观察数据驱动的效果。当数据驱动的参数为零时，表示模型不使用数据驱动算法。显然，采用数据驱动算法可以提高求解偏微分方程组的计算精度。对于不同的维数实例，实现最优解的参数 $g$ 的选择是不同的。当 $g = 3$ 时，例 7.11 和例 7.12 获得的最佳精度分别为 $5.73\times10^{-6}$ 和 $2.27\times10^{-7}$；当 $g = 4$ 时，其余三个例子取得了最好的结果。

**表 7.13　残差学习在多水平数据驱动中的应用($L = 4$)**

| $g$ | 例 7.11 | 例 7.12 | 例 7.13 | 例 7.14 | 例 7.15 |
|---|---|---|---|---|---|
| 0 | $5.66\times10^{-4}$ | $7.54\times10^{-4}$ | $7.63\times10^{-3}$ | $9.87\times10^{-3}$ | $8.66\times10^{-3}$ |
| 1 | $2.32\times10^{-4}$ | $2.98\times10^{-5}$ | $1.77\times10^{-3}$ | $6.44\times10^{-3}$ | $3.56\times10^{-3}$ |
| 2 | $1.99\times10^{-5}$ | $9.75\times10^{-6}$ | $7.26\times10^{-4}$ | $2.52\times10^{-4}$ | $8.16\times10^{-4}$ |
| 3 | $5.73\times10^{-6}$ | $2.27\times10^{-7}$ | $2.62\times10^{-5}$ | $7.63\times10^{-4}$ | $5.31\times10^{-4}$ |
| 4 | $2.67\times10^{-5}$ | $3.87\times10^{-6}$ | $1.41\times10^{-6}$ | $8.13\times10^{-5}$ | $6.83\times10^{-5}$ |
| 5 | $8.96\times10^{-4}$ | $1.24\times10^{-5}$ | $1.92\times10^{-4}$ | $4.29\times10^{-4}$ | $2.96\times10^{-4}$ |

图 7.19 显示了在残差(Res)和非残差(Non-Res)学习网络下上述例子的平均绝对误差和迭代次数。为了比较残差学习的效果，将网络的全连接隐含层数设为 4，非数据驱动($g = 0$)。很明显，残差学习可以提高模型的计算精度，除了例 7.13。然而，对于求解微分方程组的问题，当误差与平面网络的阶数相同时，改进的精度并不明显。

虽然在提高模型精度方面没有明显的优势，但是我们发现引入残差显著减少了模型的迭代次数，见表 7.14 和表 7.15。这意味着残差学习网络的迭代次数远小于普通网络，达到了同样的精度。

**表 7.14　残差学习网络与非残差学习网络的误差比较($L = 4$)**

| 方法 | 例 7.11 | 例 7.12 | 例 7.13 | 例 7.14 | 例 7.15 |
|---|---|---|---|---|---|
| Non-Res | $8.37\times10^{-4}$ | $9.18\times10^{-4}$ | $5.90\times10^{-3}$ | $9.93\times10^{-3}$ | $9.78\times10^{-3}$ |
| Res | $5.66\times10^{-4}$ | $7.54\times10^{-4}$ | $7.63\times10^{-3}$ | $9.87\times10^{-3}$ | $8.66\times10^{-3}$ |

**表 7.15　将残差学习网络和非残差学习网络的迭代次数($L=4$)**

| 方法 | 例 7.11 | 例 7.12 | 例 7.13 | 例 7.14 | 例 7.15 |
|---|---|---|---|---|---|
| Non-Res | 32343 | 44267 | 56302 | 58491 | 61435 |
| Res | 9107 | 8331 | 8734 | 9168 | 11221 |

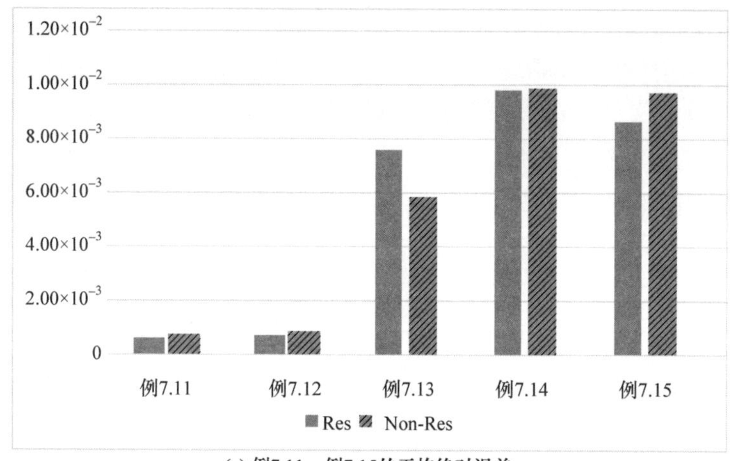


(a) 例7.11～例7.15的平均绝对误差

(b) 例7.11～例7.15的迭代次数

图 7.19　在残差和非残差学习情况下，例 7.11～例 7.15 的平均绝对误差和迭代次数($L=4$)

为了验证 DL4PDE 方法的优越性，表 7.16 给出了与 Bernstein 神经网络算法，以及 Legendre 与 IELM 的比较研究结果。它们是求解偏微分方程的有效且有代表性的算法。为了公平比较，我们随机选择与 DL4PDE 相同的空间点和相同的测试集来训练它们。表 7.16 表明，即使没有数据驱动($g=0$)，我们提出的方法 DL4PDE 也优于 BeNN 和 L-IELM 算法。

表 7.16　不同方法的误差(例 7.11～例 7.15)

| 方法 | 例 7.11 | 例 7.12 | 例 7.13 | 例 7.14 | 例 7.15 |
|---|---|---|---|---|---|
| BeNN 方法(2018) | $6.70\times10^{-3}$ | $3.90\times10^{-3}$ | $3.81\times10^{-2}$ | $4.35\times10^{-2}$ | $1.31\times10^{-1}$ |
| L-IELM 方法(2019) | $6.90\times10^{-3}$ | $3.30\times10^{-3}$ | $1.36\times10^{-1}$ | $1.31\times10^{-1}$ | $1.53\times10^{-1}$ |
| DL4PDE($g=0$) | $5.66\times10^{-4}$ | $7.54\times10^{-4}$ | $7.63\times10^{-3}$ | $9.87\times10^{-3}$ | $8.66\times10^{-3}$ |

在深度学习的应用领域，针对不同的实际问题，提出了相应的网络体系结构。神经网络的结构设计涉及网络的深度和结构中各模块的设计。本书提出的 DL4PDE 算法对偏微分方程的实验解进行分解并不复杂。将残差学习引入网络中，提出了一种新的网络拓扑结构。网络的“并行连接”可以提高网络自身的学习和适应能力。

### 7.3.5　总结与未来工作

在 7.3 节中，我们发展了一个深度学习方法 DL4PDE 来求解具有初始和边界条件(最多四维)的高维偏微分方程。它不使用多项式或其他转换方式扩展输入模式。不同的多项式逼近可能只适用于某些特定的偏微分方程。此外，通过将解分解为两部分，我们的模型易于实现。该网络结构优雅，能有效地解决多维 PDE 问题。残差学习机制可以减少神经网络训练的迭代次数，空间点建议算法可以提高模型的精度。实验表明，引入残差学习对求解偏微分方程是有效的。选取了五个典型的偏微分方程来验证我们的模型。

在研究偏微分方程解的过程中，我们相信我们的工作提倡深度学习和经典偏微分方程之间的有效协同。对偏微分方程的解进行分解，注意强机制和弱机制的结合，有可能丰富这两个领域的内容，带来重大的发展。在未来，我们也致力于寻找一个通用的神经网络架构来解决各种偏微分方程问题。

# 第 8 章　展　　望

人工智能已在当今的工业生产、商业贸易和人类社会的各个领域发挥着越来越重要的作用。它有可能改变我们学习、生活、交流和工作的方式，对经济和社会具有巨大的潜力。具有深度学习能力的机器和机器人的智能已经在解决与人类智力有关的认知问题。

人工智能是数学、计算机科学、控制论、信息论以及语言学等多个学科交叉融合而发展起来的。关于人工智能的定义，学术界尚未形成共识。美国斯坦福大学人工智能研究中心尼尔逊教授认为：人工智能是关于知识的学科——怎样表示知识以及怎样获得知识并使用知识的学科。

本书的研究内容主要集中在数值求解复杂系统的智能算法方面。智能算法是近年在神经网络算法、优化计算与概率统计的基础上发展起来的，实际上是随机算法，其突出的优点是可以大幅度地减少内存占用与搜索时间。随着计算机科学与大数据技术的发展，人工智能在智能搜索、语言和图像理解、机器视觉、指纹识别、智能控制等相关领域的应用研究不断深入，尤其是近年，国际上已有不少学者开展了物理、力学、电磁学等领域的智能算法研究。

目前，国际上的智能算法研究主要集中在深度神经网络、深度机器学习、优化计算及其交叉领域。近年来，人工神经网络的研究取得了很大进展，特别是深度神经网络算法在模式识别与图像处理等应用科学和技术领域中得到成功的应用。人工神经网络作为一种基于局部和全局搜索方法优化的通用函数近似，已被用来求得线性和非线性微分方程的数值解，被用于纳米技术、基于薄膜流动的流体动力学问题，通过改进，被进一步用来建立电磁理论与燃烧理论的燃料点火模型、基于非线性 Troesch 系统的等离子体物理模型、导电固体和磁流体动力学模型以及高磁场的 Jaffery-Hamel 流模型等。

Jafarian 等[165]提出了一种用来求解有限区间的非线性 Thomas-Fermi 方程的计算智能技术。该技术采用优化近似来减小参考解与三角函数和双曲函数优化数值解之间的误差。他们所提出的计算智能技术是基于优化工具，如主动集技术(active set technique，AST)、内点技术(interior point technique，IPT)，通过人工神经网络进行序列二次规划。所提出的模型结果可以应用于原子模型。数值结果表明，得到的智能解算器具有较高的精度。Jafarian 等[166]设计的计算智能技术，为解决不同领域的不同问题提供了开发出新的基于 ANN 的解决方案，与其他使用的方法相比具有两方面的优势：首先，它在整个领域提供了所提出的解决方案的连续性；其次，该技术更通用，可用于线性和非线性奇异初值问题的不同领域。如果将所提出的智能计算技术作为天体物理学、等离子体物理、非线性光学、随机度量理论、反应输运模型和感应电机等的替代方法也是很有前途的。未来，人们还可以研究其他基于数学模型的计算智能技术，例如，基于全局和局部搜索算法的优化技术、使用 Chebyshev 多项式优化的传递函数技术、基于切线进化方法的遗传规划技术。

在风力发电领域，Zhao 等[294]开发了一种基于群体智能优化算法和数据预处理的风能决策系统。该系统采用多群智能优化算法对 Weibull 分布的参数进行优化，提供了更好的风能评估结果。

近年来，随着流形学习算法研究的深入，流形聚类算法被用来识别流形数据的子集。同时，大量的分类算法也被发展成流形数据的分类算法。但是，少有人注意到流形结构与类标签之间的统计关系，导致无法发现隐藏在数据中的知识。Cai[295]提出了一种用于聚类和分类的流形学习框架。该学习框架包括两个步骤：首先，通过流形排序进行聚类，以探索数据中的结构；其次，使用贝叶斯方法计算类后验概率。这个框架的核心在于利用贝叶斯统计理论建立了流形和类之间的关系，建立了聚类学习和分类学习之间的联系。

在机器学习算法的研究中，常面临着如何识别和如何去除数据点的冗余维度问题。将流形学习与统计方法结合起来，有望在高维数据处理领域开发出更加智能化的算法。在高维数据处理中，人们常采用机器学习算法，试图找到高维数据的低维参数化。其中一个关键的问题是如何将局部结构拼贴在一起以产生全局参数化。Zha 等[296]开发了解决流形学习中两个关键问题的算法：①在给定的高维数据点上施加连通性结构时局部邻域大小的自适应选择；②通过考虑流形曲率的变化及其与数据集的采样密度的相互作用，在局部低维嵌入中使自适应偏置减小。

通常的流形学习算法，其基本假设之一是：嵌入流形是全局或局部等距欧几里得空间。在此假设下，这些算法利用局部坐标系，将流形局部地与欧几里得空间的线性子集等距同构。假设之二是：流形具有零黎曼曲率。而这个假设之二，一般的流形不具备。为了设计出适应于具有非零黎曼曲率的流形学习算法，Li[297]将曲率信息添加到流形学习过程中，提出了一种称为 CAML(curvature-aware manifold learning algorithm)的曲率感知流形学习算法。

# 参 考 文 献

[1] Kaas R, Goovaerts M, Dhaene J, et al. Modern Actuarial Risk Theory Using R[M]. Berlin: Springer, 2008.

[2] Bühlmann H. Mathematical Methods in Risk Theory[M]. Berlin: Springer, 1996.

[3] 陈红燕, 刘伟, 胡亦钧. 一类推广的双险种复合 Poisson 风险模型的破产概率[J]. 数学杂志, 2009, 29(2): 201-205.

[4] 董英华, 张汉君. 带干扰的双 Poisson 风险模型的破产概率[J]. 数学理论与应用, 2003, 23(1): 98-101.

[5] Zhang J. Study of ruin probability in double Poisson risk model[C]//2017 5th International Conference on Machinery, Materials and Computing Technology (ICMMCT 2017), Beijing, 2017: 1539-1543.

[6] 李明倩. 负相依下带常数利率模型的破产概率的保险计算[J]. 科教导刊, 2014, 2014(1): 197-198.

[7] Norkin B V. The method of successive approximations for calculating the probability of bankruptcy of a risk process in a Markovian environment[J]. Cybernetics and Systems Analysis, 2004, 40(6): 917-927.

[8] Norkin B V. On calculation of probability of bankruptcy for a non-Poisson risk process by the method of successive approximations[J]. Journal of Automation and Information Sciences, 2005, 37(4) : 48-57.

[9] Lundberg F. Approximerad Framställning af Sannolikhetsfunktionen: Återförsäkring af Kollektivrisker[M]. Uppsala: Almqvist & Wiksells, 1903.

[10] 成世学. 破产论研究综述[J]. 数学进展, 2002, 31(5): 403-422.

[11] Gerber H U. Ruin theory in the linear model[J]. Insurance: Mathematics and Economics, 1982, 1(3): 213-217.

[12] Paulsen J, Gjessing H K. Ruin theory with stochastic return on investments[J]. Advances in Applied Probability, 1997, 29(4): 965-985.

[13] 吴岚, 杨静平, 胡德琨. 保险与精算[J]. 北京大学学报: 自然科学版, 1997, 33(1): 123-126.

[14] Outreville J F. Theory and Practice of Insurance[M]. Berlin: Springer Science and Business Media, 1998.

[15] He S H. Risk theory and application in the insurance[J]. Journal of Jishou University, 2002, 23(4):30.

[16] Bouchaud J P, Potters M. Theory of Financial Risks: From Statistical Physics to Risk Management[M]. Cambridge: Cambridge University Press, 2000.

[17] Liu R, Wang D, Peng J. Infinite-time ruin probability of a renewal risk model with exponential levy process investment and dependent claims and inter-arrival times[J]. Journal of Industrial & Management Optimization, 2017, 13(2): 995-1007.

[18] Bouchaud J P, Potters M. Theory of Financial Risk and Derivative Pricing: From Statistical Physics to Risk Management[M]. 2nd ed. Cambridge: Cambridge University Press, 2003.

[19] Paulsen J. Risk theory in a stochastic economic environment[J]. Stochastic Processes & Their Applications, 1993, 46(2): 327-361.

[20] Haberman S. An introduction to mathematical risk theory[J]. Journal of the Institute of Actuaries, 1981, 108(1): 109-110.

[21] Bühlmann H. Mathematical Methods in Risk Theory[M]. Berlin: Springer Science & Business Media, 2007.

[22] Andersen E S. On the collective theory of risk in case of contagion between claims[J]. Bulletin of the Institute of Mathematics and its Applications, 1957, 12(2): 275-279.

[23] Jin C, Li S, Wu X. On the occupation times in a delayed Sparre Andersen risk model with exponential claims[J]. Insurance Mathematics & Economics, 2016, 71: 304-316.

[24] Avram F, Badescu A L, Pistorius M R. On a class of dependent Sparre Andersen risk models and a bailout application[J]. Insurance Mathematics & Economics, 2016, 71: 27-39.

[25] Dickson D C M. Some explicit solutions for the joint density of the time of ruin and the deficit at ruin[J]. Astin Bulletin, 2008, 38(1): 259-276.

[26] Dickson D C M. On a class of renewal risk processes[J]. North American Actuarial Journal, 1998, 2(3): 60-68.

[27] Mitchell T M. Machine Learning[M]. New York: McGraw-Hill Education, 1997.

[28] Rumelhart D E, Hinton G E, Williams R J. Learning representations by back-propagating errors[J]. Nature, 1986, 323(6088): 533-536.

[29] Abramson N, Braverman D, Sebestyen G. Pattern recognition and machine learning[J]. IEEE Transactions on Information Theory, 1963, 9(4): 257-261.

[30] Witten I H, Frank E, Hall M A. Data Mining: Practical Machine Learning Tools and Techniques[M]. San Francisco: Morgan Kaufmann, 2005.

[31] Ripley B D. Pattern Recognition and Neural Networks[M]. Cambridge: Cambridge University Press, 1997.

[32] Haykin S. Neural Networks and Learning Machines[M]. 3rd ed. London: Pearson Education, 2016.

[33] 王珏, 周志华, 周傲英. 机器学习及其应用[M]. 北京: 清华大学出版社, 2006.

[34] Hornik K, Stinchcombe M, White H. Multilayer feedforward networks are universal approximators[J]. Neural Networks, 1989, 2(5): 359-366.

[35] Huang G B, Chen L, Siew C K. Universal approximation using incremental constructive feedforward networks with random hidden nodes[J]. IEEE Transactions on Neural Networks, 2006, 17(4): 879-892.

[36] Huang G B, Chen L. Enhanced random search based incremental extreme learning machine[J]. Neurocomputing, 2008, 71(16-18): 3460-3468.

[37] Cambria E, Huang G B, Kasun L L C. Extreme learning machines[trends & controversies][J]. IEEE Intelligent Systems, 2013, 28(6): 30-59.

[38] Zhang G, Wang S, Wang Y. LS-SVM approximate solution for affine nonlinear systems with partially unknown functions[J]. Journal of Industrial and Management Optimization, 2014, 10(2): 621-636.

[39] Chen C, Tian Y, Zou X. Prediction of protein secondary structure content using support vector machine[J]. Talanta, 2007, 71(5): 2069-2073.
[40] Cortes C, Vapnik V. Support-vector networks[J]. Machine Learning, 1995, 20: 273-297.
[41] 陆金甫, 关治. 偏微分方程数值解法[M]. 北京: 清华大学出版社, 2004.
[42] Milici C, Drăgănescu G, Machado J T. Introduction to Fractional Differential Equations[M]. Berlin: Springer, 2018.
[43] 韩旭里. 数值分析[M]. 北京: 高等教育出版社, 2011.
[44] Lu X, Hou M, Lee M H. A new constructive neural network method for noise processing and its application on stock market prediction[J]. Applied Soft Computing, 2014, 15: 57-66.
[45] Hou M, Han X. Constructive approximation to multivariate function by decay RBF neural network[J]. IEEE Transactions on Neural Networks, 2010, 21(9): 1517-1523.
[46] Li T Y, Luo S W, Qi Y J, et al. Numerical solution of differential equations by radial basis function neural networks[C]//Proceedings of the 2002 International Joint Conference on Neural Networks. IJCNN'02 (Cat. No. 02CH37290), Honolulu, 2002: 773-777.
[47] Hosseini S, Shahmorad S. Numerical solution of a class of integro-differential equations by the TAU method with an error estimation[J]. Applied Mathematics and Computation, 2003, 136(2-3): 559-570.
[48] Zhao J, Corless R M. Compact finite difference method for integro-differential equations[J]. Applied Mathematics and Computation, 2006, 177(1): 271-288.
[49] Maleknejad K, Mirzaee F. Numerical solution of integro-differential equations by using rationalized Haar functions method[J]. Kybernetes, 2006, 35(9-10): 1735-1744.
[50] Reihani M H, Abadi Z. Rationalized Haar functions method for solving Fredholm and Volterra integral equations[J]. Journal of Computational and Applied Mathematics, 2007, 200(1): 12-20.
[51] Akyüz-Daşcıoğlu A, Sezer M. Chebyshev polynomial solutions of systems of higher-order linear Fredholm-Volterra integro-differential equations[J]. Journal of the Franklin Institute, 2005, 342(6): 688-701.
[52] Yalçinbaş S, Sezer M. The approximate solution of high-order linear Volterra-Fredholm integro-differential equations in terms of Taylor polynomials[J]. Applied Mathematics and Computation, 2000, 112(2-3): 291-308.
[53] Yüzbaşı Ş, Şahin N, Sezer M. Bessel polynomial solutions of high-order linear Volterra integro-differential equations[J]. Computers and Mathematics with Applications, 2011, 62(4): 1940-1956.
[54] 李志华, 喻军, 杨红光. 偏微分方程与微分代数方程的一致求解方法[J]. 中国机械工程, 2015, 26(4): 441.
[55] 黄云清. 数值计算方法[M]. 北京: 科学出版社, 2009.
[56] Davis H T. Introduction to Nonlinear Differential and Integral Equations[M]. New York: Dover Publications, 1960.
[57] Yang Y, Hou M, Luo J. A novel improved extreme learning machine algorithm in solving ordinary differential equations by Legendre neural network methods[J]. Advances in Difference Equations, 2018, 2018(1): 1-24.
[58] Xu L Y, Wen H, Zeng Z Z. The algorithm of neural networks on the initial value problems in

ordinary differential equations[C]//2007 2nd IEEE Conference on Industrial Electronics and Applications, Harbin, 2007: 813-816.

[59] Yazdi H S, Pakdaman M, Modaghegh H. Unsupervised kernel least mean square algorithm for solving ordinary differential equations[J]. Neurocomputing, 2011, 74(12-13): 2062-2071.

[60] Tsoulos I G, Gavrilis D, Glavas E. Solving differential equations with constructed neural networks[J]. Neurocomputing, 2009, 72(10-12): 2385-2391.

[61] Sun H, Hou M, Yang Y. Solving partial differential equation based on Bernstein neural network and extreme learning machine algorithm[J]. Neural Processing Letters, 2019, 50(2): 1153-1172.

[62] Chowdhury M, Hashim I. Solutions of Emden-Fowler equations by Homotopy-Perturbation method[J]. Nonlinear Analysis: Real World Applications, 2009, 10(1): 104-115.

[63] McFall K S. An Artificial Neural Network Method for Solving Boundary Value Problems with Arbitrary Irregular Boundaries[M]. Atlanta: Georgia Institute of Technology, 2006.

[64] Shirvany Y, Hayati M, Moradian R. Numerical solution of the nonlinear Schrodinger equation by feedforward neural networks[J]. Communications in Nonlinear Science and Numerical Simulation, 2008, 13(10): 2132-2145.

[65] Yadav N, Yadav A, Deep K. Artificial neural network technique for solution of nonlinear elliptic boundary value problems[C].Proceedings of Fourth International Conference on Soft Computing for Problem Solving, New Delhi, 2015: 113-121.

[66] Masmoudi N K, Rekik C, Djemel M. Two coupled neural-networks-based solution of the Hamilton-Jacobi-Bellman equation[J]. Applied Soft Computing, 2011, 11(3): 2946-2963.

[67] Kumar M, Yadav N. Multilayer perceptrons and radial basis function neural network methods for the solution of differential equations: A survey[J]. Computers & Mathematics with Applications, 2011, 62(10): 3796-3811.

[68] Chen H, Kong L, Leng W J. Numerical solution of PDEs via integrated radial basis function networks with adaptive training algorithm[J]. Applied Soft Computing, 2011, 11(1): 855-860.

[69] Beidokhti R S, Malek A. Solving initial-boundary value problems for systems of partial differential equations using neural networks and optimization techniques[J]. Journal of the Franklin Institute-Engineering and Applied Mathematics, 2009, 346(9): 898-913.

[70] Tsoulos I, Gavrilis D, Glavas E. Neural network construction and training using grammatical evolution[J]. Neurocomputing, 2008, 72(1-3): 269-277.

[71] Yadav A, Deep K. A new disc based particle swarm optimization[C]//Proceedings of the International Conference on Soft Computing for Problem Solving (SocProS 2011), New Delhi, 2012: 23-30.

[72] Kumar M, Yadav N. Buckling analysis of a beam-column using multilayer perceptron neural network technique[J]. Journal of the Franklin Institute-Engineering and Applied Mathematics, 2013, 350(10): 3188-3204.

[73] Yadav N, Yadav A, Kumar M. An Introduction to Neural Network Methods for Differential Equations[M]. Berlin: Springer, 2015.

[74] Barra A, Beccaria M, Fachechi A. A new mechanical approach to handle generalized Hopfield neural networks[J]. Neural Networks, 2018, 106: 205-222.

[75] Rizaner F B, Rizaner A. Approximate solutions of initial value problems for ordinary differential equations using radial basis function networks[J]. Neural Processing Letters, 2018, 48(2): 1063-1071.
[76] Chen G, Hu W, Shen J. An HDG method for distributed control of convection diffusion PDEs[J]. Journal of Computational and Applied Mathematics, 2018, 343: 643-661.
[77] Leshno M, Lin V Y, Pinkus A. Multilayer feedforward networks with a nonpolynomial activation function can approximate any function[J]. Neural Networks, 1993, 6(6): 861-867.
[78] Costarelli D, Vinti G. Approximation theorems for a family of multivariate neural network operators in Orlicz-type spaces[J]. Ricerche Di Matematica, 2018, 67(2): 387-399.
[79] Huang G B, Chen L, Siew C K. Universal approximation using incremental constructive feedforward networks with random hidden nodes[J]. IEEE Transactions on Neural Networks, 2006, 17(4): 879-892.
[80] Huang G B, Chen L. Convex incremental extreme learning machine[J]. Neurocomputing, 2007, 70(16-18): 3056-3062.
[81] Huang G B, Zhou H, Ding X. Extreme learning machine for regression and multiclass classification[J]. IEEE Trans Syst Man Cybern B Cybern, 2012, 42(2): 513-529.
[82] Wong C M, Vong C M, Wong P K. Kernel-based multilayer extreme learning machines for representation learning[J]. IEEE Transactions on Neural Networks and Learning Systems, 2018, 29(3): 757-762.
[83] Mall S, Chakraverty S. Chebyshev neural network based model for solving Lane-Emden type equations[J]. Applied Mathematics and Computation, 2014, 247: 100-114.
[84] Sgura I. A finite difference approach for the numerical solution of non-smooth problems for boundary value odes[J]. Mathematics and Computers in Simulation, 2014, 95: 146-162.
[85] Mall S, Chakraverty S. Single layer Chebyshev neural network model for solving elliptic partial differential equations[J]. Neural Processing Letters, 2017, 45(3): 825-840.
[86] Chandrasekhar S. An Introduction to the Study of Stellar Structure[M]. North Chelmsford: Courier Corporation, 1957.
[87] Richardson O W. The Emission of Electricity from Hot Bodies[M]. London: Longmans, Green and Company, 1921.
[88] Wazwaz A M. A new algorithm for solving differential equations of Lane-Emden type[J]. Applied Mathematics and Computation, 2001, 118(2-3): 287-310.
[89] Wazwaz A M. The modified decomposition method for analytic treatment of differential equations[J]. Applied Mathematics and Computation, 2006, 173(1): 165-176.
[90] Wazwaz A M. The numerical solution of special fourth-order boundary value problems by the modified decomposition method[J]. International Journal of Computer Mathematics, 2002, 79(3): 345-356.
[91] Bengochea G, Verde-Star L. An operational approach to the Emden-Fowler equation[J]. Mathematical Methods in the Applied Sciences, 2015, 38(18): 4630-4637.
[92] Singh O P, Pandey R K, Singh V K. An analytic algorithm of Lane-Emden type equations arising in astrophysics using modified homotopy analysis method[J]. Computer Physics Communications, 2009, 180(7): 1116-1124.

[93] Lakestani M, Saray B N. Numerical solution of singular IVPS of Emden-Fowler type using Legendre scaling functions[J]. Int J Nonlinear Sci, 2012, 13(2): 211-219.

[94] Rismani A M, Monfared H. Numerical solution of singular IVPS of Lane-Emden type using a modified Legendre-spectral method[J]. Applied Mathematical Modelling, 2012, 36(10): 4830-4836.

[95] Khalid M, Sultana M, Zaidi F. Numerical solution of sixth-order differential equations arising in astrophysics by neural network[J]. International Journal of Computer Applications, 2014, 107(6): 1-6.

[96] Zhao T G, Wu Y. Numerical solution to singular ordinary differential equations of Lane-Emden type by Legendre collocation method[C]//3rd International Conference on Material Engineering and Application (ICMEA 2016), Shanghai, 2016: 496-501.

[97] Rizk Y, Awad M. On extreme learning machines in sequential and time series prediction: A non-iterative and approximate training algorithm for recurrent neural networks[J]. Neurocomputing, 2019, 325: 1-19.

[98] Dwivedi A K. Artificial neural network model for effective cancer classification using microarray gene expression data[J]. Neural Computing & Applications, 2018, 29(12): 1545-1554.

[99] Jiao Y, Pan X, Zhao Z. Learning sparse partial differential equations for vector-valued images[J]. Neural Computing & Applications, 2018, 29(11): 1205-1216.

[100] Vargas J A, Pedrycz W, Hemerly E M. Improved learning algorithm for two-layer neural networks for identification of nonlinear systems[J]. Neurocomputing, 2019, 329: 86-96.

[101] Wang Y, Liu M, Bao Z. Stacked sparse autoencoder with PCA and SVM for data-based line trip fault diagnosis in power systems[J]. Neural Computing and Applications, 2019, 31(10): 6719-6731.

[102] Hou M, Han X. The multidimensional function approximation based on constructive wavelet RBF neural network[J]. Applied Soft Computing, 2011, 11(2): 2173-2177.

[103] Hou M, Han X. Multivariate numerical approximation using constructive L2(r) RBF neural network[J]. Neural Computing and Applications, 2012, 21(1): 25-34.

[104] Yang Y, Hou M, Luo J. Neural network method for lossless two-conductor transmission line equations based on the IELM algorithm[J]. Aip Advances, 2018, 8(6): 065010.

[105] Thomas J W. Numerical Partial Differential Equations: Finite Difference Methods[M]. New York: Springer, 2013.

[106] Mitchell A R, Griffiths D F. The finite difference method in partial differential equations[J]. A Wiley-Interscience Publication, 1980, 60(12): 645-744.

[107] 姜礼尚, 庞之垣. 有限元方法及其理论基础[M]. 北京: 人民教育出版社, 1979.

[108] Ciarlet P G. The Finite Element Method for Elliptic Problems[M]. Philadelphia: Society for Industrial and Applied Mathematics, 2002.

[109] Tang H, Wu H. High resolution KFVS finite volume methods and its application in CFD[J]. Mathematica Numerica Sinica, 1999, 21(3): 375-384.

[110] 王凤, 王同科. 两点边值问题非均匀网格二阶有限体积方法的外推[J]. 应用数学, 2013, 26(4): 900-913.

[111] Li R H, Chen Z Y, Wu W. Generalized Difference Methods for Differential Equations: Numerical Analysis of Finite Volume Methods[M]. Boca Raton: CRC Press, 2000.

[112] Hou M, Han X, Gan Y. Constructive approximation to real function by wavelet neural networks[J]. Neural Computing and Applications, 2009, 18(8): 883-889.
[113] Lagaris I E, Likas A, Fotiadis D I. Artificial neural networks for solving ordinary and partial differential equations[J]. IEEE Transactions on Neural Networks, 1998, 9(5): 987-1000.
[114] Mai-Duy N, Tran-Cong T. Numerical solution of differential equations using multiquadric radial basis function networks[J]. Neural Networks, 2001, 14(2): 185-199.
[115] Chua L O, Yang L. Cellular neural networks: Theory[J]. IEEE Transactions on Circuits and Systems, 1988, 35(10): 1257-1272.
[116] Ramuhalli P, Udpa L, Udpa S S. Finite-element neural networks for solving differential equations[J]. IEEE Transactions on Neural Networks, 2005, 16(6): 1381-1392.
[117] Paul C R. Analysis of Multiconductor Transmission Lines[M]. New York: Wiley-IEEE Press, 2007.
[118] Tesche F M, Ianoz M, Karlsson T. EMC Analysis Methods and Computational Models[M]. New York: Wiley-Interscience, 1996.
[119] 张继锋, 刘寄仁, 冯兵. 三维陆地可控源电磁法有限元模型降阶快速正演[J]. 地球物理学报, 2020, 63(9): 3520-3533.
[120] Harrington R F. Field Computation by Moment Methods[M]. New York: Wiley-IEEE Press, 1993.
[121] Yee K. Numerical solution of initial boundary value problems involving Maxwell's equations in isotropic media[J]. IEEE Transactions on Antennas and Propagation, 1966, 14(3): 302-307.
[122] Taflove A, Hagness S C, Piket-May M. Computational electromagnetics: The finite-difference time-domain method[J]. The Electrical Engineering Handbook, 2005, 3(629-670): 15.
[123] 葛德彪. 电磁波时域有限差分方法[M]. 西安: 西安电子科技大学出版社, 2011.
[124] Johns P B, Beurle R L. Numerical solution of 2-dimensional scattering problems using a transmission-line matrix[C].Proceedings of the Institution of Electrical Engineers, London, 1971, 118(9): 1203-1208.
[125] Hoefer W J. The transmission-line matrix method-theory and applications[J]. IEEE Transactions on Microwave Theory and Techniques, 1985, 33(10): 882-893.
[126] Weiland T. A discretization model for the solution of Maxwell's equations for six-component fields[J]. Archiv Elektronik und Uebertragungstechnik, 1977, 31: 116-120.
[127] Weiland T. Time domain electromagnetic field computation with finite difference methods[J]. International Journal of Numerical Modelling: Electronic Networks, Devices and Fields, 1996, 9(4): 295-319.
[128] Clemens M, Weiland T. Discrete electromagnetism with the finite integration technique-abstract[J]. Journal of Electromagnetic Waves and Applications, 2001, 15(1): 79-80.
[129] Shankar V, Mohammadian A H, Hall W F. A time-domain, finite-volume treatment for the Maxwell equations[J]. Electromagnetics, 1990, 10(1-2): 127-145.
[130] Liu Q H, Zhao G. Review of PSTD methods for transient electromagnetics[J]. International Journal of Numerical Modelling: Electronic Networks, Devices and Fields, 2004, 17(3): 299-323.
[131] Cockburn B, Karniadakis G E, Shu C W. The Development of Discontinuous Galerkin Methods[M]. New York: Springer, 2000.

[132] Krumpholz M, Katehi L P. MRTD: New time-domain schemes based on multiresolution analysis[J]. IEEE Transactions on Microwave Theory and Techniques, 1996, 44(4): 555-571.

[133] Tong Z, Sun L, Li Y. Multiresolution time-domain scheme for terminal response of two-conductor transmission lines[J]. Mathematical Problems in Engineering, 2016: 1-15.

[134] 詹晖. 电磁场数值计算中的时域多分辨方法[D]. 西安: 西安电子科技大学, 2004.

[135] Isaacson S A, Kirby R M. Numerical solution of linear Volterra integral equations of the second kind with sharp gradients[J]. Journal of Computational and Applied Mathematics, 2011, 235(14): 4283-4301.

[136] Abdou M A. Fredholm-Volterra integral equation of the first kind and contact problem[J]. Applied Mathematics and Computation, 2002, 125(2-3): 177-193.

[137] Maleknejad K, Mirzaee F. Using rationalized Haar wavelet for solving linear integral equations[J]. Applied Mathematics and Computation, 2005, 160(2): 579-587.

[138] Mandal B N, Bhattacharya S. Numerical solution of some classes of integral equations using Bernstein polynomials[J]. Applied Mathematics and Computation, 2007, 190(2): 1707-1716.

[139] Bhattacharya S, Mandal B. Use of Bernstein polynomials in numerical solutions of Volterra integral equations[J]. Applied Mathematical Sciences, 2008, 2: 1773-1787.

[140] Maleknejad K, Hashemizadeh E, Ezzati R. A new approach to the numerical solution of Volterra integral equations by using Bernstein's approximation[J]. Communications in Nonlinear Science and Numerical Simulation, 2011, 16(2): 647-655.

[141] Dastjerdi H L, Ghaini F M M. Numerical solution of Volterra-Fredholm integral equations by moving least square method and Chebyshev polynomials[J]. Applied Mathematical Modelling, 2012, 36(7): 3277-3282.

[142] Wang K, Wang Q. Taylor collocation method and convergence analysis for the Volterra-Fredholm integral equations[J]. Journal of Computational and Applied Mathematics, 2014, 260: 294-300.

[143] Wang K, Wang Q. Lagrange collocation method for solving Volterra-Fredholm integral equations[J]. Applied Mathematics and Computation, 2013, 219(21): 10434-10440.

[144] Nemati S. Numerical solution of Volterra-Fredholm integral equations using Legendre collocation method[J]. Journal of Computational and Applied Mathematics, 2015, 278: 29-36.

[145] Mirzaee F, Hoseini S F. Application of Fibonacci collocation method for solving Volterra-Fredholm integral equations[J]. Applied Mathematics and Computation, 2016, 273: 637-644.

[146] Rashidinia J, Mahmoodi Z. Collocation method for Fredholm and Volterra integral equations[J]. Kybernetes, 2013, 42(3): 400-412.

[147] Ebrahimi N, Rashidinia J. Collocation method for linear and nonlinear Fredholm and Volterra integral equations[J]. Applied Mathematics and Computation, 2015, 270: 156-164.

[148] Rashidinia J, Zarebnia M. Numerical solution of linear integral equations by using sinc-collocation method[J]. Applied Mathematics and Computation, 2005, 168(2): 806-822.

[149] Rashidinia J, Zarebnia M. Solution of a Volterra integral equation by the sinc-collocation method[J]. Journal of Computational and Applied Mathematics, 2007, 206(2): 801-813.

[150] Saberi-Nadjafi J, Mehrabinezhad M, Akbari H. Solving Volterra integral equations of the second

kind by wavelet-Galerkin scheme[J]. Computers & Mathematics with Applications, 2012, 63(11): 1536-1547.

[151] Liang X Z, Liu M C, Che X J. Solving second kind integral equations by Galerkin methods with continuous orthogonal wavelets[J]. Journal of Computational and Applied Mathematics, 2001, 136(1-2): 149-161.

[152] Maleknejad K, Kajani M T. Solving second kind integral equations by Galerkin methods with hybrid Legendre and block-pulse functions[J]. Applied Mathematics and Computation, 2003, 145(2-3): 623-629.

[153] Xu L. Variational iteration method for solving integral equations[J]. Computers and Mathematics with Applications, 2007, 54(7-8): 1071-1078.

[154] Saadati R, Dehghan M, Vaezpour S M. The convergence of he's variational iteration method for solving integral equations[J]. Computers & Mathematics with Applications, 2009, 58(11-12): 2167-2171.

[155] Golbabai A, Keramati B. Modified homotopy perturbation method for solving Fredholm integral equations[J]. Chaos Solitons & Fractals, 2008, 37(5): 1528-1537.

[156] Babolian E, Davari A. Numerical implementation of Adomian decomposition method for linear Volterra integral equations of the second kind[J]. Applied Mathematics and Computation, 2005, 165(1): 223-227.

[157] Hou M, Yang Y, Liu T. Forecasting time series with optimal neural networks using multi-objective optimization algorithm based on AICC[J]. Frontiers of Computer Science, 2018, 12(6): 1261-1263.

[158] Hou M, Liu T, Yang Y. A new hybrid constructive neural network method for impacting and its application on tungsten price prediction[J]. Applied Intelligence, 2017, 47(1): 28-43.

[159] Abdulla M B, Costa A L, Sousa R L. Probabilistic identification of subsurface gypsum geohazards using artificial neural networks[J]. Neural Computing & Applications, 2018, 29(12): 1377-1391.

[160] Mehrkanoon S, Suykens J A K. Deep hybrid neural-kernel networks using random Fourier features[J]. Neurocomputing, 2018, 298: 46-54.

[161] Wang Z, Meng Y, Weng F. An effective CNN method for fully automated segmenting subcutaneous and visceral adipose tissue on CT scans[J]. Annals of Biomedical Engineering 2020, 48(1): 312-328.

[162] Qiu M, Song Y, Akagi F. Application of artificial neural network for the prediction of stock market returns: The case of the Japanese stock market[J]. Chaos Solitons & Fractals, 2016, 85: 1-7.

[163] Golbabai A, Seifollahi S. Numerical solution of the second kind integral equations using radial basis function networks[J]. Applied Mathematics and Computation, 2006, 174(2): 877-883.

[164] Effati S, Buzhabadi R. A neural network approach for solving Fredholm integral equations of the second kind[J]. Neural Computing & Applications, 2012, 21(5): 843-852.

[165] Jafarian A, Measoomy N S. Using feed-back neural network method for solving linear Fredholm integral equations of the second kind[J]. Journal of Hyperstructures, 2013, 2.

[166] Jafarian A, Nia S M. Feedback neural network method for solving linear Volterra integral equa-

tions of the second kind[J]. International Journal of Mathematical Modelling and Numerical Optimisation, 2013, 4(3): 225-237.

[167] Yin G, Zhang Y T, Li Z N. Online fault diagnosis method based on incremental support vector data description and extreme learning machine with incremental output structure[J]. Neurocomputing, 2014, 128: 224-231.

[168] Rong H J, Huang G B, Sundararajan N. Online sequential fuzzy extreme learning machine for function approximation and classification problems[J]. IEEE Transactions on Systems, Man, and Cybernetics, 2009, 39(4): 1067-1072.

[169] Mirza B, Lin Z, Liu N. Ensemble of subset online sequential extreme learning machine for class imbalance and concept drift[J]. Neurocomputing, 2015, 149: 316-329.

[170] Xia S X, Meng F R, Liu B. A kernel clustering-based possibilistic fuzzy extreme learning machine for class imbalance learning[J]. Cognitive Computation, 2015, 7(1): 74-85.

[171] Yüzbaşı Ş, Şahin N, Yildirim A. A collocation approach for solving high-order linear Fredholm-Volterra integro-differential equations[J]. Mathematical and Computer Modelling, 2012, 55(3-4): 547-563.

[172] Mohsen A, El-Gamel M. A sinc-collocation method for the linear Fredholm integro-differential equations[J]. Zeitschrift Fur Angewandte Mathematik Und Physik, 2007, 58(3): 380-390.

[173] Kajani M T, Ghasemi M, Babolian E. Numerical solution of linear integro-differential equation by using sine-cosine wavelets[J]. Applied Mathematics and Computation, 2006, 180(2): 569-574.

[174] Kajani M T, Ghasemi M, Babolian E. Comparison between the homotopy perturbation method and the sine-cosine wavelet method for solving linear integro-differential equations[J]. Computers & Mathematics with Applications, 2007, 54(7-8): 1162-1168.

[175] Han D, Shang X. Numerical solution of integro-differential equations by using cas wavelet operational matrix of integration[J]. Applied Mathematics and Computation, 2007, 194(2): 460-466.

[176] Lakestani M, Razzaghi M, Dehghan M. Semiorthogonal spline wavelets approximation for Fredholm integro-differential equations[J]. Mathematical Problems in Engineering, 2006, 2006.

[177] Yusufoğlu E. Improved homotopy perturbation method for solving Fredholm type integro-differential equations[J]. Chaos, Solitons and Fractals, 2009, 41(1): 28-37.

[178] Wang S Q, He J H. Variational iteration method for solving integro-differential equations[J]. Physics Letters A, 2007, 367(3): 188-191.

[179] Golbabai A, Seifollahi S. Radial basis function networks in the numerical solution of linear integro-differential equations[J]. Applied Mathematics and Computation, 2007, 188(1): 427-432.

[180] Yang Y, Hou M, Sun H. Neural network algorithm based on Legendre improved extreme learning machine for solving elliptic partial differential equations[J]. Soft Computing, 2020, 24(2): 1083-1096.

[181] Zhou T, Liu X, Hou M. Numerical solution for ruin probability of continuous time model based on neural network algorithm[J]. Neurocomputing, 2019, 331: 67-76.

[182] Saadatmandi A, Dehghan M. Numerical solution of the higher-order linear Fredholm integro-differential-difference equation with variable coefficients[J]. Computers & Mathematics with Applications, 2010, 59(8): 2996-3004.

[183] Abu-Gdairi R, Al-Smadi M. An efficient computational method for 4th-order boundary value problems of Fredholm ides[J]. Applied Mathematical Sciences, 2013, 7(93-96): 4761-4774.

[184] Asmussen S, Albrecher H. Ruin Probabilities[M]. 2nd ed. Singapore: World Scientific Publishing Company, 2010.
[185] Dassios A, Embrechts P. Martingales and insurance risk[J]. Communications in Statistics Stochastic Models, 1989, 5(2): 181-217.
[186] Gerber H U, Yang H. Absolute ruin probabilities in a jump diffusion risk model with investment[J]. North American Actuarial Journal, 2007, 11(3): 159-169.
[187] Cardoso R M R, Waters H R. Calculation of finite time ruin probabilities for some risk models[J]. Insurance Mathematics & Economics, 2005, 37(2): 197-215.
[188] Asmussen S, Binswanger K. Simulation of ruin probabilities for subexponential claims[J]. ASTIN Bulletin: The Journal of the IAA, 1997, 27(2): 297-318.
[189] Shakenov K. Solution of Equation for Ruin Probability of Company for Some Risk Model by Monte Carlo Methods[M]. Cham: Springer, 2016.
[190] Coulibaly I, Lefevre C. On a simple quasi-Monte Carlo approach for classical ultimate ruin probabilities[J]. Insurance Mathematics & Economics, 2008, 42(3): 935-942.
[191] 周涛. 保险精算中保险风险破产概率计算与算法研究[D]. 广州: 华南理工大学, 2018.
[192] Dickson D C M, Willmot G E. The density of the time to ruin in the classical poisson risk model[J]. Astin Bulletin, 2005, 35(1): 45-60.
[193] Santana D J, Gonzalez-Hernandez J, Rincon L. Approximation of the ultimate ruin probability in the classical risk model using erlang mixtures[J]. Methodology and Computing in Applied Probability, 2017, 19(3): 775-798.
[194] Dickson D C, Hughes B D, Lianzeng Z. The density of the time to ruin for a Sparre Andersen process with erlang arrivals and exponential claims[J]. Scandinavian Actuarial Journal, 2005, 2005(5): 358-376.
[195] Jafarian A, Measoomy S, Abbasbandy S. Artificial neural networks based modeling for solving Volterra integral equations system[J]. Applied Soft Computing, 2015, 27: 391-398.
[196] Pao Y H, Phillips S M. The functional link net and learning optimal control[J]. Neurocomputing, 1995, 9(2): 149-164.
[197] Norberg R. Differential equations for moments of present values in life insurance[J]. Insurance: Mathematics and Economics, 1995, 17(2): 171-180.
[198] Parand K, Hemami M. Numerical study of astrophysics equations by meshless collocation method based on compactly supported radial basis function[J]. International Journal of Applied and Computational Mathematics, 2017, 3(2): 1053-1075.
[199] Srivastava P K, Kumar M, Mohapatra R N. Quintic nonpolynomial spline method for the solution of a second-order boundary-value problem with engineering applications[J]. Computers & Mathematics with Applications, 2011, 62(4): 1707-1714.
[200] Majid Z A, Suleiman M. Direct integration implicit variable steps method for solving higher order systems of ordinary differential equations directly[J]. Sains Malaysiana, 2006, 35: 63-68.
[201] Majid Z A, Azmi N A, Suleiman M. Solving directly general third order ordinary differential equations using two-point four step block method[J]. Sains Malaysiana, 2012, 41(5): 623-632.
[202] Mehrkanoon S. A direct variable step block multistep method for solving general third-order ODEs[J]. Numerical Algorithms, 2011, 57(1): 53-66.

[203] Awoyemi D O. A p-stable linear multistep method for solving general third order ordinary differential equations[J]. International Journal of Computer Mathematics, 2003, 80(8): 985-991.

[204] Hussain K A, Ismail F, Senu N. Fourth-order improved Runge-Kutta method for directly solving special third-order ordinary differential equations[J]. Iranian Journal of Science and Technology Transaction a-Science, 2017, 41(A2): 429-437.

[205] Hussain K, Ismail F, Senu N. Solving directly special fourth-order ordinary differential equations using Runge-Kutta type method[J]. Journal of Computational and Applied Mathematics, 2016, 306: 179-199.

[206] Siraj-ul-Islam, Aziz I, Sarler B. The numerical solution of second-order boundary-value problems by collocation method with the Haar wavelets[J]. Mathematical and Computer Modelling, 2010, 52(9-10): 1577-1590.

[207] Lakestani M, Dehghan M. The solution of a second-order nonlinear differential equation with Neumann boundary conditions using semi-orthogonal B-spline wavelets[J]. International Journal of Computer Mathematics, 2006, 83(8-9): 685-694.

[208] Tirmizi I A, Twizell E H. Higher-order finite-difference methods for nonlinear second-order two-point boundary-value problems[J]. Applied Mathematics Letters, 2002, 15(7): 897-902.

[209] Doha E H, Bhrawy A H, Hafez R M. On shifted Jacobi spectral method for high-order multi-point boundary value problems[J]. Communications in Nonlinear Science and Numerical Simulation, 2012, 17(10): 3802-3810.

[210] Mai-Duy N, See H, Tran-Cong T. A spectral collocation technique based on integrated Chebyshev polynomials for biharmonic problems in irregular domains[J]. Applied Mathematical Modelling, 2009, 33(1): 284-299.

[211] Malek A, Beidokhti R S. Numerical solution for high order differential equations using a hybrid neural network-optimization method[J]. Applied Mathematics and Computation, 2006, 183(1): 260-271.

[212] Chakraverty S, Mall S. Regression-based weight generation algorithm in neural network for solution of initial and boundary value problems[J]. Neural Computing & Applications, 2014, 25(3-4): 585-594.

[213] Mall S, Chakraverty S. Application of Legendre neural network for solving ordinary differential equations[J]. Applied Soft Computing, 2016, 43: 347-356.

[214] Yang Y, Tan M, Dai Y. An improved CS-LSSVM algorithm-based fault pattern recognition of ship power equipments[J]. PLoS One, 2017, 12(2): e0171246.

[215] Liu X, Bo L, Luo H. Bearing faults diagnostics based on hybrid LS-SVM and EMD method[J]. Measurement, 2015, 59: 145-166.

[216] Deng W, Yao R, Zhao H. A novel intelligent diagnosis method using optimal LS-SVM with improved PSO algorithm[J]. Soft Computing, 2019, 23(7): 2445-2462.

[217] Yu L, Chen H, Wang S. Evolving least squares support vector machines for stock market trend mining[J]. IEEE Transactions on Evolutionary Computation, 2008, 13(1): 87-102.

[218] Jung H C, Kim J S, Heo H. Prediction of building energy consumption using an improved real coded genetic algorithm based least squares support vector machine approach[J]. Energy and

Buildings, 2015, 90: 76-84.

[219] Mehrkanoon S, Falck T, Suykens J A K. Approximate solutions to ordinary differential equations using least squares support vector machines[J]. IEEE Transactions on Neural Networks and Learning Systems, 2012, 23(9): 1356-1367.

[220] Chawla M, Katti C. Finite difference methods for two-point boundary value problems involving high order differential equations[J]. BIT Numerical Mathematics, 1979, 19(1): 27-33.

[221] Mohyud-Din S T, Noor M A. Homotopy perturbation method for solving fourth-order boundary value problems[J]. Mathematical Problems in Engineering, 2007: 1-15.

[222] Noor M A, Mohyud-Din S T. Homotopy perturbation method for solving sixth-order boundary value problems[J]. Computers & Mathematics with Applications, 2008, 55(12): 2953-2972.

[223] Ali J, Islam S, Islam S. The solution of multipoint boundary value problems by the optimal homotopy asymptotic method[J]. Computers & Mathematics with Applications, 2010, 59(6): 2000-2006.

[224] Tatari M, Dehghan M. The use of the Adomian decomposition method for solving multipoint boundary value problems[J]. Physica Scripta, 2006, 73(6): 672-676.

[225] Wazwaz A M. A new algorithm for calculating Adomian polynomials for nonlinear operators[J]. Applied Mathematics and Computation, 2000, 111(1): 33-51.

[226] Wazwaz A M. The numerical solution of fifth-order boundary value problems by the decomposition method[J]. Journal of Computational and Applied Mathematics, 2001, 136(1-2): 259-270.

[227] Wazwaz A M. The numerical solution of sixth-order boundary value problems by the modified decomposition method[J]. Applied Mathematics and Computation, 2001, 118(2-3): 311-325.

[228] Wazwaz A M. Approximate solutions to boundary value problems of higher order by the modified decomposition method[J]. Computers and Mathematics with Applications, 2000, 40(6-7): 679-691.

[229] Aziz I, Siraj-ul-Islam, Nisar M. An efficient numerical algorithm based on Haar wavelet for solving a class of linear and nonlinear nonlocal boundary-value problems[J]. Calcolo, 2016, 53(4): 621-633.

[230] Shi Z, Li F. Numerical solution of high-order differential equations by using periodized Shannon wavelets[J]. Applied Mathematical Modelling, 2014, 38(7-8): 2235-2248.

[231] Doha E H, Bhrawy A H, Hafez R M. A Jacobi-Jacobi dual-petrov-Galerkin method for third- and fifth-order differential equations[J]. Mathematical and Computer Modelling, 2011, 53(9-10): 1820-1832.

[232] Doha E H, Abd-Elhameed W M, Bassuony M A. New algorithms for solving high even-order differential equations using third and fourth Chebyshev-Galerkin methods[J]. Journal of Computational Physics, 2013, 236: 563-579.

[233] Saadatmandi A, Dehghan M. The use of sinc-collocation method for solving multi-point boundary value problems[J]. Communications in Nonlinear Science and Numerical Simulation, 2012, 17(2): 593-601.

[234] Noor M A, Mohyud-Din S T. Variational iteration technique for solving higher order boundary value problems[J]. Applied Mathematics and Computation, 2007, 189(2): 1929-1942.

[235] Xu L. The variational iteration method for fourth order boundary value problems[J]. Chaos, Solitons and Fractals, 2009, 39(3): 1386-1394.

[236] Noor M A, Mohyud-Din S T. Modified variational iteration method for solving fourth-order boundary value problems[J]. Journal of Applied Mathematics and Computing, 2009, 29(1): 81-94.

[237] Sain S R. The nature of statistical learning theory[J]. Technometrics , 1996, 38(4): 409.

[238] Kim K J. Financial time series forecasting using support vector machines[J]. Neurocomputing, 2003, 55(1-2): 307-319.

[239] Kong W, Choo K W. Predicting single nucleotide polymorphisms (SNP) from DNA sequence by support vector machine[J]. Frontiers in Bioscience, 2007, 12: 1610-1614.

[240] Chen C, Tian Y, Zou X. Prediction of protein secondary structure content using support vector machine[J]. Talanta, 2007, 71(5): 2069-2073.

[241] Suykens J A K, Vandewalle J. Least squares support vector machine classifiers[J]. Neural Processing Letters, 1999, 9(3): 293-300.

[242] Mehrkanoon S, Suykens J A K. LS-SVM approximate solution to linear time varying descriptor systems[J]. Automatica, 2012, 48(10): 2502-2511.

[243] Guo X C, Wu C G, Marchese M. LS-SVR-based solving Volterra integral equations[J]. Applied Mathematics and Computation, 2012, 218(23): 11404-11409.

[244] Mehrkanoon S, Suykens J A K. Learning solutions to partial differential equations using LS-SVM[J]. Neurocomputing, 2015, 159: 105-116.

[245] Zhong X C. Note on the integral mean value method for Fredholm integral equations of the second kind[J]. Applied Mathematical Modelling, 2013, 37(18-19): 8645-8650.

[246] Avazzadeh Z, Heydari M, Loghmani G B. Numerical solution of Fredholm integral equations of the second kind by using integral mean value theorem[J]. Applied Mathematical Modelling, 2011, 35(5): 2374-2383.

[247] Babolian E, Marzban H R, Salmani M. Using triangular orthogonal functions for solving Fredholm integral equations of the second kind[J]. Applied Mathematics and Computation, 2008, 201(1-2): 452-464.

[248] Wang Q, Wang K, Chen S. Least squares approximation method for the solution of Volterra-Fredholm integral equations[J]. Journal of Computational and Applied Mathematics, 2014, 272: 141-147.

[249] Yalcinbas S. Taylor polynomial solutions of nonlinear Volterra-Fredholm integral equations[J]. Applied Mathematics and Computation, 2002, 127(2-3): 195-206.

[250] Maleknejad K, Mahmoudi Y. Taylor polynomial solution of high-order nonlinear Volterra-Fredholm integro-differential equations[J]. Applied Mathematics and Computation, 2003, 145(2-3): 641-653.

[251] Ricardo H J. A Modern Introduction to Differential Equations[M]. Cambridge: Academic Press, 2009.

[252] Boyce W E, DiPrima R C. Elementary Differential Equations and Boundary Value Problems[M]. 10th ed. New York: Wiley, 2012.

[253] Renardy M, Rogers R C. An Introduction to Partial Differential Equations[M]. New York: Springer, 2006.

[254] Folland G B. Introduction to Partial Differential Equations[M]. 2nd ed. Princeton: Princeton University Press, 2020.

[255] Baldwin D, Goktas U, Hereman W. Symbolic computation of exact solutions expressible in Hypebolic and Elliptic functions for nonlinear PDEs[J]. Journal of Symbolic Computation, 2004, 37(6): 669-705.

[256] Butcher J C. The Numerical Analysis of Ordinary Differential Equations: Runge-Kutta and General Linear Methods[M]. New York: Wiley, 1987.

[257] Verwer J G. Explicit Runge-Kutta methods for parabolic partial differential equations[J]. Applied Numerical Mathematics, 1996, 22(1-3): 359-379.

[258] Podisuk M, Chundang U, Sanprasert W. Single step formulas and multi-step formulas of the integration method for solving the initial value problem of ordinary differential equation[J]. Applied Mathematics and Computation, 2007, 190(2): 1438-1444.

[259] Huang Z, Hu Z, Wang C. A study on construction for linear multi-step methods based on Taylor expansion[J]. Advances in Applied Mathematics, 2015, 4(4): 343-356.

[260] Hamming R W. Stable predictor-corrector methods for ordinary differential equations[J]. Journal of the ACM, 1959, 6(1): 37-47.

[261] Wu B, White R E. One implementation variant of the finite difference method for solving ODES/DAES[J]. Computers & Chemical Engineering, 2004, 28(3): 303-309.

[262] Kumar M, Kumar P. Computational method for finding various solutions for a quasilinear elliptic equation of Kirchhoff type[J]. Advances in Engineering Software, 2009, 40(11): 1104-1111.

[263] Thomée V. From finite differences to finite elements a short history of numerical analysis of partial differential equations[J]. Numerical Analysis: Historical Developments in the 20th Century, 2001: 361-414.

[264] Sallam S, Ameen W. Numerical solution of general nth-order differential equations via splines[J]. Applied Numerical Mathematics, 1990, 6(3): 225-238.

[265] El-Hawary H M, Mahmoud S M. Spline collocation methods for solving delay-differential equations[J]. Applied Mathematics and Computation, 2003, 146(2-3): 359-372.

[266] Liu J, Hou G. Numerical solutions of the space- and time-fractional coupled burgers equations by generalized differential transform method[J]. Applied Mathematics and Computation, 2011, 217(16): 7001-7008.

[267] Darania P, Ebadian A. A method for the numerical solution of the integro-differential equations[J]. Applied Mathematics and Computation, 2007, 188(1): 657-668.

[268] Kumar M, Singh N. A collection of computational techniques for solving singular boundary-value problems[J]. Advances in Engineering Software, 2009, 40(4): 288-297.

[269] Wang Q, Cheng D. Numerical solution of damped nonlinear Klein-Gordon equations using variational method and finite element approach[J]. Applied Mathematics and Computation, 2005, 162(1): 381-401.

[270] Kumar M, Singh N. Modified Adomian decomposition method and computer implementation for solving singular boundary value problems arising in various physical problems[J]. Computers & Chemical Engineering, 2010, 34(11): 1750-1760.

[271] Yang X, Liu Y, Bai S. A numerical solution of second-order linear partial differential equations by differential transform[J]. Applied Mathematics and Computation, 2006, 173(2): 792-802.

[272] Ertürk V S, Momani S. Solving systems of fractional differential equations using differential transform method[J]. Journal of Computational and Applied Mathematics, 2008, 215(1): 142-151.

[273] Coronel-Escamilla A, Gomez-Aguilar J F, Torres L. Synchronization of chaotic systems involving fractional operators of Liouville-Caputo type with variable-order[J]. Physica A-Statistical Mechanics and Its Applications, 2017, 487: 1-21.

[274] Abdeljawad T, Mert R, Torres D F. Variable Order Mittag-Leffler Fractional Operators on Isolated Time Scales and Application to the Calculus of Variations[M]. Cham: Springer, 2019.

[275] Zuñiga-Aguilar C, Gómez-Aguilar J, Escobar-Jiménez R. Robust control for fractional variable-order chaotic systems with non-singular kernel[J]. The European Physical Journal Plus, 2018, 133(1): 1-13.

[276] Meade Jr A J, Fernandez A A. The numerical solution of linear ordinary differential equations by feedforward neural networks[J]. Mathematical and Computer Modelling, 1994, 19(12): 1-25.

[277] Choi B, Lee J H. Comparison of generalization ability on solving differential equations using backpropagation and reformulated radial basis function networks[J]. Neurocomputing, 2009, 73(1-3): 115-118.

[278] Lee H, Kang I S. Neural algorithm for solving differential equations[J]. Journal of Computational Physics, 1990, 91(1): 110-131.

[279] Lagaris I E, Likas A C, Papageorgiou D G. Neural-network methods for boundary value problems with irregular boundaries[J]. IEEE Transactions on Neural Networks, 2000, 11(5): 1041-1049.

[280] Aarts L P, van der Veer P. Neural network method for solving partial differential equations[J]. Neural Processing Letters, 2001, 14(3): 261-271.

[281] Shirvany Y, Hayati M, Moradian R. Multilayer perceptron neural networks with novel unsupervised training method for numerical solution of the partial differential equations[J]. Applied Soft Computing, 2009, 9(1): 20-29.

[282] Hoda S, Nagla H. Neural network methods for mixed boundary value problems[J]. International Journal of Nonlinear Science, 2011, 11(3): 312-316.

[283] McFall K S, Mahan J R. Artificial neural network method for solution of boundary value problems with exact satisfaction of arbitrary boundary conditions[J]. IEEE Transactions on Neural Networks 2009, 20(8): 1221-1233.

[284] Sajavičius S. Radial basis function method for a multidimensional linear elliptic equation with nonlocal boundary conditions[J]. Computers and Mathematics with Applications, 2014, 67(7): 1407-1420.

[285] Al-Aradi A, Correia A, Naiff D, et al. Solving nonlinear and high-dimensional partial differential equations via deep learning[J]. arXiv Preprint arXiv:1811.08782, 2018.

[286] Kingma D P, Ba J. Adam: A method for stochastic optimization[J]. arXiv preprint arXiv:1412.6980, 2014.

[287] Lu Y, Yin Q, Li H. Solving higher order nonlinear ordinary differential equations with least squares support vector machines[J]. Journal of Industrial and Management Optimization, 2020,

16(3): 1481-1502.

[288] Raissi M, Perdikaris P, Karniadakis G E. Physics informed deep learning (part I): Data-driven solutions of nonlinear partial differential equations[J]. arXiv Preprint arXiv:1711.10561, 2017.

[289] Beck C, Becker S, Grohs P, et al. Solving stochastic differential equations and Kolmogorov equations by means of deep learning[J]. arXiv Preprint arXiv:1806.00421, 2018, 1(1).

[290] Schwab C, Zech J. Deep learning in high dimension: Neural network expression rates for generalized polynomial chaos expansions in UQ[J]. Analysis and Applications, 2019, 17(1): 19-55.

[291] Han J, Jentzen A E W. Solving high-dimensional partial differential equations using deep learning[J]. Applied Mathematics, 2018, 115(34): 8505-8510.

[292] Raissi M. Deep hidden physics models: Deep learning of nonlinear partial differential equations[J]. Journal of Machine Learning Research, 2018, 19(1): 932-955.

[293] Raissi M. Forward-backward stochastic neural networks: Deep learning of high-dimensional partial differential equations[J]. arXiv Preprint arXiv:1804.07010, 2018.

[294] Zhao X, Wang C, Su J, et al. Research and application based on the swarm intelligence algorithm and artificial intelligence for wind farm decision system[J]. Renewable Energy, 2019, 134: 681-697.

[295] Cai W. A manifold learning framework for both clustering and classification[J]. Knowledge-Based Systems, 2015, 89: 641-653.

[296] Zha H, Zhang Z. Spectral analysis of alignment in manifold learning[C]. 2005 IEEE International Conference on Acoustics, Speech, and Signal Processing (IEEE Cat. No.05CH37625), Philadelphia, 2005: 1069-1072.

[297] Li Y. Curvature-aware manifold learning[J]. Pattern Recognition, 2018, 83: 273-286.